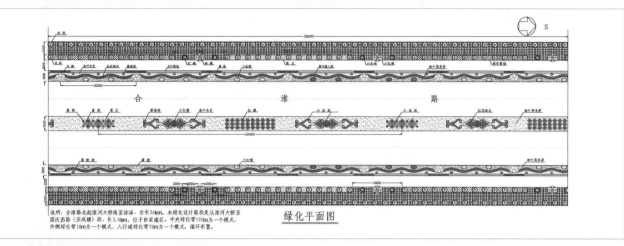

绿化平面图

说明：合淮路北起淮河大桥南至徐店，全长26km。本绿化设计路段是从淮河大桥至国庆西路（安成镇）段，长3.6km，位于田家庵区。中央绿化带120m为一个模式、外侧绿化带30m为一个模式，人行道绿化带70m为一个模式，循环布置。

街道种植设计方案

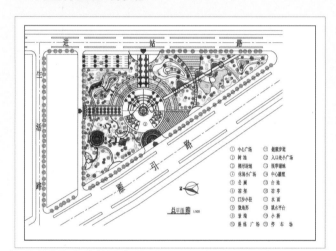

街旁绿地平面图

U0201339

区域道路绿化图综合实例

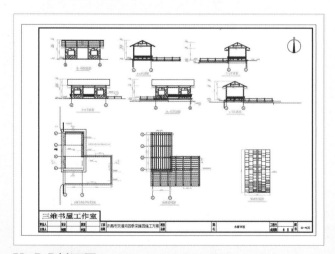

B-B剖面图

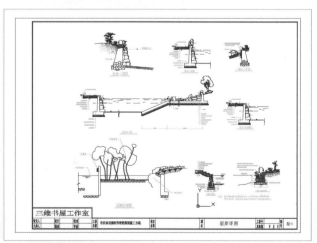

驳岸详图

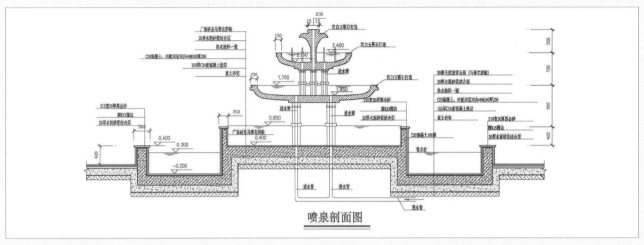

喷泉剖面图

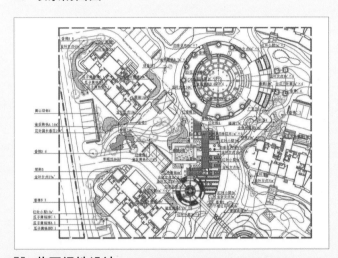

花园绿地设计

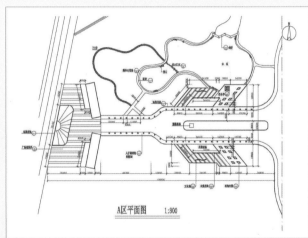

绘制某校园A区平面图

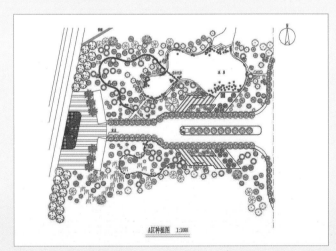

校园A区种植图

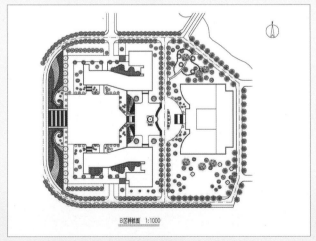

校园景观绿化B区种植图

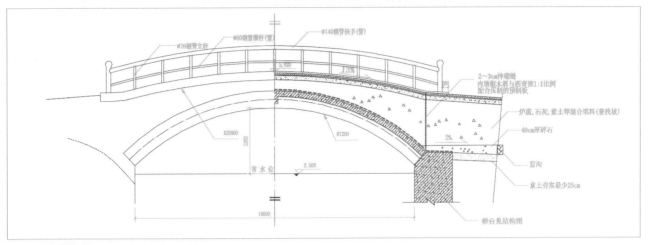

A-A剖面图

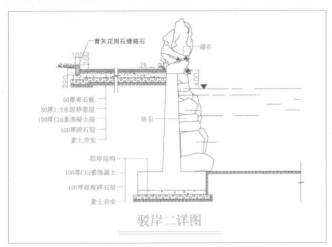

驳岸二详图

升旗台平面图

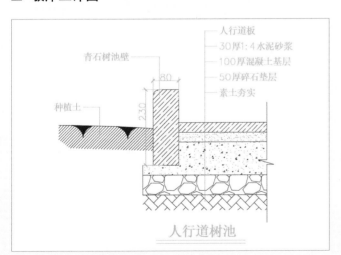

绘制人行道树池

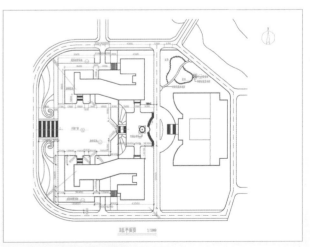

某校园B区平面图

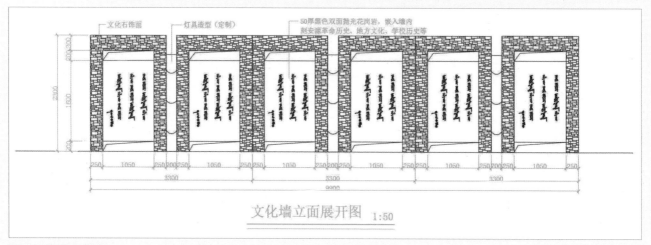

文化墙立面图

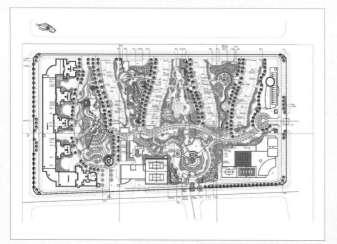

社区公园

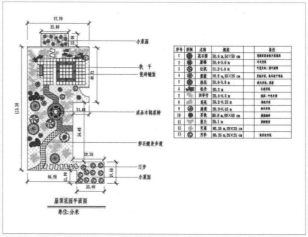

屋顶花园

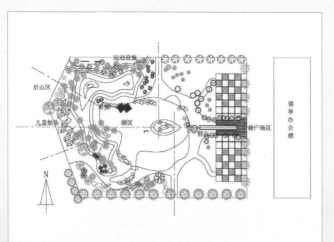

庭园绿化规划设计平面图的绘制

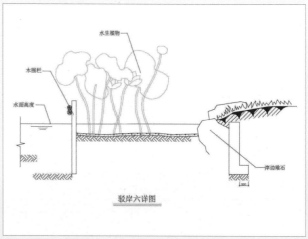

驳岸六详图

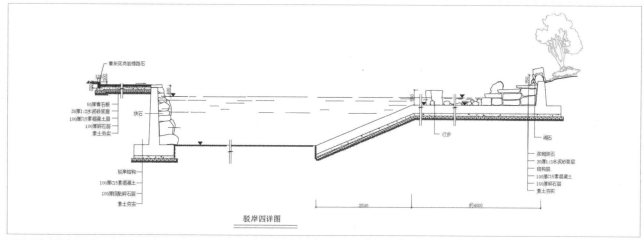

驳岸四详图

驳岸四详图

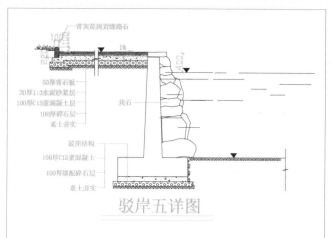

驳岸五详图

驳岸五详图

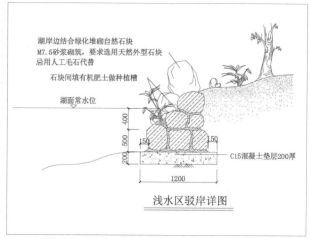

浅水区驳岸详图

浅水区驳岸详图

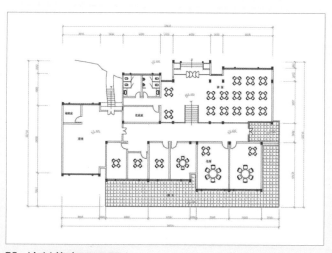

绘制茶室平面图

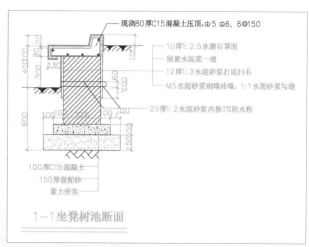

1-1坐凳树池断面

绘制坐凳树池断面

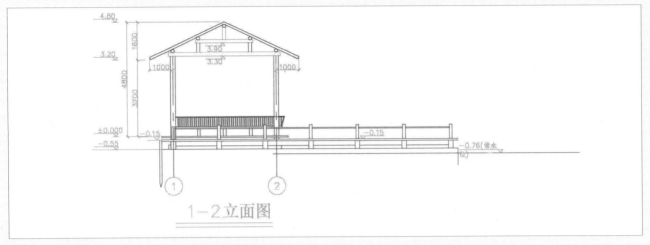

1-2立面图

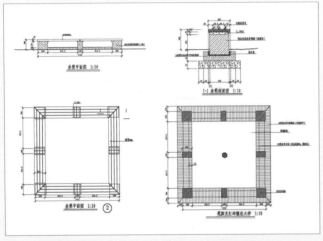

坐凳绘制

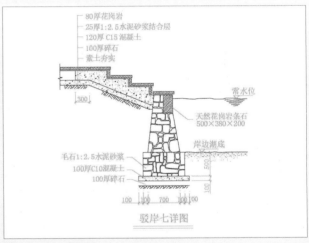

驳岸七详图

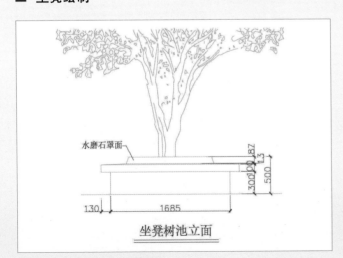

绘制坐凳树池立面图

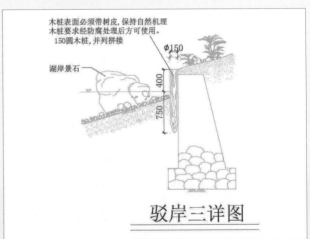

驳岸三详图

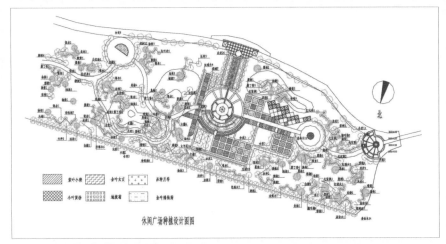

■ 休闲广场种植设计图

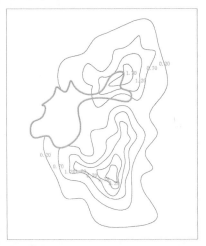

■ 地形

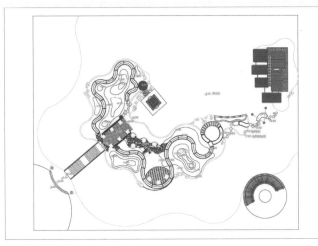

■ 小游园

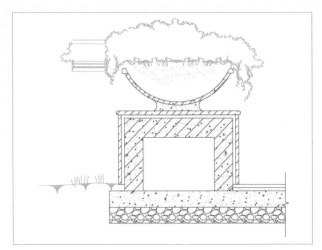

■ 花钵剖面图

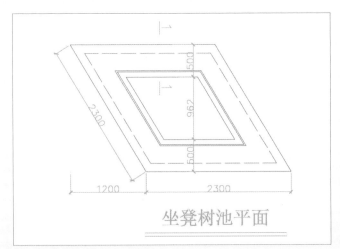

■ 绘制坐凳树池平面图

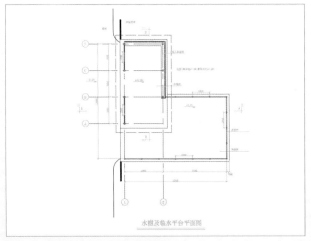

■ 水榭及临水平台平面图

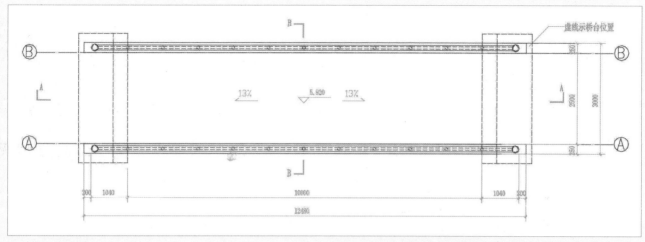

桥平面图

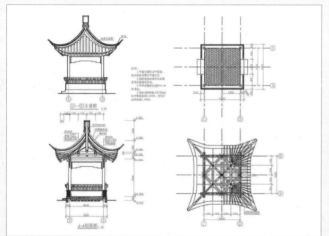

古典四角亭

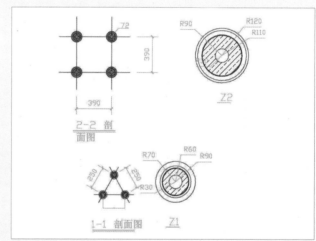

喷泉详图

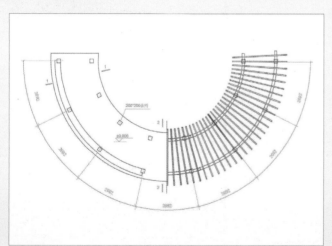

花架

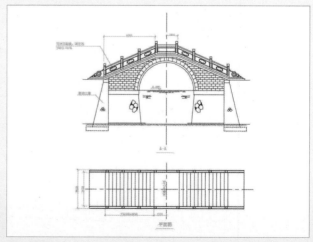

园桥

AutoCAD 2017 中文版园林景观设计实例教程

CAD/CAM/CAE 技术联盟 编著

清华大学出版社

北　京

内 容 简 介

《AutoCAD 2017 中文版园林景观设计实例教程》一书针对 AutoCAD 认证考试最新大纲编写，重点介绍了 AutoCAD 2017 中文版的新功能及各种基本操作方法和技巧。其最大的特点是，在大量利用图解方法进行知识点讲解的同时，巧妙地融入园林设计工程应用案例，使读者能够在园林设计工程实践中掌握 AutoCAD 2017 的操作方法和技巧。

全书分为 15 章，分别介绍了 AutoCAD 2017 入门、辅助绘图工具、二维绘制命令、编辑命令、复杂二维绘制与编辑命令、文字与尺寸标注、辅助工具、园林设计基本概念、园林建筑图绘制、园林小品图绘制、园林水景图绘制、园林绿化图绘制、道路绿地设计、学校校园附属绿地设计综合实例、社区公园设计等内容。

本书内容翔实，图文并茂，语言简洁，思路清晰，实例丰富，可以作为初学者的入门与提高教材，也可作为 AutoCAD 认证考试辅导与自学教材。

本书除利用传统的纸面讲解外，随书还配送了多功能学习光盘。光盘具体内容如下：

1. 55 段大型高清多媒体教学视频（动画演示），边看视频边学习，轻松学习效率高。

2. AutoCAD 绘图技巧、快捷命令速查手册、疑难问题汇总、常用图块等辅助学习资料，极大地方便读者学习。

3. 4 套园林设计方案及长达 296 分钟左右的同步教学视频，可以拓展视野，增强实战。

4. 56 道 AutoCAD 认证实题，名师助力，真题演练。

图书在版编目（CIP）数据

AutoCAD 2017 中文版园林景观设计实例教程/CAD/CAM/CAE 技术联盟编著. —北京：清华大学出版社，2018
ISBN 978-7-302-47431-9

Ⅰ. ①A… Ⅱ. ①C… Ⅲ. ①园林设计-景观设计-计算机辅助设计-AutoCAD 软件-教材 Ⅳ. ①TU986.2-39

中国版本图书馆 CIP 数据核字（2017）第 129456 号

责任编辑：杨静华
封面设计：李志伟
版式设计：刘艳庆
责任校对：何士如
责任印制：宋　林

出版发行：清华大学出版社
　　　　　网　　址：http://www.tup.com.cn，http://www.wqbook.com
　　　　　地　　址：北京清华大学学研大厦 A 座　　　　　邮　　编：100084
　　　　　社 总 机：010-62770175　　　　　邮　　购：010-62786544
　　　　　投稿与读者服务：010-62776969，c-service@tup.tsinghua.edu.cn
　　　　　质量反馈：010-62772015，zhiliang@tup.tsinghua.edu.cn

印 装 者：北京鑫海金澳胶印有限公司
经　　销：全国新华书店
开　　本：203mm×260mm　　印　张：30.5　插　页：4　字　数：868 千字
　　　　　（附 DVD 光盘 1 张）
版　　次：2018 年 1 月第 1 版　印　次：2018 年 1 月第 1 次印刷
印　　数：1～3500
定　　价：89.80 元

产品编号：074111-01

前 言

Preface

　　园林（garden and park）是指在一定地域内运用工程技术和艺术手段，通过因地制宜地改造地形、整治水系、栽种植物、营造建筑和布置园路等方法创作而成的优美的游憩境域。

　　园林学（landscape architecture，garden ar-chitecture）是指综合运用生物科学技术、工程技术和美学理论来保护和合理利用自然环境资源，协调环境与人类经济和社会发展，创造生态健全、景观优美、具有文化内涵和可持续发展的人居环境的科学和艺术。

　　AutoCAD 是由美国 Autodesk 公司推出的集二维绘图、三维设计、渲染及通用数据库管理和互联网通信功能为一体的计算机辅助绘图软件包。自 1982 年推出以来，从初期的 1.0 版本，经多次版本更新和性能完善，不仅在机械、电子和建筑等工程设计领域得到了广泛的应用，而且在地理、气象、航海等特殊图形的绘制，甚至乐谱、灯光、幻灯和广告等领域也得到了多方面的应用，目前已成为 CAD 系统中应用最为广泛的图形软件之一。本书以 2017 版本为基础讲解 AutoCAD 在园林景观设计中的应用方法和技巧。

一、编写目的

　　鉴于 AutoCAD 强大的功能和深厚的工程应用底蕴，我们力图为初学者、自学者或想参加 AutoCAD 认证考试的读者开发一套全方位介绍 AutoCAD 在各个行业应用实际情况的书籍。在具体编写过程中，我们不求事无巨细地将 AutoCAD 知识点全面讲解清楚，而是针对本专业或本行业需要，参考 AutoCAD 认证考试最新大纲，以 AutoCAD 大体知识脉络为线索，以"实例"为抓手，由浅入深，从易到难，帮助读者掌握利用 AutoCAD 进行本行业工程设计的基本技能和技巧，并希望能够为广大读者的学习起到良好的引导作用，为广大读者学习 AutoCAD 提供一个简洁有效的捷径。

二、本书特点

1. 专业性强，经验丰富

　　本书的编者是 Autodesk 中国认证考试中心（ACAA）的首席技术专家，全面负责 AutoCAD 认证考试大纲制定和考试题库建设。编者均为在高校从事计算机图形教学研究多年的一线人员，具有丰富的教学实践经验，能够准确地把握学生的心理与实际需求。有一些执笔者是国内 AutoCAD 图书出版界的知名作者，前期出版的一些相关书籍经过市场检验很受读者欢迎。作者总结多年的设计经验和教学的心得体会，结合 AutoCAD 认证考试最新大纲要求编写此书，具有很强的专业性和针对性。

2. 涵盖面广，剪裁得当

　　本书定位于 AutoCAD 2017 在园林设计应用领域功能全貌的教学与自学结合指导书。所谓功能全貌，不是将 AutoCAD 所有知识全面讲述清楚，而是根据认证考试大纲，结合行业需要，将必须掌握的知识讲述清楚。如本书内容涵盖了 AutoCAD 基本操作知识，园林设计的概念、原则和程序，园林建筑、小品、水景图和绿化图的绘制方法，最后通过几个综合案例介绍 AutoCAD 在园林景观设计实践中的具体应用方法。为了在有限的篇幅内提高知识集中程度，作者对所讲述的知识点进行了精选，并确保各知识点为实际设计中用得到、读者学得会的内容。

3．实例丰富，步步为营

作为 AutoCAD 软件在园林设计领域应用的图书，我们力求避免空洞的介绍和描述，而是步步为营，将知识点逐个采用园林设计实例进行演绎，通过实例操作使读者加深对知识点内容的理解，并在实例操作过程中牢固地掌握了软件功能。实例的种类非常丰富，既有知识点讲解的小实例，也有知识点或全章知识点结合的综合实例，还有提高练习的上机实例。各种实例交错讲解，达到巩固读者理解的目标。

4．工程案例，潜移默化

AutoCAD 是一个侧重应用的工程软件，所以最后的落脚点还是工程应用。为了体现这一点，本书采用的巧妙处理方法是：在读者基本掌握各个知识点后，通过几个大型的园林设计案例练习来体验软件在园林设计实践中的具体应用方法，对读者的园林设计能力进行最后的"淬火"处理。"随风潜入夜，润物细无声"，潜移默化地培养读者的园林设计能力，同时使全书的内容显得紧凑完整。

5．认证实题训练，模拟考试环境

由于本书作者全面负责 AutoCAD 认证考试大纲的制定和考试题库建设，具有得天独厚的条件，所以本书第 1～7 章最后都给出一个模拟考试的内容环节，所有的模拟试题都来自 AutoCAD 认证考试题库，具有完全真实性和针对性，因此本书特别适合参加 AutoCAD 认证考试人员作为辅导教材。

三、本书光盘

1．55 段大型高清多媒体教学视频（动画演示）

为了方便读者学习，本书对书中全部实例（包括上机实验），专门制作了 55 段多媒体视频（动画演示），读者可以先看视频，像看电影一样轻松愉悦地学习本书内容。

2．AutoCAD 绘图技巧、快捷命令速查手册等辅助学习资料

本书赠送了 AutoCAD 绘图技巧大全、快捷命令速查手册、常用工具按钮速查手册、常用快捷键速查手册、疑难问题汇总等多种电子文档，方便读者使用。

3．4 套大型图纸设计方案及长达 296 分钟同步教学视频

为了帮助读者拓展视野，本光盘特别赠送 4 套设计图纸方案、图纸源文件、教学视频（动画演示），总长 296 分钟。

4．全书实例的源文件和素材

本书附带了很多实例，光盘中包含实例和练习实例的源文件和素材，读者可以安装 AutoCAD 2017 软件，打开并使用它们。

四、本书服务

1．AutoCAD 2017 安装软件的获取

在学习本书前，请先在电脑中安装 AutoCAD 2017 软件（随书光盘中不附带软件安装程序），读者可在

Autodesk 官网 http://www.autodesk.com.cn/下载其试用版本，也可在当地电脑城、软件经销商处购买软件使用。读者可以加入本书学习指导 QQ 群 597056765 或 379090620，群中会提供软件安装方法教程。安装完成后，即可按照本书上的实例进行操作练习。

2．关于本书和配套光盘的技术问题或有关本书信息的发布

读者朋友遇到有关本书的技术问题，可以加入 597056765 或 379090620 进行咨询，也可以将问题发送到邮箱 win760520@126.com 或 CADCAMCAE7510@163.com，我们将及时回复。另外，也可以登录清华大学出版社网站 http://www.tup.com.cn/，在右上角的"站内搜索"文本框中输入本书书名或关键字，找到该书后单击，进入详细信息页面，我们会将读者反馈的关于本书和光盘的问题汇总在"资源下载"栏中的"网络资源"处，读者可以下载查看。

3．关于本书光盘的使用

本书光盘可以放在电脑 DVD 格式光驱中使用，其中的视频文件可以用播放软件进行播放，但不能在家用 DVD 播放机上播放，也不能在 CD 格式光驱的电脑上使用（现在 CD 格式的光驱已经很少）。如果光盘仍然无法读取，最快的办法是建议换一台电脑读取，然后复制过来，极个别光驱与光盘不兼容的现象是有的。另外，盘面有脏物建议要先行擦拭干净。

4．关于手机在线学习

扫描书后二维码，可在手机中观看对应教学视频，充分利用碎片化时间，随时随地提升。

五、作者团队

本书由 CAD/CAM/CAE 技术联盟组织编写。CAD/CAM/CAE 技术联盟是一个 CAD/CAM/CAE 技术研讨、工程开发、培训咨询和图书创作的工程技术人员协作联盟，包含 20 多位专职和众多兼职 CAD/CAM/CAE 工程技术专家。其中赵志超、张辉、赵黎黎、朱玉莲、徐声杰、张琪、卢园、杨雪静、孟培、闫聪聪、李兵、甘勤涛、孙立明、李亚莉、王敏、宫鹏涵、左昉、李谨、王玮、王玉秋等参与了具体章节的编写工作，对他们的付出表示真诚的感谢。

CAD/CAM/CAE 技术联盟负责人由 Autodesk 中国认证考试中心首席专家担任，全面负责 Autodesk 中国官方认证考试大纲制定、题库建设、技术咨询和师资力量培训工作，成员精通 Autodesk 系列软件。其创作的很多教材成为国内具有引导性的旗帜作品，在国内相关专业方向图书创作领域具有举足轻重的地位。

六、致谢

在本书的写作过程中，清华大学出版社编辑团队给予了很大的帮助和支持，提出了很多中肯的建议，在此表示感谢。同时，还要感谢所有编审人员为本书的出版所付出的辛勤劳动。本书的成功出版是大家共同努力的结果，谢谢所有给予支持和帮助的人们。

编 者

目录

Contents

第1篇 基础知识篇

第1章 AutoCAD 2017 入门 2
1.1 操作环境简介 3
  1.1.1 操作界面 3
  1.1.2 绘图系统 14
1.2 文件管理 16
  1.2.1 新建文件 16
  1.2.2 快速新建文件 17
  1.2.3 打开文件 17
  1.2.4 保存文件 18
  1.2.5 另存为 19
  1.2.6 退出 20
1.3 基本绘图参数 20
  1.3.1 设置图形单位 20
  1.3.2 设置图形界限 21
1.4 基本输入操作 22
  1.4.1 命令输入方式 22
  1.4.2 命令的重复、撤销、重做 23
  1.4.3 命令执行方式 23
  1.4.4 数据输入法 24
1.5 综合演练——样板图绘图环境设置 25
1.6 名师点拨——图形基本设置技巧 27
1.7 上机实验 27
1.8 模拟考试 29

第2章 辅助绘图工具 30
2.1 精确定位工具 31
  2.1.1 正交模式 31
  2.1.2 栅格显示 31
  2.1.3 捕捉模式 32
2.2 对象捕捉工具 33

2.2.1 特殊位置点捕捉 33
2.2.2 对象捕捉设置 35
2.2.3 自动追踪 36
2.3 显示控制 37
  2.3.1 图形的缩放 37
  2.3.2 图形的平移 38
2.4 图层的操作 40
  2.4.1 建立新图层 40
  2.4.2 设置图层 42
  2.4.3 控制图层 45
2.5 综合演练——样板图图层设置 46
2.6 名师点拨——绘图助手 50
2.7 上机实验 51
2.8 模拟考试 52

第3章 二维绘制命令 54
3.1 直线类命令 55
  3.1.1 直线 55
  3.1.2 构造线 56
3.2 圆类命令 57
  3.2.1 圆 57
  3.2.2 圆弧 59
  3.2.3 圆环 61
  3.2.4 椭圆与椭圆弧 62
3.3 平面图形 64
  3.3.1 矩形 64
  3.3.2 多边形 67
3.4 点命令 68
  3.4.1 点 68
  3.4.2 等分点与测量点 69

3.5 综合演练——绘制珊瑚朴 71
3.6 名师点拨——大家都来讲绘图 71
3.7 上机实验 72
3.8 模拟考试 73

第4章 编辑命令 74
4.1 选择对象 75
4.2 删除及恢复类命令 77
4.2.1 "删除"命令 77
4.2.2 "恢复"命令 77
4.2.3 "清除"命令 78
4.3 复制类命令 78
4.3.1 "复制"命令 78
4.3.2 "镜像"命令 79
4.3.3 "偏移"命令 80
4.3.4 "阵列"命令 82
4.4 改变位置类命令 83
4.4.1 "移动"命令 83
4.4.2 "旋转"命令 84
4.4.3 "缩放"命令 85
4.5 改变几何特性类命令 86
4.5.1 "修剪"命令 87
4.5.2 "延伸"命令 89
4.5.3 "圆角"命令 90
4.5.4 "倒角"命令 91
4.5.5 "拉伸"命令 93
4.5.6 "拉长"命令 94
4.5.7 "打断"命令 95
4.5.8 "打断于点"命令 96
4.5.9 "分解"命令 97
4.5.10 "合并"命令 97
4.6 对象编辑 98
4.6.1 钳夹功能 98
4.6.2 修改对象属性 99
4.6.3 特性匹配 101
4.7 综合演练——绘制花池 102
4.8 名师点拨——绘图学一学 104
4.9 上机实验 105
4.10 模拟考试 106

第5章 复杂二维绘制与编辑命令 107
5.1 徒手线和修订云线 108
5.1.1 绘制徒手线 108
5.1.2 绘制修订云线 108
5.2 多段线 109
5.2.1 绘制多段线 110
5.2.2 编辑多段线 113
5.3 样条曲线 115
5.3.1 绘制样条曲线 115
5.3.2 编辑样条曲线 116
5.4 图案填充 117
5.4.1 图案填充的操作 117
5.4.2 渐变色的操作 120
5.4.3 边界的操作 120
5.4.4 编辑图案填充 121
5.5 多线 125
5.5.1 绘制多线 126
5.5.2 定义多线样式 126
5.5.3 编辑多线 126
5.6 综合演练——绘制园林建筑墙体 127
5.6.1 设置绘图环境 127
5.6.2 绘制建筑轴线 130
5.6.3 绘制墙体 132
5.7 名师点拨——灵活应用复杂绘图命令 134
5.8 上机实验 134
5.9 模拟考试 135

第6章 文字与尺寸标注 137
6.1 文本样式 138
6.2 文本的标注 140
6.2.1 单行文本标注 140
6.2.2 多行文本标注 142
6.3 文本的编辑 147
6.4 表格 147
6.4.1 创建表格 150
6.4.2 表格文字编辑 151
6.5 尺寸标注 157
6.5.1 尺寸样式 157
6.5.2 尺寸标注 162

6.6　综合演练——绘制坐凳 170
　　6.6.1　绘图前准备以及绘图设置 171
　　6.6.2　绘制坐凳平面图 172
　　6.6.3　绘制坐凳其他视图 174
6.7　名师点拨——完善绘图 176
6.8　上机实验 176
6.9　模拟考试 178

第7章　辅助工具 179
7.1　查询工具 180
　　7.1.1　查询距离 180
　　7.1.2　查询对象状态 181
7.2　图块及其属性 182
　　7.2.1　图块操作 182
　　7.2.2　图块的属性 184

7.3　设计中心与工具选项板 187
　　7.3.1　设计中心 187
　　7.3.2　工具选项板 189
7.4　出图 190
　　7.4.1　打印设备的设置 190
　　7.4.2　创建布局 192
　　7.4.3　页面设置 193
7.5　综合实例——绘制茶室平面图 195
　　7.5.1　茶室平面图的绘制 195
　　7.5.2　文字、尺寸的标注 201
7.6　名师点拨——设计中心的操作技巧 202
7.7　上机实验 203
7.8　模拟考试 204

第2篇　园林设计单元篇

第8章　园林设计基本概念 206
8.1　概述 207
　　8.1.1　园林设计的意义 207
　　8.1.2　当前我国园林设计状况 207
　　8.1.3　我国园林发展方向 207
8.2　园林设计的原则 208
8.3　园林布局 209
　　8.3.1　立意 209
　　8.3.2　布局 209
　　8.3.3　园林布局基本原则 211
8.4　园林设计的程序 212
　　8.4.1　园林设计的前提工作 212
　　8.4.2　总体设计方案阶段 213
8.5　园林设计图的绘制 213
　　8.5.1　园林设计总平面图 213
　　8.5.2　园林建筑初步设计图 214
　　8.5.3　园林施工图绘制的具体要求 214

第9章　园林建筑图绘制 220
9.1　概述 221
　　9.1.1　园林建筑的基本特点 221

　　9.1.2　园林建筑图绘制 222
9.2　古典四角亭绘制实例 223
　　9.2.1　亭的基本特点 223
　　9.2.2　亭平面图和亭架仰视图的绘制 226
　　9.2.3　亭立面图的绘制 238
9.3　水榭绘制实例 239
　　9.3.1　榭的基本特点 239
　　9.3.2　水榭及临水平台平面图 240
　　9.3.3　1-2立面图 248
　　9.3.4　A-D立面图 252
　　9.3.5　B-B剖面图 257
9.4　小区花架绘制实例 263
　　9.4.1　花架的基本特点 263
　　9.4.2　花架绘制 266
　　9.4.3　尺寸标注及轴号标注 270
　　9.4.4　文字标注 272
9.5　上机实验 273

第10章　园林小品图绘制 275
10.1　园林小品概述 276
　　10.1.1　园林小品的分类 276

10.1.2　园林小品设计原则.........................276
10.1.3　园林小品主要构成要素.................277
10.2　树池...280
10.2.1　树池的基本特点.............................280
10.2.2　绘制坐凳树池平面图.....................282
10.2.3　绘制坐凳树池立面图.....................284
10.2.4　绘制坐凳树池断面.........................286
10.2.5　绘制人行道树池.............................290
10.3　景墙绘制实例.....................................292
10.3.1　景墙平面图的绘制.........................293
10.3.2　景墙立面图的绘制.........................295
10.3.3　尺寸标注及轴号标注.....................298
10.3.4　文字标注...299
10.4　上机实验...300

第11章　园林水景图绘制.............................302
11.1　园林水景概述.....................................303
11.2　园林水景工程图的绘制.....................306
11.3　园桥绘制实例.....................................311
11.3.1　桥的绘制...311
11.3.2　文字、尺寸的标注.........................323

11.4　驳岸绘制实例.....................................324
11.4.1　驳岸一详图.....................................324
11.4.2　驳岸二详图.....................................326
11.4.3　驳岸四详图.....................................333
11.4.4　驳岸六详图.....................................338
11.4.5　驳岸七详图.....................................342
11.5　上机实验...346

第12章　园林绿化图绘制.............................348
12.1　园林植物配置原则.............................349
12.2　屋顶花园概述.....................................350
12.3　屋顶花园绘制.....................................352
12.3.1　绘图前的准备与设置.....................352
12.3.2　绘制屋顶轮廓线.............................353
12.3.3　绘制门和水池.................................354
12.3.4　绘制园路和铺装.............................355
12.3.5　绘制园林小品.................................356
12.3.6　填充园路和地被.............................357
12.3.7　复制花卉...358
12.3.8　绘制花卉表.....................................359
12.4　上机实验...360

第3篇　综合实例篇

第13章　道路绿地设计.................................364
13.1　道路绿化概述.....................................365
13.1.1　城市道路绿化设计要求.................365
13.1.2　城市道路绿化植物的选择.............366
13.2　自然式种植设计平面图的绘制.........369
13.2.1　必要的设置.....................................370
13.2.2　道路绿地中乔木的绘制.................370
13.2.3　灌木的绘制.....................................371
13.2.4　苗木表的制作.................................372
13.3　区域道路绿化图综合实例.................372
13.3.1　绘图前准备与设置.........................373
13.3.2　绘制B区道路轮廓线以及定位轴线...374
13.3.3　绘制B区道路绿化、亮化.............376
13.3.4　标注文字...380
13.4　上机实验...380

第14章　某学校校园附属绿地设计
　　　　综合实例...382
14.1　公共事业庭园绿地规划设计概述.....383
14.1.1　公共事业附属绿地的特点.............383
14.1.2　公共事业附属绿地的规划.............383
14.1.3　公共事业附属绿地的设计.............383
14.2　绘制某校园A区平面图.....................384
14.2.1　必要的设置.....................................385
14.2.2　辅助线的设置.................................385
14.2.3　绘制道路...386
14.2.4　绘制园林设施.................................391
14.2.5　绘制广场...395
14.2.6　标注尺寸...399
14.2.7　标注文字...401
14.2.8　绘制指北针.....................................403

14.3　绘制某校园 B 区平面图 404
　14.3.1　辅助线的设置 405
　14.3.2　绘制道路 406
　14.3.3　绘制园林设施 409
　14.3.4　标注尺寸 421
　14.3.5　标注文字 421
14.4　绘制某校园 A 区种植图 423
　14.4.1　必要的设置 424
　14.4.2　编辑旧文件 424
　14.4.3　植物的绘制 425
　14.4.4　标注文字 430
14.5　绘制某校园 B 区种植图 430
　14.5.1　编辑旧文件 431
　14.5.2　植物的绘制 432
　14.5.3　标注文字 433
14.6　苗木表的绘制 434
14.7　绘制某校园（局部）放线图 437
14.8　上机实验 440

第 15 章　社区公园设计 443
15.1　概述 444

15.2　社区公园地形的绘制 446
　15.2.1　绘图环境设置 446
　15.2.2　绘制基本地形和建筑 446
15.3　社区公园景区详图的绘制 448
　15.3.1　绘制公园设施一 448
　15.3.2　绘制公园设施二 450
　15.3.3　绘制公园设施三 453
　15.3.4　绘制公园设施四 454
　15.3.5　绘制公园设施五 456
　15.3.6　绘制公园设施六 459
　15.3.7　完善其他设施 459
15.4　社区公园辅助设施的绘制 461
　15.4.1　辅助设施绘制 461
　15.4.2　分区线和指引箭头绘制 462
　15.4.3　社区公园景区植物的配置 463
　15.4.4　社区公园景区文字说明 464
15.5　上机实验 466

附录 A 469

模拟考试答案 474

第 1 篇

基础知识篇

本篇主要介绍园林设计的基本理论和 AutoCAD 2017 的基础知识。

通过本篇的学习，读者将掌握 AutoCAD 制图技巧，为后面的 AutoCAD 园林设计学习打下初步的基础。

▶▶ AutoCAD 2017 入门

▶▶ 辅助绘图工具

▶▶ 二维绘制命令

▶▶ 编辑命令

▶▶ 复杂二维绘制与编辑命令

▶▶ 文字与尺寸标注

▶▶ 辅助工具

AutoCAD 2017 入门

本章学习 AutoCAD 2017 绘图的基本知识，了解如何设置图形的系统参数、样板图，熟悉如何创建新的图形文件、打开已有文件的方法等，为进入系统学习准备必要的前提知识。

1.1 操作环境简介

操作环境是指和本软件相关的操作界面、绘图系统设置等一些涉及软件的最基本的界面和参数。本节将进行简要介绍。

【预习重点】

☑ 安装软件，熟悉软件界面。

☑ 观察光标大小与绘图区颜色。

1.1.1 操作界面

AutoCAD 操作界面是 AutoCAD 显示、编辑图形的区域，一个完整的草图与注释操作界面如图 1-1 所示，包括标题栏、绘图区、十字光标、坐标系图标、命令行窗口、状态栏、布局标签和快速访问工具栏等。

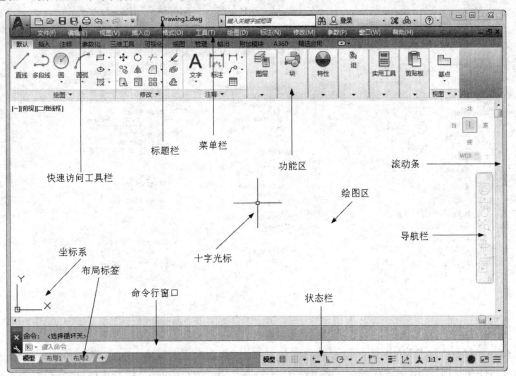

图 1-1 AutoCAD 2017 中文版的操作界面

注意

安装 AutoCAD 2017 后，默认的界面如图 1-2 所示，在绘图区中右击，将弹出快捷菜单，如图 1-3 所示，选择"选项"命令，打开"选项"对话框，选择"显示"选项卡，在"窗口元素"选项组中的"配色方案"下拉列表中选择"明"，如图 1-4 所示，单击"确定"按钮，退出对话框，其操作界面如图 1-1 所示。

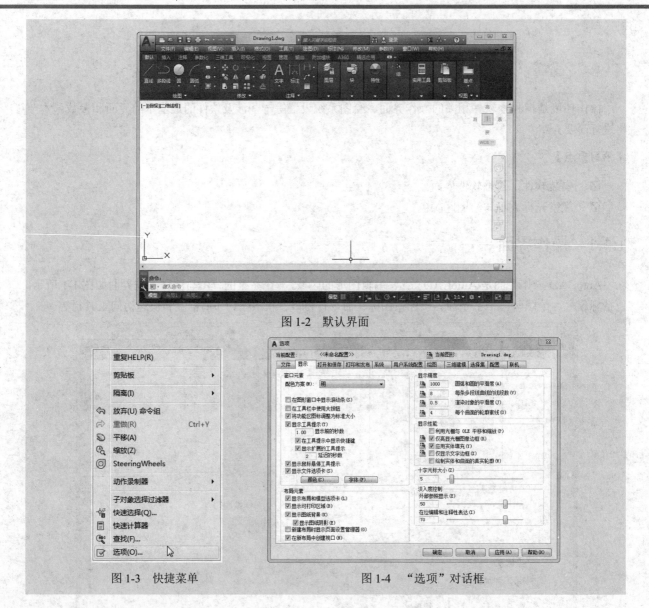

图 1-2　默认界面

图 1-3　快捷菜单　　　　　　　　　　图 1-4　"选项"对话框

1．标题栏

在 AutoCAD 2017 中文版操作界面的最上端是标题栏。在标题栏中，显示了系统当前正在运行的应用程序（AutoCAD 2017）和用户正在使用的图形文件。在第一次启动 AutoCAD 2017 时，在标题栏中将显示 AutoCAD 2017 在启动时创建并打开的图形文件的名称"Drawing1.dwg"，如图 1-1 所示。

注意 需要将 AutoCAD 的工作空间切换到"草图与注释"模式下（单击操作界面右下角中的"切换工作空间"按钮，在弹出的菜单中选择"草图与注释"命令），才能显示如图 1-1 所示的操作界面。本书中所有操作均在"草图与注释"模式下进行。

2. 菜单栏

在 AutoCAD"快速访问"工具栏处调出菜单栏，如图 1-5 所示，调出后的菜单栏如图 1-6 所示。同其他 Windows 程序一样，AutoCAD 的菜单也是下拉形式的，并在菜单中包含子菜单。AutoCAD 的菜单栏中包含 12 个菜单："文件"、"编辑"、"视图"、"插入"、"格式"、"工具"、"绘图"、"标注"、"修改"、"参数"、"窗口"和"帮助"，这些菜单几乎包含了 AutoCAD 的所有绘图命令，后面的章节将对这些菜单功能作详细的讲解。一般来讲，AutoCAD 下拉菜单中的命令有以下 3 种。

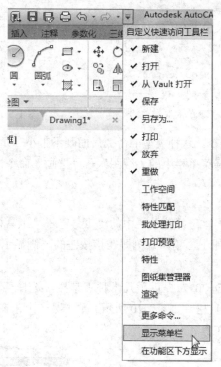

图 1-5　调出菜单栏

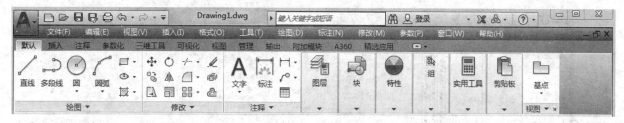

图 1-6　菜单栏显示界面

（1）带有子菜单的菜单命令。这种类型的菜单命令后面带有小三角形。例如，选择菜单栏中的"绘图"命令，指向其下拉菜单中的"圆"命令，系统就会进一步显示出"圆"子菜单中所包含的命令，如图 1-7 所示。

（2）打开对话框的菜单命令。这种类型的命令后面带有省略号。例如，选择菜单栏中的"格式"→"表格样式"命令，如图 1-8 所示，系统就会打开"表格样式"对话框，如图 1-9 所示。

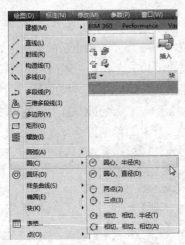

图 1-7　带有子菜单的菜单命令　　　　　　　　图 1-8　打开对话框的菜单命令

（3）直接执行操作的菜单命令。这种类型的命令后面既不带小三角形，也不带省略号，选择该命令将直接进行相应的操作。例如，选择菜单栏中的"视图"→"重画"命令，系统将刷新显示所有视口。

3．工具栏

工具栏是一组按钮工具的集合，选择菜单栏中的"工具"→"工具栏"→AutoCAD 命令，调出所需要的工具栏，把光标移动到某个按钮上，稍停片刻即在该按钮的一侧显示相应的功能提示，此时，单击按钮就可以启动相应的命令。

（1）设置工具栏。AutoCAD 2017 提供了几十种工具栏，选择菜单栏中的"工具"→"工具栏"→AutoCAD 命令，调出所需要的工具栏，如图 1-10 所示。单击某一个未在界面显示的工具栏名，系统自动在界面打开该工具栏；反之，关闭工具栏。

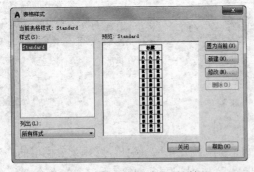

图 1-9　"表格样式"对话框　　　　　　　　　图 1-10　调出工具栏

（2）工具栏的"固定"、"浮动"与"打开"。工具栏可以在绘图区"浮动"显示（如图 1-11 所示），此时显示该工具栏标题，并可关闭该工具栏，可以拖动浮动工具栏到绘图区边界，使它变为固定工具栏，此时该工具栏标题隐藏。也可以把固定工具栏拖出，使它成为浮动工具栏。

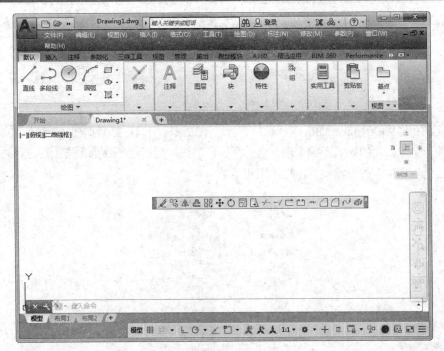

图 1-11　浮动工具栏

　　有些工具栏按钮的右下角带有一个小三角，单击会打开相应的工具栏，将光标移动到某一按钮上并单击，该按钮就变为当前显示的按钮。单击当前显示的按钮，即可执行相应的命令（如图 1-12 所示）。

图 1-12　打开工具栏

4．快速访问工具栏和交互信息工具栏

　　（1）快速访问工具栏。该工具栏包括"新建"、"打开"、"保存"、"另存为"、"打印"、"放弃"和"重做"等几个最常用的工具按钮。用户也可以单击此工具栏后面的小三角下拉按钮选择需要的常用工具。

　　（2）交互信息工具栏。该工具栏包括"搜索"、"Autodesk A360"、"Autodesk Exchange 应用程序"、"保持连接"和"帮助"等几个常用的数据交互访问工具按钮。

5．功能区

　　在默认情况下，功能区包括"默认"选项卡、"插入"选项卡、"注释"选项卡、"参数化"选项卡、"视图"选项卡、"管理"选项卡、"输出"选项卡、"附加模块"选项卡、A360 选项卡以及"精选应用"选项卡，如图 1-13 所示（所有的选项卡显示面板如图 1-14 所示）。每个选项卡集成了相关的操作工具，方便了用户的使用。用户可以单击功能区选项后面的 ▣ 按钮控制功能的展开与收缩。

图 1-13　默认情况下出现的选项卡

图 1-14　所有的选项卡

（1）设置选项卡。将光标放在面板中任意位置处，单击鼠标右键，打开如图 1-15 所示的快捷菜单。用鼠标左键单击某一个未在功能区显示的选项卡名，系统自动在功能区打开该选项卡；反之，关闭选项卡（调出面板的方法与调出选项卡的方法类似，这里不再赘述）。

图 1-15　快捷菜单

（2）选项卡中面板的"固定"与"浮动"。面板可以在绘图区"浮动"（如图 1-16 所示），将鼠标放到浮动面板的右上角位置处，显示"将面板返回到功能区"，如图 1-17 所示。鼠标左键单击此处，使它变为固定面板。也可以把固定面板拖出，使它成为浮动面板。

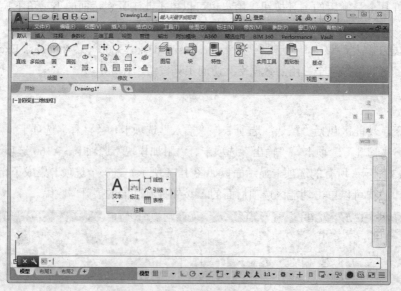

图 1-16　浮动面板

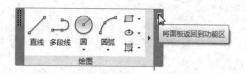

图 1-17　"绘图"面板

【执行方式】

☑　命令行：RIBBON（或 RIBBONCLOSE）。

☑　菜单栏：选择菜单栏中的"工具"→"选项板"→"功能区"命令。

6．绘图区

绘图区是指在功能区下方的大片空白区域，绘图区是用户使用 AutoCAD 绘制图形的区域，用户要完成一幅设计图形，其主要工作都是在绘图区中完成。

7．坐标系图标

在绘图区的左下角，有一个箭头指向的图标，称之为坐标系图标，表示用户绘图时正使用的坐标系样式。坐标系图标的作用是为点的坐标确定一个参照系。根据工作需要，用户可以选择将其关闭。

【执行方式】

☑　命令行：UCSICON。

☑　菜单栏：选择菜单栏中的"视图"→"显示"→"UCS 图标"→"开"命令，如图 1-18 所示。

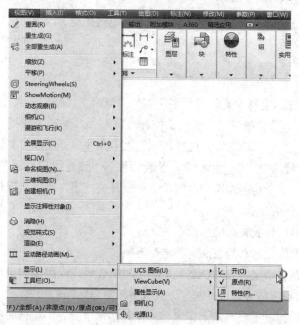

图 1-18　"视图"菜单

8. 命令行窗口

命令行窗口是输入命令名和显示命令提示的区域，默认命令行窗口布置在绘图区下方，由若干文本行构成。对命令行窗口，有以下几点需要说明。

（1）移动拆分条，可以扩大和缩小命令行窗口。

（2）可以拖动命令行窗口，布置在绘图区的其他位置。默认情况下在图形区的下方。

（3）对当前命令行窗口中输入的内容，可以按 F2 键用文本编辑的方法进行编辑，如图 1-19 所示。AutoCAD 文本窗口和命令行窗口相似，可以显示当前 AutoCAD 进程中命令的输入和执行过程。在执行 AutoCAD 某些命令时，会自动切换到文本窗口，列出有关信息。

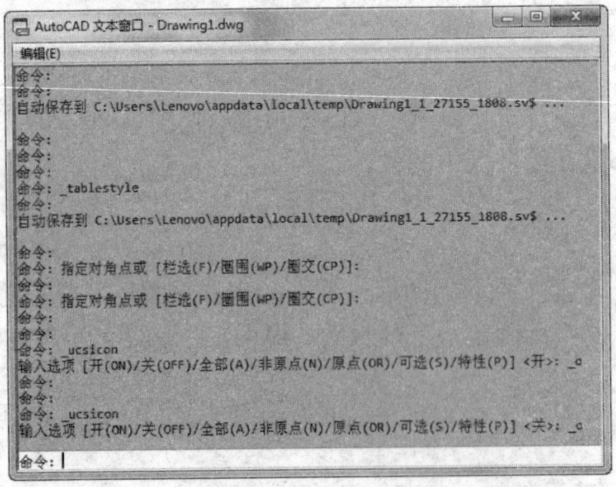

图 1-19　文本窗口

（4）AutoCAD 通过命令行窗口反馈各种信息，也包括出错信息，因此，用户要时刻关注在命令行窗口中出现的信息。

9. 状态栏

状态栏在屏幕的底部，依次有"坐标""模型空间""栅格""捕捉模式""推断约束""动态输入""正交模式""极轴追踪""等轴测草图""对象捕捉追踪""二维对象捕捉""线宽""透明度""选择循环""三维对象捕捉""动态 UCS""选择过滤""小控件""注释可见性""自动缩放""注释比例""切换工作空间""注释监视器""单位""快捷特性""锁定用户界面""隔离对象""硬件加速""全屏显示""自定义"等 30 个功能按钮。左键单击部分开关按钮，可以实现这些功能的开关。通过部分按钮也可以控制图形或绘图区的状态。

（1）坐标：显示工作区鼠标放置点的坐标。

（2）模型空间：在模型空间与布局空间之间进行转换。

（3）栅格：栅格是覆盖整个坐标系（UCS）XY 平面的直线或点组成的矩形图案。使用栅格类似于在图形下放置一张坐标纸。利用栅格可以对齐对象并直观显示对象之间的距离。

（4）捕捉模式：对象捕捉对于在对象上指定精确位置非常重要。不论何时提示输入点，都可以指定对象捕捉。默认情况下，当光标移到对象的对象捕捉位置时，将显示标记和工具提示。

（5）推断约束：自动在正在创建或编辑的对象与对象捕捉的关联对象或点之间应用约束。

注意　默认情况下，状态栏上不会显示所有工具，可以通过单击状态栏上最右侧的"自定义"按钮 ，在打开的菜单中选择要添加到状态栏中的工具。状态栏上显示的工具可能会发生变化，具体取决于当前的工作空间以及当前显示的是"模型"选项卡还是"布局"选项卡。下面对状态栏上的部分按钮做简单介绍，如图 1-20 所示。

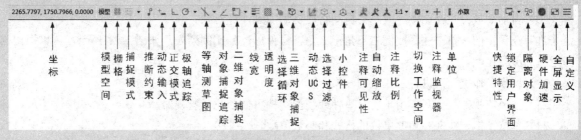

图 1-20　状态栏

（6）动态输入：在光标附近显示出一个提示框（称之为"工具提示"），工具提示中显示出对应的命令提示和光标的当前坐标值。

（7）正交模式：将光标限制在水平或垂直方向上移动，以便于精确地创建和修改对象。当创建或移动对象时，可以使用"正交"模式将光标限制在相对于用户坐标系（UCS）的水平或垂直方向上。

（8）极轴追踪：使用极轴追踪，光标将按指定角度进行移动。创建或修改对象时，可以使用"极轴追踪"来显示由指定的极轴角度所定义的临时对齐路径。

（9）等轴测草图：通过设定"等轴测捕捉/栅格"，可以很容易地沿 3 个等轴测平面之一对齐对象。尽管等轴测图形看似三维图形，但它实际上是由二维图形表示。因此不能期望提取三维距离和面积、从不同视点显示对象或自动消除隐藏线。

（10）对象捕捉追踪：使用对象捕捉追踪，可以沿着基于对象捕捉点的对齐路径进行追踪。已获取的点将显示一个小加号（+），一次最多可以获取 7 个追踪点。获取点之后，在绘图路径上移动光标，将显示相对于获取点的水平、垂直或极轴对齐路径。例如，可以基于对象端点、中点或者对象的交点，沿着某个路径选择一点。

（11）二维对象捕捉：使用执行对象捕捉设置（也称为对象捕捉），可以在对象上的精确位置指定捕捉点。选择多个选项后，将应用选定的捕捉模式，以返回距离靶框中心最近的点。按 Tab 键以在这些选项之间循环。

（12）线宽：分别显示对象所在图层中设置的不同宽度，而不是统一线宽。

（13）透明度：使用该命令，调整绘图对象显示的明暗程度。

（14）选择循环：当一个对象与其他对象彼此接近或重叠时，准确地选择某一个对象是很困难的，使用选择循环的命令，单击鼠标左键，弹出"选择集"列表框，里面列出了鼠标点击过的图形，然后在列表中选择所需的对象。

（15）三维对象捕捉：三维中的对象捕捉与在二维中工作的方式类似，不同之处在于在三维中可以投影对象捕捉。

（16）动态 UCS：在创建对象时使 UCS 的 XY 平面自动与实体模型上的平面临时对齐。

（17）选择过滤：根据对象特性或对象类型对选择集进行过滤。当按下图标后，只选择满足指定条件的对象，其他对象将被排除在选择集之外。

（18）小控件：帮助用户沿三维轴或平面移动、旋转或缩放一组对象。

（19）注释可见性：当图标亮显时表示显示所有比例的注释性对象；当图标变暗时表示仅显示当前比例的注释性对象。

（20）自动缩放：注释比例更改时，自动将比例添加到注释对象。

（21）注释比例：单击注释比例右下角小三角符号弹出注释比例列表，如图 1-21 所示，可以根据需要选择适当的注释比例。

（22）切换工作空间：进行工作空间转换。

（23）注释监视器：打开仅用于所有事件或模型文档事件的注释监视器。

（24）单位：指定线性和角度单位的格式和小数位数。

（25）快捷特性：控制快捷特性面板的使用与禁用。

（26）锁定用户界面：单击该按钮，锁定工具栏、面板和可固定窗口的位置和大小。

（27）隔离对象：当选择隔离对象时，在当前视图中显示选定对象。所有其他对象都暂时隐藏；当选择隐藏对象时，在当前视图中暂时隐藏选定对象。所有其他对象都可见。

（28）硬件加速：设定图形卡的驱动程序以及设置硬件加速的选项。

（29）全屏显示：该选项可以清除 Windows 窗口中的标题栏、功能区和选项板等界面元素，使 AutoCAD 的绘图窗口全屏显示，如图 1-22 所示。

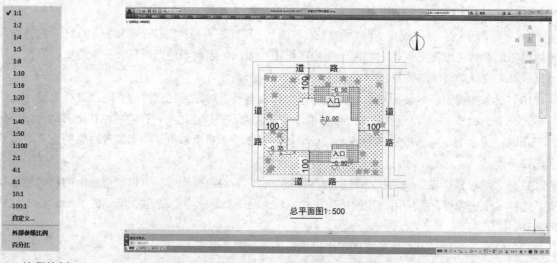

图 1-21　注释比例　　　　　　　　　　　　　图 1-22　全屏显示

（30）自定义：状态栏可以提供重要信息，而无须中断工作流。使用 MODEMACRO 系统变量可将应用程序所能识别的大多数数据显示在状态栏中。使用该系统变量的计算、判断和编辑功能可以完全按照用户的要求构造状态栏。

10．布局标签

AutoCAD 系统默认设定一个"模型"空间和"布局 1""布局 2"两个图样空间布局标签。在这里有两个概念需要解释一下。

（1）布局。布局是系统为绘图设置的一种环境，包括图样大小、尺寸单位、角度设定、数值精确度等，在系统预设的 3 个标签中，这些环境变量都按默认设置。用户根据实际需要改变这些变量的值，在此暂且从略。用户也可以根据需要设置符合自己要求的新标签。

（2）模型。AutoCAD 的空间分模型空间和图样空间两种。模型空间是通常绘图的环境，而在图样空间中，用户可以创建叫作"浮动视口"的区域，以不同视图显示所绘图形。用户可以在图样空间中调整浮动视口并决定所包含视图的缩放比例。如果用户选择图样空间，可打印多个视图，也可以打印任意布局的视图。AutoCAD 系统默认打开模型空间，用户可以通过单击操作界面下方的布局标签，选择需要的布局。

11．光标大小

在绘图区中，有一个作用类似光标的"十"字线，其交点坐标反映了光标在当前坐标系中的位置。在 AutoCAD 中，将该"十"字线称为光标，如图 1-1 中所示。

贴心小帮手

AutoCAD 通过光标坐标值显示当前点的位置。光标的方向与当前用户坐标系的 X、Y 轴方向平行，光标的长度系统预设为绘图区大小的 5%，用户可以根据绘图的实际需要修改其大小。

【操作实践——设置十字光标大小】

（1）选择菜单栏中的"工具"→"选项"命令，打开"选项"对话框。

（2）选择"显示"选项卡，在"十字光标大小"文本框中直接输入数值，或拖动文本框后面的滑块，即可对十字光标的大小进行调整，如图 1-23 所示。

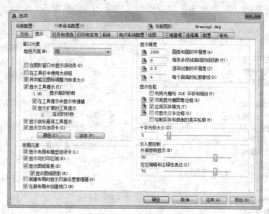

图 1-23　"显示"选项卡

此外，还可以通过设置系统变量 CURSORSIZE 的值，修改其大小，命令行提示与操作如下：

```
命令:CURSORSIZE↙
输入 CURSORSIZE 的新值 <5>: 5↙
```

在提示下输入新值即可修改光标大小，默认值为 5%。

1.1.2　绘图系统

每台计算机所使用的显示器、输入设备和输出设备的类型不同，用户喜好的风格及计算机的目录设置也不同。一般来讲，使用 AutoCAD 2017 的默认配置就可以绘图，但为了使用用户的定点设备或打印机，以及提高绘图的效率，推荐用户在开始作图前先进行必要的配置。

【执行方式】

- ☑　命令行：PREFERENCES。
- ☑　菜单栏：选择菜单栏中的"工具"→"选项"命令。
- ☑　快捷菜单：在绘图区右击，系统打开快捷菜单，如图 1-24 所示，选择"选项"命令。

【操作实践——设置绘图区的颜色】

图 1-24　快捷菜单

在默认情况下，AutoCAD 的绘图区是黑色背景、白色线条，这不符合大多数用户的习惯，因此修改绘图区颜色，是大多数用户都要进行的操作。下面进行操作练习。

（1）选择菜单栏中的"工具"→"选项"命令，打开"选项"对话框，选择如图 1-25 所示的"显示"选项卡，再单击"窗口元素"选项组中的"颜色"按钮，打开如图 1-26 所示的"图形窗口颜色"对话框。

（2）在"颜色"下拉列表框中，选择需要的窗口颜色，然后单击"应用并关闭"按钮，此时 AutoCAD 的绘图区就变换了背景色，通常按视觉习惯选择白色为窗口颜色。

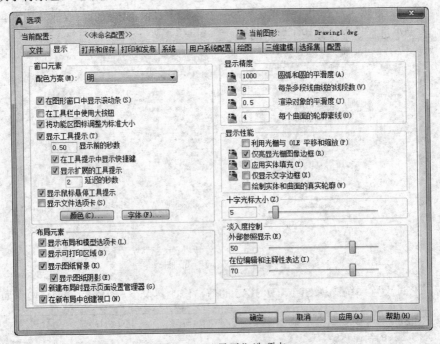

图 1-25　"显示"选项卡

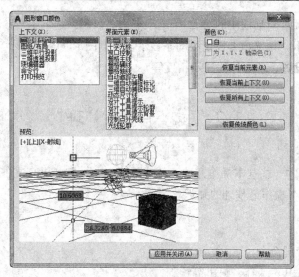

图 1-26　"图形窗口颜色"对话框

高手支招

设置实体显示精度时，请务必记住，显示质量越高，即精度越高，计算机计算的时间越长，建议不要将精度设置得太高，显示质量设定在一个合理的程度即可。

【选项说明】

执行"选项"命令后，系统打开"选项"对话框。用户可以在该对话框中设置有关选项，对绘图系统进行配置。下面就其中主要的两个选项卡做一下说明，其他配置选项，在后面用到时再做具体说明。

（1）系统配置。"选项"对话框中的第 5 个选项卡为"系统"选项卡，如图 1-27 所示。该选项卡用来设置 AutoCAD 系统的有关特性。其中"常规选项"选项组确定是否选择系统配置的有关基本选项。

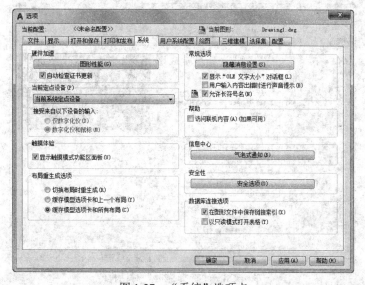

图 1-27　"系统"选项卡

（2）显示配置。"选项"对话框中的第 2 个选项卡为"显示"选项卡，该选项卡用于控制 AutoCAD 系统的外观，如图 1-25 所示。该选项卡设定滚动条显示与否、图形状态栏显示与否、绘图区颜色、光标大小、AutoCAD 的版面布局设置、各实体的显示精度等。

1.2 文 件 管 理

本节介绍有关文件管理的一些基本操作方法，包括新建文件、打开已有文件、保存文件、删除文件等，这些都是进行 AutoCAD 2017 操作最基础的知识。

【预习重点】

☑ 了解有几种文件管理命令。
☑ 简单练习新建、打开、保存、退出等绘制方法。

1.2.1 新建文件

【执行方式】

☑ 命令行：NEW。
☑ 菜单栏：选择菜单栏中的"文件"→"新建"命令。
☑ 工具栏：单击"标准"工具栏中的"新建"按钮。
☑ 快捷键：Ctrl+N。

【操作步骤】

执行上述操作后，系统打开如图 1-28 所示的"选择样板"对话框。

图 1-28 "选择样板"对话框

1.2.2　快速新建文件

如果用户不愿意每次新建文件时都选择样板文件，可以在系统中预先设置默认的样板文件，从而快速创建图形，该功能是开始创建新图形的最快捷方法。

【执行方式】

☑　命令行：QNEW。

【操作实践——快速创建图形设置】

要想运行快速创建图形功能，必须首先进行如下设置。

（1）在命令行中输入"FILEDIA"，按 Enter 键，设置系统变量为 1；在命令行中输入"STARTUP"，设置系统变量为 0。

（2）选择菜单栏中的"工具"→"选项"命令，弹出"选项"对话框，选择"文件"选项卡，单击"样板设置"前面的"+"，在展开的选项列表中选择"快速新建的默认样板文件名"选项，如图 1-29 所示。单击"浏览"按钮，打开"选择文件"对话框，然后选择需要的样板文件即可。

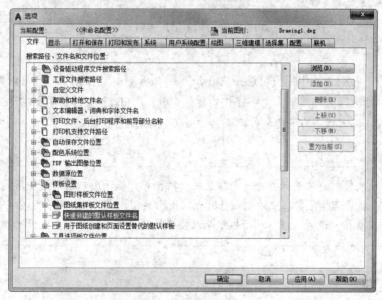

图 1-29　"文件"选项卡

1.2.3　打开文件

【执行方式】

☑　命令行：OPEN。

☑　菜单栏：选择菜单栏中的"文件"→"打开"命令。

☑　工具栏：单击"标准"工具栏中的"打开"按钮。

☑　快捷键：Ctrl+O。

【操作步骤】

执行上述操作后，打开"选择文件"对话框，如图 1-30 所示。

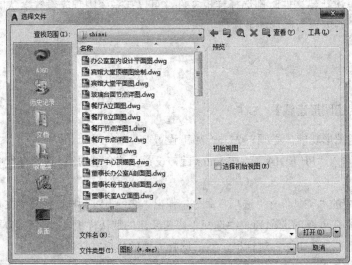

图 1-30　"选择文件"对话框

【选项说明】

在"文件类型"下拉列表框中用户可选择".dwg"、".dwt"、".dxf"和".dws"文件。".dws"文件是包含标准图层、标注样式、线型和文字样式的样板文件；".dxf"文件是用文本形式存储的图形文件，能够被其他程序读取，许多第三方应用软件都支持".dxf"格式。

🎓 高手支招

有时在打开.dwg 文件时，系统会打开一个信息提示对话框，提示用户图形文件不能打开，在这种情况下先退出打开操作，然后选择菜单栏中的"文件"→"图形实用工具"→"修复"命令，或在命令行中输入"RECOVER"，接着在"选择文件"对话框中输入要恢复的文件，确认后系统开始执行恢复文件操作。

1.2.4　保存文件

【执行方式】

- ☑ 命令行：QSAVE（或 SAVE）。
- ☑ 菜单栏：选择菜单栏中的"文件"→"保存"命令。
- ☑ 工具栏：单击"标准"工具栏中的"保存"按钮 。
- ☑ 快捷键：Ctrl+S。

【操作步骤】

执行上述操作后，若文件已命名，则系统自动保存文件，若文件未命名（即为默认名 drawing1.dwg），则系统打开"图形另存为"对话框，如图 1-31 所示，用户可以重新命名保存。在"保存于"下拉列表框中指定保存文件的路径，在"文件类型"下拉列表框中指定保存文件的类型，然后单击"保存"按钮即可保存。

图 1-31　"图形另存为"对话框

【操作实践——自动保存设置】

为了防止因意外操作或计算机系统故障导致正在绘制的图形文件丢失，可以对当前图形文件设置自动保存。操作步骤如下：

（1）在命令行中输入"SAVEFILEPATH"，按 Enter 键，设置所有自动保存文件的位置，如"D:\HU\"。

（2）在命令行中输入"SAVEFILE"，按 Enter 键，设置自动保存文件名。该系统变量存储的文件名文件是只读文件，用户可以从中查询自动保存的文件名。

（3）在命令行中输入"SAVETIME"，按 Enter 键，指定在使用自动保存时，多长时间保存一次图形，单位是"分"。

1.2.5　另存为

【执行方式】

☑　命令行：SAVEAS。

☑　菜单栏：选择菜单栏中的"文件"→"另存为"命令。

【操作步骤】

执行上述操作后，打开"图形另存为"对话框，如图 1-31 所示，系统用新的文件名保存，并为当前图形更名。

🎓 **高手支招**

系统打开"选择样板"对话框，在"文件类型"下拉列表框中有 4 种格式的图形样板，后缀分别是
".dwt"、".dwg"、".dws"和".dxf"。

1.2.6 退出

【执行方式】

- ☑ 命令行：QUIT 或 EXIT。
- ☑ 菜单栏：选择菜单栏中的"文件"→"关闭"命令。
- ☑ 按钮：单击 AutoCAD 操作界面右上角的"关闭"按钮✖。

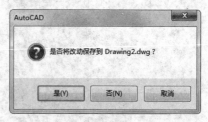

图 1-32　系统警告对话框

执行上述操作后，若用户对图形所做的修改尚未保存，则会打开
如图 1-32 所示的系统警告对话框。单击"是"按钮，系统将保存文件，
然后退出；单击"否"按钮，系统将不保存文件。若用户对图形所做
的修改已经保存，则直接退出。

1.3　基本绘图参数

绘制一幅图形时，需要设置一些基本参数，如图形单位、图幅界限等，这里简要进行介绍。

【预习重点】

- ☑ 了解基本参数概念。
- ☑ 熟悉参数设置命令使用方法。

1.3.1 设置图形单位

【执行方式】

- ☑ 命令行：DDUNITS（或 UNITS，快捷命令：UN）。
- ☑ 菜单栏：选择菜单栏中的"格式"→"单位"命令。

【操作步骤】

执行上述操作后，系统将打开"图形单位"对话框，如图 1-33 所示，该对话框用于定义单位和角
度格式。

【选项说明】

（1）"长度"与"角度"选项组：指定测量的长度与角度当前单位及精度。

（2）"插入时的缩放单位"选项组：控制插入到当前图形中的块和图形的测量单位。如果块或图形创

建时使用的单位与该选项指定的单位不同，则在插入这些块或图形时，将对其按比例进行缩放。插入比例是原块或图形使用的单位与目标图形使用的单位之比。如果插入块时不按指定单位缩放，则在其下拉列表框中选择"无单位"选项。

（3）"输出样例"选项组：显示用当前单位和角度设置的例子。

（4）"光源"选项组：控制当前图形中光度控制光源的强度测量单位。为创建和使用光度控制光源，必须从下拉列表框中指定非"常规"的单位。如果"插入比例"设置为"无单位"，则将显示警告信息，通知用户渲染输出可能不正确。

（5）"方向"按钮：单击该按钮，系统打开"方向控制"对话框，如图 1-34 所示，可进行方向控制设置。

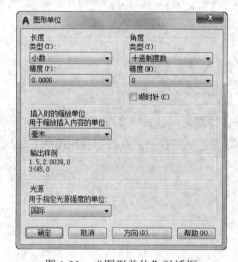

图 1-33　"图形单位"对话框

图 1-34　"方向控制"对话框

1.3.2　设置图形界限

【执行方式】

☑　命令行：LIMITS。

☑　菜单栏：选择菜单栏中的"格式"→"图形界限"命令。

【操作步骤】

命令:LIMITS↙
重新设置模型空间界限:
指定左下角点或 [开(ON)/关(OFF)] <0.0000,0.0000>:（输入图形边界左下角的坐标后按 Enter 键）
指定右上角点 <12.0000,90000>:（输入图形边界右上角的坐标后按 Enter 键）

【选项说明】

（1）开(ON)：使图形界限有效。系统在图形界限以外拾取的点将视为无效。

（2）关(OFF)：使图形界限无效。用户可以在图形界限以外拾取点或实体。

（3）动态输入角点坐标：可以直接在绘图区的动态文本框中输入角点坐标，输入了横坐标值后，按","

键，接着输入纵坐标值，如图 1-35 所示；也可以按光标位置直接单击，确定角点位置。

图 1-35　动态输入

✎ **举一反三**

> 在命令行中输入坐标时，请检查此时的输入法是否是英文输入。如果是中文输入法，例如输入"150，20"，则由于逗号"，"的原因，系统会认定该坐标输入无效。这时，只需将输入法改为英文即可。

1.4　基本输入操作

绘制图形的要点在于快、准。即图形尺寸绘制准确、绘图时间锐减。本节主要介绍不同命令的操作方法，读者在后面章节学习绘图命令时，尽可能掌握多种方法，从中找出适合自己且快速的方法。

【预习重点】

☑　了解基本输入方法。

1.4.1　命令输入方式

AutoCAD 交互绘图必须输入必要的指令和参数。有多种 AutoCAD 命令输入方式，下面以画直线为例，介绍命令输入方式。

（1）在命令行输入命令名。命令字符可不区分大小写，例如，命令"LINE"。执行命令时，在命令行提示中经常会出现命令选项。在命令行输入绘制直线命令"LINE"后，命令行提示与操作如下：

```
命令: LINE↙
指定第一个点:在绘图区指定一点或输入一个点的坐标
指定下一点或 [放弃(U)]: ↙
```

命令行中不带括号的提示为默认选项（如上面的"指定下一点或"），因此可以直接输入直线段的起点坐标或在绘图区指定一点，如果要选择其他选项，则应该首先输入该选项的标识字符，如"放弃"选项的标识字符"U"，然后按系统提示输入数据即可。在命令选项的后面有时还带有尖括号，尖括号内的数值为默认数值。

（2）在命令行输入命令缩写字。如 L（Line）、C（Circle）、A（Arc）、Z（Zoom）、R（Redraw）、M（Move）、CO（Copy）、PL（Pline）和 E（Erase）等。

（3）选择"绘图"菜单栏中对应的命令，在命令行窗口中可以看到对应的命令说明及命令名。

（4）单击"绘图"工具栏中对应的按钮，在命令行窗口中也可以看到对应的命令说明及命令名。

（5）在命令行打开快捷菜单。如果在前面刚使用过要输入的命令，可以在绘图区域右击，打开快捷菜单，在"最近的输入"子菜单中选择需要的命令，如图 1-36 所示。"最近的输入"子菜单中存储最近使用的几个命令，如果经常重复使用的命令，这种方法就比较简捷。

（6）在绘图区右击。如果用户要重复使用上次使用的命令，可以直接在绘图区右击，系统立即重复执行上次使用的命令，这种方法适用于重复执行某个命令。

图 1-36　命令行快捷菜单

1.4.2　命令的重复、撤销、重做

1. 命令的重复

按 Enter 键，可重复调用上一个命令，不管上一个命令是完成了还是被取消了。

2. 命令的撤销

在命令执行的任何时刻都可以取消和终止命令的执行。

【执行方式】

- ☑ 命令行：UNDO。
- ☑ 菜单栏：选择菜单栏中的"编辑"→"放弃"命令。
- ☑ 快捷键：Esc。

3. 命令的重做

已被撤销的命令要恢复重做，可以恢复撤销的最后一个命令。

【执行方式】

- ☑ 命令行：REDO（快捷命令：RE）。
- ☑ 菜单栏：选择菜单栏中的"编辑"→"重做"命令。
- ☑ 快捷键：Ctrl+Y。

AutoCAD 2017 可以一次执行多重放弃和重做操作。单击"快速访问"工具栏中的"放弃"按钮 或"重做"按钮 后面的小三角，可以选择要放弃或重做的操作，如图 1-37 所示。

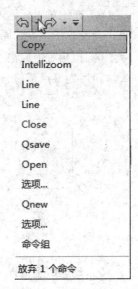

图 1-37　多重放弃选项

1.4.3　命令执行方式

有的命令有两种执行方式，即通过对话框或通过命令行输入命令。如指定使用命令行方式，可以在命令名前加短划线来表示，如"-LAYER"表示用命令行方式执行"图层"命令。而如果在命令行中输入"LAYER"，系统则会打开"图层特性管理器"对话框。

另外，有些命令同时存在命令行、菜单栏和工具栏 3 种执行方式，这时如果选择菜单栏或工具栏方式，命令行会显示该命令，并在前面加一下划线。例如，通过菜单或工具栏方式执行"直线"命令时，命令行会显示"_line"，命令的执行过程与结果与命令行方式相同。

1.4.4 数据输入法

1. 坐标输入方式

在 AutoCAD 2017 中，点的坐标可以用直角坐标、极坐标、球面坐标和柱面坐标表示，每一种坐标又分别具有两种坐标输入方式，即绝对坐标和相对坐标。其中直角坐标和极坐标最为常用，具体输入方法如下。

（1）直角坐标法

直角坐标法是用点 X、Y 坐标值表示的坐标。

在命令行中输入点的坐标"15,18"，则表示输入了一个 X、Y 的坐标值分别为 15、18 的点，此为绝对坐标输入方式，表示该点的坐标是相对于当前坐标原点的坐标值，如图 1-38（a）所示。如果输入"@10,20"，则为相对坐标输入方式，表示该点的坐标是相对于前一点的坐标值，如图 1-38（b）所示。

（2）极坐标法

极坐标法是用长度和角度表示的坐标，只能用来表示二维点的坐标。

① 在绝对坐标输入方式下，表示为"长度<角度"，如"25<50"，其中长度表示该点到坐标原点的距离，角度表示该点到原点的连线与 X 轴正向的夹角，如图 1-38（c）所示。

② 在相对坐标输入方式下，表示为"@长度<角度"，如"@25<45"，其中长度为该点到前一点的距离，角度为该点至前一点的连线与 X 轴正向的夹角，如图 1-38（d）所示。

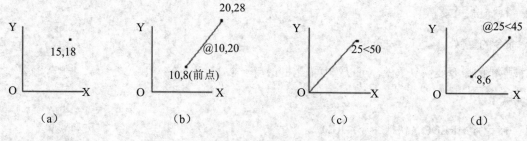

图 1-38　数据输入方法

2. 动态数据输入

单击状态栏中的"动态输入"按钮 +□，系统打开动态输入功能，可以在绘图区动态地输入某些参数数据。例如，绘制直线时，在光标附近，会动态地显示"指定第一个角点或"，以及后面的坐标框。当前坐标框中显示的是目前光标所在位置，可以输入数据，两个数据之间以逗号隔开，如图 1-39 所示。指定第一点后，系统动态显示直线的角度，同时要求输入线段长度值，如图 1-40 所示，其输入效果与"@长度<角度"方式相同。

下面分别介绍点与距离值的输入方法。

（1）点的输入

在绘图过程中，常需要输入点的位置，AutoCAD 提供了如下几种输入点的方式。

① 用键盘直接在命令行输入点的坐标。直角坐标有两种输入方式："x,y"（点的绝对坐标值，如"100,50"）和"@x,y"（相对于上一点的相对坐标值，如"@50,-30"）。

极坐标的输入方式为"长度<角度"（其中，长度为点到坐标原点的距离，角度为原点至该点连线与 X 轴的正向夹角，如"20<45"）或"@长度<角度"（相对于上一点的相对极坐标，如"@50<-30"）。

图 1-39　动态输入坐标值

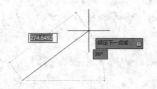

图 1-40　动态输入长度值

② 用鼠标等定标设备移动光标，在绘图区单击直接取点。

③ 用目标捕捉方式捕捉绘图区已有图形的特殊点（如端点、中点、中心点、插入点、交点、切点、垂足点等）。

④ 直接输入距离。先拖拉出直线以确定方向，然后用键盘输入距离。这样有利于准确控制对象的长度。

（2）距离值的输入

在 AutoCAD 命令中，有时需要提供高度、宽度、半径、长度等表示距离的值。AutoCAD 系统提供了两种输入距离值的方式：一种是用键盘在命令行中直接输入数值；另一种是在绘图区选择两点，以两点的距离值确定出所需数值。

【操作实践——绘制线段】

利用命令行输入长度绘制线段，结果如图 1-41 所示。操作步骤如下：

（1）单击"默认"选项卡"绘图"面板中的"直线"按钮／，绘制长度为 10mm 的直线。

（2）这时在绘图区移动光标指明线段的方向，但不要单击鼠标，然后在命令行中输入"10"，这样就在指定方向上准确地绘制了长度为 10mm 的线段，如图 1-41 所示。

图 1-41　绘制直线

1.5　综合演练——样板图绘图环境设置

本实例设置如图 1-42 所示的样板图文件绘图环境。

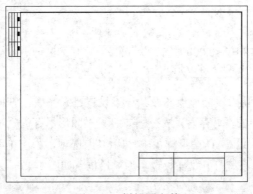

图 1-42　样板图文件

🎩 手把手教你学

> 绘制的大体顺序是先打开 ".dwg" 格式的图形文件，设置图形单位与图形界限，最后将设置好的文件保存成 ".dwt" 格式的样板图文件。绘制过程中要用到打开、单位、图形界限和保存等命令。

（1）打开文件。单击"快速访问"工具栏中的"打开"按钮☞，打开源文件目录下的"\第 1 章\A3 图框样板图.dwg"文件。

（2）设置单位。选择菜单栏中的"格式"→"单位"命令，AutoCAD 打开"图形单位"对话框，如图 1-43 所示。设置"长度"的"类型"为"小数"，"精度"为 0；"角度"的"类型"为"十进制度数"，"精度"为 0，系统默认逆时针方向为正，"用于缩放插入内容的单位"设置为"毫米"。

图 1-43 "图形单位"对话框

（3）设置图形边界。国标对图纸的幅面大小做了严格规定，如表 1-1 所示。

表 1-1 图幅国家标准（GB/T 14689—2008）

幅面代号	A0	A1	A2	A3	A4
宽×长/（mm×mm）	841×1189	594×841	420×594	297×420	210×297

在这里，不妨按国标 A3 图纸幅面设置图形边界。A3 图纸的幅面为 420mm×297mm。

选择菜单栏中的"格式"→"图形界限"命令，设置图幅，命令行提示与操作如下：

命令: LIMITS✓
重新设置模型空间界限:
指定左下角点或 [开(ON)/关(OFF)] <0.0000,0.0000>:0,0✓
指定右上角点 <420.0000,297.0000>: 420,297✓

（4）保存成样板图文件。现阶段的样板图及其环境设置已经完成，先将其保存成样板图文件。

单击"快速访问"工具栏中的"另存为"按钮🖫，打开"图形另存为"对话框，如图 1-44 所示。在"文件类型"下拉列表框中选择"AutoCAD 图形样板（*.dwt）"选项，如图 1-44 所示，输入文件名"A3 建筑样板图"，单击"保存"按钮，系统打开"样板选项"对话框，如图 1-45 所示，接受默认的设置，单击"确定"按钮，保存文件。

图 1-44　保存样板图

图 1-45　样板选项

1.6　名师点拨——图形基本设置技巧

1. 复制图形粘贴后总是离得很远怎么办

复制时使用带基点复制：选择菜单栏中的"编辑"→"带基点复制"命令。

2. CAD 命令三键还原的方法是什么

如果 CAD 中的系统变量被人无意更改或一些参数被人有意调整了可以进行以下设置：

选择"选项"→"配置"→"重置"命令，即可恢复。但恢复后，有些选项还需要一些调整，例如十字光标的大小等。

3. 文件安全保护具体的设置方法是什么

（1）右击 CAD 工作区的空白处，在弹出的快捷菜单中选择"选项"命令，弹出"选项"对话框，选择"打开和保存"选项卡。

（2）单击"打开和保存"选项卡中的"安全选项"按钮，打开"安全选项"对话框，用户可以在文本框中输入口令进行密码设置，再次打开该文件时将出现密码提示。

如果忘了密码文件就永远也打不开了，所以加密之前最好先备份文件。

1.7　上机实验

【练习 1】设置绘图环境。

1. 目的要求

任何一个图形文件都有一个特定的绘图环境，包括图形边界、绘图单位、角度等。设置绘图环境通常有两种方法：设置向导与单独的命令设置方法。通过学习设置绘图环境，可以促进读者对图形总体环境的认识。

2．操作提示

（1）单击"快速访问"工具栏中的"新建"按钮 ，系统打开"选择样板"对话框，单击"打开"按钮，进入绘图界面。

（2）选择菜单栏中的"格式"→"图形界限"命令，设置界限为"（0,0），（297,210）"，在命令行中可以重新设置模型空间界限。

（3）选择菜单栏中的"格式"→"单位"命令，系统打开"图形单位"对话框，设置"长度"的"类型"为"小数"，"精度"为"0.00"；"角度"的"类型"为"十进制度数"，"精度"为"0"；"用于缩放插入内容的单位"为"毫米"，"用于指定光源强度的单位"为"国际"；角度方向为"顺时针"。

（4）选择菜单栏中的"工具"→"工作空间"→"草图与注释"命令，进入工作空间。

【练习2】熟悉操作界面。

1．目的要求

操作界面是用户绘制图形的平台，操作界面的各个部分都有其独特的功能，熟悉操作界面有助于用户方便快速地进行绘图。本例要求了解操作界面各部分功能，掌握改变绘图区颜色和光标大小的方法，能够熟练地打开、移动、关闭工具栏。

2．操作提示

（1）启动 AutoCAD 2017，进入操作界面。

（2）调整操作界面大小。

（3）设置绘图区颜色与光标大小。

（4）打开、移动、关闭工具栏。

（5）尝试同时利用命令行、菜单命令、功能区和工具栏绘制一条线段。

【练习3】管理图形文件。

1．目的要求

图形文件管理包括文件的新建、打开、保存、加密、退出等。本例要求读者熟练掌握 DWG 文件的赋名保存、自动保存、加密及打开的方法。

2．操作提示

（1）启动 AutoCAD 2017，进入操作界面。

（2）打开一幅已经保存过的图形。

（3）进行自动保存设置。

（4）尝试在图形上绘制任意图线。

（5）将图形以新的名称保存。

（6）退出该图形。

1.8　模　拟　考　试

1．以下哪种打开方式不存在？（　　　）

　　A．以只读方式打开　　　　　B．局部打开　　　C．以只读方式局部打开　　D．参照打开

2．正常退出 AutoCAD 的方法有（　　　）。

　　A．QUIT 命令　　　　　　　　　　　　　B．EXIT 命令

　　C．单击屏幕右上角的"关闭"按钮　　　　D．直接关机

3．*BMP 文件可以通过哪种方式创建？（　　　）

　　A．选择"文件"→"保存"命令　　　　　B．选择"文件"→"另存为"命令

　　C．选择"文件"→"打印"命令　　　　　D．选择"文件"→"输出"命令

4．在日常工作中贯彻办公和绘图标准时，下列哪种方式最为有效？（　　　）

　　A．应用典型的图形文件　　　　　　　　B．应用模板文件

　　C．重复利用已有的二维绘图文件　　　　D．在"启动"对话框中选取公制

5．重复使用刚执行的命令，按什么键？（　　　）

　　A．Ctrl　　　　　　　B．Alt　　　　　　C．Enter　　　　　　　D．Shift

6．如果想要改变绘图区域的背景颜色，应该如何做？（　　　）

　　A．在"选项"对话框的"显示"选项卡的"窗口元素"选项组中，单击"颜色"按钮，在弹出的
　　　　对话框中进行修改

　　B．在 Windows 的"显示属性"对话框的"外观"选项卡中单击"高级"按钮，在弹出的对话框中
　　　　进行修改

　　C．修改 SETCOLOR 变量的值

　　D．在"特性"面板的"常规"选项组中，修改"颜色"值

7．自动保存文件"D1_1_2_2013.sv$"，其中"2013"表示什么意思？（　　　）

　　A．保存的年份　　　　　　　　　　　　B．保存文件的版本格式

　　C．随机数字　　　　　　　　　　　　　D．图形文件名

8．要把一个文档的部分图形复制到另外一个文档，最佳的操作方法是（　　　）。

　　A．在原文档按 Ctrl+C 快捷键选择要复制的图形，在目标文档按 Ctrl+V 快捷键粘贴

　　B．把原文档的图形制作成图块，在目标图形中插入

　　C．在原文档按 Ctrl+P 快捷键选择要复制的图形，在目标文档按 Ctrl+L 快捷键粘贴

　　D．在原文档按 Ctrl+V 快捷键选择要复制的图形，在目标文档按 Ctrl+C 快捷键粘贴

9．新建图纸，采用无样板打开-公制，默认布局图纸尺寸是（　　　）。

　　A．A4　　　　　　　　B．A3　　　　　　C．A2　　　　　　　　D．A1

10．在图形修复管理器中，以下哪个文件是由系统自动创建的自动保存文件？（　　　）

　　A．drawing1_1_1_6865.svs$　　　　　　B．drawing1_1_68656.svs$

　　C．drawing1_recovery.dwg　　　　　　　D．drawing1_1_1_6865.Bak

第2章

辅助绘图工具

为了快捷准确地绘制图形，AutoCAD 提供了多种必要的辅助绘图工具，如对象选择工具、对象捕捉工具、栅格、正交模式、缩放和平移工具等。利用这些工具，可以方便、迅速、准确地实现图形的绘制和编辑，不仅可提高工作效率，而且能更好地保证图形的质量。本章将介绍捕捉、栅格、正交、对象捕捉、对象追踪、极轴、动态输入、缩放和平移等知识。

2.1　精确定位工具

精确定位工具是指能够帮助用户快速、准确地定位某些特殊点（如端点、中点、圆心等）和特殊位置（如水平位置、垂直位置）的工具，如图 2-1 所示。

精确定位工具主要集中在状态栏上，如图 2-1 所示为默认状态下显示的状态栏按钮。

图 2-1　状态栏按钮

【预习重点】

- ☑　了解定位工具的应用。
- ☑　逐个对应各个按钮与命令的相互关系。
- ☑　练习正交、栅格、捕捉按钮的应用。

2.1.1　正交模式

在 AutoCAD 绘图过程中，经常需要绘制水平直线和垂直直线，但是用光标控制选择线段的端点时很难保证两个点严格沿水平或垂直方向，为此，AutoCAD 提供了正交功能，当启用正交模式时，画线或移动对象只能沿水平方向或垂直方向移动光标，也只能绘制平行于坐标轴的正交线段。

【执行方式】

- ☑　命令行：ORTHO。
- ☑　状态栏：单击状态栏中的"正交模式"按钮 ∟。
- ☑　快捷键：F8（仅限于打开与关闭）。

【操作步骤】

```
命令: ORTHO↙
输入模式 [开(ON)/关(OFF)] <开>:（设置开或关）
```

高手支招

> "正交"模式必须依托于其他绘图工具，才能显示其功能效果。

2.1.2　栅格显示

用户可以应用栅格显示工具使绘图区显示网格，它是一个形象的画图工具，就像传统的坐标纸一样。本节介绍控制栅格显示及设置栅格参数的方法。

【执行方式】

- ☑　菜单栏：选择菜单栏中的"工具"→"绘图设置"命令。

☑ 状态栏：单击状态栏中的"栅格显示"按钮 ▦（仅限于打开与关闭）。

☑ 快捷键：F7（仅限于打开与关闭）。

【操作步骤】

选择菜单栏中的"工具"→"绘图设置"命令或在"捕捉到图形栅格"按钮上单击鼠标右键，在弹出的快捷菜单中选择"网格设置"命令，系统打开"草图设置"对话框，选择"捕捉和栅格"选项卡，如图 2-2 所示。

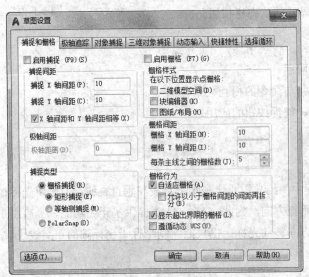

图 2-2　"捕捉和栅格"选项卡

其中，"启用栅格"复选框用于控制是否显示栅格；"栅格 X 轴间距"和"栅格 Y 轴间距"文本框用于设置栅格在水平与垂直方向的间距。如果"栅格 X 轴间距"和"栅格 Y 轴间距"设置为 0，则 AutoCAD 系统会自动将捕捉栅格间距应用于栅格，且其原点和角度总是与捕捉栅格的原点和角度相同。另外，还可以通过 GRID 命令在命令行设置栅格间距。

🎓 **高手支招**

在"栅格间距"选项组的"栅格 X 轴间距"和"栅格 Y 轴间距"文本框中输入数值时，若在"栅格 X 轴间距"文本框中输入一个数值后按 Enter 键，系统将自动传送这个值给"栅格 Y 轴间距"，这样可减少工作量。

2.1.3　捕捉模式

为了准确地在绘图区捕捉点，AutoCAD 提供了捕捉工具，可以在绘图区生成一个隐含的栅格（捕捉栅格），这个栅格能够捕捉光标，约束它只能落在栅格的某一个节点上，使用户能够高精确度地捕捉和选择这个栅格上的点。本节主要介绍捕捉栅格的参数设置方法。

【执行方式】

☑　菜单栏：选择菜单栏中的"工具"→"草图设置"命令。

☑　状态栏：单击状态栏中的"捕捉模式"按钮▦（仅限于打开与关闭）。

☑　快捷键：F9（仅限于打开与关闭）。

【操作步骤】

选择菜单栏中的"工具"→"绘图设置"命令，打开"草图设置"对话框，选择"捕捉和栅格"选项卡，如图 2-2 所示。

【选项说明】

（1）"启用捕捉"复选框：控制捕捉功能的开关，与按 F9 键或单击状态栏上的"捕捉模式"按钮▦功能相同。

（2）"捕捉间距"选项组：设置捕捉参数，其中"捕捉 X 轴间距"与"捕捉 Y 轴间距"文本框用于确定捕捉栅格点在水平和垂直两个方向上的间距。

（3）"捕捉类型"选项组：确定捕捉类型和样式。AutoCAD 提供了两种捕捉栅格的方式："栅格捕捉"和"PolarSnap（极轴捕捉）"。"栅格捕捉"是指按正交位置捕捉位置点，"极轴捕捉"则可以根据设置的任意极轴角捕捉位置点。

"栅格捕捉"又分为"矩形捕捉"和"等轴测捕捉"两种方式。在"矩形捕捉"方式下捕捉栅格是标准的矩形，在"等轴测捕捉"方式下捕捉栅格和光标十字线不再互相垂直，而是成绘制等轴测图时的特定角度，这种方式对于绘制等轴测图十分方便。

（4）"极轴间距"选项组：该选项组只有在选择 PolarSnap 捕捉类型时才可用。可在"极轴距离"文本框中输入距离值，也可以在命令行中输入"SNAP"，设置捕捉的有关参数。

2.2　对象捕捉工具

在利用 AutoCAD 画图时经常要用到一些特殊的点，例如圆心、切点、线段或圆弧的端点、中点等，但是如果用鼠标拾取的话，要准确地找到这些点是十分困难的。为此，AutoCAD 提供了一些识别这些点的工具，通过这些工具可以构造新的几何体，使创建的对象精确地画出来，其结果比传统手工绘图更精确、更容易维护。在 AutoCAD 中，这种功能称之为对象捕捉功能。

【预习重点】

☑　掌握对象捕捉工具的应用。

☑　掌握对象捕捉设置与自动追踪功能。

2.2.1　特殊位置点捕捉

在绘制 AutoCAD 图形时，有时需要指定一些特殊位置的点，如圆心、端点、中点、平行线上的点等，这些点如表 2-1 所示。可以通过对象捕捉功能来捕捉这些点。

表 2-1 特殊位置点捕捉

捕 捉 模 式	功 能
临时追踪点	建立临时追踪点
两点之间的中点	捕捉两个独立点之间的中点
自	建立一个临时参考点，作为指出后继点的基点
点过滤器	由坐标选择点
端点	线段或圆弧的端点
中点	线段或圆弧的中点
交点	线、圆弧或圆等的交点
外观交点	图形对象在视图平面上的交点
延长线	指定对象的延伸线
圆心	圆或圆弧的圆心
象限点	距光标最近的圆或圆弧上可见部分的象限点，即圆周上 0°、90°、180°、270° 位置上的点
切点	最后生成的一个点到选中的圆或圆弧上引切线的切点位置
垂足	在线段、圆、圆弧或它们的延长线上捕捉一个点，使之同最后生成的点的连线与该线段、圆或圆弧正交
平行线	绘制与指定对象平行的图形对象
节点	捕捉用 Point 或 Divide 等命令生成的点
插入点	文本对象和图块的插入点
最近点	离拾取点最近的线段、圆、圆弧等对象上的点
无	关闭对象捕捉模式
对象捕捉设置	设置对象捕捉

AutoCAD 提供了命令行、工具栏和快捷菜单 3 种执行特殊点对象捕捉的方法。

1．命令方式

绘图时，当在命令行中提示输入一点时，输入相应特殊位置点命令，如表 2-1 所示，然后根据提示操作即可。

注意 AutoCAD 对象捕捉功能中捕捉垂足（Perpendiculer）和捕捉交点（Intersection）等项有延伸捕捉的功能，即如果对象没有相交，AutoCAD 会假想把线或弧延长，从而找出相应的点，上例中的垂足就是这种情况。

2．工具栏方式

使用如图 2-3 所示的"对象捕捉"工具栏可以使用户更方便地实现捕捉点的目的。当命令行提示输入一点时，从"对象捕捉"工具栏上单击相应的按钮（把

图 2-3 "对象捕捉"工具栏

鼠标放在图标上时，会显示出该图标功能的提示），然后根据提示操作即可。

3．快捷菜单方式

快捷菜单可通过同时按 Shift 键和鼠标右键来激活，菜单中列出了 AutoCAD 提供的对象捕捉模式，如图 2-4 所示。其操作方法与工具栏相似，只要在 AutoCAD 提示输入点时单击快捷菜单上相应的菜单项，然后按提示操作即可。

2.2.2　对象捕捉设置

在 AutoCAD 中绘图之前，可以根据需要事先设置开启一些对象捕捉模式，绘图时系统就能自动捕捉这些特殊点，从而加快绘图速度，提高绘图质量。

【执行方式】

- ☑　命令行：DDOSNAP。
- ☑　菜单栏：选择菜单栏中的"工具"→"绘图设置"命令。
- ☑　工具栏：单击"对象捕捉"工具栏中的"对象捕捉设置"按钮 。
- ☑　状态栏：单击状态栏中的"对象捕捉"按钮 （仅限于打开与关闭）。
- ☑　快捷键：F3（仅限于打开与关闭）。
- ☑　快捷菜单：选择快捷菜单"对象捕捉设置"命令。

【操作步骤】

执行上述操作后，系统打开"草图设置"对话框中的"对象捕捉"选项卡，如图 2-5 所示，利用该选项卡可对对象捕捉方式进行设置。

图 2-4　对象捕捉快捷菜单

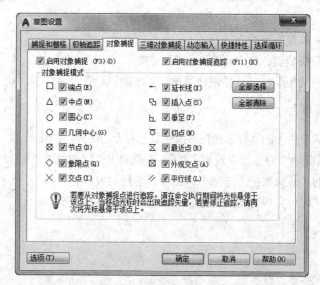

图 2-5　"对象捕捉"选项卡

【选项说明】

（1）"启用对象捕捉"复选框：选中该复选框，在"对象捕捉模式"选项组中选中的捕捉模式处于激活状态。

（2）"启用对象捕捉追踪"复选框：用于打开或关闭自动追踪功能。

（3）"对象捕捉模式"选项组：该选项组中列出各种捕捉模式的复选框，被选中的复选框处于激活状态。单击"全部清除"按钮，则所有模式均被清除。单击"全部选择"按钮，则所有模式均被选中。

（4）"选项"按钮：单击该按钮，可以打开"选项"对话框的"绘图"选项卡，利用该对话框可决定捕捉模式的各项设置。

2.2.3　自动追踪

利用自动追踪功能，可以对齐路径，有助于以精确的位置和角度创建对象。自动追踪包括"极轴追踪"和"对象捕捉追踪"两种追踪选项。"极轴追踪"是指按指定的极轴角或极轴角的倍数对齐要指定点的路径；"对象捕捉追踪"是指以捕捉到的特殊位置点为基点，按指定的极轴角或极轴角的倍数对齐要指定点的路径。

"极轴追踪"必须配合"对象捕捉"功能一起使用，即同时单击状态栏中的"极轴追踪"按钮⟳和"对象捕捉"按钮☐；"对象捕捉追踪"必须配合"对象捕捉"功能一起使用，即同时单击状态栏中的"对象捕捉"按钮☐和"对象捕捉追踪"按钮∠。

【执行方式】

☑　命令行：DDOSNAP。

☑　菜单栏：选择菜单栏中的"工具"→"绘图设置"命令。

☑　工具栏：单击"对象捕捉"工具栏中的"对象捕捉设置"按钮￼。

☑　状态栏：按下状态栏中的"对象捕捉"按钮☐和"对象捕捉追踪"按钮∠。

☑　快捷键：F11（仅限于打开与关闭）。

☑　快捷菜单：选择快捷菜单"对象捕捉设置"命令。

【操作步骤】

在状态栏中的"对象捕捉"按钮☐上右击，在弹出的快捷菜单中选择"对象捕捉设置"命令，系统打开"草图设置"对话框的"对象捕捉"选项卡，选中"启用对象捕捉追踪"复选框，即可完成对象捕捉追踪的设置，如图 2-6 所示。

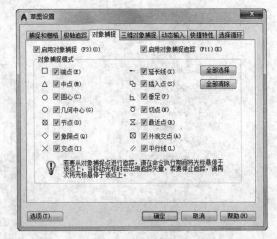

图 2-6　"对象捕捉"选项卡

2.3　显 示 控 制

图形的显示控制就是设置视图特定的放大倍数、位置及方向。改变视图最一般的方法就是利用缩放和平移命令。使用它们可以在绘图区域放大或缩小图像显示，或者改变观察位置。

【预习重点】

☑　认识图形显示控制工具按钮。

☑　练习视图设置方法。

2.3.1　图形的缩放

缩放并不改变图形的绝对大小，只是在图形区域内改变视图的大小。AutoCAD 提供了多种缩放视图的方法，本节主要介绍动态缩放的操作方法。

【执行方式】

☑　命令行：ZOOM。

☑　菜单栏：选择菜单栏中的"视图"→"缩放"→"动态"命令。

☑　工具栏：单击"标准"工具栏中"缩放"下拉列表中的"动态缩放"按钮。

【操作步骤】

执行上述命令后，系统打开一个图框。选取动态缩放前的画面呈绿色点线。如果动态缩放的图形显示范围与选取动态缩放前的范围相同，则此框与边线重合而不可见。重生成区域的四周有一个蓝色虚线框，用来标记虚拟屏幕。

如果线框中有一个"×"，如图 2-7（a）所示，就可以拖动线框并将其平移到另外一个区域。如果要放大图形到不同的放大倍数，按下鼠标左键，"×"就会变成一个箭头，如图 2-7（b）所示。这时左右拖动边界线就可以重新确定视口的大小。缩放后的图形如图 2-7（c）所示。

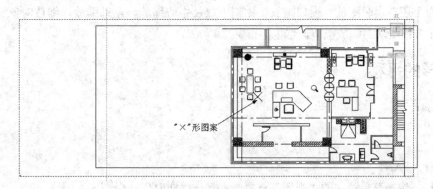

"×"形图案

（a）带"×"的线框

图 2-7　动态缩放

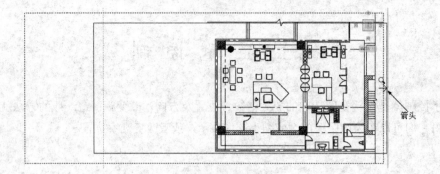

（b）带箭头的线框

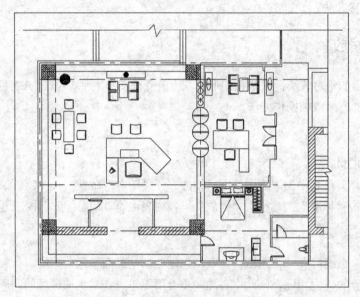

（c）缩放后的图形

图 2-7　动态缩放（续）

【选项说明】

视图缩放命令还有实时缩放、窗口缩放、比例缩放、中心缩放、全部缩放、缩放对象、缩放上一个和范围缩放，操作方法与动态缩放类似，这里不再赘述。

2.3.2　图形的平移

1．实时平移

【执行方式】

☑　命令行：PAN。

☑　菜单栏：选择菜单栏中的"视图"→"平移"→"实时"命令。

☑　工具栏：单击"标准"工具栏中的"实时平移"按钮 。

☑ 功能区：单击"视图"选项卡"导航"面板中的"平移"按钮🖐（如图 2-8 所示）。

图 2-8 "导航"面板

【操作步骤】

执行上述命令后，按下鼠标左键，然后移动手形光标即可平移图形，如图 2-9 所示。

另外，在 AutoCAD 2017 中为显示控制命令设置了一个右键快捷菜单，如图 2-10 所示。在该菜单中，可以在显示命令执行的过程中透明地进行切换。

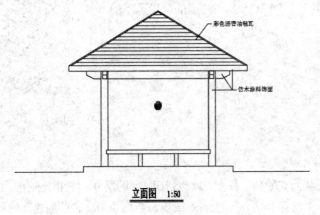

图 2-9 实时平移

图 2-10 右键快捷菜单

2. 定点平移和方向平移

【执行方式】

☑ 命令行：PAN。
☑ 菜单栏：选择菜单栏中的"视图"→"平移"→"点"命令（如图 2-11 所示）。

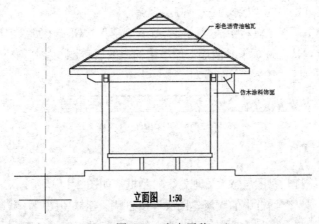

图 2-11 定点平移

【操作步骤】

执行上述命令后，当前图形按指定的位移和方向进行平移，如图 2-11 所示。另外，在"平移"子菜单中还有"左""右""上""下"4 个平移命令，选择这些命令时，图形按指定的方向平移一定的距离。

2.4   图层的操作

AutoCAD 中的图层如同在手工绘图中使用的重叠透明图纸，如图 2-12 所示，可以使用图层来组织不同类型的信息。在 AutoCAD 中，图形的每个对象都位于一个图层上，所有图形对象都具有图层、颜色、线型和线宽这 4 个基本属性。在绘制的时候，图形对象将创建在当前的图层上。AutoCAD 中图层的数量是不受限制的，每个图层都有自己的名称。

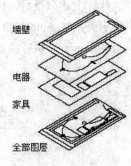

图 2-12　图层示意图

【预习重点】

- ☑　建立图层概念。
- ☑　练习图层设置命令。

2.4.1   建立新图层

新建的 CAD 文档中只能自动创建一个名为 0 的特殊图层。默认情况下，图层 0 将被指定使用 7 号颜色、Continuous 线型、"默认"线宽以及 Color-7 打印样式。不能删除或重命名图层 0。通过创建新的图层，可以将类型相似的对象指定给同一个图层使其相关联。例如，可以将构造线、文字、标注和标题栏置于不同的图层上，并为这些图层指定通用特性。通过将对象分类放到各自的图层中，可以快速有效地控制对象的显示以及对其进行更改。

【执行方式】

- ☑　命令行：LAYER。
- ☑　菜单栏：选择菜单栏中的"格式"→"图层"命令。
- ☑　工具栏：单击"图层"工具栏中的"图层特性管理器"按钮（如图 2-13 所示）。
- ☑　功能区：单击"默认"选项卡"图层"面板中的"图层特性"按钮或单击"视图"选项卡"选项板"面板中的"图层特性"按钮。

图 2-13　"图层"工具栏

【操作步骤】

执行上述命令后，系统打开"图层特性管理器"对话框，如图 2-14 所示。

单击"图层特性管理器"对话框中的"新建图层"按钮，建立新图层，默认的图层名为"图层 1"。可以根据绘图需要更改图层名，例如改为实体层、中心线层或标准层等。

在每个图层属性设置中,包括图层名称、关闭/打开图层、冻结/解冻图层、锁定/解锁图层、图层线条颜色、图层线条线型、图层线条宽度、图层打印样式以及图层是否打印等参数。

1. 设置图层线条颜色

在工程制图中,整个图形包含多种不同功能的图形对象,例如实体、剖面线与尺寸标注等,为了便于直观地区分它们,有必要针对不同的图形对象使用不同的颜色,例如实体层使用白色、剖面线层使用青色等。

需要改变图层的颜色时,可单击图层所对应的颜色图标,打开"选择颜色"对话框,如图 2-15 所示。它是一个标准的颜色设置对话框,可以使用"索引颜色"、"真彩色"和"配色系统"3 个选项卡来选择颜色。

图 2-14 "图层特性管理器"对话框

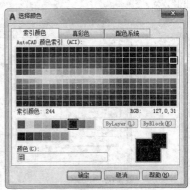

图 2-15 "选择颜色"对话框

2. 设置图层线型

线型是指作为图形基本元素的线条的组成和显示方式,如实线、点划线等。在许多绘图工作中,常常以线型划分图层,为某一个图层设置合适的线型。在绘图时,只需将该图层设为当前工作层,即可绘制出符合线型要求的图形对象,极大地提高了绘图的效率。

单击图层所对应的线型图标,打开"选择线型"对话框,如图 2-16 所示。默认情况下,在"已加载的线型"列表框中,系统中只添加了 Continuous 线型。单击"加载"按钮,打开"加载或重载线型"对话框,如图 2-17 所示,可以看到 AutoCAD 还提供了许多其他的线型,用鼠标选择所需线型,单击"确定"按钮,即可把该线型加载到"已加载的线型"列表框中(可以按住 Ctrl 键选择几种线型同时加载)。

图 2-16 "选择线型"对话框

图 2-17 "加载或重载线型"对话框

3．设置图层线宽

线宽设置就是改变线条的宽度，使用不同宽度的线条表现图形对象的类型，这样可以提高图形的表达能力和可读性，例如绘制外螺纹时大径使用粗实线，小径使用细实线。

单击图层所对应的线宽图标，打开"线宽"对话框，如图 2-18 所示。选择一个线宽，单击"确定"按钮，即可完成对图层线宽的设置。

图层线宽的默认值为 0.25mm。当状态栏中的"模型"按钮激活时，显示的线宽同计算机的像素有关，线宽为 0 时，显示为一个像素的线宽。单击状态栏中的"线宽"按钮，屏幕上显示图形的线宽，显示的线宽与实际线宽成比例，如图 2-19 所示，但线宽不随着图形的放大和缩小而变化。将状态栏中的"线宽"功能关闭时，屏幕上不显示图形的线宽，图形的线宽以默认的宽度值显示，可以在"线宽"对话框中选择需要的线宽。

图 2-18　"线宽"对话框

图 2-19　线宽显示效果图

🎓 **高手支招**

有的读者设置了线宽，但在图形中显示不出效果来，出现这种情况一般有两种原因：
（1）没有打开状态栏上的"显示线宽"按钮。
（2）线宽设置的宽度不够，AutoCAD 只能显示出 0.30mm 以上的线宽的宽度，如果宽度低于 0.30mm，就无法显示出线宽的效果。

2.4.2　设置图层

除了上面讲述的通过图层管理器设置图层的方法外，还有其他的简便方法可以设置图层的颜色、线宽、线型等参数。

1．直接设置图层

可以直接通过命令行或菜单设置图层的颜色、线型、线宽。

（1）颜色设置

【执行方式】

☑ 命令行：COLOR。

☑ 菜单栏：选择菜单栏中的"格式"→"颜色"命令。

执行上述命令后，系统打开"选择颜色"对话框。

（2）线型设置

【执行方式】

☑ 命令行：LINETYPE。

☑ 菜单栏：选择菜单栏中的"格式"→"线型"命令。

执行上述命令后，系统打开"线型管理器"对话框，如图 2-20 所示。该对话框的使用方法与"选择线型"对话框类似。

（3）线宽设置

【执行方式】

☑ 命令行：LINEWEIGHT 或 LWEIGHT。

☑ 菜单栏：选择菜单栏中的"格式"→"线宽"命令。

执行上述命令后，系统打开"线宽设置"对话框，如图 2-21 所示。该对话框的使用方法与"线宽"对话框类似。

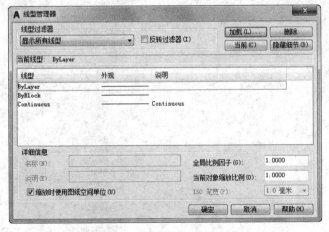

图 2-20　"线型管理器"对话框

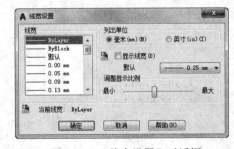

图 2-21　"线宽设置"对话框

2．利用"特性"面板设置图层

AutoCAD 提供了一个"特性"面板，如图 2-22 所示。用户可以利用面板的图标快速地查看和改变所选对象的图层、颜色、线型和线宽等特性。"特性"面板上的图层颜色、线型、线宽和打印样式的控制增强了查看和编辑对象属性的命令。在绘图屏幕上选择任何对象都将在"特性"面板上自动显示它所在的图层、颜色、线型等属性。

（1）"颜色控制"下拉列表框：单击右侧的向下箭头，用户可从打开的选项列表中选择一种颜色，使之成为当前颜色，如果选择"选择颜色"选项，系统打开"选择颜色"对话框以选择其他颜色。修改当前颜色后，不论在哪个图层上绘图都采用这种颜色，但对各个图层的颜色没有影响。

（2）"线型控制"下拉列表框：单击右侧的向下箭头，用户可从打开的选项列表中选择一种线型，使之成为当前线型。修改当前线型后，不论在哪个图层上绘图都采用这种线型，但对各个图层的线型设置没有影响。

（3）"线宽控制"下拉列表框：单击右侧的向下箭头，用户可从打开的选项列表中选择一种线宽，使之成为当前线宽。修改当前线宽后，不论在哪个图层上绘图都采用这种线宽，但对各个图层线宽设置没有影响。

图 2-22 "特性"面板

（4）"打印类型控制"下拉列表框：单击右侧的向下箭头，用户可从打开的选项列表中选择一种打印样式，使之成为当前打印样式。

3. 利用"特性"对话框设置图层

【执行方式】

- ☑ 命令行：DDMODIFY 或 PROPERTIES。
- ☑ 菜单栏：选择菜单栏中的"修改"→"特性"命令。
- ☑ 工具栏：单击"标准"工具栏中的"特性"按钮▣。
- ☑ 功能区：单击"视图"选项卡"选项板"面板中的"特性"按钮▣（如图 2-23 所示）或单击"默认"选项卡"特性"面板中的"对话框启动器"按钮 ↘。

【操作步骤】

执行上述命令后，系统打开"特性"对话框，如图 2-24 所示。在其中可以方便地设置或修改图层、颜色、线型、线宽等属性。

图 2-23 "特性"选项板

图 2-24 "特性"对话框

2.4.3 控制图层

1．切换当前图层

不同的图形对象需要在不同的图层中绘制，在绘制前，需要将工作图层切换到所需的图层上来。打开"图层特性管理器"对话框，选择图层，单击"置为当前"按钮 可使该图层成为当前图层。

2．删除图层

在"图层特性管理器"对话框的图层列表框中选择要删除的图层，单击"删除"按钮 即可删除该图层。图层包括图层 0、DEFPOINTS 图层、包含对象（包括块定义中的对象）的图层以及当前图层和依赖外部参照的图层。可以删除不包含对象（包括块定义中的对象）的图层、非当前图层和不依赖外部参照的图层。

3．打开/关闭图层

在"图层特性管理器"对话框中单击 图标，可以控制图层的可见性。打开图层时， 图标呈现鲜艳的颜色，该图层上的图形可以显示在屏幕上或绘制在绘图仪上。当单击该图标后，图标呈灰暗色，该图层上的图形无法显示在屏幕上，而且不能被打印输出，但仍然作为图形的一部分保留在文件中。

4．冻结/解冻图层

在"图层特性管理器"对话框中单击 / 图标，可以冻结图层或将图层解冻。图标呈雪花灰暗色时，该图层是冻结状态；图标呈太阳鲜艳色时，该图层是解冻状态。冻结图层上的对象不能显示，也不能打印，同时也不能编辑修改该图层上的图形对象。在冻结了图层后，该图层上的对象不影响其他图层上的对象的显示和打印。例如，在使用 HIDE 命令消隐时，被冻结图层上的对象不隐藏其他的对象。

5．锁定/解锁图层

在"图层特性管理器"对话框中单击 / 图标，可以锁定图层或将图层解锁。锁定图层后，该图层上的图形依然显示在屏幕上并可打印输出，而且还可以在该图层上绘制新的图形对象，但不能对该图层上的图形进行编辑修改操作。可以对当前层进行锁定，也可再对锁定图层上的图形进行查询和对象捕捉命令。锁定图层可以防止对图形的意外修改。

6．打印样式

打印样式控制对象的打印特性，包括颜色、抖动、灰度、笔号、虚拟笔、淡显、线型、线宽、线条端点样式、线条连接样式和填充样式。使用打印样式给用户提供了很大的灵活性，因为用户可以设置打印样式来替代其他对象特性，也可以按用户的需要关闭这些替代设置。

7．打印/不打印

在"图层特性管理器"对话框中单击 图标，可以设定打印时该图层是否打印，以在保证图形显示可见不变的条件下，控制图形的打印特征。打印功能只对可见的图层起作用，对于已经被冻结或被关闭的图层不起作用。

8. 冻结新视口

用于控制在当前视口中图层的冻结和解冻。未解冻图形中设置为"关"或"冻结"的图层，对于模型空间视口不可用。

9. 透明度

在"图层特性管理器"对话框中，透明度用于选择或输入要应用于当前图形中选定图层的透明度级别。

🔧 举一反三

合理利用图层，可以事半功倍。我们在开始绘制图形时，就预先设置一些基本图层。每个图层锁定自己的专门用途，这样做只需绘制一份图形文件，就可以组合出许多需要的图纸，需要修改时也可针对各个图层进行。

2.5 综合演练——样板图图层设置

在前面学习的基础上，本例主要讲解如图 2-25 所示样板图的图层设置知识。

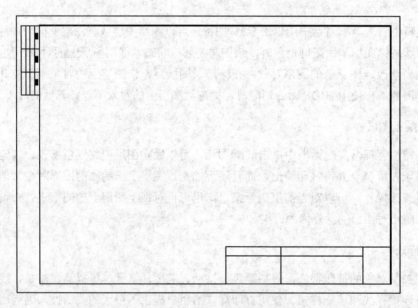

图 2-25 建筑样板图

（1）打开文件。单击"快速访问"工具栏中的"打开"按钮 📂，打开源文件目录下的"\第 1 章\A3 建筑样板图.dwg"文件。

（2）设置图层名。单击"默认"选项卡"图层"面板中的"图层特性"按钮 📑，打开"图层特性管理器"对话框，如图 2-27 所示。在该对话框中单击"新建图层"按钮 📄，在图层列表框中出现一个默认名为"图层 1"的新图层，如图 2-28 所示，用鼠标单击该图层名，将图层名改为"轴线"，如图 2-29 所示。

☆ **手把手教你学**

本例准备设置一个建筑制图样板图，图层约定如表 2-2 所示，结果如图 2-26 所示。

表 2-2　图层设置

图 层 名	颜 色	线 型	线 宽	用 途
0	7（黑色）	Continuous	b	图框线
轴线	2（红色）	Center	1/2b	绘制轴线
轮廓线	2（黑色）	Continuous	b	可见轮廓线
注释	7（黑色）	Continuous	1/2b	一般注释
图案填充	2（蓝色）	Continuous	1/2b	填充剖面线或图案
尺寸标注	3（绿色）	Continuous	1/2b	尺寸标注

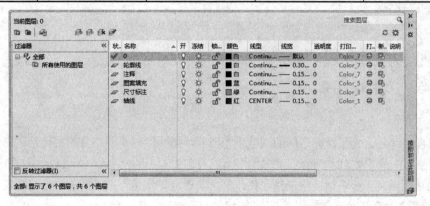

图 2-26　设置图层

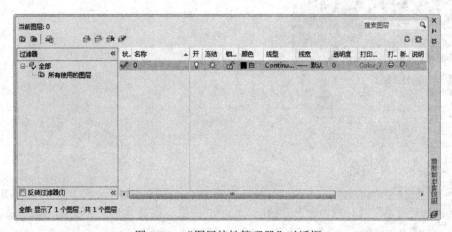

图 2-27　"图层特性管理器"对话框

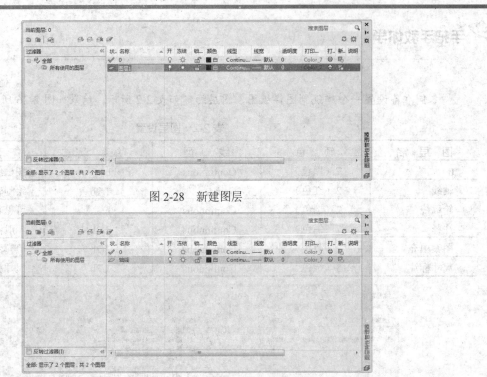

图 2-28　新建图层

图 2-29　更改图层名

（3）设置图层颜色。为了区分不同的图层上的图线，增加图形不同部分的对比性，可以为不同的图层设置不同的颜色。单击刚建立的"轴线"图层"颜色"标签下的颜色色块，AutoCAD 打开"选择颜色"对话框，如图 2-30 所示。在该对话框中选择红色，单击"确定"按钮。在"图层特性管理器"对话框中可以发现"轴线"图层的颜色变成了红色，如图 2-31 所示。

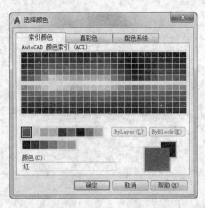

图 2-30　"选择颜色"对话框

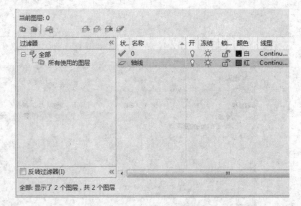

图 2-31　更改颜色

（4）设置线型。在常用的工程图纸中，通常要用到不同的线型，这是因为不同的线型表示不同的含义。在上述"图层特性管理器"对话框中单击"轴线"图层"线型"标签下的线型选项，AutoCAD 打开"选择线型"对话框，如图 2-32 所示，单击"加载"按钮，打开"加载或重载线型"对话框，如图 2-33 所示。在该对话框中选择 CENTER 线型，单击"确定"按钮。系统回到"选择线型"对话框，这时在"已加载的线型"列表框中就出现了 CENTER 线型，如图 2-34 所示。选择 CENTER 线型，单击"确定"按钮，在"图层特性管理器"对话框中可以发现"轴线"图层的线型变成了 CENTER 线型，如图 2-35 所示。

图 2-32　"选择线型"对话框

图 2-33　"加载或重载线型"对话框

图 2-34　加载线型

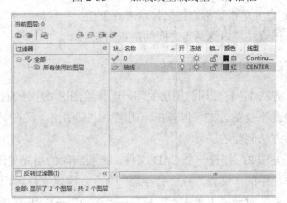

图 2-35　更改线型

（5）设置线宽。在工程图中，不同的线宽也表示不同的含义，因此也要对不同图层的线宽界线进行设置，单击上述"图层特性管理器"对话框中"轴线"图层"线宽"标签下的选项，AutoCAD 打开"线宽"对话框，如图 2-36 所示。在该对话框中选择适当的线宽。单击"确定"按钮，在"图层特性管理器"对话框中可以发现 CEN 图层的线宽变成了 0.15mm，如图 2-37 所示。

图 2-36　"线宽"对话框

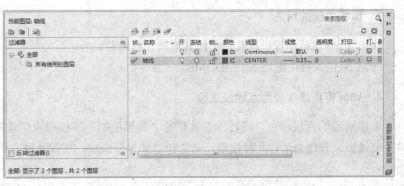

图 2-37　更改线型

> **注意** 应尽量保持细线与粗线之间的比例大约为 1:2。这样的线宽符合新国标相关规定。

（6）绘制其余图层。同样方法建立不同层名的新图层，这些不同的图层可以分别存放不同的图线或图形的不同部分。最后完成设置的图层如图 2-26 所示。

2.6　名师点拨——绘图助手

1. 对象捕捉的作用

绘图时，可以使用新的对象捕捉修饰符来查找任意两点之间的中点。例如，在绘制直线时，可以按住 Shift 键并单击鼠标右键来显示"对象捕捉"快捷菜单。单击"两点之间的中点"之后，请在图形中指定两点。该直线将以这两点之间的中点为起点。

2. 如何删除多余图层

方法 1：将使用的图层关闭，选择绘图区域中所有图形，复制、粘贴至一个新文件中，那些多余无用的图层就不会贴过来。但若在一图层中定义图块，又在另一图层中插入，那么这个多余的插入图层是不能用这种方法删除的。

方法 2：打开一个 CAD 文件，把要删除的层先关闭，在图面上只留下在必要图层中的可见图形，选择菜单栏中的"文件"→"另存为"命令，确定文件名，在"文件类型"下拉列表框中选择"*.DXF"格式，在弹出的对话框中单击"工具"→"选项"→DXF 选项，再选中"选择对象"复选框，单击"确定"按钮，单击"保存"按钮，即可保存可见、要用的图形。打开刚保存的文件，已删除要删除的图层。

方法 3：在命令行中输入"LAYTRANS"，弹出"图层转换器"对话框，在"转换自"选项组中选择要删除的图层，在"转换为"选项组中单击"加载"按钮，在弹出的对话框中选择图形文件，完成加载文件后，在"转换为"选项组中显示加载的文件中的图层，选择要转换成的图层，例如图层 0，单击"映射"按钮，在"图层转换映射"选项下显示图层映射信息，单击"转换"按钮，将需删除的图层映射为 0 层。这个方法可以删除具有实体对象或被其他块嵌套定义的图层。

3. 鼠标中键的用法

（1）Ctrl+鼠标中键可以实现类似其他软件的漫游。
（2）双击鼠标中键相当于 ZOOME。

4. 如何将直线改变为点划线线型

单击所绘的直线，在"特性"工具栏的"线形控制"下拉列表中选择"点划线"选项，所选择的直线将改变线型。若还未加载此种线型，则选择"其他"选项，加载此种"点划线"线型。

2.7 上 机 实 验

【练习1】查看平面图细节。

1. 目的要求

本例要求用户熟练地掌握各种图形显示工具的使用方法。

2. 操作提示

如图 2-38 所示，利用平移工具和缩放工具分别移动和缩放图形。

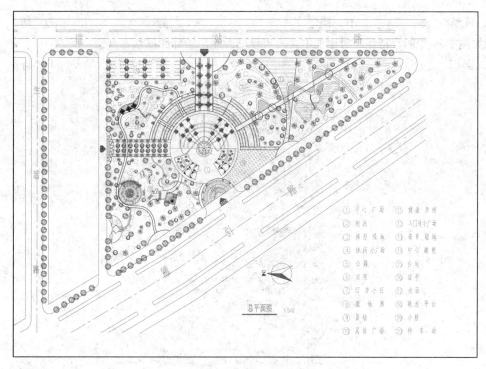

图 2-38 街旁绿地平面图

【练习2】设置图层。

1. 目的要求

本例要求用户熟练地掌握图层在平面图绘制过程中的应用。

2. 操作提示

如图 2-38 所示，根据需要设置不同的图层。注意设置不同的线型、线宽和颜色。

2.8 模拟考试

1．下面哪个选项可以将图形进行动态放大？（　　　）

    A．ZOOM/(D)　　　　　　B．ZOOM/(W)　　　　　　C．ZOOM/(E)　　　　　　D．ZOOM/(A)

2．当捕捉设定的间距与栅格所设定的间距不同时，（　　　）。

    A．捕捉仍然只按栅格进行　　　　　　　　　　B．捕捉时按照捕捉间距进行

    C．捕捉既按栅格，又按捕捉间距进行　　　　　D．无法设置

3．如果某图层的对象不能被编辑，但能在屏幕上可见，且能捕捉该对象的特殊点和标注尺寸，该图层状态为（　　　）。

    A．冻结　　　　　　　　B．锁定　　　　　　　　C．隐藏　　　　　　　　D．块

4．在如图 2-39 中的"特性"对话框中，不可以修改矩形的什么属性？（　　　）

    A．面积　　　　　　　　B．线宽　　　　　　　　C．顶点位置　　　　　　　D．标高

图 2-39　"特性"对话框

5．对极轴追踪进行设置，把增量角设为 30°，把附加角设为 10°，采用极轴追踪时，不会显示极轴对齐的是（　　　）。

    A．10　　　　　　　　　B．30　　　　　　　　　C．40　　　　　　　　　D．60

6．对某图层进行锁定后，则（　　　）。

    A．图层中的对象不可编辑，但可添加对象　　　B．图层中的对象不可编辑，也不可添加对象

    C．图层中的对象可编辑，也可添加对象　　　　D．图层中的对象可编辑，但不可添加对象

7. 不可以通过"图层过滤器特性"对话框中过滤的特性是（　　）。

    A．图层名、颜色、线型、线宽和打印样式   B．打开还是关闭图层

    C．锁定图层还是解锁图层   D．图层是 Bylayer 还是 ByBlock

8. 临时代替键 F10 的作用是（　　）。

    A．打开或关闭栅格   B．打开或关闭对象捕捉

    C．打开或关闭动态输入   D．打开或关闭极轴追踪

9. 栅格状态默认为开启，以下哪种方法无法关闭该状态？（　　）

    A．单击状态栏上的"栅格"按钮   B．将 Gridmode 变量设置为 1

    C．输入"GRID"然后输入"OFF"   D．以上均不正确

第 3 章

二维绘制命令

　　二维图形是指在二维平面空间绘制的图形，主要由一些图形元素组成，如点、直线、圆弧、圆、椭圆、矩形、多边形等几何元素。

　　本章详细讲述 AutoCAD 提供的绘图工具，帮助读者准确、简捷地完成二维图形的绘制。

3.1　直线类命令

直线类命令包括直线段、射线和构造线。这几个命令是 AutoCAD 中最简单的绘图命令。

【预习重点】

☑　了解有几种直线类命令。

☑　简单练习直线、构造线的绘制方法。

3.1.1　直线

【执行方式】

☑　命令行：LINE（快捷命令：L）。

☑　菜单栏：选择菜单栏中的"绘图"→"直线"命令。

☑　工具栏：单击"绘图"工具栏中的"直线"按钮╱。

☑　功能区：单击"默认"选项卡"绘图"面板中的"直线"按钮╱（如图 3-1 所示）。

【操作实践——绘制标高符号】

绘制如图 3-2 所示的标高符号。操作步骤如下：

图 3-1　"绘图"面板

图 3-2　标高符号

单击"默认"选项卡"绘图"面板中的"直线"按钮╱，命令行提示与操作如下。

命令:_line
指定第一个点: 100,100✓（1 点）
指定下一点或 [放弃(U)]: @40,-135✓
指定下一点或 [放弃(U)]: u✓（输入错误，取消上次操作）
指定下一点或 [放弃(U)]: @40<-135✓（2 点，也可以单击状态栏上的 DYN 按钮，在鼠标位置为 135°时，动态
输入"40"，如图 3-3 所示，下同）
指定下一点或 [放弃(U)]: @40<135✓（3 点，相对极坐标数值输入方法，此方法便于控制线段长度）
指定下一点或 [闭合(C)/放弃(U)]: @180,0✓（4 点，相对直角坐标数值输入方法，此方法便于控制坐标点之间正
交距离）
指定下一点或 [闭合(C)/放弃(U)]: ✓（按 Enter 键结束直线命令）

📢 提示

一般每个命令有 4 种执行方式，这里只给出了命令行执行方式，其他 3 种执行方式的操作方法与命令行执行方式相同。

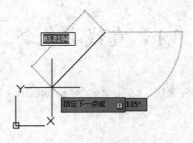

图 3-3　动态输入

【选项说明】

（1）若采用按 Enter 键响应"指定第一点"提示，系统会把上次绘制图线的终点作为本次图线的起始点。若上次操作为绘制圆弧，按 Enter 键响应后绘出通过圆弧终点并与该圆弧相切的直线段，该线段的长度为光标在绘图区指定的一点与切点之间线段的距离。

（2）在"指定下一点"提示下，用户可以指定多个端点，从而绘出多条直线段。但是，每一段直线是一个独立的对象，可以进行单独的编辑操作。

（3）绘制两条以上直线段后，若采用输入选项"C"响应"指定下一点"提示，系统会自动连接起始点和最后一个端点，从而绘出封闭的图形。

（4）若采用输入选项"U"响应提示，则删除最近一次绘制的直线段。

（5）若设置正交方式（单击状态栏中的"正交模式"按钮），则只能绘制水平线段或垂直线段。

（6）若设置动态数据输入方式（单击状态栏中的"动态输入"按钮），则可以动态输入坐标或长度值，效果与非动态数据输入方式类似。除了特别需要，后面不再强调，而只按非动态数据输入方式输入相关数据。

3.1.2　构造线

【执行方式】

☑　命令行：XLINE。
☑　菜单栏：选择菜单栏中的"绘图"→"构造线"命令。
☑　工具栏：单击"绘图"工具栏中的"构造线"按钮。
☑　功能区：单击"默认"选项卡"绘图"面板中的"构造线"按钮。

【操作步骤】

命令：XLINE↙
指定点或[水平(H)/垂直(V)/角度(A)/二等分(B)/偏移(O)]：（给出根点 1）
指定通过点：（给定通过点 2，绘制一条双向无限长直线）
指定通过点：（继续给点，继续绘制线，如图 3-4（a）所示，按 Enter 键结束）

【选项说明】

（1）执行选项中有"指定点"、"水平"、"垂直"、"角度"、"二等分"和"偏移"6 种方式绘制构造线，分别如图 3-4（a）～图 3-4（f）所示。

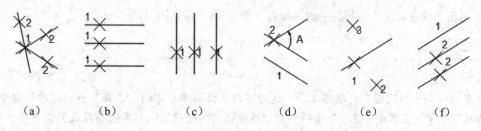

(a)　　　　(b)　　　　(c)　　　　(d)　　　　(e)　　　　(f)

图 3-4　构造线

（2）构造线模拟手工作图中的辅助作图线。用特殊的线型显示，在图形输出时可不作输出。应用构造线作为辅助线绘制机械图中的三视图是构造线的最主要用途，构造线的应用保证了三视图之间"主、俯视图长对正，主、左视图高平齐，俯、左视图宽相等"的对应关系。

3.2　圆 类 命 令

圆类命令主要包括"圆"、"圆弧"、"圆环"、"椭圆"以及"椭圆弧"命令，这几个命令是 AutoCAD 中最简单的曲线命令。

【预习重点】

☑　了解圆类命令的绘制方法。
☑　简单练习各命令操作。

3.2.1　圆

【执行方式】

☑　命令行：CIRCLE（快捷命令：C）。
☑　菜单栏：选择菜单栏中的"绘图"→"圆"命令。
☑　工具栏：单击"绘图"工具栏中的"圆"按钮⊙。
☑　功能区：单击"默认"选项卡，在"绘图"面板中单击打开"圆"下拉菜单（如图 3-5 所示）。

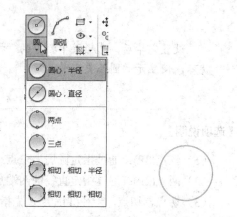

【操作实践——绘制园桌】

图 3-5　"圆"下拉菜单　图 3-6　园桌图形

绘制如图 3-6 所示的园桌。操作步骤如下：

（1）单击"默认"选项卡"绘图"面板中的"圆"按钮⊙，绘制圆。命令行提示与操作如下。

命令：_circle
指定圆的圆心或 [三点(3P)/两点(2P)/切点，切点，半径(T)]: 100,100↙
指定圆的半径或 [直径(D)]: 50↙

（2）重复"圆"命令，以（100,100）为圆心，绘制半径为 40 的圆，如图 3-6 所示。

（3）单击"快速访问"工具栏中的"保存"按钮 ，保存图形。

🖉 举一反三

有时绘制出的圆弧显得很不光滑，这时可以选择菜单栏中的"工具"→"选项"命令，打开"选项"菜单，在其中"显示"选项卡的"显示精度"选项组中把各项参数设置高一些，如图 3-7 所示，但不要超过其最高允许的范围，如果设置超出允许范围，系统会提示允许范围。

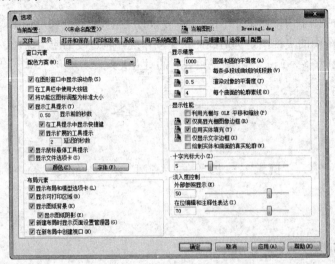

图 3-7　设置显示精度

设置完毕后，选择菜单栏中的"视图"→"重生成"命令或在命令行中输入"RE"命令，就可以使显示的圆弧更光滑。

【选项说明】

（1）三点(3P)：通过指定圆周上三点绘制圆。

（2）两点(2P)：通过指定直径的两端点绘制圆。

（3）切点，切点，半径(T)：通过先指定两个相切对象，再给出半径的方法绘制圆。如图 3-8 所示给出了以"切点，切点，半径"方式绘制圆的各种情形（加粗的圆为最后绘制的圆）。

（4）在功能区中多了一种"相切，相切，相切"的绘制方法，如图 3-5 所示。

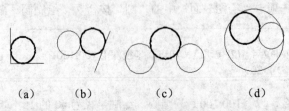

　　　(a)　　　　　　(b)　　　　　　(c)　　　　　　(d)

图 3-8　圆与另外两个对象相切

对于圆心点的选择，除了直接输入圆心点外，还可以利用圆心点与中心线的对应关系，利用对象捕捉的方法选择。单击状态栏中的"对象捕捉"按钮，命令行中会提示"命令: <对象捕捉 开>"。

3.2.2 圆弧

【执行方式】

☑ 命令行：ARC（快捷命令：A）。

☑ 菜单栏：选择菜单栏中的"绘图"→"圆弧"命令。

☑ 工具栏：单击"绘图"工具栏中的"圆弧"按钮。

☑ 功能区：单击"默认"选项卡"绘图"面板中的"圆弧"下拉菜单（如图 3-9 所示）。

【操作实践——绘制园凳】

绘制如图 3-10 所示的园凳。操作步骤如下：

（1）单击"默认"选项卡"绘图"面板中的"圆"按钮，绘制一个适当大小的圆，如图 3-11 所示。

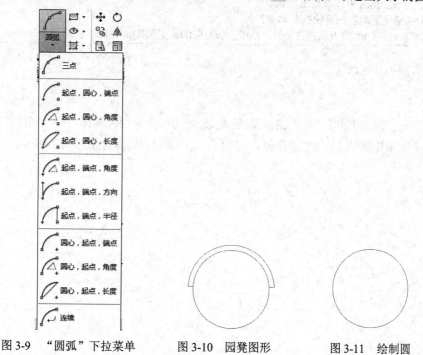

图 3-9 "圆弧"下拉菜单　　　　图 3-10 园凳图形　　　　图 3-11 绘制圆

（2）打开状态栏上的"对象捕捉"按钮和"对象捕捉追踪"按钮以及"正交"按钮。单击"默认"选项卡"绘图"面板中的"直线"按钮。命令行提示与操作如下。

命令: LINE↙
指定第一个点：（用鼠标在刚才绘制的圆弧上左上方捕捉一点）
指定下一点或 [放弃(U)]：（水平向左适当指定一点）
指定下一点或 [放弃(U)]：↙

命令: LINE↙
指定第一个点：（将鼠标捕捉到刚绘制的直线右端点，向右拖动鼠标，拉出一条水平追踪线，如图 3-12 所示，捕捉
追踪线与右边圆弧的交点）
指定下一点或 [放弃(U)]：（水平向右适当指定一点，使线段的长度与刚绘制的线段长度大概相等）
指定下一点或 [放弃(U)]：↙

绘制结果如图 3-13 所示。

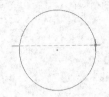 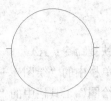

图 3-12　捕捉追踪　　　　　　　　　图 3-13　绘制线段

（3）单击"默认"选项卡"绘图"面板中的"圆弧"按钮，命令行提示与操作如下。

命令: _arc
指定圆弧的起点或 [圆心(C)]：（捕捉圆的右侧直线的右端点）
指定圆弧的第二个点或 [圆心(C)/端点(E)]：e↙
指定圆弧的端点：（捕捉圆的左侧直线的左端点）
指定圆弧的中心点(按住 Ctrl 键以切换方向)或 [角度(A)/方向(D)/半径(R)]：（捕捉圆心）

最终绘制结果如图 3-10 所示。

【选项说明】

（1）用命令行方式绘制圆弧时，可以根据系统提示选择不同的选项，具体功能和利用菜单栏中的"绘图"→"圆弧"中子菜单提供的 11 种方式相似。这 11 种方式绘制的圆弧分别如图 3-14（a）～图 3-14（k）所示。

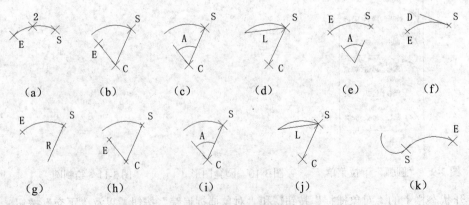

图 3-14　11 种圆弧绘制方法

（2）需要强调的是"连续"方式，绘制的圆弧与上一线段圆弧相切。继续绘制圆弧段，只提供端点即可。

🔖 **高手支招**

绘制圆弧时，注意圆弧的曲率是遵循逆时针方向的，所以在选择圆弧两个端点和半径模式时，需要注意端点的指定顺序，否则有可能导致圆弧的凹凸形状与预期的相反。

3.2.3　圆环

【执行方式】

- ☑　命令行：DONUT（快捷命令：DO）。
- ☑　菜单栏：选择菜单栏中的"绘图"→"圆环"命令。
- ☑　工具栏：单击"默认"选项卡"绘图"面板中的"圆环"按钮◎。
- ☑　功能区：单击"默认"选项卡"绘图"面板中的"圆环"按钮◎。

【操作步骤】

命令: DONUT↙
指定圆环的内径 <默认值>：（指定圆环内径）
指定圆环的外径 <默认值>：（指定圆环外径）
指定圆环的中心点或 <退出>：（指定圆环的中心点）
指定圆环的中心点或 <退出>：（继续指定圆环的中心点，则继续绘制相同内外径的圆环。用回车、空格键或鼠标右键结束命令，如图 3-15（a）所示）

【选项说明】

（1）绘制不等内外径，则画出填充圆环，如图 3-15（a）所示。

（2）若指定内径为零，则画出实心填充圆，如图 3-15（b）所示。

（3）若指定内外径相等，则画出普通圆，如图 3-15（c）所示。

（4）用 FILL 命令可以控制圆环是否填充，命令行提示与操作如下：

命令:FILL↙
输入模式 [开(ON)/关(OFF)] <开>:

选择"开"表示填充，选择"关"表示不填充，如图 3-15（d）所示。

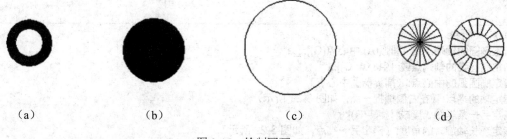

（a）　　　　　（b）　　　　　（c）　　　　　（d）

图 3-15　绘制圆环

3.2.4　椭圆与椭圆弧

【执行方式】

- ☑ 命令行：ELLIPSE（快捷命令：EL）。
- ☑ 菜单栏：选择菜单栏中的"绘图"→"椭圆"→"圆弧"命令。
- ☑ 工具栏：单击"绘图"工具栏中的"椭圆"按钮○或"椭圆弧"按钮○。
- ☑ 功能区：单击"默认"选项卡"绘图"面板中的"椭圆"下拉菜单（如图 3-16 所示）。

图 3-16　"椭圆"下拉菜单

【操作实践——绘制洗脸盆】

绘制如图 3-17 所示的洗脸盆。操作步骤如下：

（1）单击"默认"选项卡"绘图"面板中的"直线"按钮∕，绘制水龙头图形，绘制结果如图 3-18 所示。

（2）单击"默认"选项卡"绘图"面板中的"圆"按钮⊙，绘制两个水龙头旋钮，绘制结果如图 3-19 所示。

（3）单击"默认"选项卡"绘图"面板中的"椭圆"按钮○，绘制脸盆外沿，命令行提示与操作如下。

命令：_ellipse
指定椭圆的轴端点或 [圆弧(A)/中心点(C)]:（在左侧适当位置指定一点）
指定轴的另一个端点:（在右侧适当位置指定一点）
指定另一条半轴长度或 [旋转(R)]:（在下侧适当位置指定一点）

结果如图 3-20 所示。

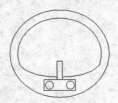
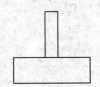
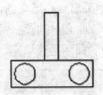
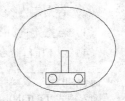

图 3-17　洗脸盆图形　　图 3-18　绘制水龙头　　图 3-19　绘制旋钮　　图 3-20　绘制椭圆

（4）单击"默认"选项卡"绘图"面板中的"椭圆弧"按钮○，绘制脸盆部分内沿，命令行提示与操作如下。

命令：_ellipse
指定椭圆的轴端点或 [圆弧(A)/中心点(C)]: _a
指定椭圆弧的轴端点或 [中心点(C)]: c
指定椭圆弧的中心点:（捕捉椭圆中心点）
指定轴的端点:（在右侧捕捉一点，如图 3-21 所示）
指定另一条半轴长度或 [旋转(R)]: r
指定绕长轴旋转的角度:（确定另一端点，如图 3-22 所示）
指定起点角度或 [参数(P)]:（确定起点，如图 3-23 所示）
指定端点角度或 [参数(P)/夹角(I)]:（确定终点，如图 3-24 所示）

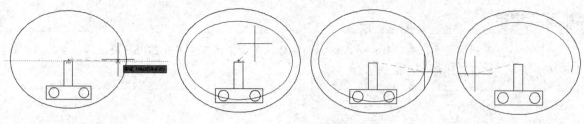

图 3-21　捕捉轴端点　　　　图 3-22　确定另一端点　　　　图 3-23　确定起点　　　　图 3-24　确定终点

（5）单击"默认"选项卡"绘图"面板中的"圆弧"按钮 ，绘制脸盆内沿其他部分，最终结果如图 3-17 所示。

【选项说明】

（1）指定椭圆的轴端点：根据两个端点定义椭圆的第一条轴，第一条轴的角度确定了整个椭圆的角度。第一条轴既可定义椭圆的长轴，也可定义其短轴。椭圆按图 3-25（a）中显示的 1—2—3—4 顺序绘制。

（2）圆弧(A)：用于创建一段椭圆弧，与"单击'绘图'工具栏中的'椭圆弧'按钮 "功能相同。其中第一条轴的角度确定了椭圆弧的角度。第一条轴既可定义椭圆弧长轴，也可定义其短轴。选择该选项，系统命令行中继续提示如下：

指定椭圆弧的轴端点或 [中心点(C)]：　指定端点或输入"C" ✓
指定轴的另一个端点：指定另一端点
指定另一条半轴长度或 [旋转(R)]：指定另一条半轴长度或输入"R" ✓
指定起点角度或 [参数(P)]：　指定起始角度或输入"P" ✓
指定终点角度或 [参数(P)/包含角度(I)]：

其中各选项含义如下。

① 起点角度：指定椭圆弧端点的两种方式之一，光标与椭圆中心点连线的夹角为椭圆端点位置的角度，如图 3-25（b）所示。

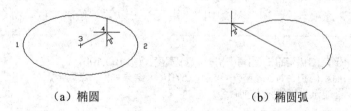

（a）椭圆　　　　　　　　　　　　　（b）椭圆弧

图 3-25　椭圆和椭圆弧

② 参数(P)：指定椭圆弧端点的另一种方式，该方式同样是指定椭圆弧端点的角度，但通过以下矢量参数方程式创建椭圆弧。

$$p(u)=c+a\times\cos(u)+b\times\sin(u)$$

其中，c 是椭圆的中心点，a 和 b 分别是椭圆的长轴和短轴，u 为光标与椭圆中心点连线的夹角。

③ 包含角度(I)：定义从起点角度开始的包含角度。

④ 中心点(C)：通过指定的中心点创建椭圆。

⑤ 旋转(R)：通过绕第一条轴旋转圆来创建椭圆。相当于将一个圆绕椭圆轴翻转一个角度后的投影视图。

高手支招

椭圆命令生成的椭圆是以多义线还是以椭圆为实体，是由系统变量 PELLIPSE 决定的，当其为 1 时，生成的椭圆就是以多义线形式存在。

3.3 平面图形

简单的平面图形命令包括"矩形"命令和"多边形"命令。

【预习重点】

☑ 了解平面图形的种类及应用。

☑ 简单练习矩形与多边形的绘制。

3.3.1 矩形

【执行方式】

☑ 命令行：RECTANG（快捷命令：REC）。

☑ 菜单栏：选择菜单栏中的"绘图"→"矩形"命令。

☑ 工具栏：单击"绘图"工具栏中的"矩形"按钮□。

☑ 功能区：单击"默认"选项卡"绘图"面板中的"矩形"按钮□。

【操作实践——绘制公园条凳】

绘制如图 3-26 所示的公园条凳。操作步骤如下：

（1）单击"默认"选项卡"绘图"面板中的"矩形"按钮□，绘制立柱。命令行提示与操作如下。

命令：_rectang
指定第一个角点或 [倒角(C)/标高(E)/圆角(F)/厚度(T)/宽度(W)]: 100,100↙↙
指定另一个角点或 [面积(A)/尺寸(D)/旋转(R)]: 300,570↙ （结果如图 3-27 所示）
命令：↙（按 Enter 键表示直接执行上次命令）
rectang
指定第一个角点或 [倒角(C)/标高(E)/圆角(F)/厚度(T)/宽度(W)]: 1500,100↙↙
指定另一个角点或 [面积(A)/尺寸(D)/旋转(R)]: d↙↙
指定矩形的长度 <10.0000>: 200↙↙
指定矩形的宽度 <10.0000>: 470↙↙
指定另一个角点或 [面积(A)/尺寸(D)/旋转(R)]:（右侧指定一点）

结果如图 3-28 所示。

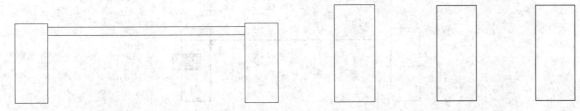

图 3-26　公园条凳　　　　　　图 3-27　绘制矩形　　　　图 3-28　绘制另一个矩形

（2）打开状态栏上的"对象捕捉"按钮，并在此按钮上单击鼠标右键，打开快捷菜单，如图 3-29 所示，选择其中的"对象捕捉设置"命令，打开"草图设置"对话框，如图 3-30 所示，单击"全部选择"按钮，选择所有的对象捕捉模式，再单击"确定"按钮关闭该对话框。

图 3-29　右键菜单

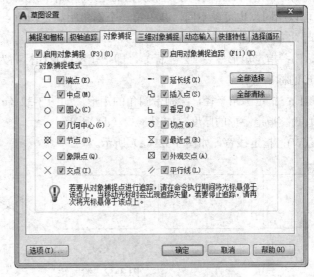

图 3-30　"草图设置"对话框

（3）单击"默认"选项卡"绘图"面板中的"直线"按钮，命令行提示与操作如下。

```
命令: _line
指定第一个点: 300,500✓
指定下一点或 [放弃(U)]:（水平向右捕捉另一个矩形上的垂足，如图 3-31 所示）
指定下一点或 [放弃(U)]: ✓✓
命令:L✓（LINE 命令的快捷方式）
指定第一个点: from✓（基点捕捉方式）
基点:（捕捉刚绘制直线的起点）
<偏移>: @0,50✓✓
指定下一点或 [放弃(U)]:（水平向右捕捉另一个矩形上的垂足）
指定下一点或 [放弃(U)]: ✓✓
```

最终结果如图 3-26 所示。

图 3-31　捕捉垂足

【选项说明】

（1）第一个角点：通过指定两个角点确定矩形，如图 3-32（a）所示。

（2）倒角(C)：指定倒角距离，绘制带倒角的矩形，如图 3-32（b）所示。每一个角点的逆时针和顺时针方向的倒角可以相同，也可以不同，其中第一个倒角距离是指角点逆时针方向倒角距离，第二个倒角距离是指角点顺时针方向倒角距离。

（3）标高(E)：指定矩形标高（Z 坐标），即把矩形放置在标高为 Z 并与 XOY 坐标面平行的平面上，并作为后续矩形的标高值。

（4）圆角(F)：指定圆角半径，绘制带圆角的矩形，如图 3-32（c）所示。

（5）厚度(T)：指定矩形的厚度，如图 3-32（d）所示。

（6）宽度(W)：指定线宽，如图 3-32（e）所示。

（a）　　　　　（b）　　　　　（c）　　　　　（d）　　　　　（e）

图 3-32　绘制矩形

（7）面积(A)：指定面积和长或宽创建矩形。选择该选项，系统提示如下。

输入以当前单位计算的矩形面积 <20.0000>:（输入面积值）
计算矩形标注时依据 [长度(L)/宽度(W)] <长度>:（按 Enter 键或输入 "W"）
输入矩形长度 <4.0000>: （指定长度或宽度）

指定长度或宽度后，系统自动计算另一个维度，绘制出矩形。如果矩形被倒角或圆角，则长度或面积计算中也会考虑此设置，如图 3-33 所示。

（8）尺寸(D)：使用长和宽创建矩形，第二个指定点将矩形定位在与第一角点相关的 4 个位置之一内。

（9）旋转(R)：使所绘制的矩形旋转一定角度。选择该选项，系统提示如下。

指定旋转角度或 [拾取点(P)] <45>:（指定角度）
指定另一个角点或 [面积(A)/尺寸(D)/旋转(R)]:（指定另一个角点或选择其他选项）

指定旋转角度后，系统按指定角度创建矩形，如图 3-34 所示。

倒角距离 (1,1) 面
积:20 长度: 6

圆角半径: 1.0 面
积:20 宽度: 6

图 3-33　利用"面积"绘制矩形

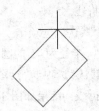

图 3-34　旋转矩形

3.3.2　多边形

【执行方式】

- ☑　命令行：POLYGON（快捷命令：POL）。
- ☑　菜单栏：选择菜单栏中的"绘图"→"多边形"命令。
- ☑　工具栏：单击"绘图"工具栏中的"多边形"按钮 ⬡。
- ☑　功能区：单击"默认"选项卡"绘图"面板中的"多边形"按钮 ⬡。

【操作实践——绘制石雕摆饰】

绘制如图 3-35 所示的石雕摆饰。操作步骤如下：

（1）单击"默认"选项卡"绘图"面板中的"圆"按钮 ⊘，在左边绘制圆心坐标为（230,210），圆半径为 30 的小圆。

（2）单击"默认"选项卡"绘图"面板中的"圆环"按钮 ◎，绘制内径为 5，外径为 15，中心点坐标为（230,210）的圆环。

（3）单击"默认"选项卡"绘图"面板中的"矩形"按钮 ▭，绘制两角点坐标为（200,122）和（420,88）的矩形。

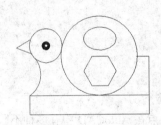

图 3-35　石雕摆饰

（4）单击"默认"选项卡"绘图"面板中的"圆"按钮 ⊘，采用"相切，相切，半径"方式，绘制与图 3-36 中点 1、点 2 相切，半径为 70 的大圆。

（5）单击"默认"选项卡"绘图"面板中的"椭圆"按钮 ⬭，绘制中心点坐标为（330,222），轴端点坐标为（360,222），另一半轴长度为 20 的小椭圆。

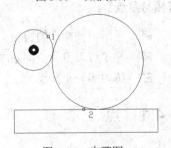

图 3-36　步骤图

（6）单击"默认"选项卡"绘图"面板中的"多边形"按钮 ⬡，绘制中心点坐标为（330,165），内接圆半径为 30 的正六边形。命令行提示与操作如下。

```
命令: _polygon 输入侧面数 <4>: 6✓
指定正多边形的中心点或 [边(E)]: 330,165✓
输入选项 [内接于圆(I)/外切于圆(C)] <I>:✓
指定圆的半径: 30✓
```

（7）单击"默认"选项卡"绘图"面板中的"直线"按钮 ／，绘制坐标分别为（202,221）、（@30<-150）、

（@30<-20）的折线。

（8）单击"默认"选项卡"绘图"面板中的"圆弧"按钮，绘制起点坐标为（200,122），端点坐标为（210,188），半径为 45 的圆弧。

（9）单击"默认"选项卡"绘图"面板中的"直线"按钮，绘制端点坐标分别为（420,122）、（@68<90）、（@22<180）的折线。结果如图 3-35 所示。

【选项说明】

（1）边(E)：选择该选项，则只要指定多边形的一条边，系统就会按逆时针方向创建该正多边形，如图 3-37（a）所示。

（2）内接于圆(I)：选择该选项，绘制的多边形内接于圆，如图 3-37（b）所示。

（3）外切于圆(C)：选择该选项，绘制的多边形外切于圆，如图 3-37（c）所示。

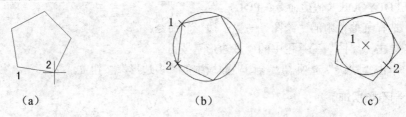

（a）　　　　　　　　　（b）　　　　　　　　　（c）

图 3-37　绘制多边形

3.4　点　命　令

点在 AutoCAD 中有多种不同的表示方式，用户可以根据需要进行设置，也可以设置等分点和测量点。

【预习重点】

☑　了解点类命令的应用。

☑　简单练习点命令的基本操作。

☑　练习等分点应用。

3.4.1　点

【执行方式】

☑　命令行：POINT（快捷命令：PO）。

☑　菜单栏：选择菜单栏中的"绘图"→"点"命令。

☑　工具栏：单击"绘图"工具栏中的"多点"按钮。

【操作步骤】

命令:_point
当前点模式: PDMODE=0　PDSIZE=0.0000
指定点:（指定点所在的位置）

【选项说明】

（1）通过菜单方法操作时（如图 3-38 所示），"单点"命令表示只输入一个点，"多点"命令表示可输入多个点。

（2）可以单击状态栏中的"对象捕捉"按钮，设置点捕捉模式，帮助用户选择点。

（3）点在图形中的表示样式共有 20 种。可通过 DDPTYPE 命令或选择菜单栏中的"格式"→"点样式"命令，通过打开的"点样式"对话框来设置，如图 3-39 所示。

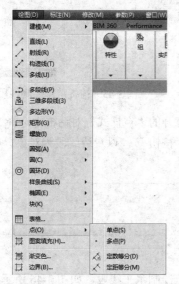

图 3-38　"点"的子菜单

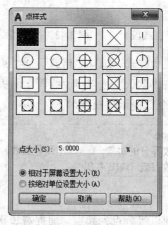

图 3-39　"点样式"对话框

3.4.2　等分点与测量点

1. 等分点

【执行方式】

☑　命令行：DIVIDE（快捷命令：DIV）。

☑　菜单栏：选择菜单栏中的"绘图"→"点"→"定数等分"命令。

☑　功能区：单击"默认"选项卡"绘图"面板中的"定数等分"按钮。

【操作实践——绘制园桥阶梯】

绘制如图 3-40 所示的园桥阶梯。操作步骤如下：

（1）打开状态栏上的"对象捕捉"按钮、"对象捕捉追踪"按钮和"正交"按钮。

（2）单击"默认"选项卡"绘图"面板中的"直线"按钮，绘制一条适当长度的竖直线段，如图 3-41 所示。

图 3-40　园桥阶梯

（3）单击"默认"选项卡"绘图"面板中的"直线"按钮，将鼠标指向刚绘制线段的起点，显示捕捉点标记，向右移动鼠标，拉出一条追踪标记虚线，如图 3-42 所示，在适当位置按下鼠标左键，确定线段的起点位置。再将鼠标指向刚绘制线段终点，同样显示捕捉点标记，向右移动鼠标，拉出一条追踪标记虚线，如图 3-43 所示，在适当位置单击鼠标左键，确定线段的终点位置，如图 3-44 所示。

图 3-41　绘制竖直线段　　　　图 3-42　捕捉追踪绘制线段起点　　　　图 3-43　捕捉追踪绘制线段起点

（4）设置点样式。选择"格式"→"点样式"命令，在打开的"点样式"对话框中选择 X 样式。

（5）单击"默认"选项卡"绘图"面板中的"定数等分"按钮 ⚞，以左边线段为对象，数目为 8，绘制等分点，命令行提示与操作如下。

```
命令: _divide
选择要定数等分的对象:（选择左侧竖直线）
输入线段数目或  [块(B)]: 8↙
```

结果如图 3-45 所示。

（6）分别以等分点为起点，捕捉右边直线上的垂足为终点绘制水平线段，如图 3-46 所示。

（7）单击"默认"选项卡"修改"面板中的"删除"按钮 ✐，删除绘制的等分点，如图 3-40 所示。

📢 提示

　　从本例可以看出，灵活运用精确绘图工具，可以准确快速地绘制对象。

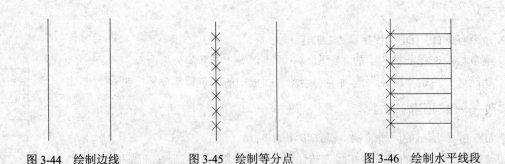

图 3-44　绘制边线　　　　图 3-45　绘制等分点　　　　图 3-46　绘制水平线段

【选项说明】

（1）等分数目范围为 2～32767。

（2）在等分点处，按当前点样式设置画出等分点。

（3）在第二提示行选择"块(B)"选项时，表示在等分点处插入指定的块。

2. 测量点

【执行方式】

- ☑　命令行：MEASURE（快捷命令：ME）。
- ☑　菜单栏：选择菜单栏中的"绘图"→"点"→"定距等分"命令。
- ☑　功能区：单击"默认"选项卡"绘图"面板中的"定距等分"按钮 ⁄。

【操作步骤】

命令:MEASURE↙
选择要定距等分的对象:（选择要设置测量点的实体）
指定线段长度或 [块(B)]:（指定分段长度）

【选项说明】

（1）设置的起点一般是指定线的绘制起点。
（2）在第二提示行选择"块(B)"选项时，表示在测量点处插入指定的块。
（3）在等分点处，按当前点样式设置绘制测量点。
（4）最后一个测量段的长度不一定等于指定分段长度。

3.5　综合演练——绘制珊瑚朴

绘制如图 3-47 所示的珊瑚朴。

（1）单击"默认"选项卡"绘图"面板中的"直线"按钮 ⁄，绘制水平长为 1，竖直长为 0.8 的十字线，如图 3-48 所示。

　　　　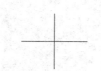

图 3-47　绘制珊瑚朴　　　　　　图 3-48　绘制十字线

（2）单击"默认"选项卡"绘图"面板中的"圆弧"按钮 ⁄，绘制多条圆弧，完成珊瑚朴的绘制，结果如图 3-47 所示。

3.6　名师点拨——大家都来讲绘图

1. 如何解决图形中的圆不圆了的情况

圆是由 N 边形形成的，数值 N 越大，棱边越短，圆越光滑。有时图形经过缩放或 ZOOM 后，绘制的圆边显示棱边，图形会变得粗糙。在命令行中输入"RE"，重新生成模型，圆边光滑。

2. 如何利用直线命令提高制图效率

（1）单击左下角状态栏中的"正交"按钮，根据正交方向提示，直接输入下一点的距离即可，可绘制正交直线。

（2）单击左下角状态栏中的"极轴"按钮，图形可自动捕捉所需角度方向，可绘制一定角度的直线。

（3）单击左下角状态栏中的"对象捕捉"按钮，自动进行某些点的捕捉，使用对象捕捉可指定对象上的精确位置。

3. 如何快速继续使用执行过的命令

在默认情况下，按空格键或 Enter 键表示重复 AutoCAD 的上一个命令，故在连续采用同一个命令操作时，只需连续按空格键或 Enter 键即可，而无须费时费力地连续执行同一个命令。

同时按下键盘右侧的"←"和"↑"两键，在命令行中则显示上步执行的命令，松开其中一键，继续按下另外一键，显示倒数第二步执行的命令，继续按键，依此类推。反之，则按下"→"和"↓"两键。

4. 如何等分几何图形

"等分点"命令只是用于直线，不能直接应用到几何图形中，如无法等分矩形，可以分解矩形，再等分矩形两条边线，适当连接等分点，即可完成矩形等分。

3.7 上机实验

【练习1】绘制如图 3-49 所示的水池灯。

1. 目的要求

本例图形涉及的命令主要是"圆"命令。通过本实验可以帮助读者灵活掌握圆的绘制方法。

2. 操作提示

（1）绘制同心圆。
（2）绘制直线。

图 3-49　水池灯

【练习2】绘制如图 3-50 所示的马桶。

1. 目的要求

本例图形涉及的命令主要是"矩形""直线"和"椭圆弧"。通过本实验可以帮助读者灵活掌握各种基本绘图命令的操作方法。

2. 操作提示

（1）利用"椭圆弧"命令绘制马桶前缘。
（2）利用"直线"命令绘制马桶后缘。

图 3-50　马桶

（3）利用"矩形"命令绘制水箱。

3.8 模 拟 考 试

1．如图 3-51 所示图形 1，正五边形的内切圆半径 R=（   ）。

    A．64.348   B．61.937   C．72.812   D．45

图 3-51   图形 1

2．利用 ARC 命令刚刚结束绘制一段圆弧，现在执行 LINE 命令，提示"指定第一点："时直接按 Enter 键，结果是（   ）。

    A．继续提示"指定第一点："   B．提示"指定下一点或 [放弃(U)]："

    C．LINE 命令结束   D．以圆弧端点为起点绘制圆弧的切线

3．在绘制圆时，采用"两点(2P)"选项，两点之间的距离是（   ）。

    A．最短弦长   B．周长   C．半径   D．直径

4．绘制如图 3-52 所示的图形。

5．绘制如图 3-53 所示的图形。其中，三角形是边长为 81 的等边三角形，三个圆分别与三角形相切。

图 3-52   图形 1

图 3-53   图形 2

编 辑 命 令

　　二维图形的编辑操作配合绘图命令的使用可以进一步完成复杂图形对象的绘制工作，并可使用户合理安排和组织图形，保证绘图准确，减少重复，因此，对编辑命令的熟练掌握和使用有助于提高设计和绘图的效率。本章主要内容包括：选择对象，复制类命令，改变位置类命令，删除及恢复类命令，改变几何特性命令和对象编辑等。

4.1 选 择 对 象

【预习重点】

☑　了解选择对象的途径。

AutoCAD 2017 提供了两种编辑图形的途径：

（1）先执行编辑命令，然后选择要编辑的对象。

（2）先选择要编辑的对象，然后执行编辑命令。

这两种途径的执行效果是相同的，但选择对象是进行编辑的前提。AutoCAD 2017 提供了多种对象选择方法，如点取方法、用选择窗口选择对象、用选择线选择对象、用对话框选择对象等。AutoCAD 可以把选择的多个对象组成整体，如选择集和对象组，进行整体编辑与修改。

下面结合 SELECT 命令说明选择对象的方法。

SELECT 命令可以单独使用，也可以在执行其他编辑命令时被自动调用。此时屏幕提示：

选择对象:

等待用户以某种方式选择对象作为回答。AutoCAD 2017 提供了多种选择方式，可以输入 "?" 查看这些选择方式。选择该选项后，出现如下提示：

需要点或窗口(W)/上一个(L)/窗交(C)/框(BOX)/全部(ALL)/栏选(F)/圈围(WP)/圈交(CP)/编组(G)/添加(A)/删除(R)/多个(M)/前一个(P)/放弃(U)/自动(AU)/单个(SI)/子对象(SU)/对象(O)
选择对象:

部分选项含义如下。

（1）点：表示直接通过点取的方式选择对象。用鼠标或键盘移动拾取框，使其框住要选取的对象，然后单击，就会选中该对象并以高亮度显示。

（2）窗口(W)：用由两个对角顶点确定的矩形窗口选取位于其范围内部的所有图形，与边界相交的对象不会被选中。在指定对角顶点时，应该按照从左向右的顺序，如图 4-1 所示。

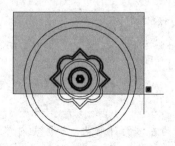

（a）图中深色覆盖部分为选择窗口　　　（b）选择后的图形

图 4-1　"窗口"对象选择方式

（3）上一个(L)：在"选择对象:"提示下输入"L"后，按 Enter 键，系统会自动选取最后绘出的一个对象。

（4）窗交(C)：该方式与上述"窗口"方式类似，区别在于：它不但选中矩形窗口内部的对象，也选中与矩形窗口边界相交的对象。选择的对象如图4-2所示。

（5）框(BOX)：使用时，系统根据用户在屏幕上给出的两个对角点的位置而自动引用"窗口"或"窗交"方式。若从左向右指定对角点，则为"窗口"方式；反之，则为"窗交"方式。

（6）全部(ALL)：选取图面上的所有对象。

（7）栏选(F)：用户临时绘制一些直线，这些直线不必构成封闭图形，凡是与这些直线相交的对象均被选中。绘制结果如图4-3所示。

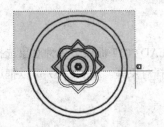  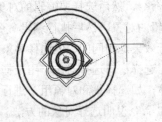 

（a）图中深色覆盖部分为选择窗口　（b）选择后的图形　　　（a）图中虚线为选择栏　　　　（b）选择后的图形

图4-2　"窗交"对象选择方式　　　　　　　　　图4-3　"栏选"对象选择方式

（8）圈围(WP)：使用一个不规则的多边形来选择对象。根据提示，用户顺次输入构成多边形的所有顶点的坐标，最后，按Enter键，结束操作，系统将自动连接第一个顶点到最后一个顶点的各个顶点，形成封闭的多边形。凡是被多边形围住的对象均被选中（不包括边界）。执行结果如图4-4所示。

（a）图中十字线所拉出深色多边形为选择窗口　　　　　　　　（b）选择后的图形

图4-4　"圈围"对象选择方式

（9）圈交(CP)：类似于"圈围"方式，在"选择对象:"提示后输入"CP"，后续操作与"圈围"方式相同。区别在于：与多边形边界相交的对象也被选中。

🎓 高手支招

> 若矩形框从左向右定义，即第一个选择的对角点为左侧的对角点，矩形框内部的对象被选中，框外部的及与矩形框边界相交的对象不会被选中。若矩形框从右向左定义，矩形框内部及与矩形框边界相交的对象都会被选中。

4.2　删除及恢复类命令

删除与恢复类命令主要用于删除图形的某部分或对已被删除的部分进行恢复。包括删除、回退、重做、清除等命令。

【预习重点】

- ☑　了解删除图形有几种方法。
- ☑　练习使用 3 种图形删除方法。
- ☑　认识恢复命令的使用方法。

4.2.1　"删除"命令

如果所绘制的图形不符合要求或错绘了图形，则可以使用"删除"命令 ERASE 把它删除。

【执行方式】

- ☑　命令行：ERASE。
- ☑　菜单栏：选择菜单栏中的"修改"→"删除"命令。
- ☑　工具栏：单击"修改"工具栏中的"删除"按钮 。
- ☑　功能区：单击"默认"选项卡"修改"面板中的"删除"按钮 。
- ☑　快捷菜单：选择要删除的对象，在绘图区右击，从弹出的快捷菜单中选择"删除"命令。

【操作步骤】

可以先选择对象，然后调用"删除"命令；也可以先调用"删除"命令，然后再选择对象。选择对象时，可以使用前面介绍的各种对象选择的方法。

当选择多个对象时，多个对象都被删除；若选择的对象属于某个对象组，则该对象组的所有对象都被删除。

4.2.2　"恢复"命令

若误删除了图形，则可以使用"恢复"命令 OOPS 恢复误删除的对象。

【执行方式】

- ☑　命令行：OOPS 或 U。
- ☑　工具栏：单击"标准"工具栏中的"放弃"按钮 。
- ☑　快捷键：Ctrl+Z。

【操作步骤】

在命令行窗口的提示行上输入"OOPS"，按 Enter 键。

4.2.3 "清除"命令

此命令与"删除"命令的功能完全相同。

【执行方式】

- ☑ 菜单栏：选择菜单栏中的"编辑"→"删除"命令。
- ☑ 快捷键：Delete。

【操作步骤】

用菜单或快捷键输入上述命令后，选择要清除的对象，按 Enter 键执行"清除"命令。

4.3 复制类命令

本节详细介绍 AutoCAD 2017 的复制类命令。利用这些复制类命令，可以方便地编辑绘制图形。

【预习重点】

- ☑ 了解复制类命令有几种。
- ☑ 简单练习几种复制操作方法。
- ☑ 对比使用哪种方法更简便。

4.3.1 "复制"命令

【执行方式】

- ☑ 命令行：COPY。
- ☑ 菜单栏：选择菜单栏中的"修改"→"复制"命令。
- ☑ 工具栏：单击"修改"工具栏中的"复制"按钮 。
- ☑ 功能区：单击"默认"选项卡"修改"面板中的"复制"按钮 。
- ☑ 快捷菜单：选择要复制的对象，在绘图区右击，从弹出的快捷菜单中选择"复制选择"命令。
- ☑ 功能区：单击"默认"选项卡"修改"面板中的"复制"按钮 （如图 4-5 所示）。

图 4-5 "修改"面板

【操作步骤】

命令：COPY✓
选择对象：（选择要复制的对象）

选择对象:↙
当前设置: 复制模式 = 多个
指定基点或 [位移(D)/模式(O)] <位移>:（指定基点或位移）
指定第二个点或 [阵列(A)] <使用第一个点作为位移>:
指定第二个点或 [阵列(A)/退出(E)/放弃(U)] <退出>:↙

【选项说明】

（1）指定基点：指定一个坐标点后，AutoCAD 2017 把该点作为复制对象的基点。

指定第二个点后，系统将根据这两点确定的位移矢量把选择的对象复制到第二点处。如果此时直接按 Enter 键，即选择默认的"用第一点作位移"，则第一个点被当作相对于 X、Y、Z 的位移。例如，如果指定基点为（2,3）并在下一个提示下按 Enter 键，则该对象从它当前的位置开始，在 X 方向上移动两个单位，在 Y 方向上移动 3 个单位。一次复制完成后，可以不断指定新的第二点，从而实现多重复制。

（2）位移(D)：直接输入位移值，表示以选择对象时的拾取点为基准，以拾取点坐标为移动方向，纵横比移动指定位移后所确定的点为基点。例如，选择对象时的拾取点坐标为（2,3），输入位移为 5，则表示以（2,3）点为基准，沿纵横比为 3:2 的方向移动 5 个单位所确定的点为基点。

（3）模式(O)：控制是否自动重复该命令。确定复制模式是单个还是多个。

（4）阵列(A)：指定在线性阵列中排列的副本数量。

4.3.2 "镜像"命令

镜像对象是指把选择的对象以一条镜像线为对称轴进行镜像后的对象。镜像操作完成后，可以保留原对象，也可以将其删除。

【执行方式】

☑ 命令行：MIRROR。
☑ 菜单栏：选择菜单栏中的"修改"→"镜像"命令。
☑ 工具栏：单击"修改"工具栏中的"镜像"按钮⚠。
☑ 功能区：单击"默认"选项卡"修改"面板中的"镜像"按钮⚠（如图 4-5 所示）。

【操作实践——绘制造型园灯】

绘制如图 4-6 所示的造型园灯。操作步骤如下：

（1）单击"默认"选项卡"绘图"面板中的"直线"按钮╱，绘制一系列直线，尺寸适当选取，如图 4-7 所示。

（2）单击"默认"选项卡"绘图"面板中的"圆弧"按钮╱和"直线"按钮╱补全图形，如图 4-8 所示。

（3）单击"默认"选项卡"修改"面板中的"镜像"按钮⚠，命令行提示与操作如下。

命令:MIRROR↙↙
选择对象:（选取除最右边直线外的所有图形）
指定镜像线的第一点:（捕捉最右边直线上的点）
指定镜像线的第二点:（捕捉最右边直线上另一点）
要删除源对象吗? [是(Y)/否(N)] <否>:↙↙

绘制结果如图 4-9 所示。

（4）把中间竖直直线删除，最终结果如图 4-6 所示。

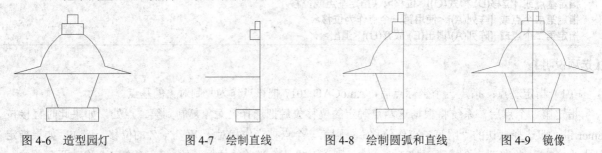

图 4-6　造型园灯　　　　图 4-7　绘制直线　　　　图 4-8　绘制圆弧和直线　　　　图 4-9　镜像

4.3.3　"偏移"命令

偏移对象是指保持选择的对象的形状、在不同的位置以不同的尺寸大小新建的一个对象。

【执行方式】

☑　命令行：OFFSET。
☑　菜单栏：选择菜单栏中的"修改"→"偏移"命令。
☑　工具栏：单击"修改"工具栏中的"偏移"按钮 ⚏。
☑　功能区：单击"默认"选项卡"修改"面板中的"偏移"按钮 ⚏。

【操作实践——绘制花钵坐凳】

绘制如图 4-10 所示的花钵坐凳。操作步骤如下：

（1）单击"默认"选项卡"绘图"面板中的"矩形"按钮 ▭，在图中绘制一个 800×800 的矩形，如图 4-11 所示。

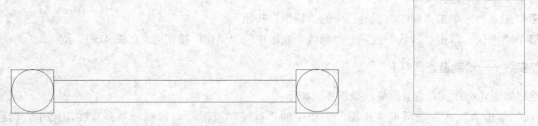

图 4-10　花钵坐凳　　　　　　　　　　　　图 4-11　绘制矩形

（2）单击"默认"选项卡"绘图"面板中的"圆"按钮 ⊘，单击状态栏上的"极轴追踪"、"对象捕捉"和"对象捕捉追踪"按钮，捕捉上侧边和左侧边的中点，如图 4-12 所示，绘制半径为 400 的圆，完成花钵的绘制，如图 4-13 所示。

（3）单击"默认"选项卡"绘图"面板中的"直线"按钮 ⟋，以矩形右上端点为起点，向右绘制一条长为 4600 的水平辅助线，如图 4-14 所示。

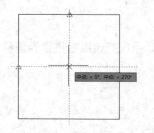
图 4-12 捕捉中点

图 4-13 绘制圆

图 4-14 绘制水平辅助线

（4）单击"默认"选项卡"修改"面板中的"偏移"按钮，将水平辅助线向下偏移为 200 和 400，如图 4-15 所示。

```
命令: _offset
当前设置: 删除源=否   图层=源   OFFSETGAPTYPE=0
指定偏移距离或 [通过(T)/删除(E)/图层(L)] <400.0000>: 200↙
选择要偏移的对象，或 [退出(E)/放弃(U)] <退出>:（选择步骤（3）绘制的水平辅助线）
指定要偏移的那一侧上的点，或 [退出(E)/多个(M)/放弃(U)] <退出>:（向下指定一点）
选择要偏移的对象，或 [退出(E)/放弃(U)] <退出>:↙
命令:（直接按 Enter 键，重复上步命令）
OFFSET
当前设置: 删除源=否   图层=源   OFFSETGAPTYPE=0
指定偏移距离或 [通过(T)/删除(E)/图层(L)] <200.0000>: 400
选择要偏移的对象，或 [退出(E)/放弃(U)] <退出>:（选择步骤（3）偏移后的水平直线）
指定要偏移的那一侧上的点，或 [退出(E)/多个(M)/放弃(U)] <退出>:（向下指定一点）
选择要偏移的对象，或 [退出(E)/放弃(U)] <退出>:↙
```

（5）单击"默认"选项卡"修改"面板中的"删除"按钮，将辅助线删除，如图 4-16 所示。

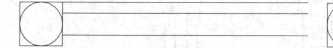

图 4-15 偏移直线   图 4-16 删除辅助线

（6）单击"默认"选项卡"修改"面板中的"复制"按钮，将花钵复制到另外一侧，如图 4-10 所示。

```
命令: _copy
选择对象:（选择花钵）
选择对象: ↙
当前设置: 复制模式 = 多个
指定基点或 [位移(D)/模式(O)] <位移>:（捕捉如图 4-17 所示的矩形上的一点）
指定第二个点或 [阵列(A)] <使用第一个点作为位移>:（捕捉如图 4-18 所示的水平线的右端点）
指定第二个点或 [阵列(A)/退出(E)/放弃(U)] <退出>:↙
```

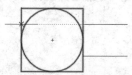

图 4-17 捕捉矩形上的一点   图 4-18 捕捉水平线的右端点

【选项说明】

（1）指定偏移距离：输入一个距离值，或按 Enter 键，使用当前的距离值，系统把该距离值作为偏移距离，如图 4-19 所示。

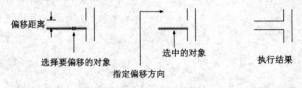

图 4-19　指定偏移对象的距离

（2）通过(T)：指定偏移对象的通过点。选择该选项后出现如下提示。

选择要偏移的对象，或 [退出(E)/放弃(U)] <退出>:（选择要偏移的对象。按 Enter 键会结束操作）
指定通过点或 [退出(E)/多个(M)/放弃(U)] <退出>:（指定偏移对象的一个通过点）

操作完毕后，系统根据指定的通过点绘出偏移对象，如图 4-20 所示。

（3）删除(E)：偏移后，将源对象删除。选择该选项后出现如下提示。

要在偏移后删除源对象吗？ [是(Y)/否(N)] <否>:

（4）图层(L)：确定将偏移对象创建在当前图层上还是源对象所在的图层上。选择该选项后出现如下提示。

输入偏移对象的图层选项 [当前(C)/源(S)] <源>:

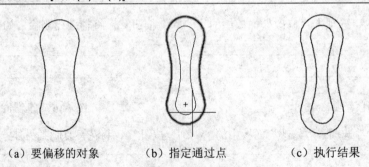

　（a）要偏移的对象　　　　（b）指定通过点　　　　（c）执行结果

图 4-20　指定偏移对象的通过点

4.3.4　"阵列"命令

阵列是指多重复制选择对象并把这些副本按矩形或环形排列。把副本按矩形排列称为建立矩形阵列，把副本按环形排列称为建立极阵列。建立极阵列时，应该控制复制对象的次数和对象是否被旋转；建立矩形阵列时，应该控制行和列的数量以及对象副本之间的距离。

用该命令可以建立矩形阵列、极阵列（环形）和旋转的矩形阵列。

【执行方式】

　☑　命令行：ARRAY。

☑ 菜单栏：选择菜单栏中的"修改"→"阵列"命令。

☑ 工具栏：单击"修改"工具栏中的"矩形阵列"按钮，单击"修改"工具栏中的"路径阵列"按钮，单击"修改"工具栏中的"环形阵列"按钮。

☑ 功能区：单击"默认"选项卡"修改"面板中的"矩形阵列"按钮/"路径阵列"按钮/"环形阵列"按钮（如图 4-21 所示）。

图 4-21　"修改"面板

【操作步骤】

命令:ARRAY↙
选择对象：（使用对象选择方法）
输入阵列类型[矩形(R)/路径(PA)/极轴(PO)]<矩形>:

【选项说明】

（1）矩形(R)（命令行：ARRAYRECT）：将选定对象的副本分布到行数、列数和层数的任意组合。通过夹点，调整阵列间距、列数、行数和层数；也可以分别选择各选项输入数值。

（2）路径(PA)（命令行：ARRAYPATH）：沿路径或部分路径均匀分布选定对象的副本。选择该选项后出现如下提示。

选择路径曲线：（选择一条曲线作为阵列路径）
选择夹点以编辑阵列或 [关联(AS)/方法(M)/基点(B)/切向(T)/项目(I)/行(R)/层(L)/对齐项目(A)/Z 方向(Z)/退出(X)]<退出>:（通过夹点，调整阵列行数和层数；也可以分别选择各选项输入数值）

（3）极轴(PO)：在绕中心点或旋转轴的环形阵列中均匀分布对象副本。选择该选项后出现如下提示。

指定阵列的中心点或 [基点(B)/旋转轴(A)]:（选择中心点、基点或旋转轴）
选择夹点以编辑阵列或 [关联(AS)/基点(B)/项目(I)/项目间角度(A)/填充角度(F)/行(ROW)/层(L)/旋转项目(ROT)/退出(X)] <退出>:（通过夹点，调整角度，填充角度；也可以分别选择各选项输入数值）

4.4　改变位置类命令

这一类编辑命令的功能是按照指定要求改变当前图形或图形某部分的位置，主要包括移动、旋转和缩放等命令。

【预习重点】

☑ 了解改变位置类命令有几种。

☑ 练习移动、旋转、缩放命令的使用方法。

4.4.1　"移动"命令

【执行方式】

☑ 命令行：MOVE。

☑ 菜单栏：选择菜单栏中的"修改"→"移动"命令。
☑ 工具栏：单击"修改"工具栏中的"移动"按钮✛。
☑ 功能区：单击"默认"选项卡"修改"面板中的"移动"按钮✛。
☑ 快捷菜单：选择要复制的对象，在绘图区右击，从弹出的快捷菜单中选择"移动"命令。

【操作步骤】

命令:MOVE↙
选择对象:（选择对象）
选择对象:
指定基点或 [位移(D)] <位移>:（指定基点或移至点）
指定第二个点或 <使用第一个点作为位移>:

命令选项功能与"复制"命令类似。

4.4.2 "旋转"命令

【执行方式】

☑ 命令行：ROTATE。
☑ 菜单栏：选择菜单栏中的"修改"→"旋转"命令。
☑ 工具栏：单击"修改"工具栏中的"旋转"按钮○。
☑ 功能区：单击"默认"选项卡"修改"面板中的"旋转"按钮○。
☑ 快捷菜单：选择要旋转的对象，在绘图区右击，从弹出的快捷菜单中选择"旋转"命令。

【操作实践——绘制枸杞】

绘制如图 4-22 所示的枸杞。操作步骤如下：

（1）单击"默认"选项卡"绘图"面板中的"圆"按钮⊘和"样条曲线拟合"按钮∼（"样条曲线"命令将在第 5 章中详细讲解），绘制初步图形，其中表示树枝的样条曲线最下面的起点捕捉为圆心，如图 4-23 所示。

（2）单击"默认"选项卡"修改"面板中的"旋转"按钮○，命令行提示与操作如下。

命令: _rotate
UCS 当前的正角方向: ANGDIR=逆时针 ANGBASE=0
选择对象:（选取圆内图形对象）
选择对象: ↙
指定基点:（捕捉圆心为基点）
指定旋转角度，或 [复制(C)/参照(R)] <0>: c↙
旋转一组选定对象。
指定旋转角度或 [复制(C)/参照(R)] <0>: -90↙

（3）利用同样方法继续进行复制旋转，如图 4-24 所示。最终结果如图 4-22 所示。

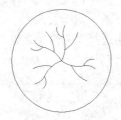

图 4-22　枸杞　　　　　　　　图 4-23　初步图形　　　　　　图 4-24　复制旋转

【选项说明】

（1）复制(C)：选择该选项，旋转对象的同时，保留原对象，如图 4-25 所示。

图 4-25　复制旋转

（2）参照(R)：采用参照方式旋转对象时，系统提示如下。

指定参照角 <0>:（指定要参考的角度，默认值为 0）
指定新角度或[点(P)]:（输入旋转后的角度值）

操作完毕后，对象被旋转至指定的角度位置。

高手支招

　　可以用拖动鼠标的方法旋转对象。选择对象并指定基点后，从基点到当前光标位置会出现一条连线，移动鼠标选择的对象会动态地随着该连线与水平方向的夹角的变化而旋转，按 Enter 键会确认旋转操作，如图 4-26 所示。

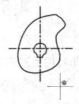

图 4-26　拖动鼠标旋转对象

4.4.3　"缩放"命令

【执行方式】

- ☑　命令行：SCALE。
- ☑　菜单栏：选择菜单栏中的"修改"→"缩放"命令。
- ☑　工具栏：单击"修改"工具栏中的"缩放"按钮 。

☑ 功能区：单击"默认"选项卡"修改"面板中的"缩放"按钮。

☑ 快捷菜单：选择要缩放的对象，在绘图区右击，从弹出的快捷菜单中选择"缩放"命令。

【操作步骤】

命令: SCALE✓
选择对象:（选择要缩放的对象）
选择对象: ✓
指定基点:（指定缩放操作的基点）
指定比例因子或 [复制(C)/参照(R)]:

【选项说明】

（1）参照(R)：采用参考方向缩放对象时，系统提示如下。

指定参照长度 <1>:（指定参考长度值）
指定新的长度或 [点(P)] <1.0000>:（指定新长度值）

若新长度值大于参考长度值，则放大对象；否则，缩小对象。操作完毕后，系统以指定的基点按指定的比例因子缩放对象。如果选择"点(P)"选项，则指定两点来定义新的长度。

（2）指定比例因子：选择对象并指定基点后，从基点到当前光标位置会出现一条线段，线段的长度即为比例大小。鼠标选择的对象会动态地随着该连线长度的变化而缩放，按 Enter 键，确认缩放操作。

（3）复制(C)：选择该选项时，可以复制缩放对象，即缩放对象时，保留原对象，如图 4-27 所示。

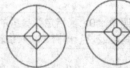

图 4-27 复制缩放

4.5 改变几何特性类命令

这一类编辑命令在对指定对象进行编辑后，使编辑对象的几何特性发生改变。包括倒角、圆角、打断、剪切、延伸、拉长、拉伸等命令。

【预习重点】

☑ 了解改变几何特性类命令有几种。

☑ 比较使用圆角、倒角命令。

☑ 比较使用剪切、延伸命令。

☑ 比较使用拉伸、拉长命令。

☑ 比较使用打断、打断于点命令。

☑ 比较分解、合并前后对象属性。

4.5.1 "修剪"命令

【执行方式】

- ☑ 命令行：TRIM。
- ☑ 菜单栏：选择菜单栏中的"修改"→"修剪"命令。
- ☑ 工具栏：单击"修改"工具栏中的"修剪"按钮⊀。
- ☑ 功能区：单击"默认"选项卡"修改"面板中的"修剪"按钮⊀。

【操作实践——绘制常绿针叶乔木】

绘制如图 4-28 所示的常绿针叶乔木。操作步骤如下：

（1）单击"绘图"工具栏中"圆"按钮◎，在命令行中输入"1500"，命令行提示与操作如下。

命令：_circle
指定圆的圆心或 [三点(3P)/两点(2P)/切点，切点，半径(T)]:
指定圆的半径或 [直径(D)] <4.1463>: 1500

绘制一半径为 1500mm 的圆，圆代表乔木树冠平面的轮廓。

（2）单击"默认"选项卡"绘图"面板中的"圆"按钮◎，绘制一半径为 150 的小圆，代表乔木的树干。

（3）单击"默认"选项卡"绘图"面板中的"直线"按钮／，在圆上绘制直线，直线代表枝条，如图 4-29 所示。

（4）单击"默认"选项卡"修改"面板中的"环形阵列"按钮∰，设置项目数为 10，填充角度为 360°，圆心为阵列中心点，将步骤（3）绘制的直线进行阵列，命令行提示与操作如下。

命令：_arraypolar
选择对象：（选择步骤（3）绘制的直线）
选择对象：✓
类型 = 极轴　关联 = 否
指定阵列的中心点或 [基点(B)/旋转轴(A)]:（选择圆心）
选择夹点以编辑阵列或 [关联(AS)/基点(B)/项目(I)/项目间角度(A)/填充角度(F)/行(ROW)/层(L)/旋转项目(ROT)/退出(X)] <退出>: i✓
输入阵列中的项目数或 [表达式(E)] <6>: 10✓
选择夹点以编辑阵列或 [关联(AS)/基点(B)/项目(I)/项目间角度(A)/填充角度(F)/行(ROW)/层(L)/旋转项目(ROT)/退出(X)] <退出>: f✓
指定填充角度(+=逆时针、-=顺时针)或 [表达式(EX)] <360>:✓
选择夹点以编辑阵列或 [关联(AS)/基点(B)/项目(I)/项目间角度(A)/填充角度(F)/行(ROW)/层(L)/旋转项目(ROT)/退出(X)] <退出>:✓

结果如图 4-30 所示。

（5）单击"默认"选项卡"绘图"面板中的"直线"按钮／，在圆内画一条 30°斜线（打开状态行中"极轴"，右键单击设置极轴角度为 30）。

（6）单击"默认"选项卡"修改"面板中的"偏移"按钮△，偏移距离 150，命令行提示与操作如下。

```
命令: OFFSET↙
当前设置: 删除源=否    图层=源    OFFSETGAPTYPE=0
指定偏移距离或 [通过(T)/删除(E)/图层(L)] <通过>:  150↙
选择要偏移的对象，或 [退出(E)/放弃(U)] <退出>:
指定要偏移的那一侧上的点，或 [退出(E)/多个(M)/放弃(U)] <退出>:↙
```

结果如图 4-31 所示。

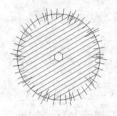
图 4-28 常绿针叶乔木

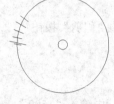
图 4-29 绘制直线

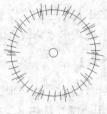
图 4-30 阵列直线

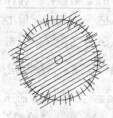
图 4-31 偏移直线

（7）单击"默认"选项卡"修改"面板中的"修剪"按钮，选择对象为圆轮廓线，按 Enter 键或空格键确定，对圆外的斜线进行修剪，命令行提示与操作如下。

```
命令:_trim
当前设置:投影=UCS，边=无
选择剪切边...
选择对象或 <全部选择>:（选择圆轮廓线）
选择对象: ↙
选择要修剪的对象，或按住 Shift 键选择要延伸的对象，或 [栏选(F)/窗交(C)/投影(P)/边(E)/删除(R)/放弃(U)]:（选择圆外要修剪的直线）
不与剪切边相交。
选择要修剪的对象，或按住 Shift 键选择要延伸的对象，或 [栏选(F)/窗交(C)/投影(P)/边(E)/删除(R)/放弃(U)]:（选择圆外要修剪的直线）
…
选择要修剪的对象，或按住 Shift 键选择要延伸的对象，或 [栏选(F)/窗交(C)/投影(P)/边(E)/删除(R)/放弃(U)]: ↙
```

结果如图 4-32 所示。

【选项说明】

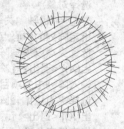
图 4-32 修剪图形

（1）按住 Shift 键：在选择对象时，如果按住 Shift 键，系统就自动将"修剪"命令转换成"延伸"命令，"延伸"命令将在 4.5.2 节介绍。

（2）边(E)：选择该选项时，可以选择对象的修剪方式：延伸和不延伸。

① 延伸(E)：延伸边界进行修剪。在此方式下，如果剪切边没有与要修剪的对象相交，系统会延伸剪切边直至与要修剪的对象相交，然后再修剪，如图 4-33 所示。

选择剪切边   选择要修剪的对象   修剪后的结果

图 4-33 延伸方式修剪对象

② 不延伸(N)：不延伸边界修剪对象，只修剪与剪切边相交的对象。

（3）栏选(F)：选择该选项时，系统以栏选的方式选择被修剪对象，如图 4-34 所示。

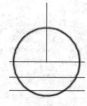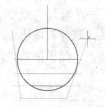

选择剪切边　　　　　　选择要修剪的对象　　　　　修剪后的结果

图 4-34　栏选选择修剪对象

（4）窗交(C)：选择该选项时，系统以窗交的方式选择被修剪对象，如图 4-35 所示。

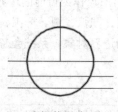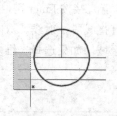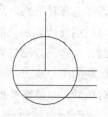

选择剪切边　　　　　　选定要修剪的对象　　　　　修剪后的结果

图 4-35　窗交选择修剪对象

高手支招

（1）被选择的对象可以互为边界和被修剪对象，此时系统会在选择的对象中自动判断边界。

（2）在使用修剪命令选择修剪对象时，通常是逐个点击选择的，有时显得效率低，要比较快地实现修剪过程，可以先输入"修剪"命令"TR"或"TRIM"，然后按 Space 键或 Enter 键，命令行中就会提示选择修剪的对象，这时可以不选择对象，继续按 Space 键或 Enter 键，系统默认选择全部，这样做就可以很快地完成修剪过程。

4.5.2 "延伸"命令

延伸对象是指延伸要延伸的对象直至另一个对象的边界线，如图 4-36 所示。

选择边界　　　　　　选择要延伸的对象　　　　　执行结果

图 4-36　延伸对象

【执行方式】

☑ 命令行：EXTEND。

☑ 菜单栏：选择菜单栏中的"修改"→"延伸"命令。

☑ 工具栏：单击"修改"工具栏中的"延伸"按钮┅。

☑ 功能区：单击"默认"选项卡"修改"面板中的"延伸"按钮┅。

【操作步骤】

命令: EXTEND✓
当前设置: 投影=UCS，边=无
选择边界的边...
选择对象或 <全部选择>:（选择边界对象）

此时可以通过选择对象来定义边界。若直接按 Enter 键，则选择所有对象作为可能的边界对象。

系统规定可以用作边界对象的对象有直线段、射线、双向无限长线、圆弧、圆、椭圆、二维和三维多段线、样条曲线、文本、浮动的视口、区域。如果选择二维多段线作为边界对象，系统会忽略其宽度而把对象延伸至多段线的中心线上。

选择边界对象后，系统继续提示：

选择要延伸对象，或按 Shift 键选择要修剪的对象，或 [栏选(F)/窗交(C)/投影(P)/边(E)/放弃(U)]:

【选项说明】

（1）如果要延伸的对象是适配样条多段线，则延伸后会在多段线的控制框上增加新节点。如果要延伸的对象是锥形的多段线，系统会修正延伸端的宽度，使多段线从起始端平滑地延伸至新的终止端。如果延伸操作导致新终止端的宽度为负值，则取宽度值为 0，如图 4-37 所示。

（2）选择对象时，如果按住 Shift 键，系统就自动将"延伸"命令转换成"修剪"命令。

图 4-37　延伸对象

4.5.3　"圆角"命令

圆角是指用指定的半径决定的一段平滑的圆弧连接两个对象。系统规定可以圆角连接一对直线段、非圆弧的多段线段、样条曲线、双向无限长线、射线、圆、圆弧和椭圆。可以在任何时刻圆角连接非圆弧多段线的每个节点。

【执行方式】

☑ 命令行：FILLET。

☑ 菜单栏：选择菜单栏中的"修改"→"圆角"命令。

☑ 工具栏：单击"修改"工具栏中的"圆角"按钮▱。

☑ 功能区：单击"默认"选项卡"修改"面板中的"圆角"按钮▱。

【操作步骤】

命令:FILLET↙

当前设置: 模式 = 修剪，半径 = 0.0000

选择第一个对象或 [放弃(U)/多段线(P)/半径(R)/修剪(T)/多个(M)]:（选择第一个对象或别的选项）

选择第二个对象，或按住 Shift 键选择对象以应用角点或 [半径(R)]:（选择第二个对象）

【选项说明】

（1）多段线(P)：在一条二维多段线的两段直线段的节点处插入圆滑的弧。选择多段线后，系统会根据指定的圆弧的半径把多段线各顶点用圆滑的弧连接起来。

（2）修剪(T)：决定在圆角连接两条边时，是否修剪这两条边，如图 4-38 所示。

（3）多个(M)：可以同时对多个对象进行圆角编辑。而不必重新起用命令。

（4）按住 Shift 键并选择两条直线，可以快速创建零距离倒角或零半径圆角。

图 4-38 圆角连接

4.5.4 "倒角"命令

倒角是指用斜线连接两个不平行的线型对象。可以用斜线连接直线段、双向无限长线、射线和多段线。

【执行方式】

- ☑ 命令行：CHAMFER。
- ☑ 菜单栏：选择菜单栏中的"修改"→"倒角"命令。
- ☑ 工具栏：单击"修改"工具栏中的"倒角"按钮⌐。
- ☑ 功能区：单击"默认"选项卡"修改"面板中的"倒角"按钮⌐。

【操作实践——绘制檐柱细部大样图】

绘制如图 4-39 所示的檐柱细部大样图。操作步骤如下：

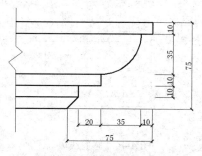

图 4-39 檐柱细部大样图

（1）单击"默认"选项卡"绘图"面板中的"直线"按钮╱，绘制长度大约为 120 的一条竖直和一条水平线段，相对位置大约如图 4-40 所示。

（2）单击"默认"选项卡"修改"面板中的"偏移"按钮⌐，将水平线段分别向下依次偏移 10、35、

10、10、10，如图 4-41 所示。

（3）单击"默认"选项卡"绘图"面板中的"直线"按钮✎，连接偏移线段右端点，如图 4-42 所示。

图 4-40　绘制线段　　　　图 4-41　偏移水平线段　　　　图 4-42　连接右端点

（4）单击"默认"选项卡"修改"面板中的"偏移"按钮❀，将右边竖直线段分别向左依次偏移 10、35、20，如图 4-43 所示。

（5）单击"默认"选项卡"修改"面板中的"修剪"按钮✄，将线段进行修剪，如图 4-44 所示。

（6）单击"默认"选项卡"修改"面板中的"圆角"按钮◻，命令行提示与操作如下。

```
命令:_fillet↙
当前设置: 模式 = 修剪, 半径 = 0.0000
选择第一个对象或 [放弃(U)/多段线(P)/半径(R)/修剪(T)/多个(M)]: r↙指定圆角半径 <0.0000>: 35↙
选择第一个对象或 [放弃(U)/多段线(P)/半径(R)/修剪(T)/多个(M)]: ↙（选择右起第二条竖直线段）
选择第二个对象，或按住 Shift 键选择对象以应用角点或 [半径(R)]:（选择上起第三条水平线段）
```

（7）单击"默认"选项卡"修改"面板中的"倒角"按钮◻，命令行提示与操作如下。

```
命令:_chamfer↙
（"修剪"模式） 当前倒角距离 1 = 0.0000, 距离 2 = 0.0000
选择第一条直线或 [放弃(U)/多段线(P)/距离(D)/角度(A)/修剪(T)/方式(E)/多个(M)]: d↙
指定第一个倒角距离 <0.0000>: 10↙↙
指定第二个倒角距离 <10.0000>:↙
选择第一条直线或 [放弃(U)/多段线(P)/距离(D)/角度(A)/修剪(T)/方式(E)/多个(M)]:（选择左起第二条竖直线段）
选择第二条直线或按住 Shift 键选择直线以应用角点或 [距离(D)/角度(A)/方法(M)]:（选择最下边水平线段）
```

结果如图 4-45 所示。

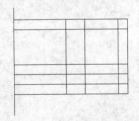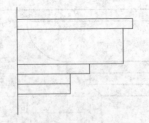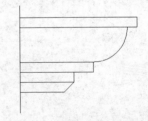

图 4-43　偏移竖直线段　　　　图 4-44　修剪线段　　　　图 4-45　圆角和倒角处理

（8）单击"默认"选项卡"绘图"面板中的"直线"按钮✎，在最左边竖直直线上绘制 3 条折线，如图 4-46 所示。

（9）单击"默认"选项卡"修改"面板中的"修剪"按钮✄，将最左边线段进行修剪，最终结果如图 4-39 所示。

【选项说明】

（1）距离(D)：选择倒角的两个斜线距离。斜线距离是指从被连接的对象与斜线的交点到被连接的两对象的可能的交点之间的距离，如图 4-47 所示。这两个斜线距离可以相同也可以不相同，若二者均为 0，则系统不绘制连接的斜线，而是把两个对象延伸至相交，并修剪超出的部分。

（2）角度(A)：选择第一条直线的斜线距离和角度。采用这种方法斜线连接对象时，需要输入两个参数：斜线与一个对象的斜线距离和斜线与该对象的夹角，如图 4-48 所示。

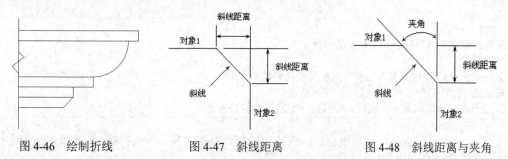

图 4-46　绘制折线　　　　　图 4-47　斜线距离　　　　　图 4-48　斜线距离与夹角

（3）多段线(P)：对多段线的各个交叉点进行倒角编辑。为了得到最好的连接效果，一般设置斜线是相等的值。系统根据指定的斜线距离把多段线的每个交叉点都作斜线连接，连接的斜线成为多段线新添加的构成部分，如图 4-49 所示。

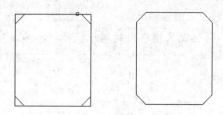

图 4-49　斜线连接多段线

（4）修剪(T)：与圆角连接命令 FILLET 相同，该选项决定连接对象后，是否剪切原对象。

（5）方式(E)：决定采用"距离"方式还是"角度"方式来倒角。

（6）多个(M)：同时对多个对象进行倒角编辑。

👨‍🎓 **高手支招**

有时用户在执行"圆角"和"倒角"命令时，发现命令不执行或执行后没什么变化，那是因为系统默认圆角半径和斜线距离均为 0，如果不事先设定圆角半径或斜线距离，系统就以默认值执行命令，所以看起来好像没有执行命令。

4.5.5　"拉伸"命令

拉伸对象是指拖拉选择的对象，且形状发生改变后的对象。拉伸对象时，应指定拉伸的基点和移至点。利用一些辅助工具如捕捉、钳夹功能及相对坐标等可以提高拉伸的精度。

【执行方式】

- ☑ 命令行：STRETCH。
- ☑ 菜单栏：选择菜单栏中的"修改"→"拉伸"命令。
- ☑ 工具栏：单击"修改"工具栏中的"拉伸"按钮 。
- ☑ 功能区：单击"默认"选项卡"修改"面板中的"拉伸"按钮 。

【操作步骤】

```
命令:_stretch
以交叉窗口或交叉多边形选择要拉伸的对象...
选择对象: C↙
指定第一个角点:（采用交叉窗口的方式选择要拉伸的对象）
指定基点或 [位移(D)]<位移>:（指定拉伸的基点）
指定第二个点或 <使用第一个点作为位移>:（指定拉伸的移至点）
```

此时，若指定第二个点，系统将根据这两点决定的矢量拉伸对象。若直接按 Enter 键，系统会把第一个点作为 X 轴和 Y 轴的分量值。

STRETCH 仅移动位于交叉选择内的顶点和端点，不更改那些位于交叉选择外的顶点和端点。部分包含在交叉选择窗口内的对象将被拉伸。

🎓 高手支招

用交叉窗口选择拉伸对象时，落在交叉窗口内的端点被拉伸，落在外部的端点保持不动。

4.5.6 "拉长"命令

【执行方式】

- ☑ 命令行：LENGTHEN。
- ☑ 菜单栏：选择菜单栏中的"修改"→"拉长"命令。
- ☑ 功能区：单击"默认"选项卡"修改"面板中的"拉长"按钮 。

【操作实践——绘制挂钟】

绘制如图 4-50 所示的挂钟。操作步骤如下：

（1）单击"默认"选项卡"绘图"面板中的"圆"按钮 ，以（100,100）为圆心，绘制半径为 20 的圆形作为挂钟的外轮廓线，如图 4-51 所示。

（2）单击"默认"选项卡"绘图"面板中的"直线"按钮 ，绘制 3 条直线作为挂钟的指针，如图 4-52 所示。

（3）单击"默认"选项卡"修改"面板中的"拉长"按钮 ，将秒针拉长至圆的边，命令行提示与操作如下。

命令: LENGTHEN↙
选择对象或 [增量(DE)/百分数(P)/全部(T)/动态(DY)]:（选择直线）
当前长度: 20.0000
选择对象或 [增量(DE)/百分数(P)/全部(T)/动态(DY)]: de↙
输入长度增量或 [角度(A)] <2.7500>: 2.75↙

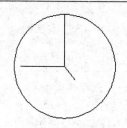

图 4-50　挂钟图形

图 4-51　绘制圆形

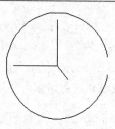

图 4-52　绘制指针

绘制挂钟完成，最终结果如图 4-50 所示。

【选项说明】

（1）增量(DE)：用指定增加量的方法来改变对象的长度或角度。

（2）百分数(P)：用指定要修改对象的长度占总长度的百分比的方法来改变圆弧或直线段的长度。

（3）全部(T)：用指定新的总长度或总角度值的方法来改变对象的长度或角度。

（4）动态(DY)：在这种模式下，可以使用拖拉鼠标的方法来动态地改变对象的长度或角度。

4.5.7　"打断"命令

【执行方式】

- ☑　命令行：BREAK。
- ☑　菜单栏：选择菜单栏中的"修改"→"打断"命令。
- ☑　工具栏：单击"修改"工具栏中的"打断"按钮 。
- ☑　功能区：单击"默认"选项卡"修改"面板中的"打断"按钮 。

【操作实践——绘制天目琼花】

绘制如图 4-53 所示的天目琼花。操作步骤如下：

（1）单击"默认"选项卡"绘图"面板中的"圆"按钮 ，绘制 3 个适当大小的圆，相对位置大致如图 4-54 所示。

（2）单击"默认"选项卡"修改"面板中的"打断"按钮 ，命令行提示与操作如下。

命令: _break
选择对象:（选择上面大圆上适当一点）
指定第二个打断点或 [第一点(F)]:（选择此圆上适当另一点）

用相同方法修剪上面的小圆，结果如图 4-55 所示。

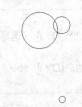

图 4-53　天目琼花　　　　　图 4-54　绘制圆　　　　　图 4-55　打断圆

提示

系统默认的打断方向是沿逆时针方向，所以在选择打断点的先后顺序时，注意不要把顺序弄反了。

（3）单击"默认"选项卡"修改"面板中的"环形阵列"按钮，命令行提示与操作如下。

```
命令:_arraypolar↙
选择对象:（选择刚打断形成的两段圆弧）
选择对象:↙
类型 = 极轴　关联 = 否
指定阵列的中心点或 [基点(B)/旋转轴(A)]:（捕捉下面圆的圆心）
选择夹点以编辑阵列或 [关联(AS)/基点(B)/项目(I)/项目间角度(A)/填充角度(F)/行(ROW)/层(L)/旋转项目(ROT)/退
出(X)] <退出>: i↙↙↙
输入阵列中的项目数或 [表达式(E)] <6>: 8↙（结果如图 4-56 所示）
选择夹点以编辑阵列或 [关联(AS)/基点(B)/项目(I)/项目间角度(A)/填充角度(F)/行(ROW)/层(L)/旋转项目(ROT)/退
出(X)] <退出>:↙（选择图形上面蓝色方形编辑夹点）
** 拉伸半径 **
指定半径（往下拖动夹点，如图 4-57 所示，拖到合适的位置，按下鼠标左键，结果如图 4-58 所示）
选择夹点以编辑阵列或 [关联(AS)/基点(B)/项目(I)/项目间角度(A)/填充角度(F)/行(ROW)/层(L)/旋转项目(ROT)/退
出(X)] <退出>:↙↙↙
```

最终结果如图 4-53 所示。

图 4-56　环形阵列　　　　　图 4-57　夹点编辑　　　　　图 4-58　编辑结果

【选项说明】

如果选择"第一点(F)"选项，系统将丢弃前面的第一个选择点，重新提示用户指定两个打断点。

4.5.8　"打断于点"命令

打断于点是指在对象上指定一点，从而把对象在此点拆分成两部分。此命令与打断命令类似。

【执行方式】

- ☑　工具栏：单击"修改"工具栏中的"打断于点"按钮⊏。
- ☑　功能区：单击"默认"选项卡"修改"面板中的"打断"按钮⊏。

【操作步骤】

命令: _break
选择对象:（选择要打断的对象）
指定第二个打断点或 [第一点(F)]: _f（系统自动执行"第一点(F)"选项）
指定第一个打断点:（选择打断点）
指定第二个打断点: @（系统自动忽略此提示）

4.5.9　"分解"命令

【执行方式】

- ☑　命令行：EXPLODE。
- ☑　菜单栏：选择菜单栏中的"修改"→"分解"命令。
- ☑　工具栏：单击"修改"工具栏中的"分解"按钮◉。
- ☑　功能区：单击"默认"选项卡"修改"面板中的"分解"按钮◉。

【操作步骤】

命令:EXPLODE✓
选择对象:（选择要分解的对象）

选择一个对象后，该对象会被分解。系统继续提示该行信息，允许分解多个对象。

4.5.10　"合并"命令

可以将直线、圆弧、椭圆弧和样条曲线等独立的对象合并为一个对象。

【执行方式】

- ☑　命令行：JOIN。
- ☑　菜单栏：选择菜单栏中的"修改"→"合并"命令。
- ☑　工具栏：单击"修改"工具栏中的"合并"按钮⊷。
- ☑　功能区：单击"默认"选项卡"修改"面板中的"合并"按钮⊷。

【操作步骤】

命令: JOIN✓
选择源对象或要一次合并的多个对象：（选择一个对象）
选择要合并的对象:（选择另一个对象）
选择要合并的对象: ✓

4.6 对象编辑

在对图形进行编辑时，还可以对图形对象本身的某些特性进行编辑，从而方便地进行图形绘制。

【预习重点】

- ☑ 了解编辑对象的方法有几种。
- ☑ 观察几种编辑方法结果差异。
- ☑ 对比几种方法的适用对象。

4.6.1 钳夹功能

要使用钳夹功能编辑对象，必须先打开钳夹功能。

【执行方式】

- ☑ 菜单栏：选择菜单栏中的"工具"→"选项"命令。

【操作步骤】

在图形上拾取一个夹点，该夹点改变颜色，此点为夹点编辑的基准夹点，如图 4-59 所示。

在图 4-59 中，也可在选中变色编辑基准点后，直接向一侧拉伸。如要转换其他操作，可右击，弹出快捷菜单，在图 4-60 中，选择"缩放"命令后，系统就会转换为"缩放"操作，其他操作类似。

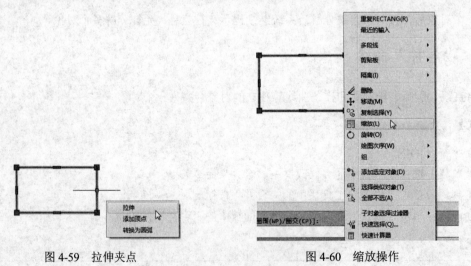

图 4-59 拉伸夹点　　　　　　图 4-60 缩放操作

【选项说明】

执行上述命令，弹出"选项"对话框，打开"选择集"选项卡，如图 4-61 所示。在"夹点"选项组中选中"显示夹点"复选框。在该选项卡中，还可以设置代表夹点的小方格的尺寸和颜色。

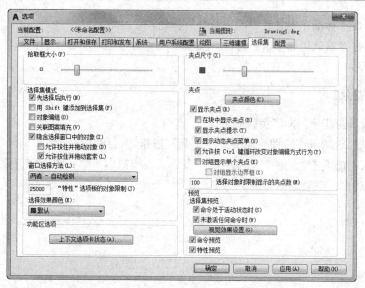

图 4-61 "选择集"选项卡

利用钳夹功能可以快速方便地编辑对象。AutoCAD 在图形对象上定义了一些特殊点，称为夹点，利用夹点可以灵活地控制对象，如图 4-62 所示。

（1）也可以通过 GRIPS 系统变量来控制是否打开钳夹功能，1 代表打开，0 代表关闭。

（2）打开了钳夹功能后，应该在编辑对象之前先选择对象。

夹点表示对象的控制位置。使用夹点编辑对象，要选择一个夹点作为基点，称为基准夹点。

（3）选择一种编辑操作：镜像、移动、旋转、拉伸和缩放。可以用空格键、Enter 键或快捷键循环选择这些功能，如图 4-63 所示。

4.6.2 修改对象属性

【执行方式】

☑ 命令行：DDMODIFY 或 PROPERTIES。

☑ 菜单栏：选择菜单栏中的"修改"→"特性"命令或选择菜单栏中的"工具"→"选项板"→"特性"命令。

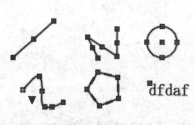

图 4-62 显示夹点

图 4-63 快捷菜单

☑ 工具栏：单击"标准"工具栏中的"特性"按钮 ▣。

☑ 功能区：单击"默认"选项卡"特性"面板中的"对话框启动器"按钮 ⬝。

☑ 快捷键：Ctrl+1。

【操作实践——绘制花朵】

绘制如图 4-64 所示的花朵。操作步骤如下：

（1）单击"默认"选项卡"绘图"面板中的"圆"按钮 ⊘，绘制花蕊。

（2）单击"默认"选项卡"绘图"面板中的"多边形"按钮 ⬠，绘制图 4-65 中的圆心为正多边形的中心点内接于圆的正五边形，结果如图 4-66 所示。

图 4-64　绘制花朵

图 4-65　捕捉圆心

图 4-66　绘制正五边形

🎓 **高手支招**

一定要先绘制中心的圆，因为正五边形的外接圆与此圆同心，必须通过捕捉获得正五边形的外接圆圆心位置。如果反过来，先画正五边形，再画圆，会发现无法捕捉正五边形外接圆圆心。

（3）单击"默认"选项卡"绘图"面板中的"圆弧"按钮 ⌒，以最上斜边的中点为圆弧起点，左上斜边中点为圆弧端点，绘制花朵。绘制结果如图 4-67 所示。重复"圆弧"命令，绘制另外 4 段圆弧，结果如图 4-68 所示。最后删除正五边形，结果如图 4-69 所示。

（4）单击"默认"选项卡"绘图"面板中的"多段线"按钮 ⤵（"多段线"命令将在后面章节中详细讲述），绘制枝叶。花枝的宽度为 4；叶子的起点半宽为 12，端点半宽为 3。同样方法绘制另两片叶子，结果如图 4-70 所示。

（5）选择枝叶，枝叶上显示夹点标志，在一个夹点上单击鼠标右键，打开快捷菜单，选择其中的"特性"命令，如图 4-71 所示。系统打开"特性"对话框，在"颜色"下拉列表框中选择"绿色"，如图 4-72 所示。

图 4-67　绘制一段圆弧

图 4-68　绘制所有圆弧

图 4-69　绘制花朵

图 4-70　绘制出花朵图案

图 4-71　快捷菜单

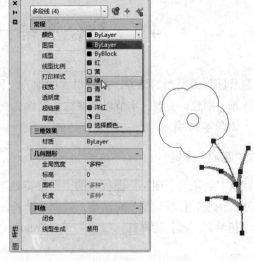

图 4-72　修改枝叶颜色

（6）按照步骤（5）的方法修改花朵颜色为红色，花蕊颜色为洋红色，最终结果如图 4-64 所示。

4.6.3　特性匹配

利用特性匹配功能可以将目标对象的属性与源对象的属性进行匹配，使目标对象的属性与源对象属性相同。利用特性匹配功能可以方便快捷地修改对象属性，并保持不同对象的属性相同。

【执行方式】

☑　命令行：MATCHPROP。

☑　菜单栏：选择菜单栏中的"修改"→"特性匹配"命令。

☑　工具栏：单击"标准"工具栏中的"特性匹配"按钮📋。

☑　功能区：单击"默认"选项卡"特性"面板中的"特性匹配"按钮📋。

【操作步骤】

命令: MATCHPROP✓
选择源对象:（选择源对象）
选择目标对象或 [设置(S)]:（选择目标对象）

如图 4-73（a）所示为两个属性不同的对象，以左边的圆为源对象，对右边的矩形进行特性匹配，结果如图 4-73（b）所示。

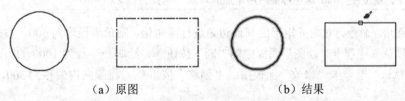

（a）原图　　　　　　　　　（b）结果

图 4-73　特性匹配

4.7 综合演练——绘制花池

花池，是公园里最灵动的地方，最吸引人的地方，因为最美丽鲜艳的植物就种植在这里。因此花池的设计一定要新颖、别致、美观。本节以最普通的花池为例说明其绘制，如图 4-74 所示。

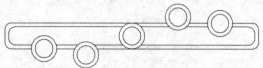

图 4-74 绘制花池

1. 建立"花池"图层

单击"默认"选项卡"图层"面板中的"图层特性"按钮，弹出"图层特性管理器"对话框，建立一个新图层，命名为"花池"，颜色为洋红，线型为 Continuous，线宽为 0.70，并将其设置为当前图层，如图 4-75 所示。

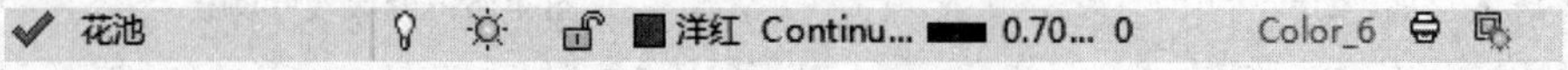

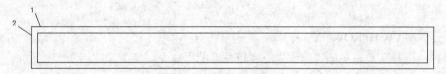

图 4-75 "花池"图层参数

2. 花池外轮廓的绘制

（1）单击"默认"选项卡"绘图"面板中的"矩形"按钮，在绘图区取适当一点为矩形的第一角点，另一角点坐标为（@20000,2000）。然后单击"默认"选项卡"修改"面板中的"偏移"按钮，将矩形向内侧进行偏移，偏移距离为 300。结果如图 4-76 所示。

图 4-76 花池外轮廓

（2）单击"默认"选项卡"修改"面板中的"分解"按钮，将两个矩形分解。然后单击"默认"选项卡"修改"面板中的"圆角"按钮，对矩形进行圆角处理，命令行提示与操作如下：

```
命令: _fillet
当前设置: 模式 = 修剪, 半径 = 0.0000
选择第一个对象或 [放弃(U)/多段线(P)/半径(R)/修剪(T)/多个(M)]: r↙
指定圆角半径 <0.0000>: 500↙
选择第一个对象或 [放弃(U)/多段线(P)/半径(R)/修剪(T)/多个(M)]:（选择直线 1）
选择第二个对象，或按住 Shift 键选择要应用角点的对象:（选择直线 2）
```

（3）重复"圆角"命令，对内外矩形的其他边角进行圆角化，圆角半径均为 500，结果如图 4-77 所示。

（4）单击"默认"选项卡"绘图"面板中的"圆"按钮，绘制一半径为 1000 的圆，如图 4-78 所示。

（5）单击"默认"选项卡"修改"面板中的"偏移"按钮，将圆向内偏移为 300，如图 4-79 所示。

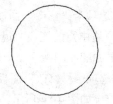

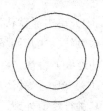

图 4-77　圆角后效果　　　　图 4-78　绘制圆　　图 4-79　偏移圆

（6）单击"默认"选项卡"块"面板中的"创建"按钮，打开"块定义"对话框，将同心圆创建成块，命名为"圆形花池"，如图 4-80 所示。

图 4-80　"块定义"对话框

3．添加圆形花池

（1）单击"默认"选项卡"绘图"面板中的"直线"按钮，绘制直线确定圆形花池的位置，分别连接矩形四边的中点，交点即为中心圆形花池的插入点；右边圆形花池位置的确定：右击状态栏上的"极轴追踪"按钮，在弹出的快捷菜单中选择"正在追踪设置"命令，打开"草图设置"对话框，设置"增量角"为 22，如图 4-81 所示。重复"直线"命令，沿 22°角方向绘制直线段，直线段长度为 3900，此点作为中心圆右侧圆形花池的圆心插入点；同样方法沿 8°角方向绘制直线段，直线段长度为 7000，结果如图 4-82 所示。

图 4-81　"草图设置"对话框

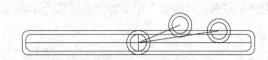

图 4-82　添加圆形花池

（2）单击"默认"选项卡"修改"面板中的"镜像"按钮⚠️，将步骤（1）绘制好的右侧圆形花池沿横向中轴线（矩形两条短边中点的连线）镜像，然后再将镜像后的圆形花池沿竖向中轴线（矩形两条长边中点的连线）镜像，结果如图 4-83 所示。

（3）单击"默认"选项卡"修改"面板中的"删除"按钮🖊️和"修剪"按钮✂️，删除多余的辅助线，并对其进行修剪处理，结果如图 4-84 所示。

<table>
<tr><td>图 4-83　镜像圆形花池</td><td>图 4-84　修剪图形</td></tr>
</table>

4.8　名师点拨——绘图学一学

1. 怎样把多条直线合并为一条

方法 1：在命令行中输入"GROUP"命令，选择直线。
方法 2：执行"合并"命令，选择直线。
方法 3：在命令行中输入"PEDIT"命令，选择直线。
方法 4：执行"创建块"命令，选择直线。

2. 对圆进行打断操作时的方向问题

AutoCAD 会沿逆时针方向将圆上从第一断点到第二断点之间的那段圆弧删除。

3. "旋转"命令的操作技巧

可以用拖动鼠标的方法旋转对象。选择对象并指定基点后，从基点到当前光标位置会出现一条连线，移动鼠标选择的对象会动态地随着该连线与水平方向的夹角的变化而旋转，按 Enter 键会确认旋转操作。

4. "镜像"命令的操作技巧

镜像对创建对称的图样非常有用，其可以快速地绘制半个对象，然后将其镜像，而不必绘制整个对象。
默认情况下，镜像文字、属性及属性定义时，它们在镜像后所得图像中不会反转或倒置。文字的对齐和对正方式在镜像图样前后保持一致。如果制图确实要反转文字，可将 MIRRTEXT 系统变量设置为 1，默认值为 0。

5. "偏移"命令的作用是什么

在 AutoCAD 中，可以使用"偏移"命令，对指定的直线、圆弧、圆等对象作定距离偏移复制。在实际应用中，常利用"偏移"命令的特性创建平行线或等距离分布图。

4.9 上机实验

【练习1】绘制如图4-85所示的文化墙平面图。

图4-85 文化墙平面图

1. 目的要求

本练习绘制的图形比较简单，在绘制的过程中，除了要用到"直线"基本绘图命令外，还要用到"偏移"和"修剪"编辑命令。本实验的目的是通过上机练习，帮助读者掌握"偏移"和"修剪"编辑命令的用法。

2. 操作提示

（1）绘制中心线。

（2）偏移中心线。

（3）绘制封口。

（4）修剪图形。

【练习2】绘制如图4-86所示的三人坐凳。

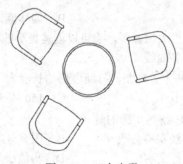

图4-86 三人坐凳

1. 目的要求

本练习设计的图形是一个简单的三人坐凳。利用平面绘图命令绘制石桌和凳子，最后利用"旋转"、"移动"和"环形阵列"命令，布置图形，通过本实验，读者将体会到熟悉编辑命令的操作。

2. 操作提示

（1）绘制石桌。

（2）绘制凳子。

（3）布置图形。

4.10 模 拟 考 试

1. 有一根直线原来在 0 层，颜色为 bylayer，如果通过偏移（　　）。
   A．该直线一定会在 0 层上，颜色不变　　　　B．该直线可能在其他层上，颜色不变
   C．该直线可能在其他层上，颜色与所在层一致　D．偏移只是相当于复制

2. 如果误删除了某个图形对象，接着又绘制了一些图形对象，现在想恢复被误删除的图形，该如何做？
（　　）
   A．单击放弃（Undo）　　B．通过输入命令 U　　C．通过输入命令 OOPS　　D．Ctrl+Z

3. 将圆心在（30,30）处的圆移动，移动中指定圆心的第二个点时，在动态输入框中输入"10,20"，
其结果是（　　）。
   A．圆心坐标为（10,20）　　　　　　　　　B．圆心坐标为（30,30）
   C．圆心坐标为（40,50）　　　　　　　　　D．圆心坐标为（20,10）

4. 无法采用打断于点的对象是（　　）。
   A．直线　　　　　B．开放的多段线　　　　C．圆弧　　　　　　　D．圆

5. 对于一个多段线对象中的所有角点进行圆角，可以使用圆角命令中的什么命令选项？（　　）
   A．多段线(P)　　　B．修剪(T)　　　　　C．多个(U)　　　　　D．半径(R)

6. 已有一个画好的圆，绘制一组同心圆可以用哪个命令来实现？（　　）
   A．STRETCH 伸展　　B．OFFSET 偏移　　C．EXTEND 延伸　　　D．MOVE 移动

7. 关于偏移，下面说明错误的是（　　）。
   A．偏移值为 30　　　　　　　　　　　　　B．偏移值为-30
   C．偏移圆弧时，既可以创建更大的圆弧，也可以创建更小的圆弧
   D．可以偏移的对象类型有样条曲线

8. 如果对图 4-87 中的正方形沿两个点打断，打断之后的长度为（　　）。
   A．150　　　　　B．100　　　　　C．150 或 50　　　　D．随机

9. 关于分解命令（EXPLODE）的描述正确的是（　　）。
   A．对象分解后颜色、线型和线宽不会改变　　B．图案分解后图案与边界的关联性仍然存在
   C．多行文字分解后将变为单行文字　　　　　D．构造线分解后可得到两条射线

10. 绘制如图 4-88 所示图形。

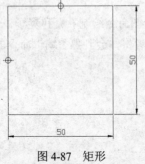

图 4-87　矩形

图 4-88　图形

复杂二维绘制与编辑命令

复杂二维绘图和编辑命令是指一些复合的绘图及其对应的编辑命令，如多段线、样条曲线、多线、图案填充等。

本章详细讲述 AutoCAD 提供的这些命令，帮助读者准确、简捷地完成复杂二维图形的绘制。

5.1 徒手线和修订云线

徒手线和云线是两种不规则的线。这两种线正是由于其不规则和随意性，给刻板规范的工程图绘制带来了很大的灵活性，有利于绘制者个性化和创造性的发挥，更加真实于现实世界，如图 5-1 所示。

5.1.1 绘制徒手线

绘制徒手线主要是通过移动定点设备（如鼠标）来实现，用户可以根据自己的需要绘制任意图形形状。例如，个性化的签名或印鉴等。

绘制徒手线时，定点设备就像画笔一样。单击定点设备将把"画笔"放到屏幕上，这时可以进行绘图，再次单击将提起画笔并停止绘图。徒手画由许多条线段组成。每条线段都可以是独立的对象或多段线。可以设置线段的最小长度或增量。

徒手线　　　　　云线

图 5-1　徒手线与云线

【执行方式】

☑　命令行：SKETCH。

【操作步骤】

```
命令: SKETCH✓
类型 = 直线　增量 = 1.0000　公差 = 0.5000
指定草图或 [类型(T)/增量(I)/公差(L)]:
指定草图:
```

【选项说明】

（1）记录增量：输入记录增量值。徒手线实际上是将微小的直线段连接起来来模拟任意曲线。其中的每一条直线段称为一个记录。记录增量的意思实际上是指单位线段的长度。不同的记录增量绘制的徒手线精度和形状不同，如图 5-2 所示。

（2）画笔(P)：选择按 P 键或单击鼠标左键表示徒手线的提笔和落笔。在用定点设备选取菜单项前必须提笔。

（3）连接(C)：自动落笔，继续从上次所画的线段的端点或上次删除的线段的端点开始画线。将光标移到上次所画的线段的端点或上次删除的线段的端点附近，系统自动连接到上次所画的线段的端点或上次删除的线段的端点，并继续绘制徒手线。

图 5-2　不同的记录增量

5.1.2 绘制修订云线

修订云线是由连续圆弧组成的多段线以构成云线形对象。主要是作为对象标记使用。可以从头开始创建修订云线，也可以将闭合对象（例如圆、椭圆、闭合多段线或闭合样条曲线）转换为修订云线。将闭合对象转换为修订云线时，如果将 DELOBJ 系统变量设置为 1（默认值），原始对象将被删除。

可以为修订云线的弧长设置默认的最小值和最大值。绘制修订云线时，可以使用拾取点选择较短的弧线段来更改圆弧的大小。也可以通过调整拾取点来编辑修订云线的单个弧长和弦长。

【执行方式】

☑　命令行：REVCLOUD。

☑　菜单栏：选择菜单栏中的"绘图"→"修订云线"命令。

☑　工具栏：单击"绘图"工具栏中的"修订云线"按钮。

☑　功能区：单击"默认"选项卡"绘图"面板中的"修订云线"按钮。

【操作步骤】

```
命令: REVCLOUD↙
最小弧长: 2.0000　　最大弧长: 2.0000
指定起点或 [弧长(A)/对象(O)/样式(S)] <对象>:
沿云线路径引导十字光标...
反转方向 [是(Y)/否(N)] <否>:
修订云线完成。
```

【选项说明】

（1）指定起点：在屏幕上指定起点，并拖动鼠标指定云线路径。

（2）弧长(A)：指定组成云线的圆弧的弧长范围。选择该选项，系统继续提示如下。

```
指定最小弧长 <0.5000>:（指定一个值或按 Enter 键）
指定最大弧长 <0.5000>:（指定一个值或按 Enter 键）
```

（3）对象(O)：将封闭的图形的图形对象转换成云线，包括圆、圆弧、椭圆、矩形、多边形、多段线和样条曲线等，如图 5-3 所示。选择该选项，系统继续提示如下。

```
选择对象:（选择对象）
反转方向 [是(Y)/否(N)] <否>:（选择是否反转）
修订云线完成
```

椭圆　　　　　　　转换成修订云线，不反转　　　　转换成修订云线，反转

图 5-3　修订云线

5.2　多　段　线

多段线是一种由线段和圆弧组合而成的、不同线宽的多线，这种线由于其组合形式的多样和线宽的不

同，弥补了直线或圆弧功能的不足，适合绘制各种复杂的图形轮廓，因而得到了广泛的应用。

【预习重点】

☑ 比较多段线与直线、圆弧组合体的差异。
☑ 了解多段线命令行选项含义。
☑ 了解如何编辑多段线。

5.2.1 绘制多段线

【执行方式】

☑ 命令行：PLINE（快捷命令：PL）。
☑ 菜单栏：选择菜单栏中的"绘图"→"多段线"命令。
☑ 工具栏：单击"绘图"工具栏中的"多段线"按钮⌐。
☑ 功能区：单击"默认"选项卡"绘图"面板中的"多段线"按钮⌐。

【操作实践——花钵坐凳组合立面图】

绘制如图5-4所示的花钵坐凳组合立面图。操作步骤如下：

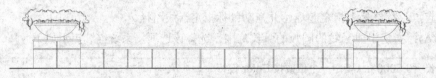

图5-4　花钵坐凳组合立面图

（1）单击"默认"选项卡"绘图"面板中的"多段线"按钮⌐，设置线宽为10，绘制长为7000的多段线，作为地坪线，如图5-5所示，命令行提示与操作如下。

```
命令: _pline
指定起点:（任意指定一点）
当前线宽为 0.0000
指定下一个点或 [圆弧(A)/半宽(H)/长度(L)/放弃(U)/宽度(W)]: w✓
指定起点宽度 <0.0000>: 10✓
指定端点宽度 <10.0000>:✓
指定下一个点或 [圆弧(A)/半宽(H)/长度(L)/放弃(U)/宽度(W)]: 7000✓
指定下一点或 [圆弧(A)/闭合(C)/半宽(H)/长度(L)/放弃(U)/宽度(W)]: ✓
```

图5-5　绘制地坪线

（2）单击"默认"选项卡"绘图"面板中的"直线"按钮╱，以地坪线上任意一点为起点绘制一条长为440的竖直直线，如图5-6所示。

（3）单击"默认"选项卡"修改"面板中的"偏移"按钮⌐，将竖直直线向右偏移为800，如图5-7所示。

图 5-6　绘制竖直直线 　　　　　　　　　　　　　　　　　　图 5-7　偏移直线

（4）单击"默认"选项卡"绘图"面板中的"矩形"按钮▢，在直线上方绘制一个 800×20 的矩形，如图 5-8 所示。

单击"默认"选项卡"修改"面板中的"分解"按钮，将矩形分解，然后单击"修改"工具栏中的"删除"按钮，将分解后的矩形两个短边删除。

（5）单击"默认"选项卡"修改"面板中的"圆角"按钮▢，设置圆角半径为 12，对矩形进行圆角操作，如图 5-9 所示。

单击"默认"选项卡"修改"面板中的"偏移"按钮，将直线 1 向下偏移为 119、10 和 10，直线 2 向右偏移为 390、10 和 10，如图 5-10 所示。

图 5-8　绘制矩形　　　　　　　　图 5-9　绘制圆角　　　　　　　　图 5-10　偏移直线

（6）单击"默认"选项卡"绘图"面板中的"圆弧"按钮，绘制多段圆弧，如图 5-11 所示。

（7）单击"默认"选项卡"绘图"面板中的"矩形"按钮▢，在大段圆弧上侧绘制 740×30 和 668×12 的两个矩形，如图 5-12 所示。

（8）单击"默认"选项卡"修改"面板中的"圆角"按钮▢，设置大矩形的圆角半径为 15，小矩形的圆角半径为 6，对两个矩形进行圆角操作，如图 5-13 所示。

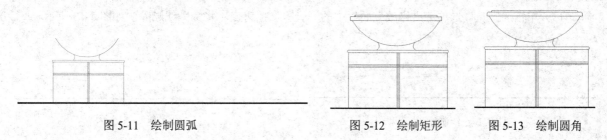

图 5-11　绘制圆弧　　　　　　　　图 5-12　绘制矩形　　　　图 5-13　绘制圆角

（9）单击"默认"选项卡"绘图"面板中的"多段线"按钮，绘制一条多段线，命令行提示与操作如下。

```
命令: _pline
指定起点：（指定一点）
当前线宽为  0.0000
指定下一个点或  [圆弧(A)/半宽(H)/长度(L)/放弃(U)/宽度(W)]:
指定下一点或  [圆弧(A)/闭合(C)/半宽(H)/长度(L)/放弃(U)/宽度(W)]:
指定下一点或  [圆弧(A)/闭合(C)/半宽(H)/长度(L)/放弃(U)/宽度(W)]: ↙
```

重复"多段线"命令，完成所有多段线的绘制，结果如图 5-14 所示。

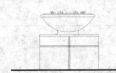

图 5-14　绘制多段线

（10）单击"默认"选项卡"绘图"面板中的"徒手画修订云线"按钮，绘制云线，命令行提示与操作如下。

```
命令: _revcloud
最小弧长: 10    最大弧长: 18    样式: 普通
指定起点或 [弧长(A)/对象(O)/样式(S)] <对象>:（指定一点）
沿云线路径引导十字光标...
反转方向 [是(Y)/否(N)] <否>:↙
```

修订云线完成。

最终完成花钵的绘制，如图 5-15 所示。

（11）单击"默认"选项卡"绘图"面板中的"直线"按钮，绘制一条长为 4600 的辅助线，如图 5-16 所示。

图 5-15　绘制云线

图 5-16　绘制辅助线

（12）单击"默认"选项卡"修改"面板中的"偏移"按钮，将辅助线向下偏移为 105 和 24，如图 5-17 所示。

（13）单击"默认"选项卡"修改"面板中的"删除"按钮，将辅助线删除，如图 5-18 所示。

图 5-17　绘制水平直线

图 5-18　删除辅助线

（14）单击"默认"选项卡"修改"面板中的"偏移"按钮，将直线 3 向右偏移为 390、10 和 10，如图 5-19 所示。

（15）单击"默认"选项卡"修改"面板中的"修剪"按钮，修剪掉多余的直线，如图 5-20 所示。

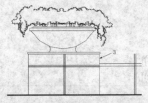

图 5-19　偏移直线

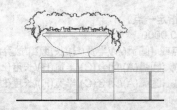

图 5-20　修剪直线

（16）单击"默认"选项卡"修改"面板中的"矩形阵列"按钮，设置行数为 1，列数为 11，列偏移为410，将步骤（15）修剪后的直线进行阵列，完成坐凳的绘制，结果如图 5-21 所示。

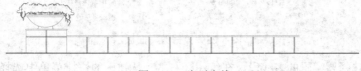

图 5-21　阵列直线

（17）单击"默认"选项卡"修改"面板中的"复制"按钮，将花钵复制到另外一侧，结果如图 5-22 所示。

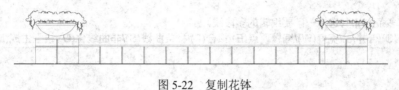

图 5-22　复制花钵

【选项说明】

多段线主要由不同长度的连续的线段或圆弧组成，如果在上述提示中选择"圆弧"命令，则命令行提示：

指定圆弧的端点(按住 Ctrl 键以切换方向)或 [角度(A)/圆心(CE)/方向(D)/半宽(H)/直线(L)/半径(R)/第二个点(S)/放弃(U)/宽度(W)]:

绘制圆弧的方法与"圆弧"命令相似。

高手支招

执行"多段线"命令时，如坐标输入错误，不必退出命令，重新绘制，按下面命令行输入：

指定下一点或 [圆弧(A)/闭合(C)/半宽(H)/长度(L)/放弃(U)/宽度(W)]: 0,600　（操作出错，但已按 Enter 键，出现下一行命令）
指定下一点或 [圆弧(A)/闭合(C)/半宽(H)/长度(L)/放弃(U)/宽度(W)]: u　（放弃，表示上步操作出错）
指定下一点或 [圆弧(A)/闭合(C)/半宽(H)/长度(L)/放弃(U)/宽度(W)]: @0,600　（输入正确坐标，继续进行下步操作）

5.2.2　编辑多段线

【执行方式】

☑　命令行：PEDIT（快捷命令：PE）。
☑　菜单栏：选择菜单栏中的"修改"→"对象"→"多段线"命令。
☑　工具栏：单击"修改 II"工具栏中的"编辑多段线"按钮。
☑　功能区：单击"默认"选项卡"修改"面板中的"编辑多段线"按钮（如图 5-23 所示）。

图 5-23　"修改"面板

☑ 　快捷菜单：选择要编辑的多线段，在绘图区右击，从弹出的快捷菜单中选择"多段线"→"编辑
多段线"命令。

【操作步骤】

命令:PEDIT✓
选择多段线或 [多条(M)]:（选择一条要编辑的多段线）
输入选项 [闭合(C)/合并(J)/宽度(W)/编辑顶点(E)/拟合(F)/样条曲线(S)/非曲线化(D)/线型生成(L)/反转(R)/放弃(U)]:

【选项说明】

"编辑多段线"命令的选项中允许用户进行移动、插入顶点和修改任意两点间的线的线宽等操作，具
体含义如下。

（1）合并(J)：以选中的多段线为主体，合并其他直线段、圆弧或多段线，使其成为一条多段线。能合
并的条件是各段线的端点首尾相连，如图 5-24 所示。

（2）宽度(W)：修改整条多段线的线宽，使其具有同一线宽，如图 5-25 所示。

图 5-24　合并多段线　　　　　　　　　　　　　　图 5-25　修改整条多段线的线宽

（3）编辑顶点(E)：选择该选项后，在多段线起点处出现一个斜的十字叉"×"，它为当前顶点的标记，
并在命令行出现进行后续操作的提示如下。

[下一个(N)/上一个(P)/打断(B)/插入(I)/移动(M)/重生成(R)/拉直(S)/切向(T)/宽度(W)/退出(X)] <N>:

这些选项允许用户进行移动、插入顶点和修改任意两点间的线宽等操作。

（4）拟合(F)：从指定的多段线生成由光滑圆弧连接而成的圆弧拟合曲线，该曲线经过多段线的各顶点，
如图 5-26 所示。

（5）样条曲线(S)：以指定的多段线的各顶点作为控制点生成 B 样条曲线，如图 5-27 所示。

图 5-26　生成圆弧拟合曲线　　　　　　　　　　　图 5-27　生成 B 样条曲线

（6）非曲线化(D)：用直线代替指定的多段线中的圆弧。对于选择"拟合(F)"选项或"样条曲线(S)"选项后生成的圆弧拟合曲线或样条曲线，删去其生成曲线时新插入的顶点，则恢复成由直线段组成的多段线，如图 5-28 所示。

（7）线型生成(L)：当多段线的线型为点划线时，控制多段线的线型生成方式开关。选择该选项，系统提示如下。

输入多段线线型生成选项 [开(ON)/关(OFF)] <关>:

选择 ON 时，将在每个顶点处允许以短划开始或结束生成线型；选择 OFF 时，将在每个顶点处允许以长划开始或结束生成线型。"线型生成"不能用于包含带变宽的线段的多段线，如图 5-29 所示。

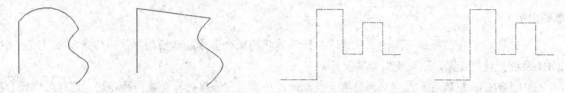

图 5-28　生成直线　　　　　　　　　　图 5-29　控制多段线的线型（线型为点划线时）

5.3　样　条　曲　线

AutoCAD 使用一种称为非一致有理 B 样条（NURBS）曲线的特殊样条曲线类型。NURBS 曲线在控制点之间产生一条光滑的样条曲线，如图 5-30 所示。样条曲线可用于创建形状不规则的曲线，例如，为地理信息系统（GIS）应用或汽车设计绘制轮廓线。

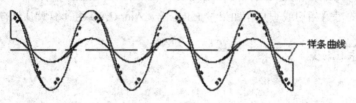

图 5-30　样条曲线

【预习重点】

- ☑ 观察绘制的样条曲线。
- ☑ 了解样条曲线命令行中选项的含义。
- ☑ 对比观察利用夹点编辑与编辑样条曲线命令调整曲线轮廓的区别。
- ☑ 练习样条曲线的应用。

5.3.1　绘制样条曲线

【执行方式】

- ☑ 命令行：SPLINE。

☑ 菜单栏：选择菜单栏中的"绘图"→"样条曲线"命令。

☑ 工具栏：单击"绘图"工具栏中的"样条曲线"按钮～。

☑ 功能区：单击"默认"选项卡"绘图"面板中的"样条曲线拟合"按钮～
或"样条曲线控制点"按钮～（如图 5-31 所示）。

图 5-31　"绘图"面板

【操作步骤】

命令:SPLINE↙
指定第一个点或 [方式(M)/节点(K)/对象(O)]:（指定一点或选择"对象(O)"选项）
输入下一个点或 [起点切向(T)/公差(L)]:
输入下一个点或 [端点相切(T)/公差(L)/放弃(U)/闭合(C)]:

【选项说明】

（1）对象(O)：将二维或三维的二次或三次样条曲线的拟合多段线转换为等价的样条曲线，然后（根据 DelOBJ 系统变量的设置）删除该拟合多段线。

（2）闭合(C)：将最后一点定义为与第一点一致，并使它在连接处与样条曲线相切，这样可以闭合样条曲线。选择该选项，系统继续提示如下。

指定切向:（指定点或按 Enter 键）

用户可以指定一点来定义切向矢量，或者通过使用"切点"和"垂足"对象来捕捉模式使样条曲线与现有对象相切或垂直。

（3）公差(L)：使用新的公差值将样条曲线重新拟合至现有的拟合点。

（4）起点切向(T)：定义样条曲线的第一点和最后一点的切向。

如果在样条曲线的两端都指定切向，可以通过输入一个点或者使用"切点"和"垂足"对象来捕捉模式使样条曲线与已有的对象相切或垂直。如果按 Enter 键，AutoCAD 将计算默认切向。

5.3.2　编辑样条曲线

【执行方式】

☑ 命令行：SPLINEDIT。

☑ 菜单栏：选择菜单栏中的"修改"→"对象"→"样条曲线"命令。

☑ 工具栏：单击"修改 II"工具栏中的"编辑样条曲线"按钮。

☑ 功能区：单击"默认"选项卡"修改"面板中的"编辑样条曲线"按钮。

☑ 快捷菜单：选择要编辑的样条曲线，在绘图区右击，从弹出的快捷菜单中选择"样条曲线"，在其下拉菜单中选择相应选项进行编辑。

【操作步骤】

命令:SPLINEDIT↙
选择样条曲线:（选择要编辑的样条曲线。若选择的样条曲线是用 SPLINE 命令创建的，其近似点以夹点的颜色显示出来；若选择的样条曲线是用 PLINE 命令创建的，其控制点以夹点的颜色显示出来）
输入选项 [闭合(C)/合并(J)/拟合数据(F)/编辑顶点(E)/转换为多段线(P)/反转(R)/放弃(U)/退出(X)] <退出>:

【选项说明】

（1）拟合数据(F)：编辑近似数据。选择该选项后，创建该样条曲线时指定的各点将以小方格的形式显示出来。

（2）编辑顶点(E)：精密调整样条曲线定义。

（3）合并(J)：选定的样条曲线、直线和圆弧在重合端点处合并到现有样条曲线。选择有效对象后，该对象将合并到当前样条曲线，合并点处将具有一个折点。

（4）反转(R)：翻转样条曲线的方向。该项操作主要用于应用程序。

5.4　图　案　填　充

当用户需要用一个重复的图案（pattern）填充一个区域时，可以使用 BHATCH 命令，创建一个相关联的填充阴影对象，即所谓的图案填充。

【预习重点】

☑　观察图案填充结果。

☑　了解填充样例对应的含义。

☑　确定边界选择要求。

☑　了解对话框中参数的含义。

5.4.1　图案填充的操作

【执行方式】

☑　命令行：BHATCH（快捷命令：H）。

☑　菜单栏：选择菜单栏中的"绘图"→"图案填充"命令。

☑　工具栏：单击"绘图"工具栏中的"图案填充"按钮▨。

☑　功能区：单击"默认"选项卡"绘图"面板中的"图案填充"按钮▨。

【操作步骤】

执行上述命令后，系统打开如图 5-32 所示的"图案填充创建"选项卡。

图 5-32　"图案填充创建"选项卡

【选项说明】

1. "边界"面板

（1）拾取点：通过选择由一个或多个对象形成的封闭区域内的点，确定图案填充边界（如图 5-33 所示）。指定内部点时，可以随时在绘图区域中单击鼠标右键以显示包含多个选项的快捷菜单。

选择一点　　　　　填充区域　　　　　填充结果

图 5-33　边界确定

（2）选择边界对象：指定基于选定对象的图案填充边界。使用该选项时，不会自动检测内部对象，必须选择选定边界内的对象，以按照当前孤岛检测样式填充这些对象（如图 5-34 所示）。

（3）删除边界对象：从边界定义中删除之前添加的任何对象（如图 5-35 所示）。

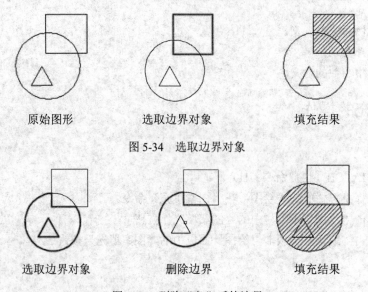

原始图形　　　　　选取边界对象　　　　　填充结果

图 5-34　选取边界对象

选取边界对象　　　　　删除边界　　　　　填充结果

图 5-35　删除"岛"后的边界

（4）重新创建边界：围绕选定的图案填充或填充对象创建多段线或面域，并使其与图案填充对象相关联（可选）。

（5）显示边界对象：选择构成选定关联图案填充对象的边界的对象，使用显示的夹点可修改图案填充边界。

（6）保留边界对象：指定如何处理图案填充边界对象。包括以下几个选项。

① 不保留边界：（仅在图案填充创建期间可用）不创建独立的图案填充边界对象。

② 保留边界-多段线：（仅在图案填充创建期间可用）创建封闭图案填充对象的多段线。

③ 保留边界-面域：（仅在图案填充创建期间可用）创建封闭图案填充对象的面域对象。

④ 选择新边界集：指定对象的有限集（称为边界集），以便通过创建图案填充时的拾取点进行计算。

2."图案"面板

显示所有预定义和自定义图案的预览图像。

3."特性"面板

（1）图案填充类型：指定是使用纯色、渐变色、图案还是用户定义的填充。

（2）图案填充颜色：替代实体填充和填充图案的当前颜色。

（3）背景色：指定填充图案背景的颜色。

（4）图案填充透明度：设定新图案填充或填充的透明度，替代当前对象的透明度。

（5）图案填充角度：指定图案填充或填充的角度。

（6）填充图案比例：放大或缩小预定义或自定义填充图案。

（7）相对图纸空间：（仅在布局中可用）相对于图纸空间单位缩放填充图案。使用该选项，可以很容易地做到以适合于布局的比例显示填充图案。

（8）双向：（仅当"图案填充类型"设定为"用户定义"时可用）将绘制第二组直线，与原始直线成90°角，从而构成交叉线。

（9）ISO 笔宽：（仅对于预定义的 ISO 图案可用）基于选定的笔宽缩放 ISO 图案。

4."原点"面板

（1）设定原点：直接指定新的图案填充原点。

（2）左下：将图案填充原点设定在图案填充边界矩形范围的左下角。

（3）右下：将图案填充原点设定在图案填充边界矩形范围的右下角。

（4）左上：将图案填充原点设定在图案填充边界矩形范围的左上角。

（5）右上：将图案填充原点设定在图案填充边界矩形范围的右上角。

（6）中心：将图案填充原点设定在图案填充边界矩形范围的中心。

（7）使用当前原点：将图案填充原点设定在 HPORIGIN 系统变量中存储的默认位置。

（8）存储为默认原点：将新图案填充原点的值存储在 HPORIGIN 系统变量中。

5."选项"面板

（1）关联：指定图案填充或填充为关联图案填充。关联的图案填充或填充在用户修改其边界对象时将会更新。

（2）注释性：指定图案填充为注释性。此特性会自动完成缩放注释过程，从而使注释能够以正确的大小在图纸上打印或显示。

（3）特性匹配。

① 使用当前原点：使用选定图案填充对象（除图案填充原点外）设定图案填充的特性。

② 使用源图案填充的原点：使用选定图案填充对象（包括图案填充原点）设定图案填充的特性。

（4）允许的间隙：设定将对象用作图案填充边界时可以忽略的最大间隙。默认值为 0，此值指定对象必须封闭区域而没有间隙。

（5）创建独立的图案填充：控制当指定了几个单独的闭合边界时，是创建单个图案填充对象，还是创建多个图案填充对象。

（6）孤岛检测。

① 普通孤岛检测：从外部边界向内填充。如果遇到内部孤岛，填充将关闭，直到遇到孤岛中的另一个孤岛。

② 外部孤岛检测：从外部边界向内填充。该选项仅填充指定的区域，不会影响内部孤岛。

③ 忽略孤岛检测：忽略所有内部的对象，填充图案时将通过这些对象。

（7）绘图次序：为图案填充或填充指定绘图次序。选项包括不更改、后置、前置、置于边界之后和置于边界之前。

6．"关闭"面板

关闭图案填充创建：退出 HATCH 并关闭上下文选项卡。也可以按 Enter 键或 Esc 键退出 HATCH。

5.4.2　渐变色的操作

【执行方式】

☑　命令行：GRADIENT。

☑　菜单栏：选择菜单栏中的"绘图"→"渐变色"命令。

☑　工具栏：单击"绘图"工具栏中的"图案填充"按钮▨。

☑　功能区：单击"默认"选项卡"绘图"面板中的"渐变色"按钮▨。

【操作步骤】

执行上述命令后系统打开如图 5-36 所示的"图案填充创建"选项卡，各面板中的按钮含义与图案填充的类似，这里不再赘述。

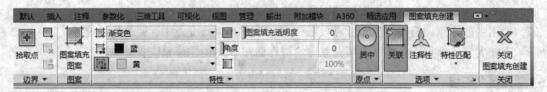

图 5-36　"图案填充创建"选项卡

5.4.3　边界的操作

【执行方式】

☑　命令行：BOUNDARY。

☑　功能区：单击"默认"选项卡"绘图"面板中的"边界"按钮▢。

【操作步骤】

执行上述命令后系统打开如图 5-37 所示的"边界创建"对话框。

图 5-37　"边界创建"对话框

【选项说明】

（1）拾取点：根据围绕指定点构成封闭区域的现有对象来确定边界。

（2）孤岛检测：控制 BOUNDARY 命令是否检测内部闭合边界，该边界称为孤岛。

（3）对象类型：控制新边界对象的类型。BOUNDARY 将边界作为面域或多段线对象创建。

（4）边界集：定义通过指定点定义边界时，BOUNDARY 要分析的对象集。

5.4.4　编辑图案填充

利用 HATCHEDIT 命令可以编辑已经填充的图案。

【执行方式】

☑　命令行：HATCHEDIT（快捷命令：HE）。

☑　菜单栏：选择菜单栏中的"修改"→"对象"→"图案填充"命令。

☑　工具栏：单击"修改 II"工具栏中的"编辑图案填充"按钮。

☑　功能区：单击"默认"选项卡"修改"面板中的"编辑图案填充"按钮。

☑　快捷菜单：选中填充的图案右击，在弹出的快捷菜单中选择"图案填充编辑"命令（如图 5-38 所示）。

☑　快捷方法：直接选择填充的图案，打开"图案填充编辑器"选项卡（如图 5-39 所示）。

图 5-38　快捷菜单

图 5-39　"图案填充编辑器"选项卡

【操作实践——花钵剖面图】

绘制如图 5-40 所示的花钵剖面图。操作步骤如下：

（1）单击"默认"选项卡"绘图"面板中的"矩形"按钮，绘制一个 1144×200 的矩形，如图 5-41

所示。

（2）单击"默认"选项卡"绘图"面板中的"直线"按钮 ∕，捕捉矩形短边中点绘制一条水平直线，如图 5-42 所示。

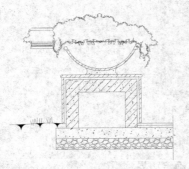

图 5-40　花钵剖面图

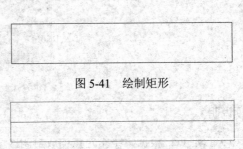

图 5-41　绘制矩形

图 5-42　绘制水平直线

（3）单击"默认"选项卡"修改"面板中的"分解"按钮 🗗，将矩形分解，然后单击"修改"工具栏中的"删除"按钮 ✍，将右侧直线删除，如图 5-43 所示。

（4）单击"默认"选项卡"绘图"面板中的"直线"按钮 ∕，绘制折断线，如图 5-44 所示。

单击"默认"选项卡"修改"面板中的"偏移"按钮 ⚏，将左侧竖直线向右偏移为 220 和 460，作为辅助线，如图 5-45 所示。

图 5-43　删除直线　　　　　　图 5-44　绘制折断线　　　　　　图 5-45　偏移直线

（5）单击"默认"选项卡"绘图"面板中的"多段线"按钮 ⤷，根据辅助线绘制连续的多段线，如图 5-46 所示。

单击"默认"选项卡"修改"面板中的"删除"按钮 ✍，将辅助线删除，如图 5-47 所示。

（6）单击"默认"选项卡"修改"面板中的"偏移"按钮 ⚏，将多段线向外连续偏移为 120、20 和 20，如图 5-48 所示。

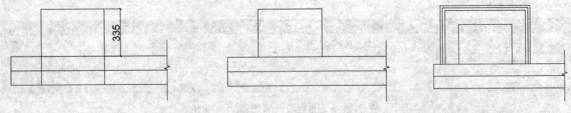

图 5-46　绘制多段线　　　　　　图 5-47　删除辅助线　　　　　　图 5-48　偏移多段线

单击"默认"选项卡"修改"面板中的"分解"按钮 🗗，将多段线分解。

单击"默认"选项卡"修改"面板中的"删除"按钮 ✍、"延伸"按钮 ⟶ 和"修剪"按钮 ⤸，整理图形，结果如图 5-49 所示。

（7）单击"默认"选项卡"绘图"面板中的"矩形"按钮□，绘制一个 780×25 的矩形，如图 5-50 所示。

　　单击"默认"选项卡"修改"面板中的"分解"按钮⤵，将上步绘制的矩形分解，然后单击"默认"选项卡"修改"面板中的"删除"按钮✎，将分解后的矩形两个短边删除。

　　单击"默认"选项卡"修改"面板中的"圆角"按钮◯，设置圆角半径为 13，对矩形进行圆角操作，结果如图 5-51 所示。

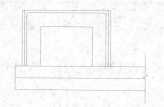 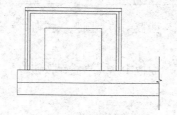 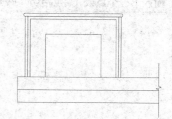

图 5-49　整理图形　　　　　　图 5-50　绘制矩形　　　　　　图 5-51　绘制圆角

（8）单击"默认"选项卡"修改"面板中的"偏移"按钮⬸，将最下侧水平直线向上偏移为 220 和 20，如图 5-52 所示。

（9）单击"默认"选项卡"修改"面板中的"修剪"按钮✂，修剪掉多余的直线，如图 5-53 所示。

（10）单击"默认"选项卡"绘图"面板中的"圆弧"按钮◠，绘制 3 段圆弧，如图 5-54 所示。

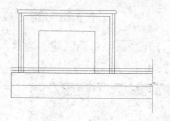 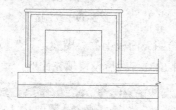 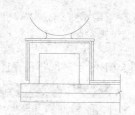

图 5-52　偏移直线　　　　　图 5-53　修剪掉多余的直线　　　　　图 5-54　绘制圆弧

（11）单击"默认"选项卡"修改"面板中的"偏移"按钮⬸，将圆弧向上偏移为 20，如图 5-55 所示。

（12）单击"默认"选项卡"绘图"面板中的"多段线"按钮⤵和"直线"按钮✎，绘制装饰件，结果如图 5-56 所示。

（13）打开"源文件\图库\花钵装饰"，将其复制粘贴到本例中，结果如图 5-57 所示。

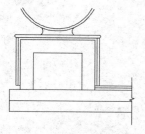 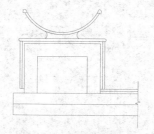 

图 5-55　偏移圆弧　　　　　图 5-56　绘制装饰件　　　　　图 5-57　插入花钵装饰

（14）单击"默认"选项卡"绘图"面板中的"样条曲线拟合"按钮〜，在图中合适的位置处绘制样条曲线，如图 5-58 所示。

```
命令: _spline
当前设置: 方式=拟合    节点=弦
指定第一个点或 [方式(M)/节点(K)/对象(O)]:（捕捉左侧适当的一点为起始点）
输入下一个点或 [起点切向(T)/公差(L)]:
输入下一个点或 [端点相切(T)/公差(L)/放弃(U)]:
输入下一个点或 [端点相切(T)/公差(L)/放弃(U)/闭合(C)]:
输入下一个点或 [端点相切(T)/公差(L)/放弃(U)/闭合(C)]:
输入下一个点或 [端点相切(T)/公差(L)/放弃(U)/闭合(C)]: ↙
```

（15）单击"默认"选项卡"绘图"面板中的"圆弧"按钮 ⌒ ，在样条曲线下侧绘制圆弧，如图 5-59 所示。

（16）单击"默认"选项卡"绘图"面板中的"直线"按钮 ╱ ，在样条曲线上侧绘制直线，如图 5-60 所示。

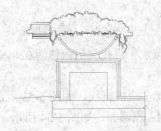
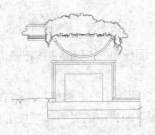
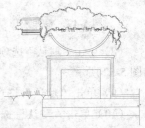

图 5-58　绘制样条曲线　　　　　　图 5-59　绘制圆弧　　　　　　图 5-60　绘制直线

（17）单击"默认"选项卡"绘图"面板中的"图案填充"按钮 ▨ ，打开"图案填充创建"选项卡，如图 5-61 所示，选择填充图案为 ANSI31，然后设置填充比例，填充图形，如图 5-62 所示。

图 5-61　"图案填充创建"选项卡

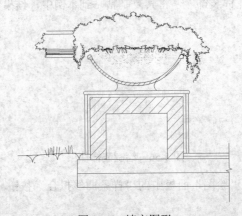

图 5-62　填充图形

注意

如果填充的图形需要修改，可以选择菜单栏中的"修改"→"对象"→"图案填充"命令，选择填充的图形，打开"图案填充编辑"对话框，如图 5-63 所示，然后修改参数。

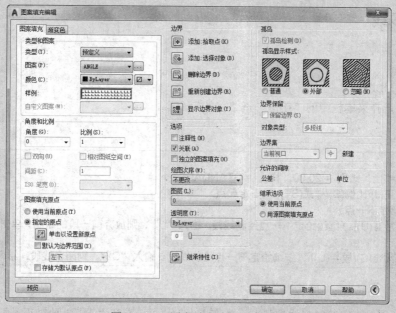

图 5-63　"图案填充编辑"对话框

（18）同理，填充剩余图形，结果如图 5-64 所示。

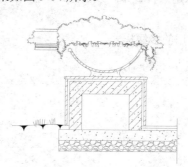

图 5-64　填充剩余图形

5.5　多　　线

多线是一种复合线，由连续的直线段复合组成。多线的一个突出优点是能够提高绘图效率，保证图线之间的统一性。

【预习重点】

☑　观察绘制的多线。

☑ 了解多线的不同样式。

☑ 观察如何编辑多线。

5.5.1 绘制多线

【执行方式】

☑ 命令行：MLINE。

☑ 菜单栏：选择菜单栏中的"绘图"→"多线"命令。

【操作步骤】

命令:MLINE↙
当前设置:对正 = 上，比例 = 20.00，样式 = STANDARD
指定起点或 [对正(J)/比例(S)/样式(ST)]:（指定起点）
指定下一点:（给定下一点）
指定下一点或 [放弃(U)]:（继续给定下一点绘制线段。输入"U"，则放弃前一段的绘制；单击鼠标右键或按 Enter
键，结束命令）
指定下一点或 [闭合(C)/放弃(U)]:（继续给定下一点绘制线段。输入"C"，则闭合线段，结束命令）

【选项说明】

（1）对正(J)：用于给定绘制多线的基准。共有"上"、"无"和"下"3 种对正类型。其中，"上(T)"
表示以多线上侧的线为基准，依此类推。

（2）比例(S)：选择该选项，要求用户设置平行线的间距。输入值为零时，平行线重合；值为负时，多
线的排列倒置。

（3）样式(ST)：用于设置当前使用的多线样式。

5.5.2 定义多线样式

【执行方式】

☑ 命令行：MLSTYLE。

【操作步骤】

系统自动执行该命令后，弹出如图 5-65 所示的"多线样式"对话框。在该对话框中，用户可以对多线
样式进行定义、保存和加载等操作。

5.5.3 编辑多线

【执行方式】

☑ 命令行：MLEDIT。

☑ 菜单栏：选择菜单栏中的"修改"→"对象"→"多线"命令。

【操作步骤】

执行该命令后，弹出"多线编辑工具"对话框，如图 5-66 所示。

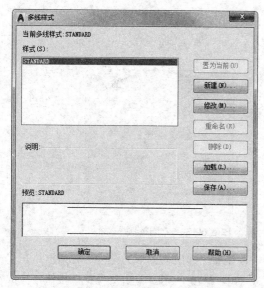

图 5-65　"多线样式"对话框

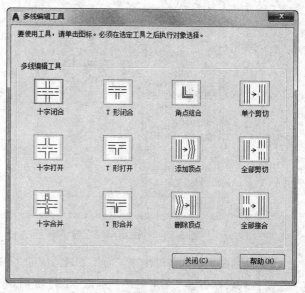

图 5-66　"多线编辑工具"对话框

5.6　综合演练——绘制园林建筑墙体

墙体是建筑的基础构造结构，本例绘制如图 5-67 所示的墙体。基本思路是：先绘制轴线，然后在已有轴线的基础上绘制墙体线，最后进行编辑。

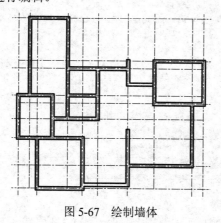

图 5-67　绘制墙体

5.6.1　设置绘图环境

（1）创建图形文件。启动 AutoCAD 2017 中文版软件，选择菜单栏中的"格式"→"单位"命令，在弹出的"图形单位"对话框中设置角度"类型"为"十进制度数"，角度"精度"为 0，如图 5-68 所示。

单击"方向"按钮,系统弹出"方向控制"对话框。将"基准角度"设置为"东",如图 5-69 所示。

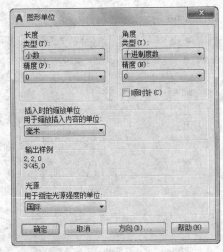

图 5-68 "图形单位"对话框   图 5-69 "方向控制"对话框

(2)命名图形。单击"快速访问"工具栏中的"保存"按钮🖫,弹出"图形另存为"对话框。在"文件名"下拉列表框中输入图形名称"别墅首层平面图.dwg",如图 5-70 所示。单击"保存"按钮,完成对新建图形文件的保存。

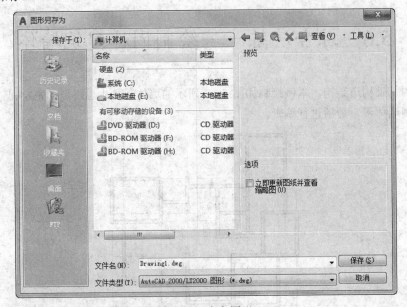

图 5-70 命名图形

(3)设置图层。单击"默认"选项卡"图层"面板中的"图层特性"按钮🖳,打开"图层特性管理器"对话框,依次创建平面图中的基本图层,如轴线、墙体、楼梯、门窗、家具、标注和文字等,如图 5-71 所示。

图 5-71　"图层特性管理器"对话框

注意　在使用 AutoCAD 2015 绘图过程中，应经常性地保存已绘制的图形文件，以避免因软件系统的不稳定导致软件的瞬间关闭而无法及时保存文件，丢失大量已绘制的信息。AutoCAD 2015 软件有自动保存图形文件的功能，使用者只需在绘图时，将该功能激活即可。具体设置步骤如下：选择菜单栏中的"工具"→"选项"命令，弹出"选项"对话框；选择"打开和保存"选项卡，在"文件安全措施"选项组中选中"自动保存"复选框，根据个人需要在"保存间隔分钟数"文本框中输入具体数字，然后单击"确定"按钮，完成设置，如图 5-72 所示。

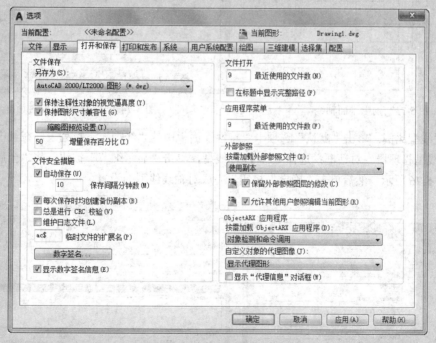

图 5-72　"自动保存"设置

5.6.2 绘制建筑轴线

建筑轴线是在绘制建筑平面图时布置墙体和门窗的依据，同样也是建筑施工定位的重要依据。在轴线的绘制过程中，主要使用的绘图命令是"直线"命令和"偏移"命令。

如图 5-73 所示为绘制完成的别墅平面轴线。

具体绘制方法如下。

1. 设置"轴线"特性

（1）选择图层，加载线型。在"图层"下拉列表中选择"轴线"图层，将其设置为当前图层，单击"默认"选项卡"图层"面板中的"图层特性"按钮，打开"图层特性管理器"对话框，单击"轴线"图层栏中的"线型"名称，弹出"选择线型"对话框，如图 5-74 所示；在该对话框中，单击"加载"按钮，弹出"加载或重载线型"对话框，在"可用线型"列表框中选择线型 CENTER 进行加载，如图 5-75 所示；然后单击"确定"按钮，返回"选择线型"对话框，将线型 CENTER 设置为当前使用线型。

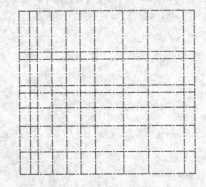

图 5-73　别墅平面轴线　　　　　　　　图 5-74　"选择线型"对话框

（2）设置线型比例。单击"默认"选项卡"特性"面板中的"线型"下拉列表，在其中选择"其他"选项，弹出"线型管理器"对话框；选择 CENTER 线型，单击"显示细节"按钮，将"全局比例因子"设置为 20，如图 5-76 所示；然后单击"确定"按钮，完成对轴线线型的设置。

图 5-75　加载线型 CENTER　　　　　　　图 5-76　设置线型比例

2．绘制横向轴线

（1）绘制横向轴线基准线。单击"默认"选项卡"绘图"面板中的"直线"按钮 ∕ ，绘制一条长度为 14700mm 的横向基准轴线，如图 5-77 所示。命令行提示与操作如下：

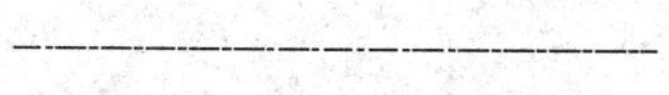

图 5-77　绘制横向基准轴线

```
命令: _line
指定第一个点:（适当指定一点）
指定下一点或 [放弃(U)]: @14700，0✓
指定下一点或 [放弃(U)]: ✓
```

（2）绘制横向轴线。单击"默认"选项卡"修改"面板中的"偏移"按钮 ▱ ，将横向基准轴线依次向下偏移，偏移距离分别为 3300mm、3900mm、6000mm、6600mm、7800mm、9300mm、11400mm、13200mm，如图 5-78 所示，依次完成横向轴线的绘制。

3．绘制纵向轴线

（1）绘制纵向轴线基准线。单击"默认"选项卡"绘图"面板中的"直线"按钮 ∕ ，以前面绘制的横向基准轴线的左端点为起点，垂直向下绘制一条长度为 13200mm 的纵向基准轴线，如图 5-79 所示。命令行提示与操作如下：

```
命令: _line
指定第一个点:（适当指定一点）
指定下一点或 [放弃(U)]: @0，-13200✓
指定下一点或 [放弃(U)]: ✓
```

（2）绘制其余纵向轴线。单击"默认"选项卡"修改"面板中的"偏移"按钮 ▱ ，将纵向基准轴线依次向右偏移，偏移量分别为 900mm、1500mm、2700mm、3900mm、5100mm、6300mm、8700mm、10800mm、13800mm、14700mm，依次完成纵向轴线的绘制。然后单击"默认"选项卡"修改"面板中的"修剪"按钮 ⊬ 对多线进行修剪，如图 5-80 所示。

图 5-78　绘制横向轴线　　　　图 5-79　绘制纵向基准轴线　　　　图 5-80　绘制纵向轴线

注意　在绘制建筑轴线时，一般选择建筑横向、纵向的最大长度为轴线长度，但当建筑物形体过于复杂时，太长的轴线往往会影响图形效果，因此，也可以仅在一些需要轴线定位的建筑局部绘制轴线。

5.6.3 绘制墙体

在建筑平面图中，墙体用双线表示，一般采用轴线定位的方式，以轴线为中心，具有很强的对称关系，因此绘制墙线通常有 3 种方法：

（1）单击"默认"选项卡"修改"面板中的"偏移"按钮，直接偏移轴线，将轴线向两侧偏移一定距离，得到双线，然后将所得双线转移至墙线图层。

（2）选择菜单栏中的"绘图"→"多线"命令，直接绘制墙线。

（3）当墙体要求填充成实体颜色时，也可以单击"默认"选项卡"绘图"面板中的"多段线"按钮，直接绘制，将线宽设置为墙厚即可。

在本例中，笔者推荐选用第二种方法，即利用"多线"命令绘制墙线，具体绘制方法如下。

1. 定义多线样式

在使用"多线"命令绘制墙线前，应首先对多线样式进行设置。

（1）选择菜单栏中的"格式"→"多线样式"命令，弹出"多线样式"对话框，如图 5-81 所示。

（2）单击"新建"按钮，在弹出的对话框中输入新样式名"240 墙"，如图 5-82 所示。

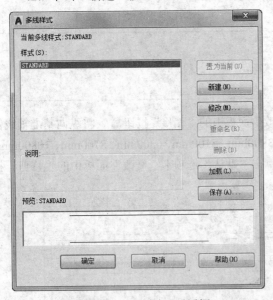

图 5-81　"多线样式"对话框

图 5-82　命名多线样式

（3）单击"继续"按钮，弹出"新建多线样式：240 墙"对话框，如图 5-83 所示。在该对话框中设置如下多线样式：将图元偏移量的首行设为 120，第二行设为-120。

（4）单击"确定"按钮，返回"多线样式"对话框，在"样式"列表中选择"240 墙"多线样式，并将其置为当前，如图 5-84 所示。

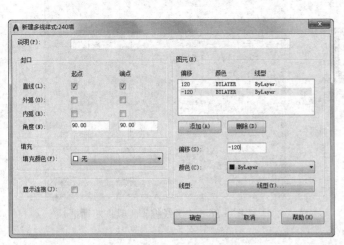
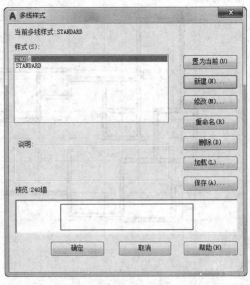

图 5-83　设置多线样式　　　　　　　图 5-84　将多线样式"240 墙"置为当前

2. 绘制墙线

（1）在"图层"下拉列表中选择"墙线"图层，将其设置为当前图层。

（2）选择菜单栏中的"绘图"→"多线"命令，绘制墙线，绘制结果如图 5-85 所示。命令行提示与操作如下：

```
命令: _mline
当前设置: 对正 = 上，比例 = 20.00，样式 = 240 墙
指定起点或 [对正(J)/比例(S)/样式(ST)]:  J ✓（在命令行中输入"J"，重新设置多线的对正方式）
输入对正类型 [上(T)/无(Z)/下(B)] <上>:  Z ✓（在命令行中输入"Z"，选择"无"为当前对正方式）
当前设置: 对正 = 无，比例 = 20.00，样式 = 240 墙
指定起点或 [对正(J)/比例(S)/样式(ST)]:  S ✓（在命令行中输入"S"，重新设置多线比例）
输入多线比例 <20.00>:  1 ✓（在命令行中输入"1"，作为当前多线比例）
当前设置: 对正 = 无，比例 = 1.00，样式 = 240 墙
指定起点或 [对正(J)/比例(S)/样式(ST)]: （捕捉左上部墙体轴线交点作为起点）
指定下一点 （依次捕捉墙体轴线交点，绘制墙线）
指定下一点或 [放弃(U)]:  ✓（绘制完成后，按 Enter 键结束命令 ）
```

3. 编辑和修整墙线

选择菜单栏中的"修改"→"对象"→"多线"命令，弹出"多线编辑工具"对话框，如图 5-86 所示。该对话框中提供了 12 种多线编辑工具，可根据不同的多线交叉方式选择相应的工具进行编辑。

少数较复杂的墙线结合处无法找到相应的多线编辑工具进行编辑，因此可以单击"默认"选项卡"修改"面板中的"分解"按钮，将多线分解，然后单击"默认"选项卡"修改"面板中的"修剪"按钮，对该结合处的线条进行修整。另外，一些内部墙体并不在主要轴线上，可以通过添加辅助轴线，并单击"默认"选项卡"修改"面板中的"修剪"按钮或"延伸"按钮，进行绘制和修整。

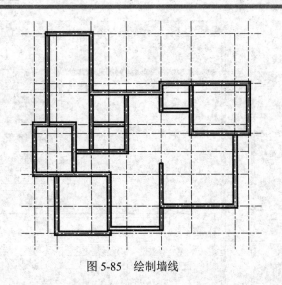

图 5-85 绘制墙线   图 5-86 "多线编辑工具"对话框

5.7 名师点拨——灵活应用复杂绘图命令

1. 如何画曲线

在绘制图样时，经常遇到画截交线、相贯线及其他曲线的问题。手工绘制很麻烦，需要找特殊点和一定数量一般点，且连出的曲线误差大。

方法 1：用"多段线"或 3DPOLY 命令画 2D、3D 图形上通过特殊点的折线，经 PEDIT（编辑多段线）命令中"拟合"选项或"样条曲线"选项，可变成光滑的平面、空间曲线。

方法 2：用 SOLIDS 命令创建三维基本实体（长方体、圆柱、圆锥、球等），再经"布尔"组合运算：交、并、差和干涉等获得各种复杂实体，然后利用菜单栏中的"视图"→"三维视图"→"视点"命令，选择不同视点来产生标准视图，得到曲线的不同视图投影。

2. 填充无效时怎么办

有的时候填充时会填充不出来。可以从下面两个选项检查：

（1）系统变量。

（2）选择菜单栏中的"工具"→"选项"命令，弹出"选项"对话框，选择"显示"选项卡，在右侧的"显示性能"选项组中选中"应用实体填充"复选框。

5.8 上 机 实 验

【练习 1】绘制如图 5-87 所示的亭平面图。

1. 目的要求

通过本实例的学习，重点掌握"图案填充"命令和"多线"命令的运用。

2．操作提示

（1）绘制轴线。

（2）绘制轮廓线和柱子。

（3）绘制坐凳。

【练习 2】绘制如图 5-88 所示的壁灯。

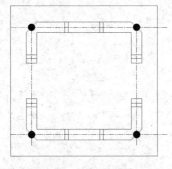

图 5-87　亭平面图

图 5-88　壁灯

1．目的要求

本例图形涉及的命令主要是"矩形"、"直线"、"样条曲线"和"多段线"。通过本实验可以帮助读者灵活掌握"样条曲线"和"多段线"命令的操作方法。

2．操作提示

（1）利用"矩形"和"直线"命令绘制灯座。

（2）利用"多段线"命令绘制灯罩。

（3）利用"样条曲线"命令绘制装饰物。

（4）利用"多段线"命令绘制月亮装饰。

5.9　模 拟 考 试

1．执行"样条曲线"命令后，某选项用来输入曲线的偏差值。值越大，曲线越远离指定的点；值越小，曲线离指定的点越近。该选项是（　　　）。

　　A．闭合　　　　　B．端点切向　　　　　C．拟合公差　　　　　D．起点切向

2．同时填充多个区域，如果修改一个区域的填充图案而不影响其他区域，则（　　　）。

　　A．将图案分解

　　B．在创建图案填充时选择"关联"

　　C．删除图案，重新对该区域进行填充

　　D．在创建图案填充时选择"创建独立的图案填充"

3．若需要编辑已知多段线，使用"多段线"命令哪个选项可以创建宽度不等的对象？（　　　）

　　A．样条(S)　　　　　B．锥形(T)　　　　　C．宽度(W)　　　　　D．编辑顶点(E)

4. 根据图案填充创建边界时，边界类型不可能是以下哪个选项？（　　）

　　A. 多段线　　　　　　B. 样条曲线　　　　　C. 三维多段线　　　　D. 螺旋线

5. 可以有宽度的线有（　　）。

　　A. 构造线　　　　　　B. 多段线　　　　　　C. 直线　　　　　　　D. 样条曲线

6. 绘制如图 5-89 所示图形 1。

7. 绘制如图 5-90 所示图形 2。

图 5-89　图形 1

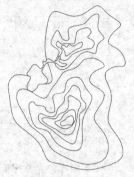

图 5-90　图形 2

第6章

文字与尺寸标注

　　文字与尺寸标注是图形中很重要的一部分内容，进行各种设计时，通常不仅要绘出图形，还要在图形中标注尺寸与添加文字注释，如技术要求、注释说明等，对图形对象加以解释。AutoCAD 提供了多种写入文字的方法，本章将介绍文本的注释和编辑功能。图表在AutoCAD 图形中也有大量的应用，如明细表、参数表和标题栏等，对此本章也有相关介绍。

6.1 文 本 样 式

所有 AutoCAD 图形中的文字都有与其相对应的文本样式。当输入文字对象时，AutoCAD 使用当前设置的文本样式。文本样式是用来控制文字基本形状的一组设置。

【预习重点】

☑ 打开"文本样式"对话框。
☑ 设置新样式参数。

【执行方式】

☑ 命令行：STYLE（快捷命令：ST）或 DDSTYLE。
☑ 菜单栏：选择菜单栏中的"格式"→"文字样式"命令。
☑ 工具栏：单击"文字"工具栏中的"文字样式"按钮 ⚠。
☑ 功能区：单击"默认"选项卡"注释"面板中的"文字样式"按钮 ⚠（如图 6-1 所示）或单击"注释"选项卡"文字"面板上的"文字样式"下拉菜单中的"管理文字样式"按钮（如图 6-2 所示）或单击"注释"选项卡"文字"面板中的"对话框启动器"按钮 ❞。

图 6-1 "注释"面板

图 6-2 "文字"面板

【操作步骤】

执行上述操作后，系统打开"文字样式"对话框，如图 6-3 所示。

【选项说明】

（1）"样式"列表框：列出所有已设定的文字样式名或对已有样式名进行相关操作。单击"新建"按钮，系统打开如图 6-4 所示的"新建文字样式"对话框。在该对话框中可以为新建的文字样式输入名称。从"样式"列表框中选中要改名的文本样式右击，选择快捷菜单中的"重命名"命令，如图 6-5 所示，可以为所选文本样式输入新的名称。

（2）"字体"选项组：用于确定字体样式。文字的字体确定字符的形状，在 AutoCAD 中，除了它固有的 SHX 形状字体文件外，还可以使用 TrueType 字体（如宋体、楷体、italley 等）。一种字体可以设置不同的效果，从而被多种文本样式使用，如图 6-6 所示就是同一种字体（宋体）的不同样式。

（3）"大小"选项组：用于确定文本样式使用的字体文件、字体风格及字高。"高度"文本框用来设置创建文字时的固定字高，在用 TEXT 命令输入文字时，AutoCAD 不再提示输入字高参数。如果在此文本框中设置字高为 0，系统会在每一次创建文字时提示输入字高，所以，如果不想固定字高，就可以把"高度"文本框中的数值设置为 0。

图 6-3　"文字样式"对话框　　　　　　　　　　图 6-4　"新建文字样式"对话框

（4）"效果"选项组。

① "颠倒"复选框：选中该复选框，表示将文本文字倒置标注，如图 6-7（a）所示。

② "反向"复选框：确定是否将文本文字反向标注，如图 6-7（b）所示。

图 6-5　快捷菜单　　　　图 6-6　同一字体的不同样式　　　图 6-7　文字倒置标注与反向标注

③ "垂直"复选框：确定文本是水平标注还是垂直标注。选中该复选框时为垂直标注，否则为水平标注，垂直标注如图 6-8 所示。

④ "宽度因子"文本框：设置宽度系数，确定文本字符的宽高比。当比例系数为 1 时，表示将按字体文件中定义的宽高比标注文字。当此系数小于 1 时，字会变窄，反之变宽。

图 6-8　垂直标注文字

⑤ "倾斜角度"文本框：用于确定文字的倾斜角度。角度为 0 时不倾斜，为正数时向右倾斜，为负数时向左倾斜，效果如图 6-6 所示。

（5）"应用"按钮：确认对文字样式的设置。当创建新的文字样式或对现有文字样式的某些特征进行修改后，都需要单击该按钮，系统才会确认所做的改动。

注意　"垂直"复选框只有在 SHX 字体下才可用。

6.2　文本的标注

在绘制图形的过程中，文字传递了很多设计信息，它可能是一个很复杂的说明，也可能是一个简短的文字信息。当需要文字标注的文本不太长时，可以利用 TEXT 命令创建单行文本；当需要标注很长、很复杂的文字信息时，可以利用 MTEXT 命令创建多行文本。

【预习重点】

☑　对比单行与多行文字的区别。
☑　练习多行文字应用。

6.2.1　单行文本标注

【执行方式】

☑　命令行：TEXT。
☑　菜单栏：选择菜单栏中的"绘图"→"文字"→"单行文字"命令。
☑　工具栏：单击"文字"工具栏中的"单行文字"按钮A。
☑　功能区：单击"默认"选项卡"注释"面板中的"单行文字"按钮A或单击"注释"选项卡"文字"面板中的"单行文字"按钮A。

【操作步骤】

命令: TEXT✓
当前文字样式: "Standard"　文字高度: 2.5000　注释性: 否　对正: 左
指定文字的起点或 [对正(J)/样式(S)]:

【选项说明】

（1）指定文字的起点：在此提示下直接在绘图区选择一点作为输入文本的起始点，执行上述命令后，即可在指定位置输入文本文字，输入后按 Enter 键，文本文字另起一行，可继续输入文字，待全部输入完后按两次 Enter 键，退出 TEXT 命令。可见，TEXT 命令也可创建多行文本，只是这种多行文本每一行是一个对象，不能对多行文本同时进行操作。

注意 只有当前文本样式中设置的字符高度为0，在使用 TEXT 命令时，系统才出现要求用户确定字符高度的提示。AutoCAD 允许将文本行倾斜排列，如图 6-9 所示为倾斜角度分别是 0°、45° 和-45° 时的排列效果。在"指定文字的旋转角度 <0>"提示下输入文本行的倾斜角度或在绘图区拉出一条直线来指定倾斜角度。

图 6-9　文本行倾斜排列的效果

（2）对正(J)：在"指定文字的起点或[对正(J)/样式(S)]"提示下输入"J"，用来确定文本的对齐方式，对齐方式决定文本的哪部分与所选插入点对齐。执行此选项，AutoCAD 提示如下。

输入选项 [左(L)/居中(C)/右(R)/对齐(A)/中间(M)/布满(F)/左上(TL)/中上(TC)/右上(TR)/左中(ML)/正中(MC)/右中(MR)/左下(BL)/中下(BC)/右下(BR)]:

在此提示下选择一个选项作为文本的对齐方式。当文本文字水平排列时，AutoCAD 为标注文本的文字定义了如图 6-10 所示的顶线、中线、基线和底线，各种对齐方式如图 6-11 所示，图中大写字母对应上述提示中各命令。

图 6-10　文本行的底线、基线、中线和顶线

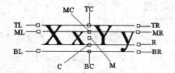

图 6-11　文本的对齐方式

选择"对齐(A)"选项，要求用户指定文本行基线的起始点与终止点的位置，AutoCAD 提示如下。

指定文字基线的第一个端点:（指定文本行基线的起点位置）
指定文字基线的第二个端点:（指定文本行基线的终点位置）
输入文字:（输入一行文本后按 Enter 键）
输入文字:（继续输入文本或直接按 Enter 键结束命令）

输入的文本文字均匀地分布在指定的两点之间，如果两点间的连线不水平，则文本行倾斜放置，倾斜角度由两点间的连线与 X 轴夹角确定；字高、字宽根据两点间的距离、字符的多少以及文本样式中设置的宽度系数自动确定。指定了两点之后，每行输入的字符越多，字宽和字高越小。

其他选项与"对齐"类似，此处不再赘述。

实际绘图时，有时需要标注一些特殊字符，例如直径符号、上划线或下划线、温度符号等，由于这些符号不能直接从键盘上输入，AutoCAD 提供了一些控制码，用来实现这些要求。控制码用两个百分号（%%）加一个字符构成，常用的控制码及功能如表 6-1 所示。

表 6-1　AutoCAD 常用控制码

控 制 码	标注的特殊字符	控 制 码	标注的特殊字符
%%O	上划线	\u+0278	电相位
%%U	下划线	\u+E101	流线
%%D	"度"符号（°）	\u+2261	标识
%%P	正负符号（±）	\u+E102	界碑线
%%C	直径符号（Φ）	\u+2260	不相等（≠）
%%%	百分号（%）	\u+2126	欧姆（Ω）
\u+2248	约等于（≈）	\u+03A9	欧米加（Ω）
\u+2220	角度（∠）	\u+214A	低界线
\u+E100	边界线	\u+2082	下标 2
\u+2104	中心线	\u+00B2	上标 2
\u+0394	差值		

其中，%%O 和%%U 分别是上划线和下划线的开关，第一次出现此符号开始画上划线和下划线，第二次出现此符号，上划线和下划线终止。例如输入"I want to %%U go to Beijing%%U．"，则得到如图 6-12（a）所示的文本行，输入"50%%D+%%C75%%P12"，则得到如图 6-12（b）所示的文本行。

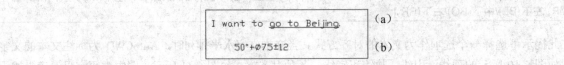

图 6-12　文本行

🎓 **高手支招**

用 TEXT 命令创建文本时，在命令行输入的文字同时显示在绘图区，而且在创建过程中可以随时改变文本的位置，只要移动光标到新的位置单击，则当前行结束，随后输入的文字在新的文本位置出现，用这种方法可以把多行文本标注到绘图区的不同位置。

6.2.2　多行文本标注

【执行方式】

☑　命令行：MTEXT（快捷命令：T 或 MT）。
☑　菜单栏：选择菜单栏中的"绘图"→"文字"→"多行文字"命令。
☑　工具栏：单击"绘图"工具栏中的"多行文字"按钮 Ａ 或单击"文字"工具栏中的"多行文字"按钮 Ａ 。
☑　功能区：单击"默认"选项卡"注释"面板中的"多行文字"按钮 Ａ 或单击"注释"选项卡"文字"面板中的"多行文字"按钮 Ａ 。

【操作步骤】

命令: MTEXT✓
当前文字样式:"Standard"　　当前文字高度: 2.5　注释性: 否
指定第一角点:（指定矩形框的第一个角点）
指定对角点或 [高度(H)/对正(J)/行距(L)/旋转(R)/样式(S)/宽度(W)/栏(C)]:

【选项说明】

（1）指定对角点：在绘图区选择两个点作为矩形框的两个角点，AutoCAD 以这两个点为对角点构成一个矩形区域，其宽度作为将来要标注的多行文本的宽度，第一个点作为第一行文本顶线的起点。响应后 AutoCAD 打开如图 6-13 所示的"文字编辑器"选项卡和多行文字编辑器，可利用此编辑器输入多行文本文字并对其格式进行设置。关于该对话框中各项的含义及编辑器功能，稍后再详细介绍。

（2）对正(J)：用于确定所标注文本的对齐方式。选择该选项，AutoCAD 提示如下。

输入对正方式 [左上(TL)/中上(TC)/右上(TR)/左中(ML)/正中(MC)/右中(MR)/左下(BL)/中下(BC)/右下(BR)] <左上(TL)>:

这些对齐方式与 TEXT 命令中的各对齐方式相同。选择一种对齐方式后按 Enter 键，系统回到上一级提示。

图 6-13　"文字编辑器"选项卡和多行文字编辑器

（3）行距(L)：用于确定多行文本的行间距。这里所说的行间距是指相邻两文本行基线之间的垂直距离。选择该选项，AutoCAD 提示如下。

输入行距类型 [至少(A)/精确(E)] <至少(A)>:

在此提示下有"至少"和"精确"两种方式确定行间距。

① 在"至少"方式下，系统根据每行文本中最大的字符自动调整行间距。

② 在"精确"方式下，系统为多行文本赋予一个固定的行间距，可以直接输入一个确切的间距值，也可以输入"nx"的形式。

其中 n 是一个具体数，表示行间距设置为单行文本高度的 n 倍，而单行文本高度是本行文本字符高度的 1.66 倍。

（4）旋转(R)：用于确定文本行的倾斜角度。选择该选项，AutoCAD 提示如下。

指定旋转角度 <0>:（输入倾斜角度）

输入角度值后按 Enter 键，系统返回到"指定对角点或[高度(H)/对正(J)/行距(L)/旋转(R)/样式(S)/宽度(W)/栏(C)]:"的提示。

（5）样式(S)：用于确定当前的文本文字样式。

（6）宽度(W)：用于指定多行文本的宽度。可在绘图区选择一点，与前面确定的第一个角点组成一个矩形框的宽作为多行文本的宽度；也可以输入一个数值，精确设置多行文本的宽度。

（7）栏(C)：根据栏宽、栏间距宽度和栏高组成矩形框。

（8）"文字编辑器"选项卡：用来控制文本文字的显示特性。可以在输入文本文字前设置文本的特性，也可以改变已输入的文本文字特性。要改变已有文本文字显示特性，首先应选择要修改的文本，选择文本的方式有以下 3 种。

① 将光标定位到文本文字开始处，按住鼠标左键，拖到文本末尾。

② 双击某个文字，则该文字被选中。

③ 3 次单击鼠标，则选中全部内容。

下面介绍选项卡中部分选项的功能。

① "文字高度"下拉列表框：用于确定文本的字符高度，可在文本编辑器中设置输入新的字符高度，也可从该下拉列表框中选择已设定过的高度值。

② "粗体" **B** 和"斜体" *I* 按钮：用于设置加粗或斜体效果，但这两个按钮只对 TrueType 字体有效，如图 6-14 所示。

③ "删除线"按钮：用于在文字上添加水平删除线，如图 6-14 所示。

④ "下划线" **U** 和 "上划线" **O** 按钮：用于设置或取消文字的上下划线，如图 6-14 所示。

⑤ "堆叠" 按钮 **ᵇ**：为层叠或非层叠文本按钮，用于层叠所选的文本文字，也就是创建分数形式。当文本中某处出现 "/"、"^" 或 "#" 3 种层叠符号之一时，选中需层叠的文字，才可层叠文本。二者缺一不可。则符号左边的文字作为分子，右边的文字作为分母进行层叠。

AutoCAD 提供了 3 种分数形式：

☑ 如果选中 "abcd/efgh" 后单击该按钮，将得到如图 6-15（a）所示的分数形式。

☑ 如果选中 "abcd^efgh" 后单击该按钮，则得到如图 6-15（b）所示的形式，此形式多用于标注极限偏差。

☑ 如果选中 "abcd # efgh" 后单击该按钮，则创建斜排的分数形式，如图 6-15（c）所示。

从入门到实践
从入门到实践
从入门到实践
从入门到实践
从入门到实践

$$\frac{abcd}{efgh} \qquad \frac{abcd}{efgh} \qquad \frac{abcd}{efgh}$$

（a） （b） （c）

图 6-14　文本样式　　　　　　　　　　图 6-15　文本层叠

如果选中已经层叠的文本对象后单击该按钮，则恢复到非层叠形式。

⑥ "倾斜角度"（ **0/** ）文本框：用于设置文字的倾斜角度。

举一反三

　　倾斜角度与斜体效果是两个不同的概念，前者可以设置任意倾斜角度，后者是在任意倾斜角度的基础上设置斜体效果，如图 6-16 所示。第一行倾斜角度为 0°，非斜体效果；第二行倾斜角度为 12°，非斜体效果；第三行倾斜角度为 12°，斜体效果。

都市农夫]
都市农夫
都市农夫

图 6-16　倾斜角度与斜体效果

⑦ "符号" 按钮 **@**：用于输入各种符号。单击该按钮，系统打开符号列表，如图 6-17 所示，可以从中选择符号输入到文本中。

⑧ "插入字段" 按钮 **🖿**：用于插入一些常用或预设字段。单击该按钮，系统打开 "字段" 对话框，如图 6-18 所示，用户可从中选择字段，插入到标注文本中。

⑨ "追踪" 下拉列表框 **ᵃᵇ**：用于增大或减小选定字符之间的空间。1.0 表示设置常规间距，设置大于 1.0 表示增大间距，设置小于 1.0 表示减小间距。

⑩ "宽度因子" 下拉列表框 **○**：用于扩展或收缩选定字符。1.0 表示设置代表此字体中字母的常规宽度，可以增大该宽度或减小该宽度。

图 6-17 符号列表

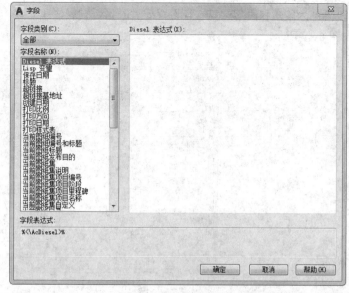

图 6-18 "字段"对话框

⑪ "上标" x 按钮：将选定文字转换为上标，即在输入线的上方设置稍小的文字。

⑫ "下标" x 按钮：将选定文字转换为下标，即在输入线的下方设置稍小的文字。

⑬ "清除格式"下拉列表：删除选定字符的字符格式，或删除选定段落的段落格式，或删除选定段落中的所有格式。

☑ 关闭：如果选择该选项，将从应用了列表格式的选定文字中删除字母、数字和项目符号。不更改缩进状态。

☑ 以数字标记：应用将带有句点的数字用于列表中的项的列表格式。

☑ 以字母标记：应用将带有句点的字母用于列表中的项的列表格式。如果列表含有的项多于字母中含有的字母，可以使用双字母继续序列。

☑ 以项目符号标记：应用将项目符号用于列表中的项的列表格式。

☑ 启动：在列表格式中启动新的字母或数字序列。如果选定的项位于列表中间，则选定项下面的未选中的项也将成为新列表的一部分。

☑ 继续：将选定的段落添加到上面最后一个列表然后继续序列。如果选择了列表项而非段落，选定项下面的未选中的项将继续序列。

☑ 允许自动项目符号和编号：在输入时应用列表格式。以下字符可以用作字母和数字后的标点并不能用作项目符号：句点（.）、逗号（,）、右括号（)）、右尖括号（>）、右方括号（]）和右花括号（}）。

➢ 允许项目符号和列表：如果选择该选项，列表格式将应用到外观类似列表的多行文字对象中的所有纯文本。

➢ 拼写检查：确定输入时拼写检查处于打开还是关闭状态。

➢ 编辑词典：显示"词典"对话框，从中可添加或删除在拼写检查过程中使用的自定义词典。

➢ 标尺：在编辑器顶部显示标尺。拖动标尺末尾的箭头可更改文字对象的宽度。列模式处于活动状态时，还显示高度和列夹点。

⑭ 段落：为段落和段落的第一行设置缩进。指定制表位和缩进，控制段落对齐方式、段落间距和段落行距，如图 6-19 所示。

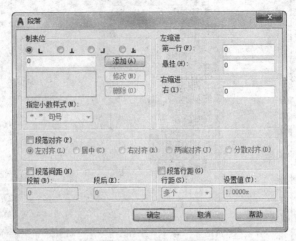

图 6-19 "段落"对话框

⑮ 输入文字：选择该选项，系统打开"选择文件"对话框，如图 6-20 所示。选择任意 ASCII 或 RTF 格式的文件。输入的文字保留原始字符格式和样式特性，但可以在多行文字编辑器中编辑和格式化输入的文字。选择要输入的文本文件后，可以替换选定的文字或全部文字，或在文字边界内将插入的文字附加到选定的文字中。输入文字的文件必须小于 32KB。

图 6-20 "选择文件"对话框

⑯ 编辑器设置：显示"文字格式"工具栏的选项列表。有关详细信息，请参见编辑器设置。

📖 高手支招

多行文字是由任意数目的文字行或段落组成的，布满指定的宽度，还可以沿垂直方向无限延伸。多行文字中，无论行数是多少，单个编辑任务中创建的每个段落集将构成单个对象；用户可对其进行移动、旋转、删除、复制、镜像或缩放操作。

6.3　文本的编辑

AutoCAD 2017 提供了"文字样式"编辑器，通过这个编辑器可以方便直观地设置需要的文本样式，或是对已有样式进行修改。

【预习重点】

☑　了解文本编辑适用范围。
☑　利用不同方法打开文本编辑器。
☑　了解编辑器中不同参数的含义。

【执行方式】

☑　命令行：DDEDIT（快捷命令：ED）。
☑　菜单栏：选择菜单栏中的"修改"→"对象"→"文字"→"编辑"命令。
☑　工具栏：单击"文字"工具栏中的"编辑"按钮。

【操作步骤】

选择相应的菜单项，或在命令行中输入"DDEDIT"命令后按 Enter 键，AutoCAD 提示如下。

```
命令: DDEDIT✓
选择注释对象或 [放弃(U)]:
```

【选项说明】

要求选择想要修改的文本，同时光标变为拾取框。用拾取框选择对象时：

（1）如果选择的文本是用 TEXT 命令创建的单行文本，则深显该文本，可对其进行修改。

（2）如果选择的文本是用 MTEXT 命令创建的多行文本，选择对象后则打开文字编辑器（如图 6-13 所示），可根据前面的介绍对各项设置或内容进行修改。

6.4　表　　格

在以前的 AutoCAD 版本中，要绘制表格必须采用绘制图线或结合偏移、复制等编辑命令来完成，这样的操作过程繁琐而复杂，不利于提高绘图效率。自从 AutoCAD 2005 新增加了"表格"绘图功能，创建表格就变得非常容易，用户可以直接插入设置好样式的表格。同时随着版本的不断升级，表格功能也在精益求精、日趋完善。

【预习重点】

☑　练习如何定义表格样式。

☑ 观察"插入表格"对话框中选项卡的设置。

☑ 练习插入表格文字。

【执行方式】

☑ 命令行：TABLESTYLE。

☑ 菜单栏：选择菜单栏中的"格式"→"表格样式"命令。

☑ 工具栏：单击"样式"工具栏中的"表格样式管理器"按钮 。

☑ 功能区：单击"默认"选项卡"注释"面板中的"表格样式"按钮 （如图 6-21 所示）或单击"注释"选项卡"表格"面板上的"表格样式"下拉菜单中的"管理表格样式"按钮（如图 6-22 所示）或单击"注释"选项卡"表格"面板中的"对话框启动器"按钮 。

图 6-21 "注释"面板

图 6-22 "表格"面板

【操作步骤】

执行上述操作后，系统打开"表格样式"对话框，如图 6-23 所示。

【选项说明】

（1）"新建"按钮：单击该按钮，系统将打开"创建新的表格样式"对话框，如图 6-24 所示。输入新的表格样式名后，单击"继续"按钮，系统打开"新建表格样式"对话框，如图 6-25 所示，从中可以定义新的表格样式。

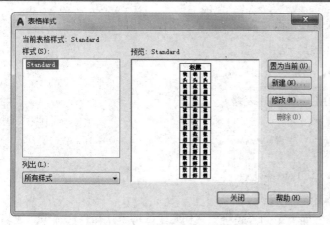

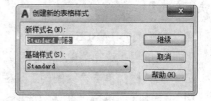

图 6-23 "表格样式"对话框

图 6-24 "创建新的表格样式"对话框

"新建表格样式"对话框的"单元样式"下拉列表框中有 3 个重要的选项:"数据"、"表头"和"标题",分别控制表格中数据、列标题和总标题的有关参数,如图 6-26 所示。在"新建表格样式"对话框中有 3 个重要的选项卡,分别介绍如下。

① "常规"选项卡:用于控制数据栏格与标题栏格的上下位置关系。

② "文字"选项卡:用于设置文字属性。选择该选项卡,在"文字样式"下拉列表框中可以选择已定义的文字样式并应用于数据文字,也可以单击右侧的 □ 按钮重新定义文字样式。其中"文字高度"、"文字颜色"和"文字角度"各选项设定的相应参数格式可供用户选择。

③ "边框"选项卡:用于设置表格的边框属性下面的边框线按钮控制数据边框线的各种形式,如绘制所有数据边框线、只绘制数据边框外部边框线、只绘制数据边框内部边框线、无边框线、只绘制底部边框线等。选项卡中的"线宽"、"线型"和"颜色"下拉列表框则控制边框线的线宽、线型和颜色;选项卡中的"间距"文本框用于控制单元边界和内容之间的间距。

如图 6-27 所示,数据文字样式为 standard,文字高度为 4.5,文字颜色为"红色",对齐方式为"右下";标题文字样式为 standard,文字高度为 6,文字颜色为"蓝色",对齐方式为"正中",表格方向为"上",水平单元边距和垂直单元边距都为"1.5"的表格样式。

图 6-25 "新建表格样式"对话框

图 6-26 表格样式

图 6-27 表格示例

（2）"修改"按钮：用于对当前表格样式进行修改，方式与新建表格样式相同。

6.4.1 创建表格

在设置好表格样式后，用户可以利用 TABLE 命令创建表格。

【执行方式】

- ☑ 命令行：TABLE。
- ☑ 菜单栏：选择菜单栏中的"绘图"→"表格"命令。
- ☑ 工具栏：单击"绘图"工具栏中的"表格"按钮⊞。
- ☑ 功能区：单击"默认"选项卡"注释"面板中的"表格"按钮⊞或单击"注释"选项卡"表格"面板中的"表格"按钮⊞。

【操作步骤】

执行上述操作后，系统打开"插入表格"对话框，如图 6-28 所示。

【选项说明】

（1）"表格样式"选项组：可以在"表格样式"下拉列表框中选择一种表格样式，也可以通过单击后面的⊞按钮来新建或修改表格样式。

（2）"插入选项"选项组：指定插入表格的方式。

① "从空表格开始"单选按钮：创建可以手动填充数据的空表格。

② "自数据链接"单选按钮：通过启动数据连接管理器来创建表格。

③ "自图形中的对象数据"单选按钮：通过启动"数据提取"向导来创建表格。

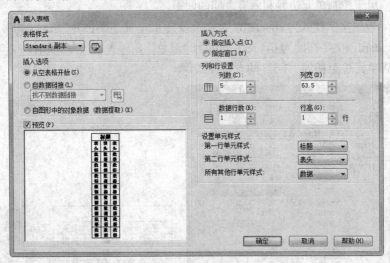

图 6-28 "插入表格"对话框

（3）"插入方式"选项组。

① "指定插入点"单选按钮：指定表格的左上角的位置。可以使用定点设备，也可以在命令行中输入

坐标值。如果表格样式将表格的方向设置为由下而上读取，则插入点位于表格的左下角。

②"指定窗口"单选按钮：指定表的大小和位置。可以使用定点设备，也可以在命令行中输入坐标值。选中该单选按钮时，行数、列数、列宽和行高取决于窗口的大小以及列和行设置。

（4）"列和行设置"选项组：指定列和数据行的数目以及列宽与行高。

（5）"设置单元样式"选项组：指定"第一行单元样式"、"第二行单元样式"和"所有其他行单元样式"分别为标题、表头或者数据样式。

📖 高手支招

> 在"插入方式"选项组中选中"指定窗口"单选按钮后，列与行设置的两个参数中只能指定一个，另外一个由指定窗口的大小自动等分来确定。

在"插入表格"对话框中进行相应设置后，单击"确定"按钮，系统在指定的插入点或窗口自动插入一个空表格，并显示"文字编辑器"选项卡，用户可以逐行逐列输入相应的文字或数据，如图6-29所示。

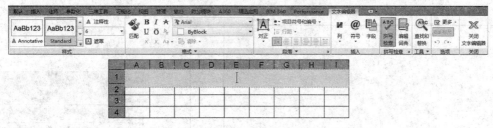

图6-29 插入表格

🔧 举一反三

> 在插入后的表格中选择某一个单元格，单击后出现钳夹点，通过移动钳夹点可以改变单元格的大小，如图6-30所示。

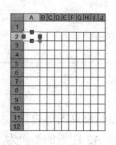

图6-30 改变单元格大小

6.4.2 表格文字编辑

【执行方式】

☑ 命令行：TABLEDIT。

☑ 快捷菜单：选择表和一个或多个单元后右击，选择快捷菜单中的"编辑文字"命令。

☑ 定点设备：在表单元内双击。

🎓 **高手支招**

如果有多个文本格式一样，可以采用复制后修改文字内容的方法进行表格文字的填充，这样只需双击就可以直接修改表格文字的内容，而不用重新设置每个文本格式。

【操作实践——绘制园林设计 A2 图框】

绘制如图 6-31 所示的园林设计 A2 图框。操作步骤如下：

1. 设置单位和图形边界

（1）打开 AutoCAD 程序，则系统自动建立新图形文件。

（2）选择菜单栏中的"格式"→"单位"命令，系统打开"图形单位"对话框，如图 6-32 所示。设置"长度"的"类型"为"小数"，"精度"为 0；"角度"的"类型"为"十进制度数"，"精度"为 0，系统默认逆时针方向为正，单击"确定"按钮。

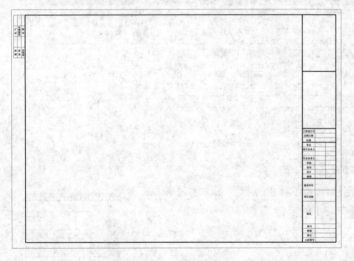

图 6-31 A2 图框

图 6-32 "图形单位"对话框

（3）设置图形边界。国标对图纸的幅面大小做了严格规定，在这里，不妨按国标 A3 图纸幅面设置图形边界。A2 图纸的幅面为 594mm×420mm，选择菜单栏中的"格式"→"图层界限"命令，命令行中的提示与操作如下。

```
命令:LIMITS↙
重新设置模型空间界限:
指定左下角点或 [开(ON)/关(OFF)] <0.0000,0.0000>:↙
指定右上角点 <12.0000,9.0000>:594,420↙
```

2. 设置文本样式

选择菜单栏中的"格式"→"文字样式"命令，打开"文字样式"对话框，单击"新建"按钮，创建样式 1，设置"字体名"为宋体，"高度"为 300，结果如图 6-33 所示。

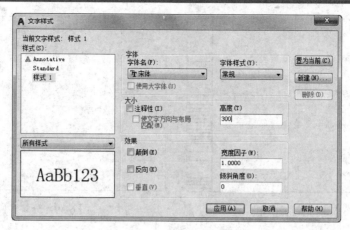

图 6-33 "文字样式"对话框

3. 绘制图框

（1）单击"默认"选项卡"绘图"面板中的"多段线"按钮✐，将线宽设置为 100，绘制长为 56000 的水平多段线，如图 6-34 所示。

同理，绘制其他 3 条多段线，设置竖直长为 40000，完成 4 条不连续的多段线绘制，如图 6-35 所示。

图 6-34 绘制水平多段线

🎓 高手支招

国家标准规定 A2 图纸的幅面大小是 594×420，这里留出了带装订边的图框到图纸边界的距离。

（2）单击"默认"选项卡"修改"面板中的"偏移"按钮⊿，将右侧竖直多段线向左偏移，偏移距离为 6000，如图 6-36 所示。

（3）单击"默认"选项卡"修改"面板中的"偏移"按钮⊿，将上侧水平多段线向下偏移，偏移距离为 9950、10050、800、800、800、800、800、800、800、800、800、800、800、2000、2000、4000、800、800 和 800，如图 6-37 所示。

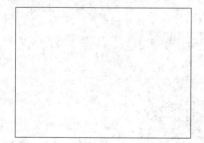

图 6-35 绘制多段线

图 6-36 偏移竖直直线

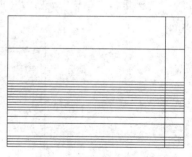

图 6-37 偏移多段线

（4）单击"默认"选项卡"修改"面板中的"修剪"按钮✄，修剪掉多余的直线，如图 6-38 所示。

（5）单击"默认"选项卡"修改"面板中的"分解"按钮🗗，分解部分多段线，如图 6-39 所示。

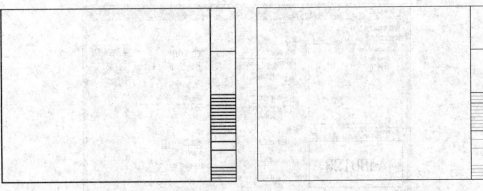

图 6-38　修剪直线　　　　　　　　　　图 6-39　分解多段线

（6）单击"默认"选项卡"绘图"面板中的"直线"按钮 ，绘制两条竖线，如图 6-40 所示。

（7）单击"默认"选项卡"注释"面板中的"多行文字"按钮 A ，打开"文字编辑器"选项卡和多行文字编辑器，如图 6-13 所示，在表格内添加文字，如图 6-41 所示。

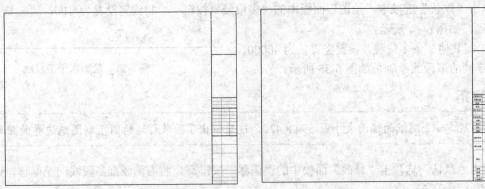

图 6-40　绘制两条竖线　　　　　　　　图 6-41　添加文字

4．绘制会签栏

（1）单击"默认"选项卡"注释"面板中的"表格样式"按钮 ，打开"表格样式"对话框，如图 6-42 所示。

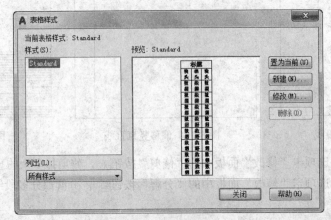

图 6-42　"表格样式"对话框

（2）单击"修改"按钮，系统打开"修改表格样式"对话框，设置如图 6-43 所示。

（3）单击"默认"选项卡"注释"面板中的"表格"按钮，打开"插入表格"对话框，如图 6-44 所示，设置插入方式为"指定插入点"，数据行数和列数设置为 4 列 1 行，列宽为 1875，行高为 1 行。在"设置单元样式"选项组中将"第一行单元样式"、"第二行单元样式"和"所有其他行单元样式"都设置为"数据"。

（4）单击"确定"按钮后，在绘图平面指定插入点，则插入如图 6-45 所示的空表格，并显示"文字编辑器"选项卡，如图 6-46 所示，不输入文字，直接在空白处单击退出。

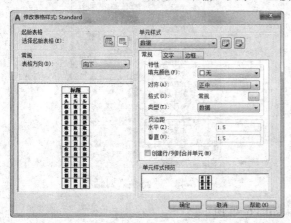 

（a）　　　　　　　　　　　　　　　　　（b）

图 6-43　"修改表格样式"对话框

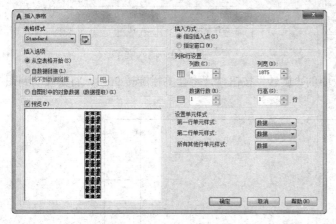

图 6-44　"插入表格"对话框

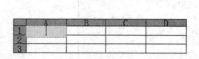

图 6-45　插入表格

图 6-46　"文字编辑器"选项卡

（5）选中其中一个单元格，右击，弹出快捷菜单，如图 6-47 所示，选择"特性"命令，打开"特性"对话框，设置"单元高度"为 700，如图 6-48 所示。

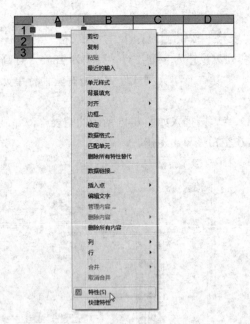

图 6-47　快捷菜单　　　　　　　　　　　　　图 6-48　"特性"对话框

同理，将其他所有单元格的高度均设置为 700，结果如图 6-49 所示。

（6）双击单元格，分别添加文字，结果如图 6-50 所示。

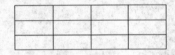

建　筑		电　气	
结　构		采暖通风	
给排水		总　图	

图 6-49　修改单元格　　　　　　　　　　　　图 6-50　输入文字

（7）单击"默认"选项卡"修改"面板中的"旋转"按钮 ○，将会签栏旋转 90°，将其移动到图框的左上角位置处，如图 6-51 所示。

图 6-51　插入会签栏

（8）单击"默认"选项卡"绘图"面板中的"矩形"按钮□，在外侧绘制一个 59400×42000 的矩形，结果如图 6-31 所示。

6.5　尺　寸　标　注

组成尺寸标注的尺寸线、尺寸界线、尺寸文本和尺寸箭头可以采用多种形式，尺寸标注以什么形态出现，取决于当前所采用的尺寸标注样式。标注样式决定尺寸标注的形式，包括尺寸线、尺寸界线、尺寸箭头和中心标记的形式、尺寸文本的位置、特性等。在 AutoCAD 2017 中用户可以利用"标注样式管理器"对话框方便地设置自己需要的尺寸标注样式。

【预习重点】

　☑　了解如何设置尺寸样式。
　☑　了解设置尺寸样式参数。

6.5.1　尺寸样式

在进行尺寸标注之前，要建立尺寸标注的样式。如果用户不建立尺寸样式而直接进行标注，系统使用默认的名称为"Standard"的样式。用户如果认为使用的标注样式有某些设置不合适，也可以修改标注样式。

【执行方式】

　☑　命令行：DIMSTYLE（快捷命令：D）。
　☑　菜单栏：选择菜单栏中的"格式"→"标注样式"命令或"标注"→"标注样式"命令。
　☑　工具栏：单击"标注"工具栏中的"标注样式"按钮。
　☑　功能区：单击"默认"选项卡"注释"面板中的"标注样式"按钮或单击"注释"选项卡"标注"面板上的"标注样式"下拉菜单中的"管理标注样式"按钮或单击"注释"选项卡"标注"面板中的"对话框启动器"按钮。

【操作步骤】

执行上述操作之一后，弹出"标注样式管理器"对话框，如图 6-52 所示。利用该对话框可方便直观地设置和浏览尺寸标注样式，包括建立新的标注样式、修改已存在的样式、设置当前尺寸标注样式、重命名样式以及删除一个已存在的样式等。

【选项说明】

（1）"置为当前"按钮：单击该按钮，将在"样式"列表框中选中的样式设置为当前样式。

（2）"新建"按钮：定义一个新的尺寸标注样式。单击该按钮，弹出"创建新标注样式"对话框，如图 6-53 所示，利用该对话框可创建一个新的尺寸标注样式。

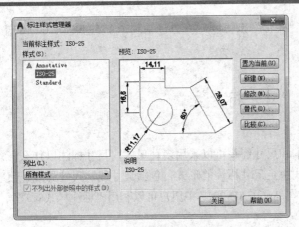

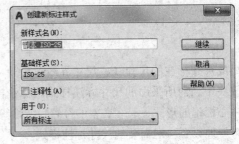

图 6-52　"标注样式管理器"对话框　　　　图 6-53　"创建新标注样式"对话框

（3）"修改"按钮：修改一个已存在的尺寸标注样式。单击该按钮，弹出"修改标注样式"对话框，该对话框中的各选项与"创建新标注样式"对话框中完全相同，用户可以对已有标注样式进行修改。

（4）"替代"按钮：设置临时覆盖尺寸标注样式。单击该按钮，弹出"新建标注样式"对话框，如图 6-54 所示。用户可改变选项的设置覆盖原来的设置，但这种修改只对指定的尺寸标注起作用，而不影响当前尺寸变量的设置。

（5）"比较"按钮：比较两个尺寸标注样式在参数上的区别，或浏览一个尺寸标注样式的参数设置。单击该按钮，弹出"比较标注样式"对话框，如图 6-55 所示。可以把比较结果复制到剪切板上，然后再粘贴到其他的 Windows 应用软件上。

下面对图 6-54 中的主要选项卡进行简要说明。

1. "线"选项卡

在"新建标注样式"对话框中，第一个选项卡就是"线"选项卡。该选项卡用于设置尺寸线、尺寸界线的形式和特性。现对该选项卡中的各选项分别说明如下。

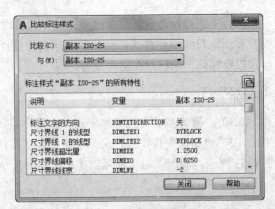

图 6-54　"新建标注样式"对话框　　　　图 6-55　"比较标注样式"对话框

（1）"尺寸线"选项组：用于设置尺寸线的特性，其中各选项的含义如下。

① "颜色"（"线型""线宽"）下拉列表框：用于设置尺寸线的颜色（线型、线宽）。

② "超出标记"微调框：当尺寸箭头设置为短斜线、短波浪线等，或尺寸线上无箭头时，可利用该微调框设置尺寸线超出尺寸界线的距离。

③ "基线间距"微调框：设置以基线方式标注尺寸时，相邻两尺寸线之间的距离。

④ "隐藏"复选框组：确定是否隐藏尺寸线及相应的箭头。选中"尺寸线 1（2）"复选框，表示隐藏第一（二）段尺寸线。

（2）"尺寸界线"选项组：用于确定尺寸界线的形式，其中各选项的含义如下。

① "颜色"（"线宽"）下拉列表框：用于设置尺寸界线的颜色（线宽）。

② "尺寸界线 1（2）的线型"下拉列表框：用于设置第一条尺寸界线的线型（DIMLTEX1 系统变量）。

③ "超出尺寸线"微调框：用于确定尺寸界线超出尺寸线的距离。

④ "起点偏移量"微调框：用于确定尺寸界线的实际起始点相对于指定尺寸界线起始点的偏移量。

⑤ "隐藏"复选框组：确定是否隐藏尺寸界线。

⑥ "固定长度的尺寸界线"复选框：选中该复选框，系统以固定长度的尺寸界线标注尺寸，可以在其下面的"长度"文本框中输入长度值。

（3）尺寸样式显示框：在"新建标注样式"对话框的右上方，有一个尺寸样式显示框，该显示框以样例的形式显示用户设置的尺寸样式。

2．"符号和箭头"选项卡

在"新建标注样式"对话框中，第二个选项卡是"符号和箭头"选项卡，如图 6-56 所示。该选项卡用于设置箭头、圆心标记、弧长符号和半径折弯标注的形式和特性，现对该选项卡中的各选项分别说明如下。

（1）"箭头"选项组：用于设置尺寸箭头的形式。AutoCAD 提供了多种箭头形状，列在"第一个"和"第二个"下拉列表框中。另外，还允许采用用户自定义的箭头形状。两个尺寸箭头可以采用相同的形式，也可采用不同的形式。

① "第一（二）个"下拉列表框：用于设置第一（二）个尺寸箭头的形式。单击该下拉列表框，打开各种箭头形式，其中列出了各类箭头的形状即名称。一旦选择了第一个箭头的类型，第二个箭头则自动与其匹配，要想第二个箭头取不同的形状，可在"第二个"下拉列表框中设定。

如果在列表框中选择了"用户箭头"选项，则打开如图 6-57 所示的"选择自定义箭头块"对话框，可以事先把自定义的箭头存成一个图块，在该对话框中输入该图块名即可。

② "引线"下拉列表框：确定引线箭头的形式，与"第一个"设置类似。

③ "箭头大小"微调框：用于设置尺寸箭头的大小。

（2）"圆心标记"选项组：用于设置半径标注、直径标注和中心标注中的中心标记和中心线形式。其中各项含义如下。

① "无"单选按钮：选中该单选按钮，既不产生中心标记，也不产生中心线。

② "标记"单选按钮：选中该单选按钮，中心标记为一个点记号。

③ "直线"单选按钮：选中该单选按钮，中心标记采用中心线的形式。

④ "大小"微调框：用于设置中心标记和中心线的大小和粗细。

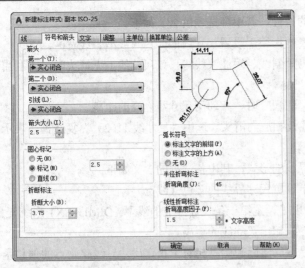

图 6-56 "符号和箭头"选项卡

图 6-57 "选择自定义箭头块"对话框

（3）"折断标注"选项组：用于控制折断标注的间距宽度。

（4）"弧长符号"选项组：用于控制弧长标注中圆弧符号的显示，对其中的 3 个单选按钮含义介绍如下。

① "标注文字的前缀"单选按钮：选中该单选按钮，将弧长符号放在标注文字的左侧，如图 6-58（a）所示。

② "标注文字的上方"单选按钮：选中该单选按钮，将弧长符号放在标注文字的上方，如图 6-58（b）所示。

③ "无"单选按钮：选中该单选按钮，不显示弧长符号，如图 6-58（c）所示。

（5）"半径折弯标注"选项组：用于控制折弯（Z 字形）半径标注的显示。折弯半径标注通常在中心点位于页面外部时创建。在"折弯角度"文本框中可以输入连接半径标注的尺寸界线和尺寸线的横向直线角度，如图 6-59 所示。

（6）"线性折弯标注"选项组：用于控制折弯线性标注的显示。当标注不能精确表示实际尺寸时，常将折弯线添加到线性标注中。通常，实际尺寸比所需值小。

（a） （b） （c）

图 6-58 弧长符号

图 6-59 折弯角度

3. "文字"选项卡

在"新建标注样式"对话框中，第 3 个选项卡是"文字"选项卡，如图 6-60 所示。该选项卡用于设置尺寸文本文字的形式、布置、对齐方式等，现对该选项卡中的各选项分别说明如下。

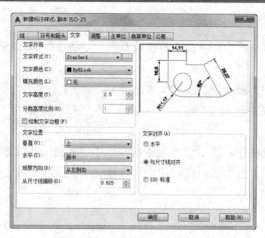

图 6-60　"文字"选项卡

（1）"文字外观"选项组。

① "文字样式"下拉列表框：用于选择当前尺寸文本采用的文字样式。

② "文字颜色"下拉列表框：用于设置尺寸文本的颜色。

③ "填充颜色"下拉列表框：用于设置标注中文字背景的颜色。

④ "文字高度"微调框：用于设置尺寸文本的字高。如果选用的文本样式中已设置了具体的字高（不是 0），则此处的设置无效；如果文本样式中设置的字高为 0，才以此处设置为准。

⑤ "分数高度比例"微调框：用于确定尺寸文本的比例系数。

⑥ "绘制文字边框"复选框：选中该复选框，AutoCAD 在尺寸文本的周围加上边框。

（2）"文字位置"选项组。

① "垂直"下拉列表框：用于确定尺寸文本相对于尺寸线在垂直方向的对齐方式，如图 6-61 所示。

图 6-61　尺寸文本在垂直方向的放置

② "水平"下拉列表框：用于确定尺寸文本相对于尺寸线和尺寸界线在水平方向的对齐方式。单击该下拉列表框，可从中选择的对齐方式有 5 种：居中、第一条尺寸界线、第二条尺寸界线、第一条尺寸界线上方、第二条尺寸界线上方，如图 6-62 所示。

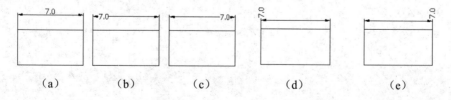

图 6-62　尺寸文本在水平方向的放置

③ "观察方向"下拉列表框：用于控制标注文字的观察方向（可用 DIMTXTDIRECTION 系统变量

设置）。

　　④ "从尺寸线偏移"微调框：当尺寸文本放在断开的尺寸线中间时，该微调框用来设置尺寸文本与尺寸线之间的距离。

　　（3） "文字对齐"选项组：用于控制尺寸文本的排列方向。

　　① "水平"单选按钮：选中该单选按钮，尺寸文本沿水平方向放置。不论标注什么方向的尺寸，尺寸文本总保持水平。

　　② "与尺寸线对齐"单选按钮：选中该单选按钮，尺寸文本沿尺寸线方向放置。

　　③ "ISO 标准"单选按钮：选中该单选按钮，当尺寸文本在尺寸界线之间时，沿尺寸线方向放置；在尺寸界线之外时，沿水平方向放置。

6.5.2　尺寸标注

　　正确地进行尺寸标注是设计绘图工作中非常重要的一个环节，AutoCAD 2017 提供了方便快捷的尺寸标注方法，可通过执行命令实现，也可利用菜单或工具按钮来实现。本节将重点介绍如何对各种类型的尺寸进行标注。

1．线性标注

【执行方式】

☑　命令行：DIMLINEAR（缩写名：DIMLIN）。

☑　菜单栏：选择菜单栏中的"标注"→"线性"命令。

☑　工具栏：单击"标注"工具栏中的"线性"按钮╠。

☑　功能区：单击"默认"选项卡"注释"面板中的"线性"按钮╠（如图 6-63 所示）或单击"注释"选项卡"标注"面板中的"线性"按钮╠（如图 6-64 所示）。

☑　快捷命令：DLI。

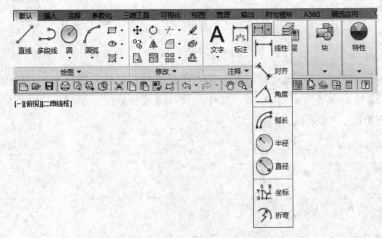

图 6-63　"注释"面板

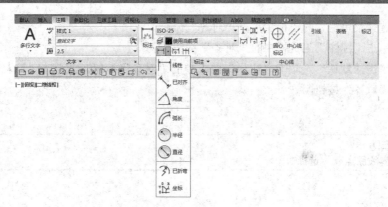

图 6-64　"标注"面板

【操作步骤】

命令:DIMLIN✓

选择相应的菜单项或工具图标，或在命令行中输入"DIMLIN"后按 Enter 键，AutoCAD 提示如下。

指定第一个尺寸界线原点或 <选择对象>:
指定第二条尺寸界线原点:
创建了无关联的标注
指定尺寸线位置或 [多行文字(M)/文字(T)/角度(A)/水平(H)/垂直(V)/旋转(R)]:
标注文字 =（尺寸间距）

打开随书光盘"源文件"文件夹下相应的源文件。

【选项说明】

（1）指定尺寸线位置：用于确定尺寸线的位置。用户可移动鼠标选择合适的尺寸线位置，然后按 Enter 键或单击，AutoCAD 则自动测量要标注线段的长度并标注出相应的尺寸。

（2）多行文字(M)：用多行文本编辑器确定尺寸文本。

（3）文字(T)：用于在命令行提示下输入或编辑尺寸文本。选择该选项后，命令行提示如下。

输入标注文字 <默认值>:

其中的默认值是 AutoCAD 自动测量得到的被标注线段的长度，直接按 Enter 键即可采用此长度值，也可输入其他数值代替默认值。当尺寸文本中包含默认值时，可使用尖括号"< >"表示默认值。

（4）角度(A)：用于确定尺寸文本的倾斜角度。

（5）水平(H)：水平标注尺寸，不论标注什么方向的线段，尺寸线总保持水平放置。

（6）垂直(V)：垂直标注尺寸，不论标注什么方向的线段，尺寸线总保持垂直放置。

（7）旋转(R)：输入尺寸线旋转的角度值，旋转标注尺寸。

2．对齐标注

【执行方式】

☑　命令行：DIMALIGNED（快捷命令：DAL）。

☑ 菜单栏：选择菜单栏中的"标注"→"对齐"命令。

☑ 工具栏：单击"标注"工具栏中的"对齐"按钮 。

☑ 功能区：单击"默认"选项卡"注释"面板中的"对齐"按钮 或单击"注释"选项卡"标注"面板中的"对齐"按钮 。

【操作步骤】

命令:DIMALIGNED↙
指定第一个尺寸界线原点或 <选择对象>:

【选项说明】

这种命令标注的尺寸线与所标注轮廓线平行，标注起始点到终点之间的距离尺寸。

3. 基线标注

基线标注用于产生一系列基于同一尺寸界线的尺寸标注，适用于长度尺寸、角度和坐标标注。在使用基线标注方式之前，应该先标注出一个相关的尺寸作为基线标准。

【执行方式】

☑ 命令行：DIMBASELINE（快捷命令：DBA）。

☑ 菜单栏：选择菜单栏中的"标注"→"基线"命令。

☑ 工具栏：单击"标注"工具栏中的"基线"按钮 。

☑ 功能区：单击"注释"选项卡"标注"面板中的"基线"按钮 。

【操作步骤】

命令:DIMBASELINE↙
指定第二条尺寸界线原点或 [放弃(U)/选择(S)] <选择>:

【选项说明】

（1）指定第二条尺寸界线原点：直接确定另一个尺寸的第二条尺寸界线的起点，AutoCAD 以上次标注的尺寸为基准标注，标注出相应尺寸。

（2）选择(S)：在上述提示下直接按 Enter 键，AutoCAD 提示如下。

选择基准标注：（选取作为基准的尺寸标注）

🎓 **高手支招**

线性标注有水平、垂直或对齐放置。使用对齐标注时，尺寸线将平行于两尺寸界线原点之间的直线（想象或实际）。基线（或平行）和连续（或链）标注是一系列基于线性标注的连续标注，连续标注是首尾相连的多个标注。在创建基线或连续标注之前，必须创建线性、对齐或角度标注。可从当前任务最近创建的标注中以增量方式创建基线标注。

4. 连续标注

连续标注又叫尺寸链标注，用于产生一系列连续的尺寸标注，后一个尺寸标注均把前一个标注的第二条尺寸界线作为它的第一条尺寸界线。适用于长度型尺寸、角度型和坐标标注。在使用连续标注方式之前，应该先标注出一个相关的尺寸。

【执行方式】

- ☑ 命令行：DIMCONTINUE（快捷命令：DCO）。
- ☑ 菜单栏：选择菜单栏中的"标注"→"连续"命令。
- ☑ 工具栏：单击"标注"工具栏中的"连续"按钮。
- ☑ 功能区：单击"注释"选项卡"标注"面板中的"连续"按钮。

【操作实践——标注花池】

标注如图6-65所示的花池。操作步骤如下：

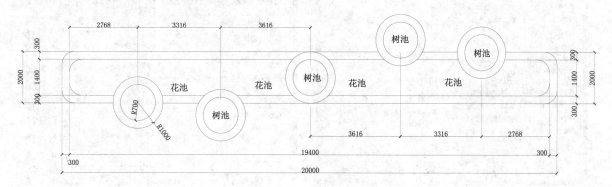

图6-65 花池

1）尺寸的标注

（1）打开"源文件\第4章\花池"，单击"快速访问"工具栏中的"另存为"按钮，将其保存为"标注花池"。

（2）建立"尺寸"图层，参数如图6-66所示，并将其设置为当前图层。

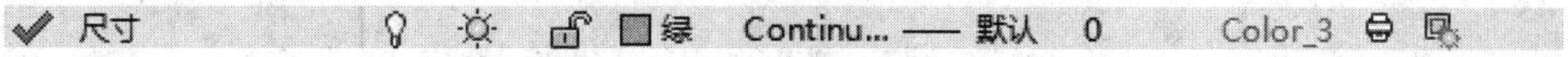

✔ 尺寸   💡   ☀   🔓 ■绿   Continu... —— 默认   0   Color_3 🖨 📇

图6-66 "尺寸"图层参数

（3）单击"默认"选项卡"注释"面板中的"标注样式"按钮，打开"标注样式管理器"对话框，如图6-67所示，单击"新建"按钮，打开"创建新标注样式"对话框，设置"新样式名"为"副本 ISO-25"，如图6-68所示。

（4）单击"继续"按钮，打开"新建标注样式：副本 ISO-25"对话框，分别对"线"、"符号和箭头"、"文字"、"调整"和"主单位"选项卡进行设置，如图6-69~图6-73所示。单击"确定"按钮，返回"标注样式管理器"对话框，如图6-74所示，单击"关闭"按钮，关闭对话框，完成设置。

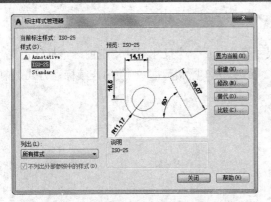

图 6-67　"标注样式管理器"对话框

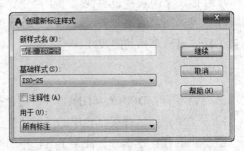

图 6-68　新建标注样式

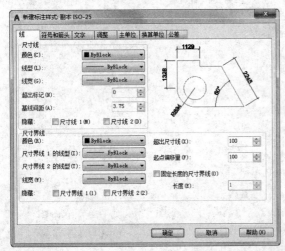

图 6-69　"线"选项卡

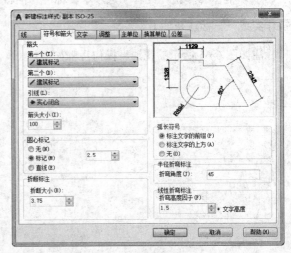

图 6-70　"符号和箭头"选项卡

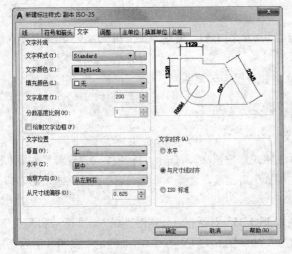

图 6-71　"文字"选项卡

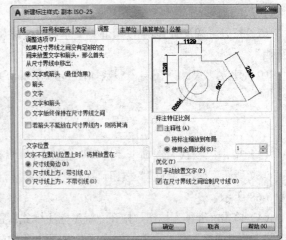

图 6-72　"调整"选项卡

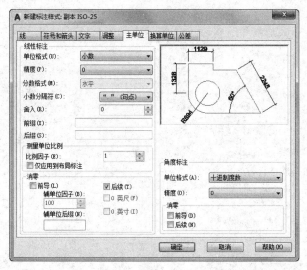

图 6-73　"主单位"选项卡

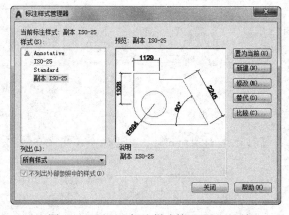

图 6-74　返回"标注样式管理器"对话框

（5）单击"默认"选项卡"注释"面板中的"线性"按钮 ，标注尺寸，如图 6-75 所示，命令行提示与操作如下。

```
命令: _dimlinear
指定第一个尺寸界线原点或 <选择对象>:（捕捉最上侧水平线上一点）
指定第二条尺寸界线原点: （捕捉第二条水平线上一点）
指定尺寸线位置或 [多行文字(M)/文字(T)/角度(A)/水平(H)/垂直(V)/旋转(R)]:
标注文字 = 300
```

单击"注释"选项卡"标注"面板中的"连续"按钮 ，在上步"线性"标注的基础上继续标注尺寸，如图 6-76 所示，命令行提示与操作如下。

```
命令: _dimcontinue
指定第二条尺寸界线原点或 [放弃(U)/选择(S)] <选择>:
标注文字 = 1400
指定第二条尺寸界线原点或 [放弃(U)/选择(S)] <选择>:
标注文字 = 300
指定第二条尺寸界线原点或 [放弃(U)/选择(S)] <选择>:
选择连续标注: ✓
```

（6）单击"默认"选项卡"注释"面板中的"半径"按钮 ，标注圆的半径，如图 6-77 所示，命令行提示与操作如下。

```
命令: _dimradius
选择圆弧或圆:（选择半径为 1000 的圆）
标注文字 = 1000.00
指定尺寸线位置或 [多行文字(M)/文字(T)/角度(A)]:
```

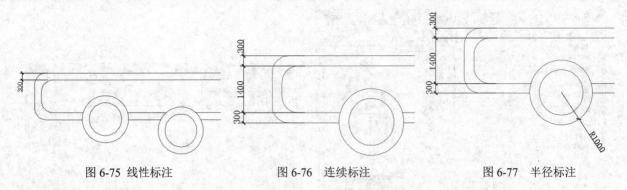

图 6-75　线性标注　　　　图 6-76　连续标注　　　　图 6-77　半径标注

同理，标注剩余尺寸，结果如图 6-78 所示。

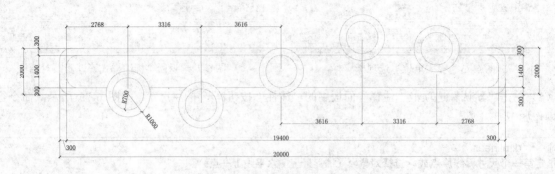

图 6-78　标注尺寸

2）文字的标注

（1）建立"文字"图层，参数如图 6-79 所示，将其设置为当前图层。

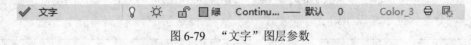

图 6-79　"文字"图层参数

（2）单击"默认"选项卡"注释"面板中的"多行文字"按钮 A ，在标注文字的区域拉出一个矩形，弹出"文字编辑器"选项卡和多行文字编辑器，首先设置字体为宋体，高度为 250，如图 6-80 所示，其次在文本区输入要标注的文字，在绘图区空白处单击，退出多行文字编辑器，完成文字标注。

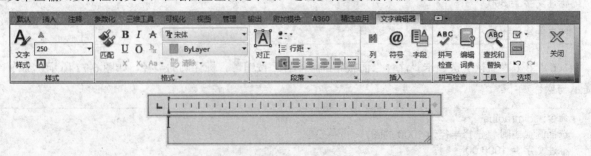

图 6-80　"文字编辑器"选项卡和多行文字编辑器

（3）采用相同的方法，依次标注出花池其他部位名称。至此，花池的表示方法就完成了，如图 6-65 所示。

【选项说明】

此提示下的各选项与基线标注中完全相同，此处不再赘述。

📖 高手支招

AutoCAD 允许用户利用基线标注方式和连续标注方式进行角度标注，如图 6-81 所示。

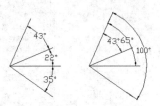

图 6-81　连续型和基线型角度标注

5. 引线标注

利用 QLEADER 命令可快速生成指引线及注释，而且可以通过命令行优化对话框进行用户自定义，由此可以消除不必要的命令行提示，取得最高的工作效率。

【执行方式】

☑　命令行：QLEADER。

【操作步骤】

命令:QLEADER✓
指定第一个引线点或 [设置(S)] <设置>:

【选项说明】

（1）指定第一个引线点：在上面的提示下确定一点作为指引线的第一点。

AutoCAD 提示用户输入的点的数目由"引线设置"对话框确定。输入完指引线的点后 AutoCAD 提示：

指定文字宽度 <0.0000>:（输入多行文本的宽度）
输入注释文字的第一行 <多行文字(M)>:

此时，有两种命令输入选择，含义如下。

① 输入注释文字的第一行：在命令行输入第一行文本。

② 多行文字(M)：打开多行文字编辑器，输入编辑多行文字。

直接按 Enter 键，结束 QLEADER 命令并把多行文本标注在指引线的末端附近。

（2）设置：直接按 Enter 键或输入"S"，打开如图 6-83 所示的"引线设置"对话框，允许对引线标注进行设置。该对话框包含"注释"、"引线和箭头"和"附着"3 个选项卡，下面分别进行介绍。

① "注释"选项卡（如图 6-82 所示）：用于设置引线标注中注释文本的类型、多行文本的格式并确定注释文本是否多次使用。

② "引线和箭头"选项卡（如图 6-83 所示）：用来设置引线标注中指引线和箭头的形式。其中"点数"

选项组设置执行 QLEADER 命令时 AutoCAD 提示用户输入的点的数目。例如，设置点数为3，执行 QLEADER 命令时当用户在提示下指定 3 个点后，AutoCAD 自动提示用户输入注释文本。注意设置的点要比用户希望的指引线的段数多 1。可利用微调框进行设置，如果选中"无限制"复选框，AutoCAD 会一直提示用户输入点直到连续按 Enter 键两次为止。"角度约束"选项组设置第一段和第二段指引线的角度约束。

图 6-82　"注释"选项卡

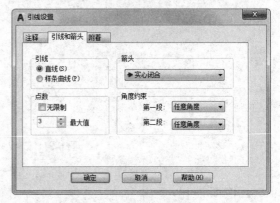

图 6-83　"引线和箭头"选项卡

③ "附着"选项卡（如图 6-84 所示）：设置注释文本和指引线的相对位置。如果最后一段指引线指向右边，系统自动把注释文本放在右侧；反之放在左侧。利用本选项卡左侧和右侧的单选按钮分别设置位于左侧和右侧的注释文本与最后一段指引线的相对位置，两者可相同也可不相同。

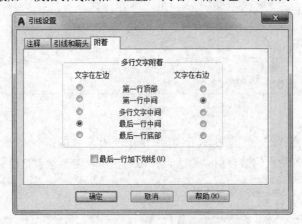

图 6-84　"附着"选项卡

6.6　综合演练——绘制坐凳

园椅、园凳、园桌是各种园林绿地及城市广场中必备的设施。湖边池畔、花间林下、广场周边、园路两侧、山腰台地处均可设置，供游人就座休息、促膝长谈和观赏风景。如果在一片天然的树林中设置一组蘑菇形的休息园凳，宛如林间树下长出的蘑菇，可把树林环境衬托得野趣盎然。而在草坪边、园路旁、竹丛下适当地布置园椅，也会给人以亲切感，并使大自然富有生机。园椅、园凳、园桌的设置常选择在人们需要就座休息、环境优美、有景可赏之处。园桌、园凳既可以单独设置，也可成组布置；既可自由分散布置，又可有规则地连续布置。园椅、园凳也可与花坛等其他小品组合，形成一个整体。园椅、园凳的造型要轻巧美观，形式要活泼多样，构造要简单，制作要方便，要结合园林环境，做出具有特色的设计。小小坐凳、坐椅不仅能为人提供休息、赏景的处所，若与环境结合得很好，本身也能成为一景。在风景游览胜地及大型公园中，园椅、园凳主要供人们在游览路程中小憩，数量可相应少些；而在城镇的街头绿地、城市休闲广场以及各种类型的小游园内，游人的主要活动是休息、弈棋、读书、看报，或者进行各种健身活动，停留的时间较长，因此，园椅、园凳、园桌的设置要相应多一些，密度大一些。绘制的坐凳施工图如图 6-85 所示。

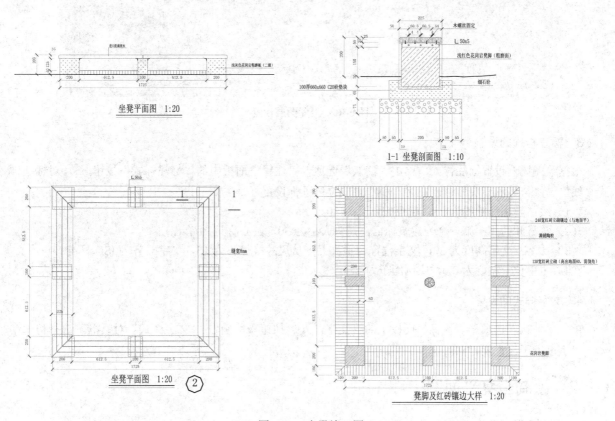

图 6-85　坐凳施工图

6.6.1　绘图前准备以及绘图设置

1. 建立新文件

打开 AutoCAD 2017 应用程序，单击"快速访问"工具栏中的"新建"按钮，弹出"新建"对话框，选择默认模板，单击"打开"按钮，进入绘图环境，单击"快速访问"工具栏中的"保存"按钮，将其保存为"坐凳.dwg"。

2. 设置图层

设置以下 4 个图层："标注尺寸"、"中心线"、"轮廓线"和"文字"，把这些图层设置成不同的颜色，使图纸上表示更加清晰，将"中心线"图层设置为当前图层。设置好的图层如图 6-86 所示。

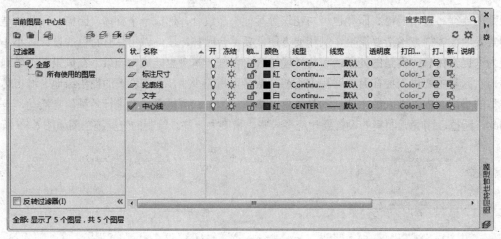

图 6-86 坐凳图层设置

3．标注样式的设置

根据绘图比例设置标注样式，单击"默认"选项卡"注释"面板中的"标注样式"按钮，对标注样式"线"、"符号和箭头"、"文字"和"主单位"进行设置，具体如下。

（1）线：超出尺寸线为 25，起点偏移量为 30。

（2）符号和箭头：第一个为建筑标记，箭头大小为 30，圆心标记为标记 15。

（3）文字：文字高度为 30，文字位置为垂直上，从尺寸线偏移为 15，文字对齐为 ISO 标准。

（4）主单位：精度为 0.0，比例因子为 1。

4．文字样式的设置

单击"默认"选项卡"注释"面板中的"文字样式"按钮，弹出"文字样式"对话框，选择仿宋字体，"宽度因子"设置为 0.8。

6.6.2　绘制坐凳平面图

1．绘制坐凳平面图定位线

（1）在状态栏中单击"正交模式"按钮，打开正交模式，在状态栏中单击"对象捕捉"按钮，打开对象捕捉模式，在状态栏中单击"对象捕捉追踪"按钮，打开对象捕捉追踪。

（2）单击"默认"选项卡"绘图"面板中的"直线"按钮，绘制一条长为 1725 的水平直线。重复"直线"命令，取其端点绘制一条长为 1725 的垂直直线。

（3）将"标注尺寸"图层设置为当前图层，单击"默认"选项卡"注释"面板中的"线性"按钮，标注外形尺寸。完成的图形和尺寸如图 6-87（a）所示。

（4）单击"默认"选项卡"修改"面板中的"删除"按钮，删除标注尺寸线。

（5）单击"默认"选项卡"修改"面板中的"复制"按钮，复制刚刚绘制好的水平直线，向上复制的距离分别为 200、812.5、912.5、1525 和 1725。

（6）单击"默认"选项卡"修改"面板中的"复制"按钮，复制刚刚绘制好的垂直直线，向右复制的距离分别为 200、812.5、912.5、1525 和 1725。

（7）单击"默认"选项卡"注释"面板中的"线性"按钮，标注线性尺寸，然后单击"注释"选项卡"标注"面板中的"连续"按钮，进行连续标注，命令行提示与操作如下：

```
命令: _dimcontinue
指定第二条尺寸界线原点或 [放弃(U)/选择(S)] <选择>:（选择轴线的端点）
标注文字 =612.5
指定第二条尺寸界线原点或 [放弃(U)/选择(S)] <选择>:
```

完成的图形和尺寸如图 6-87（b）所示。

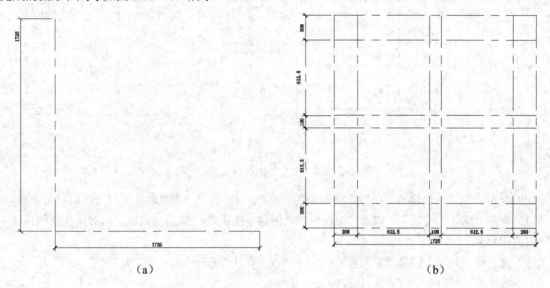

（a）　　　　　　　　　　　　　（b）

图 6-87　坐凳平面定位轴线

2．绘制坐凳平面图轮廓

（1）将"轮廓线"图层设置为当前图层，单击"默认"选项卡"绘图"面板中的"矩形"按钮，绘制 200×200、200×100 和 100×200 的矩形，作为坐凳基础支撑，完成的图形如图 6-88（a）所示。

（2）单击"默认"选项卡"绘图"面板中的"矩形"按钮，绘制角钢固定连接。

（3）单击"默认"选项卡"绘图"面板中的"圆"按钮，绘制直径为 5 的圆，作为连接螺栓。

（4）单击"默认"选项卡"修改"面板中的"复制"按钮，复制刚刚绘制好的图形到指定位置，完成的图形如图 6-88（b）所示。

（5）单击"默认"选项卡"修改"面板中的"复制"按钮，把外围定位轴线向外平行复制，距离为 12.5。

（6）单击"默认"选项卡"绘图"面板中的"矩形"按钮，绘制 1750×1750 的矩形 1。

（7）单击"默认"选项卡"修改"面板中的"偏移"按钮，向矩形内偏移 50，得到矩形 2。然后选择刚刚偏移后的矩形，向矩形内偏移 50，得到矩形 3。然后选择刚刚偏移后的矩形，向矩形内偏移 50，得到矩形 4。

（8）单击"默认"选项卡"修改"面板中的"偏移"按钮，选择刚刚偏移后的矩形 4，向矩形内偏移 75。

（9）单击"默认"选项卡"修改"面板中的"偏移"按钮 ⚏，选择偏移后的矩形 2，向矩形内偏移 8。然后选择偏移后的矩形 3，向矩形内偏移 8。选择偏移后的矩形 4，向矩形内偏移 8。

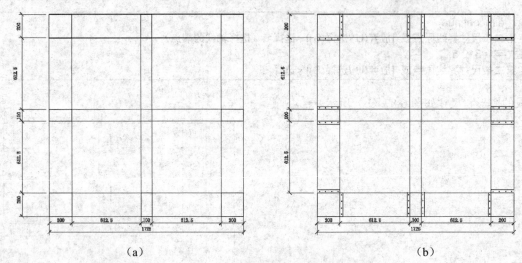

图 6-88　坐凳平面绘制（1）

（10）单击"默认"选项卡"绘图"面板中的"直线"按钮 ✏，连接最外面和里面的对角连线。

（11）单击"默认"选项卡"修改"面板中的"偏移"按钮 ⚏，偏移对角线。向对角线左侧偏移 4，向对角线右侧偏移 4。

（12）将"标注尺寸"图层设置为当前图层，单击"默认"选项卡"注释"面板中的"线性"按钮 ⊢，标注线性尺寸。

（13）单击"注释"选项卡"标注"面板中的"连续"按钮 ⊪，进行连续标注。

（14）单击"默认"选项卡"注释"面板中的"对齐"按钮 ↖，进行斜线标注。

（15）单击"默认"选项卡"注释"面板中的"多行文字"按钮 A，标注文字。完成的图形如图 6-89 所示。

（16）单击"默认"选项卡"修改"面板中的"删除"按钮 ✐，删除定位轴线、多余的文字和标注尺寸。

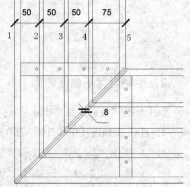

图 6-89　坐凳平面绘制（2）

（17）利用上述方法完成剩余边线的绘制，单击"默认"选项卡"修改"面板中的"修剪"按钮 ⊹，框选删除多余的实体，完成的图形如图 6-90（a）所示。

（18）单击"默认"选项卡"注释"面板中的"多行文字"按钮 A，标注文字和图名，完成的图形如图 6-90（b）所示。

6.6.3　绘制坐凳其他视图

1．绘制坐凳立面图

完成的立面图如图 6-91 所示。

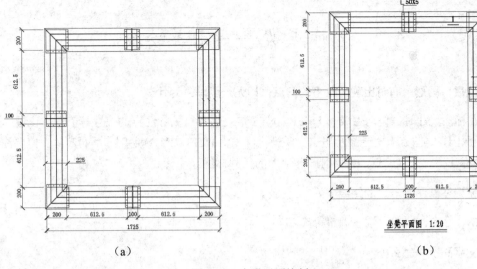

（a）　　　　　　　　　　　　　　　（b）

图 6-90　坐凳平面绘制（3）

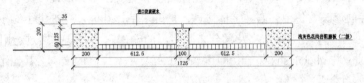

坐凳平面图　1:20

图 6-91　坐凳立面图

2．绘制坐凳剖面图

完成的剖面图如图 6-92 所示。

3．绘制凳脚及红砖镶边大样

完成的图形如图 6-93 所示。

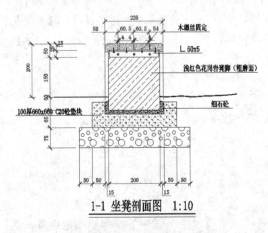

图 6-92　坐凳剖面图

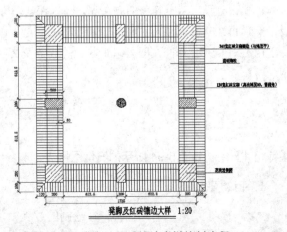

图 6-93　凳脚及红砖镶边大样绘制流程

6.7 名师点拨——完善绘图

1．尺寸标注后，图形中有时出现一些小的白点，却无法删除，为什么

AutoCAD 在标注尺寸时，自动生成一 DEFPOINTS 层，保存有关标注点的位置等信息，该层一般是冻结的。由于某种原因，这些点有时会显示出来。要删除可先将 DEFPOINTS 层解冻后再删除。但要注意，如果删除了与尺寸标注还有关联的点，将同时删除对应的尺寸标注。

2．标注时使标注离图有一定的距离

执行 DIMEXO 命令，再输入数字调整距离。

3．中、西文字高不等怎么办

在使用 AutoCAD 时中、西文字高不等，影响图面质量和美观，若分成几段文字编辑又比较麻烦。通过对 AutoCAD 字体文件的修改，使中、西文字体协调，扩展了字体功能，并提供了对于道路、桥梁、建筑等专业有用的特殊字符，提供了上下标文字及部分希腊字母的输入。此问题可通过选用大字体，调整字体组合来得到，如 gbenor.shx 与 gbcbig.shx 组合，即可得到中英文字一样高的文本，其他组合，读者可根据各专业需要，自行调整字体组合。

4．AutoCAD 表格制作的方法是什么

AutoCAD 尽管有强大的图形功能，但表格处理功能相对较弱，而在实际工作中，往往需要在 AutoCAD 中制作各种表格，如工程数量表等，如何高效制作表格，是一个很实用的问题。

在 AutoCAD 环境下用手工画线方法绘制表格，然后，再在表格中填写文字，不但效率低下，而且很难精确控制文字的书写位置，文字排版也很成问题。尽管 AutoCAD 支持对象链接与嵌入，可以插入 Word 或 Excel 表格，但是一方面修改起来不是很方便，一点小小的修改就要进入 Word 或 Excel，修改完成后，又要退回到 AutoCAD，另一方面，一些特殊符号如一级钢筋符号以及二级钢筋符号等，在 Word 或 Excel 中很难输入，那么有没有两全其美的方法呢，经过探索，可以这样较好解决：先在 Excel 中制完表格，复制到剪贴板，然后再在 AutoCAD 环境下选择"编辑"菜单中的选择性粘贴，确定以后，表格即转化成 AutoCAD 实体，用 EXPLODE 炸开，即可编辑其中的线条及文字，非常方便。

6.8 上机实验

【练习1】 绘制如图 6-94 所示的石壁图形。

1．目的要求

本练习绘制并标注石壁图形，在绘制的过程中，除主要用到"直线""圆"等基本绘图命令外，还要用到"偏移"、"矩形阵列"和"修剪"等编辑命令。

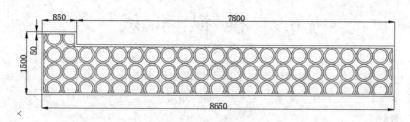

图 6-94　石壁图形

2．操作提示

（1）绘制外侧石壁轮廓。

（2）向内偏移 50。

（3）绘制同心圆花纹。

（4）阵列图形。

（5）修剪图形。

（6）保存图形。

【练习 2】绘制如图 6-95 所示的电梯厅图形。

图 6-95　电梯厅图形

1．目的要求

本实验设计的图形-电梯厅平面图。利用"圆弧"、"偏移"、"圆"和"修剪"等命令绘制图形，最后，设置字体样式并利用"多行文字"标注图形。通过本练习，使读者体会到文字标注在图形绘制中的应用。

2．操作提示

（1）绘制矩形。

（2）偏移矩形。

（3）绘制并偏移圆弧与圆。

（4）修剪并填充图形。

（5）添加文字标注。

6.9 模 拟 考 试

1．尺寸公差中的上下偏差可以在线性标注的哪个选项中堆叠起来？（　　　）

    A．多行文字　　　　　　　B．文字　　　　　　　C．角度　　　　　　　D．水平

2．在表格中不能插入（　　　）。

    A．块　　　　　　　　　　B．字段　　　　　　　C．公式　　　　　　　D．点

3．在设置文字样式时，设置了文字的高度，其效果是（　　　）。

    A．在输入单行文字时，可以改变文字高度　　B．输入单行文字时，不可以改变文字高度

    C．在输入多行文字时，不能改变文字高度　　D．都能改变文字高度

4．在正常输入汉字时却显示"？"，是什么原因？（　　　）

    A．因为文字样式没有设定好　　　　　　　　B．输入错误

    C．堆叠字符　　　　　　　　　　　　　　　D．字高太高

5．将图和已标注的尺寸同时放大 2 倍，其结果是（　　　）。

    A．尺寸值是原尺寸的 2 倍　　　　　　　　　B．尺寸值不变，字高是原尺寸的 2 倍

    C．尺寸箭头是原尺寸的 2 倍　　　　　　　　D．原尺寸不变

6．在插入字段的过程中，如果显示####，则表示该字段（　　　）。

    A．没有值　　　　　　　B．无效　　　　　C．字段太长，溢出　　　D．字段需要更新

7．以下哪种不是表格的单元格式数据类型？（　　　）

    A．百分比　　　　　　　B．时间　　　　　C．货币　　　　　　　　D．点

8．将尺寸标注对象如尺寸线、尺寸界线、箭头和文字作为单一的对象，必须将（　　　）尺寸标注变量设置为ON。

    A．DIMASZ　　　　　　B．DIMASO　　　　C．DIMON　　　　　　　D．DIMEXO

9．绘制如图 6-96 所示的表格。

苗木名称	数量	规格	苗木名称	数量	规格	苗木名称	数量	规格
落叶松	32	10cm	红叶	3	15cm	金叶女贞		20棵/m² 丛植H=500
银杏	44	15cm	法国梧桐	10	20cm	紫叶小檗		20棵/m² 丛植H=500
元宝枫	5	6m(冠径)	油松	4	8cm	草坪		2-3个品种混播
樱花	3	10cm	三角枫	26	10cm			
合欢	8	12cm	睡莲	20				
玉兰	27	15cm						
龙爪槐	30	8cm						

图 6-96　绘制表格

第7章

辅助工具

　　在绘图设计过程中，经常会遇到一些重复出现的图形（例如建筑设计中的桌椅、门窗等），如果每次都重新绘制这些图形，不仅会造成大量的重复工作，而且存储这些图形及其信息也会占据相当大的磁盘空间。图块与设计中心，提出了模块化绘图的方法，这样不仅避免了大量的重复工作，提高了绘图速度和工作效率，而且还可以大大节省磁盘空间。本章主要介绍图块和设计中心功能，主要内容包括图块操作、图块属性、设计中心、工具选项板、出图等知识。

7.1 查 询 工 具

为方便用户及时了解图形信息，AutoCAD 提供了很多查询工具，这里简要进行说明。在绘制图形或阅读图形的过程中，有时需要即时查询图形对象的相关数据，例如对象之间的距离、建筑平面图室内面积等。

【预习重点】

☑ 打开查询菜单。
☑ 练习查询距离命令。
☑ 练习其余查询命令。

7.1.1 查询距离

【执行方式】

☑ 命令行：DIST。
☑ 菜单栏：选择菜单栏中的"工具"→"查询"→"距离"命令。
☑ 工具栏：单击"查询"工具栏中的"距离"按钮≡。
☑ 功能区：单击"默认"选项卡"实用工具"面板上的"测量"下拉菜单中的"距离"按钮≡（如图 7-1 所示）。

图 7-1 "测量"下拉菜单

【操作步骤】

命令:DIST↙

指定第一点: （指定第一点）
指定第二个点或 [多个点(M)]: （指定第二点）
距离=5.2699，XY 平面中的倾角=0，与 XY 平面的夹角 = 0
X 增量=5.2699，Y 增量=0.0000，Z 增量=0.0000

【选项说明】

（1）距离：两点之间的三维距离。

（2）XY 平面中的倾角：两点之间连线在 XY 平面上的投影与 X 轴的夹角。

（3）与 XY 平面的夹角：两点之间连线与 XY 平面的夹角。

（4）X 增量：第 2 点 X 坐标相对于第 1 点 X 坐标的增量。

（5）Y 增量：第 2 点 Y 坐标相对于第 1 点 Y 坐标的增量。

（6）Z 增量：第 2 点 Z 坐标相对于第 1 点 Z 坐标的增量。

7.1.2 查询对象状态

【执行方式】

☑　命令行：STATUS。
☑　菜单栏：选择菜单栏中的"工具"→"查询"→"状态"命令。

【操作步骤】

执行上述命令后，系统自动切换到文本显示窗口，显示当前文件的状态，包括文件中的各种参数状态以及文件所在磁盘的使用状态，如图 7-2 所示。

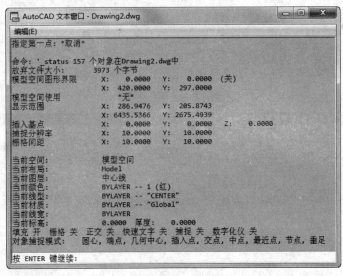

图 7-2 文本显示窗口

列表显示、点坐标、时间、系统变量等查询工具与查询对象状态方法和功能相似，不再赘述。

7.2　图块及其属性

把一组图形对象组合成图块加以保存，需要的时候可以把图块作为一个整体以任意比例和旋转角度插入到图中任意位置，这样不仅避免了大量的重复工作，提高绘图速度和工作效率，而且可大大节省磁盘空间。

【预习重点】

☑　了解图块定义。
☑　练习图块应用操作。

7.2.1　图块操作

1. 图块定义

【执行方式】

☑　命令行：BLOCK（快捷命令：B）。
☑　菜单栏：选择菜单栏中的"绘图"→"块"→"创建"命令。
☑　工具栏：单击"绘图"工具栏中的"创建块"按钮 🖵。
☑　功能区：单击"默认"选项卡"块"面板中的"创建"按钮 🖵（如图 7-3 所示）或单击"插入"选项卡"块定义"面板中的"创建块"按钮 🖵（如图 7-4 所示）。

图 7-3　"块"面板

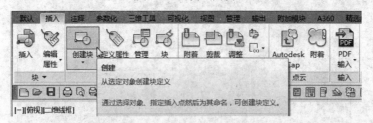

图 7-4　"块定义"面板

【操作步骤】

执行上述操作后，系统打开如图 7-5 所示的"块定义"对话框，利用该对话框可定义图块并为之命名。

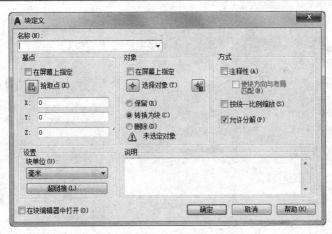

图 7-5   "块定义"对话框

2．图块保存

【执行方式】

- ☑ 命令行：WBLOCK（快捷命令：W）。
- ☑ 功能区：单击"插入"选项卡"块定义"面板中的"写块"按钮 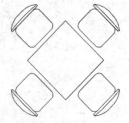。

【操作实践——茶座图块】

将如图 7-6 所示茶座定义为图块。操作步骤如下：

（1）单击"快速访问"工具栏中的"打开"按钮 📂，打开随书光盘中的"源文件\第 7 章\茶座.dwg"文件。

（2）单击"默认"选项卡"块"面板中的"创建"按钮 🔲，弹出"块定义"对话框。

（3）单击"选择对象"按钮 ⊕，框选茶座，单击鼠标右键回到对话框。

（4）单击"拾取点"按钮 🔣，用鼠标捕捉茶座上一点作为基点，返回"块定义"对话框。

图 7-6   茶座图块

（5）在"名称"文本框中输入"茶座"，然后单击"确定"按钮完成，如图 7-7 所示。

（6）在命令行中输入"WBLOCK"命令，系统打开"写块"对话框，如图 7-8 所示。在"源"选项组中选中"块"单选按钮，在后面的下拉列表框中选择"茶座"块，并进行其他相关设置确认退出。

3．图块插入

【执行方式】

- ☑ 命令行：INSERT（快捷命令：I）。
- ☑ 菜单栏：选择菜单栏中的"插入"→"块"命令。
- ☑ 工具栏：单击"插入"工具栏中的"插入块"按钮 或"绘图"工具栏中的"插入块"按钮 。
- ☑ 功能区：单击"默认"选项卡"块"面板中的"插入"按钮 或单击"插入"选项卡"块"面板中的"插入"按钮 。

图 7-7 "块定义"对话框

图 7-8 "写块"对话框

【操作步骤】

执行上述操作后，系统打开"插入"对话框，如图 7-9 所示，可以指定要插入的图块及插入位置。

图 7-9 "插入"对话框

7.2.2 图块的属性

图块除了包含图形对象以外，还可以具有非图形信息，例如把一个椅子的图形定义为图块后，还可把椅子的号码、材料、重量、价格以及说明等文本信息一并加入到图块当中。图块的这些非图形信息，叫作图块的属性，它是图块的一个组成部分，与图形对象一起构成一个整体，在插入图块时 AutoCAD 把图形对象连同属性一起插入到图形中。

1. 定义图块属性

【执行方式】

☑ 命令行：ATTDEF（快捷命令：ATT）。
☑ 菜单栏：选择菜单栏中的"绘图"→"块"→"定义属性"命令。

☑ 功能区：单击"默认"选项卡"块"面板中的"定义属性"按钮✎或单击"插入"选项卡"块定义"面板中的"定义属性"按钮✎。

【操作步骤】

执行上述操作后，打开"属性定义"对话框，如图 7-10 所示。

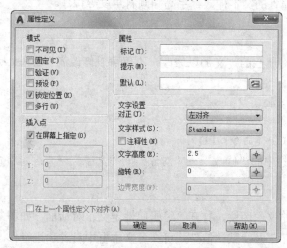

图 7-10　"属性定义"对话框

【选项说明】

（1）"模式"选项组：用于确定属性的模式。

① "不可见"复选框：选中该复选框，属性为不可见显示方式，即插入图块并输入属性值后，属性值在图中并不显示出来。

② "固定"复选框：选中该复选框，属性值为常量，即属性值在属性定义时给定，在插入图块时系统不再提示输入属性值。

③ "验证"复选框：选中该复选框，当插入图块时，系统重新显示属性值提示用户验证该值是否正确。

④ "预设"复选框：选中该复选框，当插入图块时，系统自动把事先设置好的默认值赋予属性，而不再提示输入属性值。

⑤ "锁定位置"复选框：锁定块参照中属性的位置。解锁后，属性可以相对于使用夹点编辑块的其他部分移动，并且可以调整多行文字属性的大小。

⑥ "多行"复选框：选中该复选框，可以指定属性值包含多行文字，可以指定属性的边界宽度。

（2）"属性"选项组：用于设置属性值。在每个文本框中，AutoCAD 允许输入不超过 256 个字符。

① "标记"文本框：输入属性标签。属性标签可由除空格和感叹号以外的所有字符组成，系统自动把小写字母改为大写字母。

② "提示"文本框：输入属性提示。属性提示是插入图块时系统要求输入属性值的提示，如果不在此文本框中输入文字，则以属性标签作为提示。如果在"模式"选项组中选中"固定"复选框，即设置属性为常量，则不需设置属性提示。

③ "默认"文本框：设置默认的属性值。可把使用次数较多的属性值作为默认值，也可不设默认值。

（3）"插入点"选项组：用于确定属性文本的位置。可以在插入时由用户在图形中确定属性文本的位置，也可在 X、Y、Z 文本框中直接输入属性文本的位置坐标。

（4）"文字设置"选项组：用于设置属性文本的对齐方式、文本样式、字高和倾斜角度。

（5）"在上一个属性定义下对齐"复选框：选中该复选框，表示把属性标签直接放在前一个属性的下面，而且该属性继承前一个属性的文本样式、字高和倾斜角度等特性。

2. 修改属性定义

在定义图块之前，可以对属性的定义加以修改，不仅可以修改属性标签，还可以修改属性提示和属性默认值。

【执行方式】

☑ 命令行：DDEDIT（快捷命令：ED）。

☑ 菜单栏：选择菜单栏中的"修改"→"对象"→"文字"→"编辑"命令。

【操作步骤】

执行上述操作后，选择定义的图块，打开"编辑属性定义"对话框，如图 7-11 所示。该对话框表示要修改属性的"标记"、"提示"及"默认值"，可在各文本框中对各项进行修改。

3. 图块属性编辑

当属性被定义到图块当中，甚至图块被插入到图形当中之后，用户还可以对图块属性进行编辑。利用 ATTEDIT 命令可以通过对话框对指定图块的属性值进行修改，利用 ATTEDIT 命令不仅可以修改属性值，而且可以对属性的位置、文本等其他设置进行编辑。

【执行方式】

☑ 命令行：ATTEDIT（快捷命令：ATE）。

☑ 菜单栏：选择菜单栏中的"修改"→"对象"→"属性"→"单个"命令。

☑ 工具栏：单击"修改 II"工具栏中的"编辑属性"按钮 ▽。

【操作步骤】

命令：ATTEDIT↙

选择块参照：

【选项说明】

对话框中显示出所选图块中包含的前 8 个属性的值，用户可对这些属性值进行修改。如果该图块中还有其他的属性，可单击"上一个"和"下一个"按钮对它们进行观察和修改。

当用户通过菜单栏或工具栏执行上述命令时，系统打开"增强属性编辑器"对话框，如图 7-12 所示。该对话框不仅可以编辑属性值，还可以编辑属性的文字选项和图层、线型、颜色等特性值。

图 7-11　"编辑属性定义"对话框

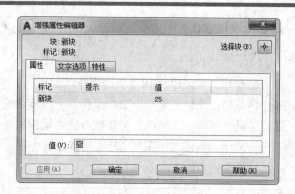

图 7-12　"增强属性编辑器"对话框

另外，还可以通过"块属性管理器"对话框来编辑属性。选择菜单栏中的"修改"→"对象"→"属性"→"块属性管理器"命令，系统打开"块属性管理器"对话框，如图 7-13 所示。单击"编辑"按钮，系统打开"编辑属性"对话框，如图 7-14 所示，可以通过该对话框编辑属性。

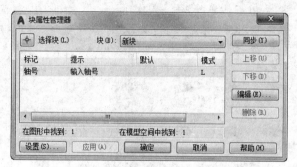

图 7-13　"块属性管理器"对话框

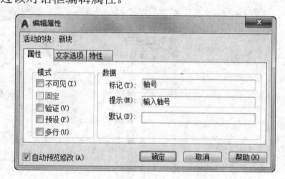

图 7-14　"编辑属性"对话框

7.3　设计中心与工具选项板

使用 AutoCAD 2017 设计中心可以很容易地组织设计内容，并把它们拖动到当前图形中。工具选项板是工具选项板窗口中选项卡形式的区域，提供组织、共享和放置块及填充图案的有效方法。设计中心与工具选项板的使用大大方便了绘图，加快了绘图的效率。

【预习重点】

☑　打开设计中心。
☑　利用设计中心操作图形。

7.3.1　设计中心

可以利用鼠标拖动边框的方法来改变 AutoCAD 设计中心资源管理器和内容显示区以及 AutoCAD 绘图区的大小，但内容显示区的最小尺寸应能显示两列大图标。

1．启动设计中心

【执行方式】

☑ 命令行：ADCENTER（快捷命令：ADC）。
☑ 菜单栏：选择菜单栏中的"工具"→"选项板"→"设计中心"命令。
☑ 工具栏：单击"标准"工具栏中的"设计中心"按钮▦。
☑ 功能区：单击"视图"选项卡"选项板"面板中的"设计中心"按钮▦。
☑ 快捷键：Ctrl+2。

【操作步骤】

执行上述操作后，系统打开"设计中心"选项板，第一次启动设计中心时，默认打开的选项卡为"文件夹"选项卡。内容显示区采用大图标显示，左边的资源管理器采用树状显示方式显示系统的树形结构，浏览资源的同时，在内容显示区显示所浏览资源的有关细目或内容，如图 7-15 所示。

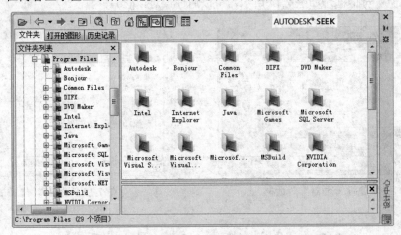

图 7-15　AutoCAD 设计中心的资源管理器和内容显示区

2．利用设计中心插入图形

设计中心一个最大的优点是可以将系统文件夹中的 DWG 图形当成图块插入到当前图形中去。

（1）从查找结果列表框选择要插入的对象，双击对象。

（2）弹出"插入"对话框，如图 7-16 所示。

（3）在对话框中插入点、比例和旋转角度等数值。

被选择的对象根据指定的参数插入到图形当中。

图 7-16　"插入"对话框

7.3.2　工具选项板

工具选项板中的选项卡提供了组织、共享和放置块及填充图案的有效方法。工具选项板还可以包含由第三方开发人员提供的自定义工具。

1．打开工具选项板

【执行方式】

☑　命令行：CUSTOMIZE。

☑　菜单栏：选择菜单栏中的"工具"→"自定义"→"工具选项板"命令。

☑　工具栏：单击"工具选项板"中的"特性"按钮※。

【操作步骤】

执行上述操作后，系统自动打开工具选项板，如图 7-17 所示。

在工具选项板中，系统设置了一些常用图形选项卡，这些常用图形可以方便用户绘图。

2．将设计中心内容添加到工具选项板

在 Designcenter 文件夹上单击鼠标右键，在弹出的快捷菜单中选择"创建工具选项板"命令，如图 7-18 所示。设计中心中存储的图元就出现在工具选项板中新建的 Designcenter 选项卡上，如图 7-19 所示。这样就可以将设计中心与工具选项板结合起来，建立一个快捷方便的工具选项板。

图 7-17　工具选项板

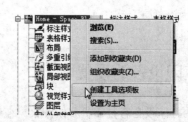

图 7-18　创建块的工具选项板

3．利用工具选项板绘图

只需要将工具选项板中的图形单元拖动到当前图形，该图形单元就以图块的形式插入到当前图形中。如图 7-20 所示是将工具选项板中 Home-Space Planner 选项卡中的"设施-橡树或喜林芋"图形单元拖到当前图形，如图 7-21 所示。

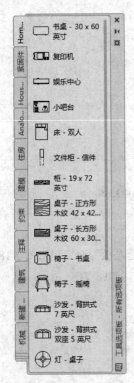

图 7-19　创建工具选项板

图 7-20　Home-Space Planner 选项卡

图 7-21　设施-橡树或喜林芋

7.4　出　　图

出图是计算机绘图的最后一个环节，正确的出图需要正确的设置，下面简要讲述出图的基本设置。

【预习重点】

- ☑　了解设置打印设备。
- ☑　创建新布局。
- ☑　出图设置。

7.4.1　打印设备的设置

最常见的打印设备有打印机和绘图仪。在输出图样时，首先要添加和配置要使用的打印设备。

【执行方式】

☑ 命令行：PLOTTERMANAGER。

☑ 菜单栏：选择菜单栏中的"文件"→"绘图仪管理器"命令。

【操作步骤】

执行上述命令，弹出如图 7-22 所示的窗口。

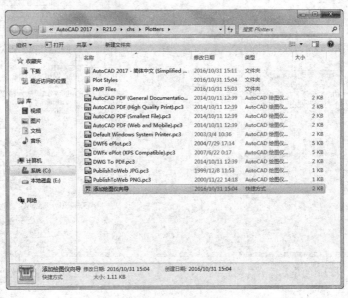

图 7-22 Plotters 窗口

（1）选择菜单栏中的"工具"→"选项"命令，打开"选项"对话框。

（2）选择"打印和发布"选项卡，单击"添加或配置绘图仪"按钮，如图 7-23 所示。

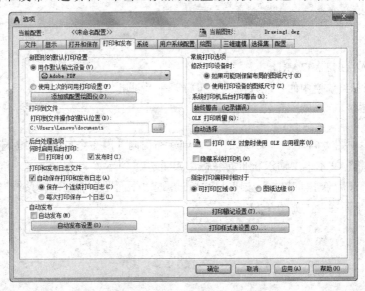

图 7-23 "打印和发布"选项卡

（3）此时，系统打开 Plotters 窗口，如图 7-22 所示。

（4）要添加新的绘图仪器或打印机，可双击 Plotters 窗口中的"添加绘图仪向导"图标，打开"添加绘图仪-简介"对话框，如图 7-24 所示，按向导逐步完成添加。

（5）双击 Plotters 窗口中的绘图仪配置图标，如 DWF6.ePlot.pc3，打开"绘图仪配置编辑器"对话框，如图 7-25 所示，对绘图仪进行相关设置。

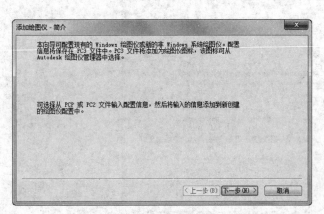

图 7-24　"添加绘图仪-简介"对话框

图 7-25　"绘图仪配置编辑器"对话框

7.4.2　创建布局

图纸空间是图纸布局环境，可以在这里指定图纸大小、添加标题栏、显示模型的多个视图及创建图形标注和注释。

【执行方式】

☑　命令行：LAYOUTWIZARD。

☑　菜单栏：选择菜单栏中的"插入"→"布局"→"创建布局向导"命令。

【操作步骤】

（1）选择菜单栏中的"插入"→"布局"→"创建布局向导"命令，打开"创建布局-开始"对话框。在"输入新布局的名称"文本框中输入新布局名称，如图 7-26 所示。

（2）逐步设置，最后单击"完成"按钮，完成新布局"平面图"的创建。系统自动返回到布局空间，显示新创建的布局"平面图"，如图 7-27 所示。

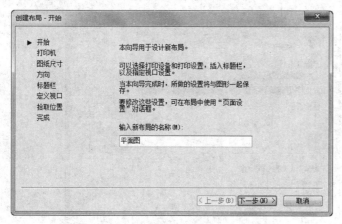

图 7-26 "创建布局-开始"对话框

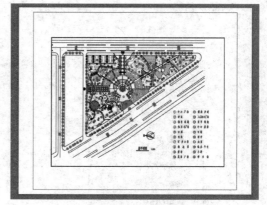

图 7-27 完成"平面图"布局的创建

高手支招

> AutoCAD 中图形显示比例较大时，圆和圆弧看起来由若干直线段组成，这并不影响打印结果，但在输出图像时，输出结果将与绘图区显示完全一致，因此，若发现有圆或圆弧显示为折线段时，应在输出图像前使用 VIEWERS 命令，对屏幕的显示分辨率进行优化，使圆和圆弧看起来尽量光滑逼真。AutoCAD 中输出的图像文件，其分辨率为屏幕分辨率，即 72dpi。如果该文件用于其他程序仅供屏幕显示，则此分辨率已经合适。若最终要打印出来，就要在图像处理软件（如 Photoshop）中将图像的分辨率提高，一般设置为 300dpi 即可。

7.4.3 页面设置

页面设置可以对打印设备和其他影响最终输出的外观和格式进行设置，并将这些设置应用到其他布局中。在"模型"选项卡中完成图形的绘制之后，可以通过单击"布局"选项卡开始创建要打印的布局。页面设置中指定的各种设置和布局将一起存储在图形文件中，可以随时修改页面设置中的设置。

【执行方式】

- ☑ 命令行：PAGESETUP。
- ☑ 菜单栏：选择菜单栏中的"文件"→"页面设置管理器"命令。
- ☑ 快捷菜单：在"模型"空间或"布局"空间中，右击"模型"或"布局"选项卡，在弹出的快捷菜单中选择"页面设置管理器"命令，如图 7-28 所示。

【操作步骤】

（1）选择菜单栏中的"文件"→"页面设置管理器"命令，打开"页面设置管理器"对话框，如图 7-29 所示。在该对话框中，可以完成新建布局、修改原有布局、输入存在的布局和将某一布局置为当前等操作。

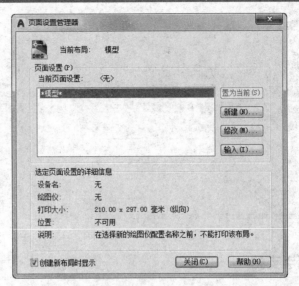

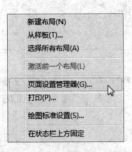

图 7-28 选择"页面设置管理器"命令　　　　图 7-29 "页面设置管理器"对话框

（2）在"页面设置管理器"对话框中，单击"新建"按钮，打开"新建页面设置"对话框，如图 7-30 所示。

（3）在"新页面设置名"文本框中输入新建页面的名称，如"园林图"，单击"确定"按钮，打开"页面设置-模型"对话框，如图 7-31 所示。

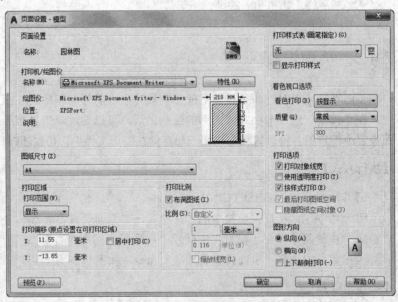

图 7-30 "新建页面设置"对话框　　　　图 7-31 "页面设置-模型"对话框

（4）在"页面设置-模型"对话框中，可以设置布局和打印设备并预览布局的结果。对于一个布局，可利用"页面设置"对话框来完成其设置，虚线表示图纸中当前配置的图纸尺寸和绘图仪的可打印区域。设置完毕后，单击"确定"按钮。

7.5　综合实例——绘制茶室平面图

公园里的茶室可供游人饮茶、休憩、观景，是公园里很重要的建筑。茶室设计要注意两点。

首先其外形设计要与周围环境协调，并且要优美，使之不仅是一个商业建筑，更要成为公园里的艺术品。

其次茶室本身的空间要考虑到客流量，空间太大，会加大成本且显得空荡、冷落、寂寞；空间过小则不能达到其相应的服务功能。空间内部的布局基本要求是：敞亮、整洁、美观、和谐、舒适，满足人的生理和心理需求，有利于人的身心健康，同时要灵活多样地区划空间，造就好的观景点，形成优美的休闲空间。

下面以某公园茶室为例说明其绘制方法，如图 7-32 所示。

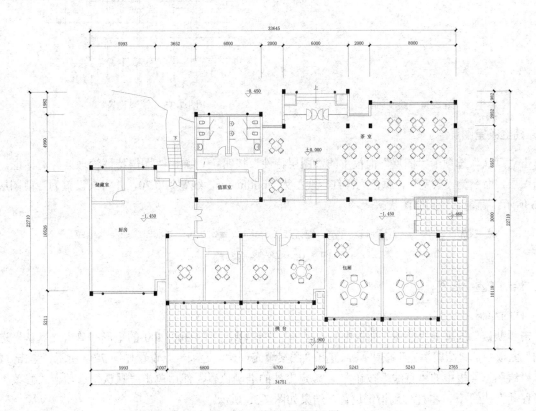

图 7-32　茶室平面设计图

7.5.1　茶室平面图的绘制

1. 轴线绘制

（1）建立一个新图层，命名为"轴线"，颜色为红色，线型为 CENTER，线宽为默认，并将其设置为当前图层，如图 7-33 所示。确定后回到绘图状态。

（2）根据设计尺寸，单击"默认"选项卡"绘图"面板中的"直线"按钮，在绘图区适当位置选取直线的初始点，绘制长为 37128 的水平直线，重复直线命令，绘制长为 23268 的竖直直线，如图 7-34 所示。

（3）单击"默认"选项卡"修改"面板中的"偏移"按钮 ，将竖直轴线依次向右进行偏移 3000、2993、1007、2645、755、2245、1155、1845、1555、445、2855、1000、2145、2000、1098、5243 和 1659，水平轴线依次向上进行偏移 892、2412、1603、2850、150、1850、769、1400、2538、1052、1000 和 982，并设置线型为 40，然后单击"默认"选项卡"修改"面板中的"移动"按钮 ，将各个轴线上下浮动进行调整并保持偏移的距离不变，结果如图 7-35 所示。

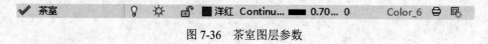

图 7-33　轴线图层参数

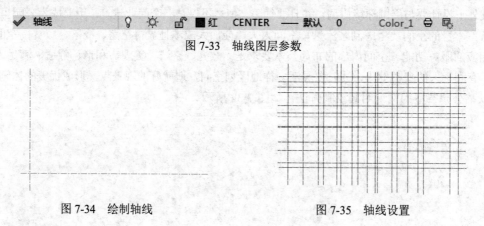

图 7-34　绘制轴线　　　　　　　　　图 7-35　轴线设置

2. 建立茶室图层

单击"默认"选项卡"图层"面板中的"图层特性"按钮 ，弹出"图层特性管理器"对话框，建立一个新图层，命名为"茶室"，颜色为洋红，线型为 Continuous，线宽为 0.70，并将其设置为当前图层，如图 7-36 所示。确定后回到绘图状态。

图 7-36　茶室图层参数

3. 绘制茶室平面图

1）柱的绘制

单击"默认"选项卡"绘图"面板中的"矩形"按钮 ，绘制 300×400 的矩形；单击"默认"选项卡"绘图"面板中的"图案填充"按钮 ，打开"图案填充创建"选项卡，设置如图 7-37 所示；单击"默认"选项卡"绘图"面板中的"直线"按钮 ，确定出柱的准确位置，然后单击"默认"选项卡"修改"面板中的"移动"按钮 ，将柱移到指定位置，结果如图 7-38 所示。

图 7-37　"图案填充创建"选项卡

2）墙体的绘制

选择菜单栏中的"绘图"→"多线"命令，绘制墙体，命令行提示与操作如下：

命令:MLINE ✓
当前设置: 对正 = 下，比例 = 1.00，样式 = STANDARD
指定起点或 [对正(J)/比例(S)/样式(ST)]: j✓
输入对正类型 [上(T)/无(Z)/下(B)] <下>: b✓
当前设置: 对正 = 下，比例 = 1.00，样式 = STANDARD
指定起点或 [对正(J)/比例(S)/样式(ST)]: s✓
输入多线比例 <1.00>: 200✓
当前设置: 对正 = 下，比例 = 200.00，样式 = STANDARD
指定起点或 [对正(J)/比例(S)/样式(ST)]: （选择柱的左侧边缘）
指定下一点:（选择柱的左侧边缘）

结果如图 7-39 所示。

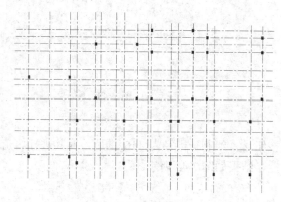

图 7-38 柱的绘制

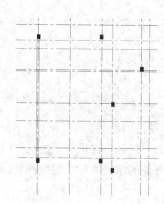

图 7-39 绘制墙体

依照上述方法绘制剩余墙体，修剪多余的线条，将墙的端口用直线连接上。绘制洞口时，常以临近的墙线或轴线作为距离参照来帮助确定墙洞位置。如图 7-40 所示，然后将轴线关闭，结果如图 7-41 所示。

3）入口及隔挡的绘制

单击"默认"选项卡"绘图"面板中的"直线"按钮✏和"多段线"按钮⤵，以最近的柱为基准，确定入口处的准确位置，绘制相应的入口台阶。新建一图层，命名为"文字"，并将其设置为当前图层，在合适的位置标出台阶的上下关系，结果如图 7-42 所示。

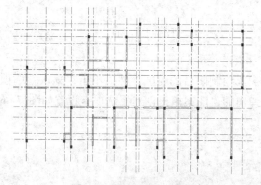

图 7-40 绘制剩余墙体

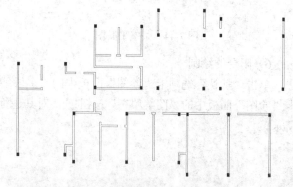

图 7-41 隐藏轴线图层后的平面

4）窗户的绘制

将"茶室"图层设置为当前图层。单击"默认"选项卡"绘图"面板中的"直线"按钮 ✏，找一基准点，然后绘制出一条直线，单击"默认"选项卡"修改"面板中的"偏移"按钮 ⬰，将直线依次向下偏移50、100 和 50，最终完成窗户的绘制，如图 7-43 所示。同理，绘制图中其他位置处的窗户，结果如图 7-44 所示。

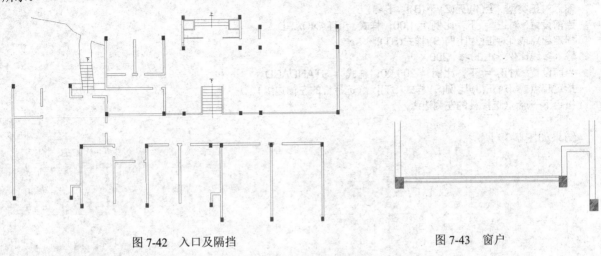

图 7-42　入口及隔挡　　　　　　　　　　　　　　　图 7-43　窗户

5）窗柱的绘制

单击"默认"选项卡"绘图"面板中的"圆"按钮 ⊘，绘制一半径为 110 的圆，对其进行填充，填充方法同方柱的填充方法。绘制好后，复制到准确位置，结果如图 7-45 所示。

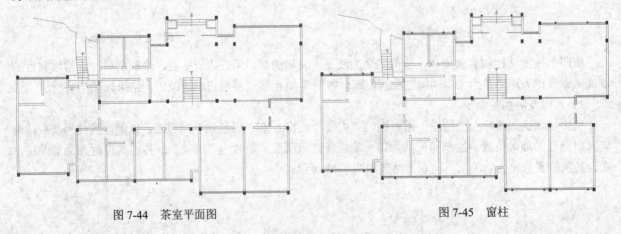

图 7-44　茶室平面图　　　　　　　　　　　　　　　图 7-45　窗柱

6）阳台的绘制

单击"默认"选项卡"绘图"面板中的"多段线"按钮 ⤵，绘制阳台的轮廓，然后单击"默认"选项卡"绘图"面板中的"图案填充"按钮 ▨，对其进行填充，弹出的"图案填充创建"选项卡设置如图 7-46 所示。

图 7-46 "图案填充创建"选项卡

结果如图 7-47 所示。

7）室内门的绘制

室内门分为单拉门和双拉门。

（1）单拉门的绘制

① 单击"默认"选项卡"绘图"面板中的"圆弧"按钮 ⟋，在门的位置绘制以墙的内侧一点为起点，半径为 900，包含角为 -90° 的圆弧，如图 7-48 所示。

图 7-47 填充后效果

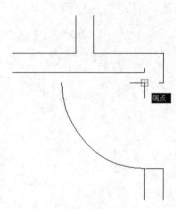

图 7-48 室内门的绘制（1）

② 单击"默认"选项卡"绘图"面板中的"直线"按钮 ⟋，以圆弧的末端点为第一角点，水平向右绘制一直线段，与墙体相交，如图 7-49 所示。

（2）双拉门的绘制

① 单击"默认"选项卡"绘图"面板中的"直线"按钮 ⟋，以墙体右端点为起点水平向右绘制长为 500 的水平直线，然后单击"默认"选项卡"绘图"面板中的"圆弧"按钮 ⟋，绘制半径为 500 的圆弧。

② 单击"默认"选项卡"修改"面板中的"镜像"按钮 ⚏，将绘制好的门的一侧进行镜像，结果如图 7-50 所示。

（3）多扇门的绘制

① 单击"默认"选项卡"绘图"面板中的"圆弧"按钮 ⟋，以图示直线的端点为圆心，绘制半径为 500，包含角为 -180 的圆弧，如图 7-51 所示。

② 单击"默认"选项卡"绘图"面板中的"直线"按钮 ⟋，将步骤①绘制的半圆的直径用直线封闭起来，这样门的一扇就绘制好了。单击"默认"选项卡"修改"面板中的"复制"按钮 ⟳，将绘制的一扇门

全部选中，以圆心为指定基点，以圆弧的顶点为指定的第二点进行复制，然后单击"默认"选项卡"修改"面板中的"镜像"按钮 ⚊⚊，将绘制好的两扇门进行镜像操作，结果如图 7-52 所示。

图 7-49 室内门的绘制（2） 图 7-50 双拉门的绘制 图 7-51 多扇门的绘制（1）

③ 同理，绘制茶室其他位置处的门，对于相同的门可以利用"复制"和"旋转"命令进行绘制，结果如图 7-53 所示。

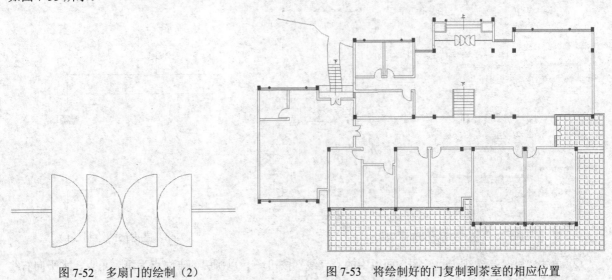

图 7-52 多扇门的绘制（2） 图 7-53 将绘制好的门复制到茶室的相应位置

8）室内设备的添加

建立一个"家具"图层，参数设置如图 7-54 所示，将其设置为当前图层。

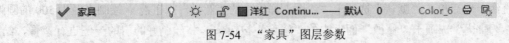

图 7-54 "家具"图层参数

下面的操作需要利用附带光盘中的素材，请将光盘插入光驱。

（1）室内设备包括卫生间的设备、大厅的桌椅等，单击"默认"选项卡"绘图"面板中的"直线"按钮 ／，绘制卫生间墙体，然后单击"默认"选项卡"块"面板中的"插入"按钮 🔲，将"源文件\图库"中的马桶、小便池和洗脸盆插入到图中，结果如图 7-55 所示。

（2）桌椅的添加。单击"默认"选项卡"块"面板中的"插入"按钮 🔲，将"源文件\图库"中的方形桌椅和圆形桌椅插入到图中，结果如图 7-56 所示。

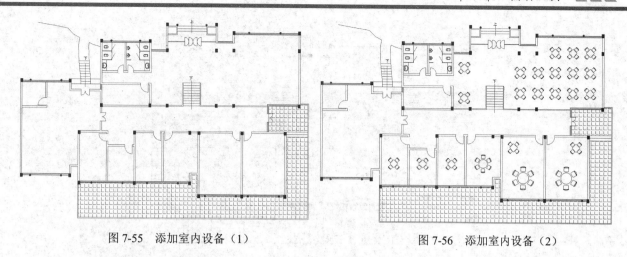

图 7-55　添加室内设备（1）　　　　　图 7-56　添加室内设备（2）

7.5.2　文字、尺寸的标注

1. 文字的标注

将"文字"图层设置为当前图层，单击"默认"选项卡"注释"面板中的"多行文字"按钮 A ，在待注文字的区域拉出一个矩形，弹出"文字格式"对话框。首先设置字体及字高，其次在文本区输入要标注的文字，单击"确定"按钮后完成，结果如图 7-57 所示。

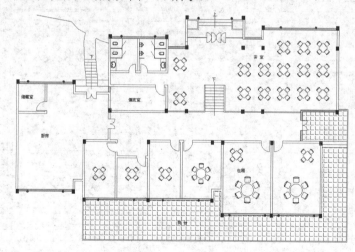

图 7-57　文字标注

2. 尺寸的标注

（1）建立"尺寸"图层，参数设置如图 7-58 所示，并将其设置为当前图层。

✔ 尺寸　　　　♀ ☼ 🔓 ■绿 Continu... —— 默认 0　　Color_3 🖨 🖵

图 7-58　"尺寸"图层参数

（2）单击"默认"选项卡"绘图"面板中的"直线"按钮 ╱ 和"多行文字"按钮 A ，标注标高，结果如图 7-59 所示。

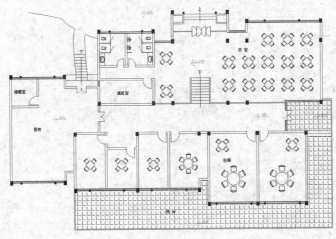

图 7-59 标注标高

（3）将"轴线"图层打开，单击"默认"选项卡"注释"面板中的"线性"按钮 和"连续"按钮 ，标注尺寸，并整理图形，如图 7-60 所示，然后将"轴线"图层关闭，结果如图 7-32 所示。

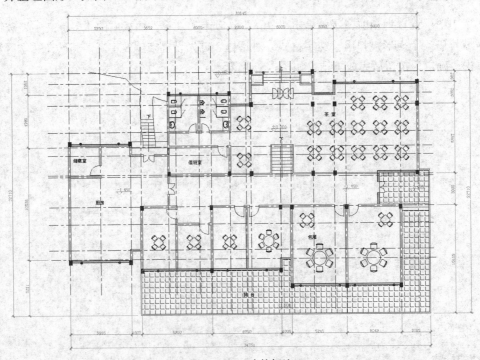

图 7-60 尺寸的标注

7.6 名师点拨——设计中心的操作技巧

通过设计中心，用户可以组织对图形、块、图案填充和其他图形内容的访问。可以将源图形中的任何内容拖动到当前图形中。可以将图形、块和填充拖动到工具选项板上。源图形可以位于用户的计算机上、网络位置或网站上。另外，如果打开了多个图形，则可以通过设计中心在图形之间复制和粘贴其他内容（如图层定义、布局和文字样式）来简化绘图过程。AutoCAD 制图人员一定要利用好设计中心的优势。

7.7 上机实验

【练习1】将如图 7-61 所示石花创建为块。

1. 目的要求

在实际绘图过程中，会经常遇到比较复杂的装饰性图元。解决这类问题最简单快捷的办法是将其制作成图块，然后将图块插入图形。通过本实例的学习，使读者掌握图块相关的操作。

图 7-61　石花

2. 操作提示

（1）利用"圆"和"样条曲线"命令绘制石花。
（2）将石花创建为块。

【练习2】利用设计中心创建一个常用园林图块工具选项板，并利用该选项板绘制如图 7-62 所示的庭园绿化规划设计平面图。

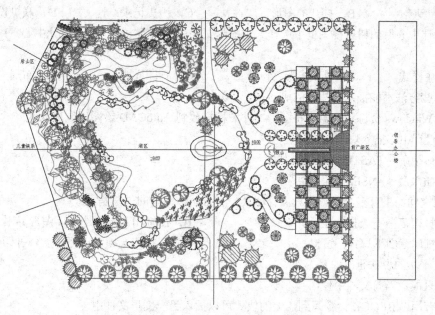

图 7-62　庭园绿化规划设计平面图

1. 目的要求

设计中心与工具选项板的优点是能够建立一个完整的图形库，并且能够快速简洁地绘制图形。通过本例的学习，使读者掌握利用设计中心创建工具选项板的方法。

2．操作提示

（1）打开设计中心与工具选项板。

（2）创建一个新的工具选项板选项卡。

（3）在设计中心查找已经绘制好的常用植物图形。

（4）将查找到的常用植物图拖入到新创建的工具选项板选项卡中。

（5）打开一个新图形文件。

（6）将需要的图形文件模块从工具选项板上拖入到当前图形中，并进行适当的缩放、移动等操作，最终完成如图 7-62 所示的图形。

7.8　模　拟　考　试

1．用 BLOCK 命令定义的内部图块，哪个说法是正确的？（　　　）

  A．只能在定义它的图形文件内自由调用

  B．只能在另一个图形文件内自由调用

  C．既能在定义它的图形文件内自由调用，又能在另一个图形文件内自由调用

  D．两者都不能用

2．在 AutoCAD 的"设计中心"窗口的哪一项选项卡中，可以查看当前图形中的图形信息？（　　　）

  A．文件夹   B．打开的图形   C．历史记录   D．联机设计中心

3．在"设计中心"的树状视图框中选择一个图形文件，下列哪一个不是"设计中心"中列出的项目？（　　　）

  A．标注样式 B．外部参照   C．打印样式   D．布局

4．下列哪些方法不能插入创建好的块？（　　　）

  A．从 Windows 资源管理器中将图形文件图标拖放到 AutoCAD 绘图区域插入块

  B．从设计中心插入块

  C．用粘贴命令 PASTECLIP 插入块

  D．用插入命令 INSERT 插入块

5．在模型空间如果有多个图形，只需打印其中一张，最简单的方法是（　　　）。

  A．在打印范围下选择：显示   B．在打印范围下选择：图形界限

  C．在打印范围下选择：窗口   D．在打印选项下选择：后台打印

6．下列关于块的说法正确的是？（　　　）

  A．块只能在当前文档中使用

  B．只有用 WBLOCK 命令写到盘上的块才可以插入另一图形文件中

  C．任何一个图形文件都可以作为块插入另一幅图中

  D．用 BLOCK 命令定义的块可以直接通过 INSERT 命令插入到任何图形文件中

▶▶ 第 2 篇

园林设计单元篇

本篇主要讲解园林设计单元的设计方法，包括园林建筑、园林小品、园林水景图和园林绿化等知识。

本篇内容通过实例加深读者对 AutoCAD 功能的理解和掌握以及各种园林设计单元的绘制方法。

▶▶| 园林设计基本概念

▶▶| 园林建筑图绘制

▶▶| 园林小品图绘制

▶▶| 园林水景图绘制

▶▶| 园林绿化图绘制

第8章

园林设计基本概念

园林是指在一定地域内，运用工程技术和艺术手段，通过因地制宜地改造地形、整治水系、栽种植物、营造建筑和布置园路等方法创作而成的优美的游憩境域。

8.1　概　　述

园林设计是为了给人类提供美好的生活环境。

8.1.1　园林设计的意义

从中国汉书《淮南子》《山海经》中记载的"悬圃""归墟"到西方圣经中的伊甸园，从建章宫太液池到拙政园、颐和园，再到近年的各种城市公园和绿地，人类历史实现了从理想自然到现实自然的转化。有人说园林工作者从事的是上帝的工作，按照中国的说法，可以说他们从事的是老祖宗盘古的工作，要"开天辟地"，为大家提供美好的生活环境。

8.1.2　当前我国园林设计状况

近年来，随着人们生活水平的不断提高，园林行业受到了更多的关注，发展也更为迅速，在科技队伍建设、设计水平、行业发展等各方面都取得了巨大的成就。

在科研进展上，建设部早在 20 世纪 80 年代初就制定了"园林绿化"科研课题，进行系统的研究，并逐步落实；风景名胜和大地景观的科研项目也有所进展。另外，经过多年不懈的努力，园林行业的发展也取得了很大的成绩，建设部在 1992 年颁布的《城市园林绿化产业政策实施办法》中，明确了风景园林在社会经济建设中的作用，是国家重点扶持的产业。园林科技队伍建设步伐加快，在各省市都设有相关的科研单位和大专院校。

但是，在园林设计中也存在一些不足，例如盲目模仿现象、一味追求经济效益或迎合领导的意图，还有一些不负责任的现象。

面对我国园林行业存在的一些问题，应该出台一些具体的措施：尽快制定符合我国园林行业发展形势的法律、法规及各种规章制度；积极拓宽我国园林行业的研究范围，开发出高质量系列产品，用于园林建设；积极贯彻"以人为本"的思想，尽早实行公众参与式的设计，设计出符合人们要求的园林作品；最后，在园林作品设计上，严格制止盲目模仿、抄袭的现象，使园林作品符合自身特点，突出自身特色。

8.1.3　我国园林发展方向

1. 生态园林的建设

随着环境的恶化和人们环境保护意识的提高，以生态学原理与实践为依据建设生态园林将是园林行业发展的趋势，其理念是"创造多样性的自然生态环境，追求人与自然共生的乐趣，提高人们的自然志向，使人们在观察自然、学习自然的过程中，认识到对生态环境保护的重要性"。

2. 园林城市的建设

现在城市园林化已逐步提高到人类生存的角度，园林城市的建设已成为我国城市发展的阶段性目标。

8.2　园林设计的原则

　　园林设计的最终目的是要创造出景色如画、环境舒适、健康文明的游憩境域。一方面要满足人们精神文明的需要；另一方面要满足人们良好休息、娱乐的精神文明需要。在园林设计中，我们必须要遵循"适用、经济、美观"的原则。

　　"适用"包含两层意思，一层意思是指正确选址，因地制宜；另一层意思是园林的功能要适合于服务对象。在考虑"适用"的前提下，要考虑经济问题，尽量在投资少的情况下建设出质量高的园林。最后在"适用""经济"的前提下，尽可能做到"美观"，满足园林布局、造景的艺术要求。

　　在园林设计过程中，"适用、经济、美观"三者之间不是孤立的，而是紧密联系不可分割的整体。我们必须在适用和经济的前提下，尽可能做到"美观"，把三者统一考虑，最终创造出理想的园林设计艺术作品。

　　具体而言，园林设计应遵循以下基本原则。

1．主景与配景设计原则

　　各种艺术创作中，首先确定主题、副题，重点、一般，主角、配角，主景、配景等关系。所以，园林布局要首先在确定主题思想的前提下考虑主要的艺术形象，也就是考虑园林主景。主要景物能通过次要景物的配景、陪衬、烘托，得到加强。

　　为了表现主题，在园林和建筑艺术中主景突出通常采用下列手法：

　　（1）中轴对称

　　在布局中，首先确定某方向一轴线，轴线上方通常安排主要景物，在主景前方两侧，常常配置一对或若干对的次要景物，以陪衬主景。如天安门广场、凡尔赛宫殿等。

　　（2）主景升高

　　主景升高犹如鹤立鸡群，这是普通、常用的艺术手段。主景升高往往与中轴对称方法同步使用，如美国华盛顿纪念性园林、北京人民英雄纪念碑等。

　　（3）环拱水平视觉四合空间的交汇点

　　园林中，环拱四合空间主要出现在宽阔的水平面景观或四周由群山环抱的盆地类型园林空间，如杭州西湖中的三潭印月等。自然式园林中四周为土山和树林环抱的林中草地，也是环拱的四合空间。四周配杆林带，在视觉交汇点上布置主景，即可起到主景突出作用。

　　（4）构图重心位能

　　三角形、圆形图案等重心为几何构图中心，往往是处理主景突出的最佳位置，起到最好的位能效应。自然山水园的视觉重心忌居正中。

　　（5）渐变法

　　渐变法即园林景物布局，采用渐变的方法，从低到高，逐步升级，由配景到主景，级级引入，通过园林景观的序列布置，引人入胜，引出主景。

2．对比与调和

　　对比与调和是布局中运用统一与变化的基本规律，是景物形象的具体表现。采用骤变的景象，以产生唤起兴致的效果。调和的手法，主要通过布局形式、造园材料等方面的统一、协调来表现。

园林设计中，对比手法主要应用于空间对比、疏密对比、虚实对比、藏露对比、高低对比、曲直对比等。主景与配景本身就是"主次对比"的一种对比表现形式。

3．节奏与韵律

在园林布局中，同样的景物重复出现和布局，就是节奏与韵律在园林中的应用。韵律可分为连续韵律、渐变韵律、交错韵律、起伏韵律等处理方法。

4．均衡与稳定

在园林布局中均以静态或依靠动势求得均衡，或称之为拟对称的均衡。对称的均衡为静态均衡，一般在主轴两边景物以相等的距离、体量、形态组成均衡即气态均衡。拟对称均衡，是主轴不在中线上，两边的景物在形体、大小、与主轴的距离上都不相等，但两边景物又处于动态的均衡之中。

5．尺度与比例

任何物体，不论任何形状，必有 3 个方向，即长、宽、高的度量。比例就是研究三者之间的关系。任何园林景观，都要研究双重的二者关系：一是景物本身的三维空间；二是整体与局部。园林中的尺度，指园林空间中各个组成部分与具有一定自然尺度的物体的比较。功能、审美和环境特点决定园林设计的尺度。尺度可分为可变尺度和不可变尺度两种。不可变尺度是按一般人体的常规尺寸确定的尺度。可变尺度如建筑形体、雕像的大小、桥景的幅度等都要依具体情况而定。园林中常应用的是夸张尺度，夸张尺度往往是将景物放大或缩小，以达到造园造景效果的需要。

8.3　园　林　布　局

园林的布局，就是在选定园址（相地）的基础上，根据园林的性质、规模、地形条件等因素进行全园的总布局，通常称之为总体设计。总体设计是一个园林艺术的构思过程，也是园林的内容与形式统一的创作过程。

8.3.1　立意

立意是指园林设计的总意图，即设计思想。要做到"神仪在心，意在笔先"和"情因景生，景为情造"。在园林创作过程中，选择园址或依据现状确定园林主题思想，创造园景的几个方面不可分割的有机整体。而造园的立意最终要通过具体的园林艺术创造出一定的园林形式，通过精心布局得以实现。

8.3.2　布局

园林布局是指在园林选址、构思的基础上，设计者在孕育园林作品过程中所进行的思维活动。主要包括选取、提炼题材，酝酿、确定主景、配景，功能分区，景点、游赏线分布，探索采用的园林形式。

园林的形式需要根据园林的性质、当地的文化传统和意识形态等来决定。构成园林的五大要素分别为地形、植物、建筑、广场与道路以及园林小品。这在以后的相关章节中会详细讲述。园林的布置形式可以分为 3 类：规则式园林、自然式园林和混合式园林。

1．规则式园林

又称整形式、建筑式、图案式或几何式园林。西方园林，在 18 世纪英国风景式园林产生以前，基本上以规则园林为主，其中以文艺复兴时期意大利台地建筑式园林和 17 世纪法国勒诺特平面图案式园林为代表。这一类园林，以建筑和建筑式空间布局作为园林风景表现的主要题材。规则式园林的特点如下。

（1）中轴线。全园在平面规划上有明显的中轴线，基本上依中轴线进行对称式布置，园地的划分大都为几何形体。

（2）地形。在平原地区，由不同标高的水平面及缓倾斜的平面组成；在山地及丘陵地带，由阶梯式的大小不同的水平台地、倾斜平面及石级组成。

（3）水体设计。外形轮廓均为几何形，多采用整齐式驳岸，园林水景的类型以整形水池、壁泉、整形瀑布及运河等为主，其中常以喷泉作为水景的主题。

（4）建筑布局。园林不仅个体建筑采用中轴对称均衡的设计，甚至建筑群和大规模建筑组群的布局，也采取中轴对称均衡的手法，以主要建筑群和次要建筑群形式的主轴和副轴控制全园。

（5）道路广场。园林中的空旷地和广场外形轮廓均为几何形状。封闭性的草坪、广场空间，以对称建筑群或规则式林带、树墙包围。道路均由直线、折线或几何曲线组成，构成方格形或环状放射形、中轴对称或不对称的几何布局。

（6）种植设计。园内花卉布置用以图案为主题的模纹花坛和花境为主，有时布置成大规模的花坛群，树木配置以行列式和对称式为主，并运用大量的绿篱、绿墙以区划和组织空间。树木整形修剪以模拟建筑体形和动物形态为主，如绿柱、绿塔、绿门、绿亭和用常绿树修剪而成的鸟兽等。

（7）园林小品。常采用盆树、盆花、瓶饰、雕像为主要景物。雕像的基座为规则式，雕像位置多配置于轴线的起点、终点或交点上。

2．自然式园林

又称为风景式、不规则式、山水派园林等。我国园林从周秦时代开始，无论是大型的帝皇苑囿，还是小型的私家园林，多以自然式山水园林为主，古典园林中以北京颐和园、三海园林、承德避暑山庄、苏州拙政园、留园为代表。我国自然式山水园林，从唐代开始影响日本的园林，从 18 世纪后半期传入英国，从而引起了欧洲园林对古典形式主义的革新运动。自然式园林的特点如下。

（1）地形。平原地带，地形为自然起伏的和缓地形与人工锥置的若干自然起伏的土丘相结合，其断面为和缓的曲线。在山地和丘陵地带，则利用自然地形地貌，除建筑和广场基地以外不做人工阶梯形的地形改造工作，原有破碎割切的地形地貌也加以人工整理，使其自然。

（2）水体。其轮廓为自然的曲线，岸为各种自然曲线的倾斜坡度，如有驳岸也是自然山石驳岸，园林水景的类型以溪涧、河流、自然式瀑布、池沼、湖泊等为主。常以瀑布为水景主题。

（3）建筑。园林内个体建筑为对称或不对称均衡的布局，其建筑群和大规模建筑组群，多采取不对称均衡的布局。全园不是以轴线控制，而是以主要导游线构成的连续构图控制全园。

（4）道路广场。园林中的空旷地和广场的轮廓为自然形的封闭性的空旷草地和广场，以不对称的建筑群、土山、自然式的树丛和林带包围。道路平面和剖面由自然起伏曲折的平面线和竖曲线组成。

（5）种植设计。园林内种植不成行列式，以反映自然界植物群落自然之美，花卉布置以花丛、花群为主，不用模纹花坛。树木配植以孤立树、树丛、树林为主，不用规则修剪的绿篱，以自然的树丛、树群、树带来区划和组织园林空间。树木整形不作建筑鸟兽等体形模拟，而以模拟自然界苍老的大树为主。

（6）园林其他景物。除建筑、自然山水、植物群落为主景以外，其余采用山石、假石、桩景、盆景、雕刻为主要景物，其中雕像的基座为自然式，雕像位置多配置于透视线集中的焦点。

自然式园林在中国的历史悠久，绝大多数古典园林都是自然式园林，体现在游人如置身于大自然之中，足不出户而游遍名山名水。

3．混合式园林

所谓混合式园林，主要是指规则式、自然式交错组合，全园没有或形不成控制全园的轴线，只有局部景区、建筑，以中轴对称布局，或全园没有明显的自然山水骨架，形不成自然格局。

在园林规则中，原有地形平坦的可规划成规则式；原有地形起伏不平，丘陵、水面多的可规划成自然式。大面积园林，以自然式为宜，小面积以规则式较经济。四周环境为规则式宜规划成规则式，四周环境为自然式则宜规划成自然式。

相应地，园林的设计方法也就有 3 种：轴线法、山水法和综合法。

8.3.3　园林布局基本原则

1．构园有法，法无定式

园林设计所牵涉的范围广泛、内容丰富，所以在设计时要根据园林内容和园林的特点，采用一定的表现形式。形式和内容确定后还要根据园址的原状，通过设计手段创造出具有个性的园林。

2．功能明确，组景有方

园林布局是园林综合艺术的最终体现，所以园林必须要有合理的功能分区。以颐和园为例，有宫廷区、生活区和苑林区 3 个分区，苑林区又可分为前湖区、后湖区。现代园林的功能分区更为明确，如花港观鱼公园，共有 6 个景区。

在合理的功能分区基础上，组织游赏路线，创造构图空间，安排景区、景点，创造意境、情景，是园林布局的核心内容。游赏路线就是园路，园路的职能之一便是组织交通、引导游览路线。

3．因地制宜，景以境出

因地制宜是造园最重要的原则之一，我们应在园址现状基础上进行布景设点，最大限度地发挥现有地形地貌的特点，以达到虽由人作、宛自天开的境界。要注意根据不同的基地条件进行布局安排，"高方欲就亭台，低凹可开池沼"，稍高的地形堆土使其成假山，而在低洼地上再挖深使其变成池湖。颐和园即在原来的"翁山""翁山泊"上建成，圆明园则在"丹棱沜"上设计建造，避暑山庄则是在原来的山水基础上建造出来的风景式自然山水园。

4．掇山理水，理及精微

人们常用"挖湖堆山"来概括中国园林创作的特征。

理水，首先要沟通水系，即"疏水之去由，察源之来历"，忌水出无源或死水一潭。

掇山，挖湖后的土方即可用来堆山。在堆山的过程中可根据工程的技术要求，设计成土山、石山、土石混合山等不同类型。

5．建筑经营，时景为精

园林建筑既有使用价值，又能与环境组成景致，供人们游览和休憩。其设计方法概括起来主要有 6 个方面：立意、选址、布局、借景、尺度与比例、色彩与质感。中国园林的布局手法有以下几点。

（1）山水为主，建筑配合。建筑有机地与周围结合，创造出别具特色的建筑形象。在五大要素中，山水是骨架，建筑是眉目。

（2）统一中求变化，对称中有异象。对于建筑的布局来讲，就是除了主从关系外，还要在统一中求变化，在对称中求灵活。如佛香阁东西两侧的湖山碑和铜亭，位置对称，但碑体和铜亭的高度、造型、性质、功能等却截然不同，然而正是这样截然不同的景物却在园中得到了完美的统一。

（3）对景顾盼，借景有方。在园林中，观景点和在具有透景线的条件下所面对的景物之间形成对景。一般透景线穿过水面、草坪，或仰视、俯视空间，两景物之间互为对景。如拙政园内的远香堂对雪香云蔚亭，留园的涵碧山房对可亭，退思园的退思草堂对闹红一舸等。借景源于《园冶》的最后一句话，可见借景的重要性，它是丰富园景的重要手法之一。如从颐和园借景园外的玉泉塔，拙政园从绣绮亭和梧竹幽居一带西望北寺塔。

6．道路系统，顺势通畅

园林中，道路系统的设计是十分重要的内容，道路的设计形式决定了园林的形式，表现了不同的园林内涵。道路既是园林划分不同区域的界线，又是连接园林各不同区域活动内容的纽带。园林设计过程中，除考虑上述内容外，还要使道路与山体、水系、建筑、花木之间构成有机的整体。

7．植物造景，四时烂漫

植物造景是园林设计全过程中十分重要的组成部分之一。在后面的相关章节会对种植设计进行简单介绍。

8.4 园林设计的程序

园林设计的程序主要包括以下几个步骤。

8.4.1 园林设计的前提工作

（1）掌握自然条件、环境状况及历史沿革。

（2）图纸资料如地形图、局部放大图、现状图、地下管线图等。

（3）现场踏勘。

（4）编制总体设计任务文件。

8.4.2　总体设计方案阶段

（1）主要设计图纸内容。位置图、现状图、分区图、总体设计方案图、地形图、道路总体设计图、种植设计图、管线总体设计图、电气规划图、园林建筑布局图。

（2）鸟瞰图。直接表达公园设计的意图，通过钢笔画、水彩、水粉等均可。

（3）总体设计说明书。总体设计方案除了图纸外，还要求写一份文字说明，全面地介绍设计者的构思、设计要点等内容。

8.5　园林设计图的绘制

园林设计总平面图是设计范围内所有造园要素的水平投影图，它能表明在设计范围内的所有内容。

8.5.1　园林设计总平面图

1．园林设计总平面图的内容

园林设计总平面图是设计范围内所有造园要素的水平投影图，它能表明在设计范围内的所有内容。园林设计总平面图是园林设计的最基本图纸，能够反映园林设计的总体思想和设计意图，是绘制其他设计图纸及施工、管理的主要依据，主要包括以下内容：

（1）规划用地区域现状及规划的范围。

（2）对原有地形地貌等自然状况的改造和新的规划设计意图。

（3）竖向设计情况。

（4）景区景点的设置、景区出入口的位置、各种造园素材的种类和位置。

（5）比例尺，指北针，风玫瑰。

2．园林设计总平面图的绘制

（1）要选择合适的比例，常用的比例有 1:200、1:500、1:1000 等。

（2）绘制图中设计的各种造园要素的水平投影。其中地形用等高线表示，并在等高线的断开处标注设计的高程。设计地形的等高线用实线绘制，原地形的等高线用虚线绘制；道路和广场的轮廓线用中实线绘制；建筑用粗实线绘制其外轮廓线，园林植物用图例表示；水体驳岸用粗线绘制，并用细实线绘制水底的坡度等高线；山石用粗线绘制其外轮廓。

（3）定位尺寸标注和坐标网定位。尺寸标注是指以图中某一原有景物为参照物，标注新设计的主要景物和该参照物之间的相对距离；坐标网是以直角坐标的形式进行定位，有建筑坐标网和测量坐标网两种形式，园林上常用建筑坐标网，即以某一点为"零点"并以水平方向为 B 轴，垂直方向为 A 轴，按一定距离绘制出方格网。坐标网用细实线绘制。

（4）编制图例图，图中应用的图例，都应在图上的位置编制图例表说明其含义。

（5）绘制指北针、风玫瑰；注写图名、标题栏、比例尺等。

（6）编写设计说明，设计说明是用文字的形式进一步表达设计思想，或作为图纸内容的补充等。

8.5.2 园林建筑初步设计图

1. 园林建筑初步设计图的内容

园林建筑是指在园林中与园林造景有直接关系的建筑，园林建筑初步设计图须绘制出平、立、剖面图，并标注出各主要控制尺寸，图纸要能反映建筑的形状、大小和周围环境等内容，一般包括建筑总平面图、建筑平面图、建筑立面图、建筑剖面图等图纸。

2. 园林建筑初步设计图的绘制

☑ 建筑总平面图：要反映新建建筑的形状、所在位置、朝向及室外道路、地形、绿化等情况以及该建筑与周围环境的关系和相对位置。绘制时首先要选择合适的比例，其次要绘制图例，建筑总平面图是用建筑总平面图例表达其内容的，其中的新建建筑、保留建筑、拆除建筑等都有对应的图例。接着要标注标高，即新建建筑首层平面的绝对标高、室外地面及周围道路的绝对标高及地形等高线的高程数字。最后要绘制比例尺、指北针、风玫瑰、图名、标题栏等。

☑ 建筑平面图：用来表示建筑的平面形状、大小、内部的分隔和使用功能以及墙、柱、门窗、楼梯等的位置。绘制时同样要先确定比例，然后绘制定位轴线，接着绘制墙、柱的轮廓线、门窗细部，然后进行尺寸标注、注写标高，最后绘制指北针、剖切符号、图名、比例等。

☑ 建筑立面图：主要用于表示建筑的外部造型和各部分的形状及相互关系等，如门窗的位置和形状，阳台、雨篷、台阶、花坛、栏杆等的位置和形状。绘制顺序依次为选择比例、绘制外轮廓线、主要部位的轮廓线、细部投影线、尺寸和标高标注、绘制配景、注写比例、图名等。

☑ 建筑剖面图：表示房屋的内部结构及各部位标高，剖切位置应选择在建筑的主要部位或构造较特殊的部位。绘制顺序依次为选择比例、主要控制线、主要结构的轮廓线、细部结构、尺寸和标高标注、注写比例、图名等。

8.5.3 园林施工图绘制的具体要求

园林制图是表达园林设计意图最直接的方法，是每个园林设计师必须掌握的技能。园林 AutoCAD 制图是风景园林景观设计的基本语言，AutoCAD 园林制图可以《房屋建筑制图统一标准》（GB/T 50001—2010）作为制图的依据。在园林图纸中，对制图的基本内容都有规定。这些内容包括图纸幅面、标题栏及会签栏、线宽及线型、汉字、字符、数字、符号和标注等。

一套完整的园林施工图一般包括封皮、目录、设计说明、总平面图、施工放线图、竖向设计施工图、植物配置图、照明电气图、喷灌施工图、给排水施工图、园林小品施工详图、铺装剖切段面等。

1. 文字部分应该包括封皮、目录、总说明、材料表等

（1）封皮的内容包括工程名称、建设单位、施工单位、时间、工程项目编号等。

（2）目录的内容包括图纸的名称、图别、图号、图幅、基本内容、张数等。图纸编号以专业为单位，各专业分别编排各自的图号。对于大、中型项目，应按照以下专业进行图纸编号：园林、建筑、结构、给

排水、电气、材料附图等。对于小型项目，可以按照以下专业进行图纸编号：园林、建筑、结构、给排水、电气等。每一专业图纸应该对图号加以统一标识，以方便查找，如建筑结构施工可以缩写为"建施（JS）"，给排水施工可以缩写为"水施（SS）"，种植施工图可以缩写为"绿施（LS）"。

（3）设计说明主要针对整个工程需要说明的问题。如设计依据、施工工艺、材料数量、规格及其他要求。其具体内容主要包括以下几个方面。

① 设计依据及设计要求。应注明采用的标准图集及依据的法律规范。

② 设计范围。

③ 标高及标注单位。应说明图纸文件中采用的标注单位，采用的是相对坐标还是绝对坐标，如为相对坐标，须说明采用的依据以及与绝对坐标的关系。

④ 材料选择及要求。对各部分材料的材质要求及建议；一般应说明的材料包括饰面材料、木材、钢材、防水疏水材料、种植土及铺装材料等。

⑤ 施工要求。强调需注意工种配合及对气候有要求的施工部分。

⑥ 经济技术指标。施工区域总的占地面积，绿地、水体、道路、铺地等的面积及占地百分比、绿化率及工程总造价等。

除了总的说明之外，在各个专业图纸之前还应该配备专门的说明，有时施工图纸中还应该配有适当的文字说明。

2. 施工放线应该包括施工总平面图、各分区施工放线图、局部放线详图等

（1）施工总平面图的主要内容

① 指北针（或风玫瑰图），绘图比例（比例尺），文字说明，景点、建筑物或者构筑物的名称标注，图例表。

② 道路、铺装的位置、尺度、主要点的坐标、标高以及定位尺寸。

③ 小品主要控制点坐标及小品的定位、定形尺寸。

④ 地形、水体的主要控制点坐标、标高及控制尺寸。

⑤ 植物种植区域轮廓。

⑥ 对无法用标注尺寸准确定位的自由曲线园路、广场、水体等，应给出该部分局部放线详图，用放线网表示，并标注控制点坐标。

（2）施工总平面图绘制的要求

① 布局与比例。

图纸应按上北下南方向绘制，根据场地形状或布局，可向左或右偏转，但不宜超过 45°。施工总平面图一般采用 1:500、1:1000、1:2000 的比例进行绘制。

② 图例。

《总图制图标准》（GB/T 50103—2010）中列出了建筑物、构筑物、道路、铁路以及植物等的图例，具体内容参照相应的制图标准。如果由于某些原因必须另行设定图例时，应该在总图上绘制专门的图例表进行说明。

③ 图线。

在绘制总图时应该根据具体内容采用不同的图线，具体内容参照《总图制图标准》（GB/T 50103—2010）。

④ 单位。

施工总平面图中的坐标、标高、距离宜以 m 为单位，并应至少取至小数点后两位，不足时以 0 补齐。详图宜以 mm 为单位，如不以 mm 为单位，应另加说明。

建筑物、构筑物、铁路、道路方位角（或方向角）和铁路、道路转向角的度数宜标明，特殊情况应另加说明。

道路纵坡度、场地平整坡度、排水沟沟底纵坡度宜以百分计，并应取至小数点后一位，不足时以 0 补齐。

⑤ 坐标网格。

坐标分为测量坐标和施工坐标。测量坐标为绝对坐标，测量坐标网应画成交叉十字线，坐标代号宜用"X、Y"表示。施工坐标为相对坐标，相对零点宜通常选用已有建筑物的交叉点或道路的交叉点，为区别于绝对坐标，施工坐标用大写英文字母 A、B 表示。

施工坐标网格应以细实线绘制，一般画成 100m×100m 或者 50m×50m 的方格网，当然也可以根据需要调整，如采用 30m×30m 的网格，对于面积较小的场地可以采用 5m×5m 或者 10m×10m 的施工坐标网。

⑥ 坐标标注。

坐标宜直接标注在图上，如图面无足够位置，也可列表标注，如坐标数字的位数太多时，可将前面相同的位数省略，其省略位数应在附注中加以说明。

建筑物、构筑物、铁路、道路等应标注下列部位的坐标：建筑物、构筑物的定位轴线（或外墙线）或其交点；圆形建筑物、构筑物的中心；挡土墙墙顶外边缘线或转折点。表示建筑物、构筑物位置的坐标，宜标注其 3 个角的坐标，如果建筑物、构筑物与坐标轴线平行，可标注对角坐标。

平面图上有测量和施工两种坐标系统时，应在附注中注明两种坐标系统的换算公式。

⑦ 标高标注。

施工图中标注的标高应为绝对标高，如标注相对标高，则应注明相对标高与绝对标高的关系。

建筑物、构筑物、铁路、道路等应按以下规定标注标高：建筑物室内地坪，标注图中±0.00 处的标高，对不同高度的地坪，分别标注其标高；建筑物室外散水，标注建筑物四周转角或两对角的散水坡脚处的标高；构筑物标注其有代表性的标高，并用文字注明标高所指的位置；道路标注路面中心交点及变坡点的标高；挡土墙标注墙顶和墙脚标高，路堤、边坡标注坡顶和坡脚标高，排水沟标注沟顶和沟底标高；场地平整标注其控制位置标高；铺砌场地标注其铺砌面标高。

（3）施工总平面图绘制步骤

① 绘制设计平面图。

② 根据需要确定坐标原点及坐标网格的精度，绘制测量和施工坐标网。

③ 标注尺寸、标高。

④ 绘制图框、比例尺、指北针，填写标题、标题栏、会签栏，编写说明及图例表。

（4）施工放线图

施工放线图内容主要包括道路、广场铺装、园林建筑小品、放线网格（间距 1m 或 5m 或 10m 不等）、坐标原点、坐标轴、主要点的相对坐标、标高（等高线、铺装等），如图 8-1 所示。

3. 土方工程应该包括竖向设计施工图、土方调配图

1）竖向设计施工图

竖向设计是指在一块场地中进行垂直于水平方向的布置和处理，也就是地形高程设计。

（1）竖向施工图的内容

① 指北针、图例、比例、文字说明、图名。文字说明中应该包括标注单位、绘图比例、高程系统的名称、补充图例等。

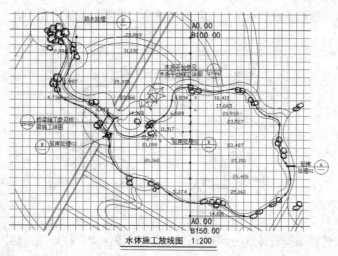

图 8-1　水体施工放线图

② 现状与原地形标高、地形等高线、设计等高线的等高距一般取 0.25～0.5m，当地形较为复杂时，需要绘制地形等高线放样网格。

③ 最高点或者某些特殊点的坐标及该点的标高。如道路的起点、变坡点、转折点和终点等的设计标高（道路在路面中、阴沟在沟顶和沟底）；纵坡度、纵坡距、纵坡向、平曲线要素、竖曲线半径、关键点坐标；建筑物、构筑物室内外设计标高；挡土墙、护坡或土坡等构筑物的坡顶和坡脚的设计标高；水体驳岸、岸顶、岸底标高，池底标高，水面最低、最高及常水位。

④ 地形的汇水线和分水线，或用坡向箭头标明设计地面坡向，指明地表排水的方向、排水的坡度等。

⑤ 绘制重点地区、坡度变化复杂的地段的地形断面图，并标注标高、比例尺等。

⑥ 当工程比较简单时，竖向设计施工平面图可与施工放线图合并。

（2）竖向设计施工图的具体要求

① 计量单位。通常标高的标注单位为 m，如果有特殊要求的话应该在设计说明中注明。

② 线型。竖向设计图中比较重要的就是地形等高线，设计等高线用细实线绘制，原有地形等高线用细虚线绘制，汇水线和分水线用细单点长划线绘制。

③ 坐标网格及其标注。坐标网格采用细实线绘制，网格间距取决于施工的需要以及图形的复杂程度，一般采用与施工放线图相同的坐标网体系。对于局部的不规则等高线，或者单独做出施工放线图，或者在竖向设计图纸中局部缩小网格间距，提高放线精度。竖向设计图的标注方法同施工放线图，针对地形中最高点、建筑物角点或者特殊点进行标注。

④ 地表排水方向和排水坡度。利用箭头表示排水方向，并在箭头上标注排水坡度，对于道路或者铺装等区域除了要标注排水方向和排水坡度之外，还要标注坡长，一般排水坡度标注在坡度线的上方，坡长标注在坡度线的下方。

其他方面的绘制要求与施工总平面图相同。

2）土方调配图

在土方调配图上要注明挖填调配区、调配方向、土方数量和每对挖填之间的平均运距。图 8-2（A 为挖方，B 为填方）中的土方调配，仅考虑场内挖方、填方平衡。

（1）建筑工程应该包括建筑设计说明，建筑构造做法一览表，建筑平面图、立面图、剖面图，建筑施工详图等。

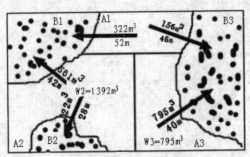

图 8-2　土方调配图

（2）结构工程应该包括结构设计说明，基础图、基础详图，梁、柱详图，结构构件详图等。

（3）电气工程应该包括电气设计说明，主要设备材料表，电气施工平面图、施工详图、系统图、控制线路图等。大型工程应按强电、弱电、火灾报警及其智能系统分别设置目录。

（4）照明电气施工图的内容主要包括灯具形式、类型、规格、布置位置、配电图（电缆、电线型号规格，连接方式；配电箱数量、形式规格等）。

电位走线只需标明开关与灯位的控制关系，线型宜用细圆弧线（也可适当用中圆弧线），各种强弱电的插座走线不需标明。

要有详细的开关（一联、二联、多联）、电源插座、电话插座、电视插座、空调插座、宽带网插座、配电箱等图标及位置（插座高度未注明的一律距地面 300mm，有特殊要求的要在插座旁注明标高）。

① 给排水工程应该包括给排水设计说明，给排水系统总平面图、详图，给水、消防、排水、雨水系统图，喷灌系统施工图。

② 喷灌、给排水施工图内容主要包括给水、排水管的布设、管径、材料、喷头、检查井、阀门井、排水井、泵房等。

③ 园林绿化工程应该包括植物种植设计说明、植物材料表、种植施工图、局部施工放线图、剖面图等。如果采用乔、灌、草多层组合，分层种植设计较为复杂，应该绘制分层种植施工图。

植物配置图的主要内容包括植物种类、规格、配置形式以及其他特殊要求，其主要目的是为苗木购买、苗木栽植提高准确的工程量，如图 8-3 所示。

4．现状植物的表示

（1）行列式栽植

对于行列式的种植形式（如行道树、树阵等），可用尺寸标注出株行距，始末树种植点与参照物的距离。

（2）自然式栽植

对于自然式的种植形式（如孤植树），可用坐标标注种植点的位置或采用三角形标注法进行标注。孤植树往往对植物的造型、规格的要求较严格，应在施工图中表达清楚，除利用立面图、剖面图以外，还可与苗木表相结合，用文字来加以标注。

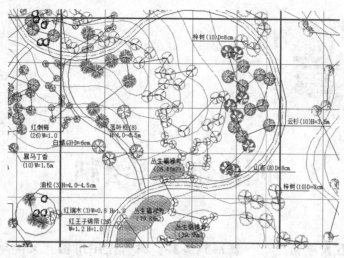

图 8-3　植物配置图

5. 图例及尺寸标注

（1）片植、丛植

施工图应绘出清晰的种植范围边界线，标明植物名称、规格、密度等。对于边缘线呈规则的几何形状的片状种植，可用尺寸标注方法标注，为施工放线提供依据，而对边缘线呈不规则的自由线的片状种植，应绘坐标网格，并结合文字标注。

（2）草皮种植

草皮是用打点的方法表示，标注应标明其草坪名、规格及种植面积。

（3）常见图例

园林设计中，经常使用各种标准化的图例来表示特定的建筑景点或常见的园林植物，如图 8-4 所示。

图例	名称	图例	名称	图例	名称	图例	名称
	溶洞		垂丝海棠		龙柏		水杉
	温泉		紫薇		银杏		金叶女贞
	瀑布跌水		含笑		鹅掌秋		鸡爪槭
	山峰		龙爪槐		珊瑚树		芭蕉
	森林		茶梅+茶花		雪松		杜英
	古树名木		桂花		小花月季球		杜鹃
	墓园		红枫		小花月季		花石榴
	文化遗址		四季竹		杜鹃		腊梅
	民风民俗		白(紫)玉兰		红花继木		牡丹
	桥		广玉兰		龟甲冬青		鸢尾
	景点		香樟		长绿草		苏铁
	规划建筑物		原有建筑物		剑麻		葱兰

图 8-4　常见图例

第**9**章

园林建筑图绘制

　　建筑是园林的五大要素之一，且形式多样，既有使用价值，又能与环境组成景致，供人们游览和休憩。本章首先对各种类型的建筑作简单的介绍，然后结合实例进行讲解。

9.1 概　　述

园林建筑是指在园林中与园林造景有直接关系的建筑，它既有使用价值，又能与环境组成景致，供人们游览和休憩，因此园林建筑的设计构造等一定要照顾两个方面的因素，使之达到可居、可游、可观。其设计方法概括起来主要有 6 个方面，即立意、选址、布局、借景、尺度与比例、色彩与质感。另外，根据园林设计的立意、功能要求、造景等需要，必须考虑适当的建筑和建筑组合。同时要考虑建筑的体量、造型、色彩以及与其配合的假山艺术、雕塑艺术、园林植物、水景等诸要素的安排，并要求精心构思，使园林中的建筑起到画龙点睛的作用。

园林建筑常见的有亭、榭、廊、花架、大门、园墙、桥等，下面分别加以说明。

9.1.1　园林建筑的基本特点

园林建筑作为造园五大要素之一，是一种独具特色的建筑，既要满足建筑的使用功能要求，又要满足园林景观的造景要求，并与园林环境密切结合，与自然融为一体的建筑类型。

1．功能

（1）满足功能要求

园林是改善、美化人们生活环境的设施，也是供人们休息、游览、文化娱乐的场所，随着园林活动的日益增多，园林建筑类型也日益丰富起来，主要有茶室、餐厅、展览馆、体育场所等，以满足人们的需要。

（2）满足园林景观要求

① 点景。点景要与自然风景融会结合，园林建筑常成为园林景观的构图中心主体，或易于近观的局部小景或成为主景，控制全园布局，园林建筑在园林景观构图中常有画龙点睛的作用。

② 赏景。赏景作为观赏园内外景物的场所，一栋建筑常成为画面的管点，而一组建筑物与游廊相连成为纵观全景的观赏线。因此，建筑朝向、门窗位置大小要考虑赏景的要求。

③ 引导游览路线。园林建筑常常具有起乘转合的作用，当人们的视线触及某处优美的园林建筑时，游览路线就会自然而然地延伸，建筑常成为视线引导的主要目标。人们常说的步移景异就是这个意思。

④ 组织园林空间。园林设计空间组合和布局是重要内容，园林常以一系列的空间的变化巧妙安排给人以艺术享受，以建筑构成的各种形式的庭院及游廊、花墙、圆洞门等恰是组织空间、划分空间的最好手段。

2．特点

（1）布局

园林建筑布局要因地制宜，巧于因借，建筑规划选址除考虑功能要求外，要善于利用地形，结合自然环境，与自然融为一体。

（2）情景交融

园林建筑应结合情景，抒发情趣，尤其在古典园林建筑中，常与诗画结合，加强感染力，达到情景交融的境界。

（3）空间处理

在园林建筑的空间处理上，尽量避免轴线对称，整形布局，力求曲折变化，参差错落，空间布置要灵活通过空间划分，形成大小空间的对比，增加层次感，扩大空间感。

（4）造型

园林建筑在造型上更重视美观的要求，建筑体型、轮廓要有表现力，增加园林画面美，建筑体量、体态都应与园林景观协调统一，造型要表现园林特色、环境特色、地方特色。一般而言，在造型上，体量宜轻盈，形式宜活泼，力求简洁明快，通透有度，达到功能与景观的有机统一。

（5）装修

在细节装饰上，应有精巧的装饰，增加本身的美观，又以之用来组织空间画面。如常用的挂落、栏杆、漏窗、花格等。

3．园林建筑的分类

按使用功能划分为以下几类。

（1）游憩性建筑：有休息、游赏使用功能，具有优美造型，如亭、廊、花架、榭、舫、园桥等。

（2）园林建筑小品：以装饰园林环境为主，注重外观形象的艺术效果，兼有一定使用功能，如园灯、园椅、展览牌、景墙、栏杆等。

（3）服务性建筑：为游人在旅途中提供生活上服务的设施，如小卖部、茶室、小吃部、餐厅、小型旅馆、厕所等。

（4）文化娱乐设施开展活动用的设施：如游船码头、游艺室、俱乐部、演出厅、露天剧场、展览厅等。

（5）办公管理用设施：主要有公园大门、办公室、实验室、栽培温室，动物园还应有动物兽室。

9.1.2　园林建筑图绘制

园林建筑的设计程序一般分为初步设计和施工图设计两个阶段，较复杂的工程项目还要进行技术设计。

初步设计主要是提出方案，说明建筑的平面布置、立面造型、结构选型等内容，绘制出建筑初步设计图，送有关部门审批。

技术设计主要是确定建筑的各项具体尺寸和构造做法；进行结构计算，确定承重构件的截面尺寸和配筋情况。

施工图设计主要是根据已批准的初步设计图，绘制出符合施工要求的图纸。园林建筑景观施工图一般包括平面图、施工图、剖面图以及建筑详图等内容。与建筑施工图的绘制基本类似。

1．初步设计图的绘制

（1）初步设计图的内容

包括基本图样、总平面图、建筑平立剖面图、有关技术和构造说明、主要技术经济指标等。通常要作一幅透视图，表示园林建筑竣工后外貌。

（2）初步设计图的表达方法

初步设计图尽量画在同一张图纸上，图面布置可以灵活些，表达方法可以多样，例如可以画上阴影和配景，或用色彩渲染，以加强图面效果。

（3）初步设计图的尺寸

初步设计图上要画出比例尺并标注主要设计尺寸，如总体尺寸、主要建筑的外形尺寸、轴线定位尺寸和功能尺寸等。

2．施工图的绘制

设计图审批后，再按施工要求绘制出完整的建施、结施图样及有关技术资料。绘图步骤如下：

（1）确定绘制图样的数量。根据建筑的外形、平面布置、构造和结构的复杂程度决定绘制哪种图样。在保证能顺利完成施工的前提下，图样的数量应尽量少。

（2）在保证图样能清晰地表达其内容的情况下，根据各类图样的不同要求，选用合适的比例，平、立、剖面图尽量采用同一比例。

（3）进行合理的图面布置。尽量保持各图样的投影关系，或将同类型的、内容关系密切的图样集中绘制。

（4）通常先画建筑施工图，一般按总平面→平面图→立面图→剖面图→建筑详图的顺序进行绘制。再画结构施工图，一般先画基础图、结构平面图，然后分别画出各构件的结构详图。

① 视图包括平、立、剖面图，表达座椅的外形和各部分的装配关系。

② 尺寸在标有建施的图样中，主要标注与装配有关的尺寸、功能尺寸、总体尺寸。

③ 透视图园林建筑施工图常附一个单体建筑物的透视图，特别是没有设计图的情况下更是如此。透视图应按比例用绘图工具画出。

④ 编写施工总说明。施工总说明包括的内容有放样和设计标高、基础防潮层、楼面、楼地面、屋面、楼梯和墙身的材料和做法，室内外粉刷、装修的要求、材料和做法等。

9.2　古典四角亭绘制实例

亭子在我国园林中是运用最多的一种建筑形式，《园冶》中说"亭者，停也。所以停憩游行也"。亭的形式很多，从平面上可以分为三角亭、四角亭、六角亭、八角亭、圆形亭、扇形亭等。从屋顶形式上可分为单檐、重檐、三重檐、攒尖顶、平顶、悬山顶、硬山顶、歇山顶、单坡顶、卷棚顶、褶板顶等。从材质上可分为木亭、石亭、钢筋混凝土亭、金属亭等。从风格上可以分为中式、日式、欧式等。它们或屹立于山岗之上，或依附在建筑之旁，或漂浮在水池之畔。作为园中"点睛"之物，多设在视线交接处，亭子位置的选择，一方面是为了观景，即供游人驻足休息，眺望景色；另一方面是为了点景，即点缀风景。山上建亭可以丰富山形轮廓，临水建亭可以通过动静对比增加园林景物的层次和变幻效果，平地建亭可以休息、纳凉。总之，亭子的造型千姿百态，亭子的基址类型丰富，两者的搭配要协调，可以造就出丰富多彩的园林景观。

9.2.1　亭的基本特点

亭在我国园林中是运用最多的一种建筑形式。无论是在传统的古典园林中，或是在新中国成立后新建的公园及风景游览区，都可以看到各种各样的亭子屹立于山冈之上；或依附在建筑之旁；或漂浮在水池之畔。以玲珑美丽、丰富多样的形象与园林中的其他建筑、山水、绿化等相结合，构成一幅幅生动的图画。

在造型上要结合具体地形、自然景观和传统设计，以其特有的娇美轻巧、玲珑剔透形象与周围的建筑、绿化、水景等结合而构成园林一景。

亭的构造大致可分为亭顶、亭身和亭基 3 部分。体量宁小勿大，形制也较细巧，以竹、木、石、砖瓦等地方性传统材料均可修建。现在更多的是用钢筋混凝土或兼以轻钢、铝合金、玻璃钢、镜面玻璃、充气塑料等材料组建而成。

亭四面多开放，空间流动，内外交融，榭廊亦如此。解析了亭也就能举一反三于其他楼阁殿堂。亭榭等体量不大，但在园林造景中作用不小，是室内的室外；而在庭院中则是室外的室内。选择要有分寸，大小要得体，即要有恰到好处的比例与尺度，只顾重某一方面都是不允许的。任何作品只有在一定的环境下，它才是艺术、科学。生搬硬套学流行，会失去神韵和灵性，就谈不上艺术性与科学性。

园亭，是指园林绿地中精致细巧的小型建筑物。可分为两类，一是供人休憩观赏的亭，二是具有实用功能的票亭、售货亭等。

1. 园亭的位置选择

建亭地位，要从两方面考虑，一是由内向外好看，二是由外向内也好看。园亭要建在风景好的地方，使入内歇足休息的人有景可赏留得住人，同时更要考虑建亭后成为一处园林美景，园亭在这里往往可以起到画龙点睛的作用。

2. 园亭的设计构思

园亭虽小巧却必须深思才能出类拔萃。具体要求如下：

（1）选择所设计的园亭，是传统或是现代？是中式或是西洋？是自然野趣或是奢华富贵？这些款式的不同是不难理解的。

（2）同种款式中，平面、立面、装修的大小、形状、繁简也有很大的不同，须要斟酌。例如，同样是植物园内的中国古典园亭，牡丹园和槭树园不同。牡丹亭必须是重檐起翘，大红柱子；槭树亭白墙灰瓦足矣。这是因它们所在的环境气质不同而异。同样是欧式古典园顶亭，高尔夫球场和私宅庭园的大小有很大不同，这是因它们所在环境的开阔郁闭不同而异。同是自然野趣，水际竹筏嬉鱼和树上杈窝观鸟不同，这是因环境的功能要求不同而异。

（3）所有的形式、功能、建材是在演变进步之中的，常常是相互交叉的，必须着重于创造。例如，在中国古典园亭的梁架上，以卡普隆阳光板作顶代替传统的瓦，古中有今，洋为我用，可以取得很好的效果。以四片实墙，边框采用中国古典园亭的外轮廓，组成虚拟的亭，也是一种创造。用悬索、布幕、玻璃、阳光板等，层出不穷。

只有深入考虑这些细节，才能标新立异，不落俗套。

3. 园亭的平立面

园亭体量小，平面严谨。自点状伞亭起，三角、正方、长方、六角、八角以至圆形、海棠形、扇形，由简单而复杂，基本上都是规则几何形体，或再加以组合变形。根据这个道理，可构思其他形状，也可以和其他园林建筑如花架、长廊、水榭组合成一组建筑。

园亭的平面组成比较单纯，除柱子、坐凳（椅）、栏杆，有时也有一段墙体、桌、碑、井、镜、匾等。

园亭的平面布置，一种是一个出入口，终点式的；还有一种是两个出入口，穿过式的。视亭大小而采用。

4. 园亭的立面

因款式的不同有很大的差异。但有一点是共同的，就是内外空间相互渗透，立面显得开畅通透。园亭的立面，可以分成几种类型。这是决定园亭风格款式的主要因素。如中国古典、西洋古典传统式样。这种类型都有程式可依，困难的是施工十分繁复。中国传统园亭柱子有木和石两种，用真材或砼仿制；但屋盖变化多，如以砼代木，则所费工、料均不合算，效果也不甚理想。西洋传统形式，现在市面有各种规格的玻璃钢、GRC 柱式、檐口，可在结构外套用。

平顶、斜坡、曲线各种新式样。要注意园亭平面和组成均甚简洁，观赏功能又强，因此屋面变化不妨要多一些。如做成折板、弧形、波浪形，或者用新型建材、瓦、板材；或者强调某一部分构件和装修，来丰富园亭外立面。

仿自然、野趣的式样。目前用得多的是竹、松木、棕榈等植物外形或木结构，真实石材或仿石结构，用茅草作顶也特别有表现力。

5. 设计要点

有关亭的设计归纳起来应掌握下面几个要点：

（1）必须选择好位置，按照总的规划意图选点。

（2）亭的体量与造型的选择，主要应看它所处的周围环境的大小、性质等，因地制宜而定。

（3）亭子的材料及色彩，应力求就地选用地方材料，不仅加工便利，而且易于配合自然。

以古典四角亭为例说明亭子的绘制，如图 9-1 所示。

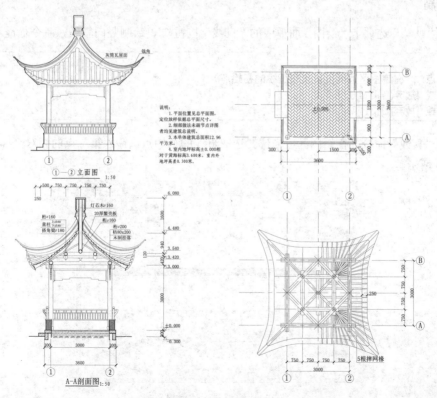

图 9-1　古典四角亭

9.2.2 亭平面图和亭架仰视图的绘制

本节绘制了亭平面图和亭架仰视图，首先绘制了亭平面图，然后绘制了亭架仰视图，均是以轴线为定位线，在轴线上绘制了柱础、台阶、柱子、梁、屋面等图形，最后进行了尺寸的标注和文字说明。

1. 建立"轴线"图层

（1）单击"默认"选项卡"图层"面板中的"图层特性"按钮 ，弹出"图层特性管理器"对话框，建立一个新图层，命名为"轴线"，颜色选取红色，线型为 CENTER，线宽为默认，并设置为当前图层，如图 9-2 所示。确定后回到绘图状态。

✔ 轴线   ♀   ☼   ⬚   ■红   CENTER —— 默认   0   Color_1   🖶   🗐

图 9-2 "轴线"图层参数

（2）选择菜单栏中的"格式"→"线型".命令，弹出"线型管理器"对话框，单击右上角的"显示细节"按钮，线型管理器下部呈现详细信息，将"全局比例因子"设为 30，如图 9-3 所示。这样点划线、虚线的式样就能在屏幕上以适当的比例显示，如果仍不能正常显示，可以上下调整这个值。

2. 正交设置

将鼠标箭头移到状态栏的"正交"按钮上，单击鼠标左键打开正交设置，如图 9-4 所示。

3. 轴线绘制

（1）单击"默认"选项卡"绘图"面板中的"直线"按钮 ，绘制竖向轴线，命令行提示与操作如下：

命令: _line
指定第一个点：（在绘图区适当位置选取直线的初始点）
指定下一点或 [放弃(U)]: @0,8000✓✓
指定下一点或 [放弃(U)]: ✓

（2）重复"直线"命令，在绘图区适当位置选取直线的初始点，输入第二点的相对坐标（@8000,0），缩放后如图 9-5 所示。

图 9-3 线型显示比例设置

图 9-4 打开正交设置 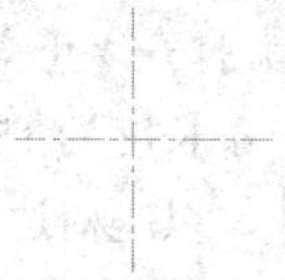　　　　　　　　　　　　　图 9-5 轴线绘制

4．建立"亭"图层

（1）单击"默认"选项卡"图层"面板中的"图层特性"按钮，弹出"图层特性管理器"对话框，建立一个新图层，命名为"亭"，颜色选取洋红，线型为 Continuous，线宽为 0.70（或者选择默认，最终出图时调整线宽，以后皆同，不再重述），并设置为当前图层，如图 9-6 所示。确定后回到绘图状态（也可以在最初绘图开始时将所有图层建立完毕，也可以随绘随建，但目的都是便于后期的修改和管理）。

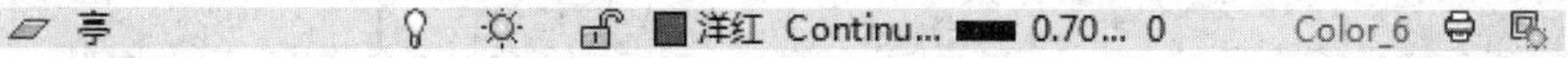

图 9-6 "亭"图层参数

（2）将"轴线"图层置为当前图层，单击"默认"选项卡"修改"面板中的"偏移"按钮，命令行提示与操作如下：

```
命令: _offset
当前设置: 删除源=否　图层=源　OFFSETGAPTYPE=0
指定偏移距离或 [通过(T)/删除(E)/图层(L)] <通过>: 1500↙
选择要偏移的对象, 或 [退出(E)/放弃(U)] <退出>: (用鼠标拾取水平中心线)
指定要偏移的那一侧上的点, 或 [退出(E)/多个(M)/放弃(U)] <退出>: ↙ (用鼠标拾取水平中心线上方任一点)
选择要偏移的对象, 或 [退出(E)/放弃(U)] <退出>: ↙↙
```

（3）重复"偏移"命令，将水平中心线向下偏移，将竖直中心线分别向左、右偏移，偏移量均为 1500（此距离与设计的亭子尺寸（见图 9-7）有关），结果如图 9-8 所示。

（4）将"亭"图层置为当前图层，单击"默认"选项卡"绘图"面板中的"圆"按钮，绘制亭子的柱子，命令行提示与操作如下：

```
命令: _circle
指定圆的圆心或 [三点(3P)/两点(2P)/切点、切点、半径(T)]: (用鼠标拾取右上角两中心线的交点)
指定圆的半径或 [直径(D)] <1500.0000>: 100↙↙
```

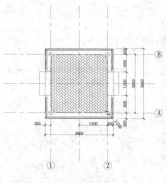

图 9-7 平面图尺寸

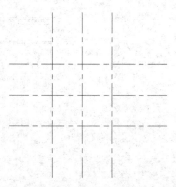

图 9-8 轴线的绘制

（5）打开"正交"命令，单击"默认"选项卡"绘图"面板中的"直线"按钮 ✏，以圆心为起点，向左绘制一条长度为 1500 的直线，作为辅助线，如图 9-9 所示，将辅助线向下偏移 20，作为座椅的边缘，删除辅助线，以座椅边缘线为基准，分别向上偏移 220、240、280、300、320，即座椅的宽度为 220，靠背的宽度为 100（包括靠背的装饰格子），如图 9-10 所示。

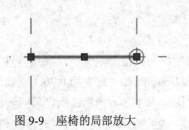

图 9-9　座椅的局部放大

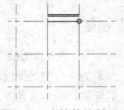

图 9-10　座椅的绘制（1）

 提示

> 在亭子平面图的绘制中先绘制出亭子的 1/4，然后应用"镜像"命令绘出平面图的其他部分。

（6）以圆心为起点，向下绘制一条长度为 1500 的直线，按照相同步骤绘出另一侧座椅，如图 9-11 所示。

（7）修剪图形。单击"默认"选项卡"修改"面板中的"修剪"按钮 ✂，命令行提示与操作如下：

```
命令: _trim
当前设置:投影=UCS，边=无
选择剪切边...
选择对象或 <全部选择>: （选择圆）
选择对象: ↙
选择要修剪的对象,或按住 Shift 键选择要延伸的对象,或 [栏选(F)/窗交(C)/投影(P)/边(E)/删除(R)/放弃(U)]: ↙（用鼠标点取图 9-11 中的 1 处）
选择要修剪的对象,或按住 Shift 键选择要延伸的对象,或 [栏选(F)/窗交(C)/投影(P)/边(E)/删除(R)/放弃(U)]: ↙（用鼠标点取图 9-11 中的 2 处）
```

结果如图 9-12 所示。

（8）延伸直线。当直线被选中时，会显示蓝色点，当鼠标光标移动到此处时，点的状态变成红色，单击点向右拉伸，如图 9-13 所示；然后对竖向直线采用"延伸"命令，如图 9-14 所示；最后进行修剪，结果如图 9-12 所示。

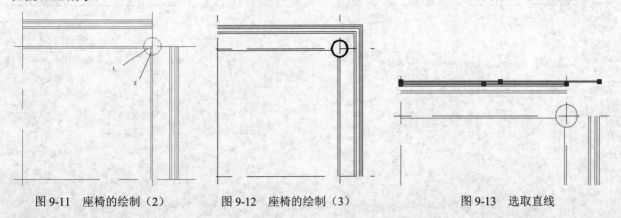

图 9-11　座椅的绘制（2）　　　图 9-12　座椅的绘制（3）　　　图 9-13　选取直线

5. 柱础的画法

（1）单击"默认"选项卡"绘图"面板中的"圆"按钮 ⊙，以柱的圆心为圆心，以 150 为半径画圆，并对其进行修剪。

（2）对座椅转折处进行修改。单击"默认"选项卡"绘图"面板中的"直线"按钮 ✐，在座椅靠背转折处画直线，如图 9-15 所示，单击"默认"选项卡"修改"面板中的"偏移"按钮 ⬕，将刚绘制的直线向左、右各偏移 10，然后进行修剪，如图 9-16 所示。

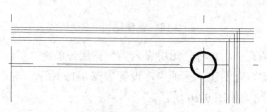
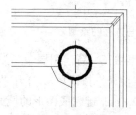
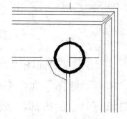

| 图 9-14　延伸直线 | 图 9-15　座椅转折绘制 | 图 9-16　修剪座椅转折处 |

6. 台阶的画法

（1）园林中用方柱作为座椅与台阶的交接处理。台阶长 1200、宽 300，这里为半个台阶的长度，单击"默认"选项卡"绘图"面板中的"矩形"按钮 ⬜，命令行提示与操作如下：

```
命令: _rectang
指定第一个角点或 [倒角(C)/标高(E)/圆角(F)/厚度(T)/宽度(W)]: （用鼠标拾取右侧中间两条轴线的交点）
指定另一个角点或 [面积(A)/尺寸(D)/旋转(R)]: @300,600✓
```

（2）向右复制以相同矩形为第二级台阶，单击"默认"选项卡"修改"面板中的"复制"按钮 ⬚，命令行提示与操作如下：

```
命令: _copy
选择对象: （选择刚绘制的矩形）
选择对象: ✓
当前设置: 复制模式 = 多个
指定基点或 [位移(D)/模式(O)] <位移>: （用鼠标拾取矩形的左下角）
指定第二个点或 [阵列(A)] <使用第一个点作为位移>: （用鼠标拾取矩形的右下角）
指定第二个点或 [阵列(A)/退出(E)/放弃(U)] <退出>: ✓✓
```

（3）绘制方柱。单击"默认"选项卡"绘图"面板中的"矩形"按钮 ⬜，以座椅与台阶的交点为第一角点，以（@100,100）为第二角点坐标，绘制正方形来表示方柱，最后结果如图 9-17 所示。

（4）单击"默认"选项卡"修改"面板中的"镜像"按钮 ⬙，命令行提示与操作如下：

```
命令: _mirror
选择对象: （框选绘制的所有图形）
选择对象: ✓
指定镜像线的第一点: （用鼠标在轴线上拾取一点）
指定镜像线的第二点: （用鼠标在轴线上拾取另一点）
要删除源对象吗? [是(Y)/否(N)] <N>: ✓
```

重复"镜像"命令，继续镜像图形，结果如图9-18所示。

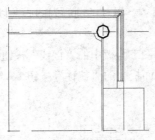

图9-17　台阶与方柱的绘制

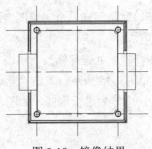

图9-18　镜像结果

（5）对平面图内部进行图案填充，新建图层命名为"填充"，并将此图层设为当前图层，单击"默认"选项卡"绘图"面板中的"图案填充"按钮，打开"图案填充创建"选项卡，设置如图9-19所示。选取要填充对象的内部，按空格键或Enter键完成图形的填充，结果如图9-20所示。

图9-19　"图案填充创建"选项卡

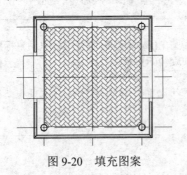

图9-20　填充图案

📢 **提示**

样例的选择依据设计去设定，另外，如果填充预览后显示不合适，就需调整比例。

7. 亭架仰视图的绘制

亭架仰视图的尺寸如图9-21所示。

（1）新建图层，并将其命名为"亭架仰视图"，将"轴线"图层设置为当前图层，单击"默认"选项卡"绘图"面板中的"直线"按钮，在绘图区适当位置画出轴线，步骤同平面图的绘制，如图9-22所示。

（2）单击"默认"选项卡"修改"面板中的"偏移"按钮，向上、下和左、右方向各偏移两条横向轴线和竖向轴线，偏移量为1500，结果如图9-23所示。

（3）单击"默认"选项卡"绘图"面板中的"直线"按钮，如图9-24所示，绘出灯芯木、童柱和柱子连成的轴线。

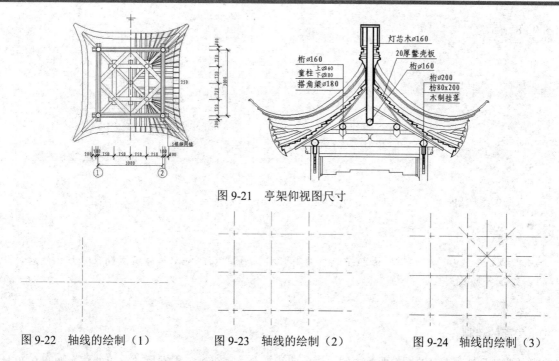

图 9-21　亭架仰视图尺寸

图 9-22　轴线的绘制（1）　　　图 9-23　轴线的绘制（2）　　　图 9-24　轴线的绘制（3）

8. 柱子的绘制

将"亭架仰视图"图层设置为当前图层，根据设计尺寸，灯芯木的平面尺寸为直径 160 的圆，童柱为直径 180 的圆，柱子为直径 200 的圆。由此单击"默认"选项卡"绘图"面板中的"圆"按钮⊘，在如图 9-25 所示位置绘制出柱子。

9. 梁的绘制

以临近的柱心或轴线作为参照来确定梁的尺寸。在命令行中输入"多线"命令 MLINE，命令行提示与操作如下：

图 9-25　柱子的绘制

```
命令: MLINE↙
当前设置: 对正 = 上，比例 = 180.00，样式 = STANDARD
指定起点或 [对正(J)/比例(S)/样式(ST)]: j↙
输入对正类型 [上(T)/无(Z)/下(B)] <上>: z↙
当前设置: 对正 = 无，比例 = 180.00，样式 = STANDARD
指定起点或 [对正(J)/比例(S)/样式(ST)]: s↙
输入多线比例 <180.00>: ↙
当前设置: 对正 = 无，比例 = 180.00，样式 = STANDARD
指定起点或 [对正(J)/比例(S)/样式(ST)]:
指定下一点:
指定下一点或 [放弃(U)]:
指定下一点或 [闭合(C)/放弃(U)]: ↙
```

其中对正类型的起点选择轴线的交汇处或者柱心，"Z"表示中心对齐，比例表示双线的宽度。根据图 9-26 所示的尺寸绘图，单击"默认"选项卡"绘图"面板中的"直线"按钮／，把双线的端口连接上，如图 9-27 所示；然后单击"默认"选项卡"修改"面板中的"修剪"按钮－／－，对交叉的直线进行修剪，结果如图 9-28 所示。

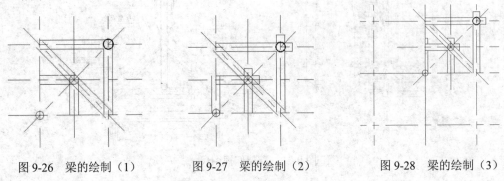

图 9-26　梁的绘制（1）　　　　图 9-27　梁的绘制（2）　　　　图 9-28　梁的绘制（3）

提示

单击"默认"选项卡"修改"面板中的"分解"按钮，可以把双线分解成两条直线，然后对其进行编辑、修改等操作。

10. 屋面的绘制

单击"默认"选项卡"绘图"面板中的"样条曲线拟合"按钮，根据尺寸绘出曲线，如图 9-29 所示，然后单击"默认"选项卡"修改"面板中的"镜像"按钮，把画出的屋面曲线沿 45° 轴线进行镜像，结果如图 9-30 所示。

　　　　　　　　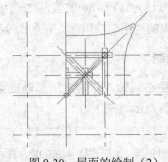

图 9-29　屋面的绘制（1）　　　　　　　　图 9-30　屋面的绘制（2）

11. 戗的绘制

在命令行中输入"多线"命令 MLINE，"比例"设为 120，起点选择柱子的圆心；然后对屋面曲线进行偏移，单击"默认"选项卡"修改"面板中的"偏移"按钮，偏移量为 250，结果如图 9-31 所示，单击"默认"选项卡"修改"面板中的"镜像"按钮，镜像后半个屋面，如图 9-32 所示。

12. 椽的绘制

椽的画法根据如图 9-33 所示的设计尺寸，先单击"默认"选项卡"绘图"面板中的"直线"按钮，绘出直径为 30 和 70 的椽，绘制时以临近的 90° 轴线作为距离参照来确定尺寸。然后剩余椽的绘制方法可借助辅助环形阵列来实现。

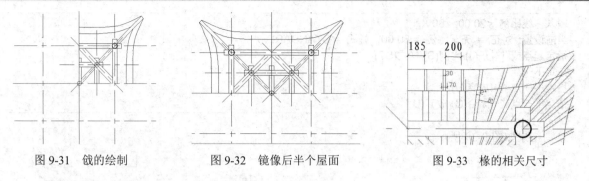

图 9-31　戗的绘制　　　　　图 9-32　镜像后半个屋面　　　　图 9-33　椽的相关尺寸

13. 以童柱的柱心为圆心绘制有角度的椽

（1）右击状态栏中的"极轴"按钮，选择"正在追踪设置"选项，弹出如图 9-34 所示的对话框，单击"新建"按钮，输入角度 52 和 54，然后单击"默认"选项卡"绘图"面板中的"直线"按钮，打开极轴设置，绘制出两条角度相差为 2°的直线，为一条椽。结果如图 9-35 所示。

（2）单击"默认"选项卡"修改"面板中的"环形阵列"按钮，选择对象为角度相差 2°的直线，中心点选择"童柱"的柱心，设置项目数为 5，项目间角度为 8，单击"确定"按钮，结果如图 9-36 所示。

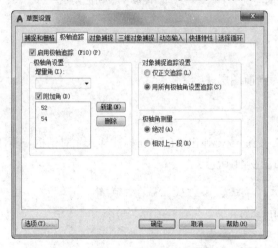

图 9-34　极轴角度设置

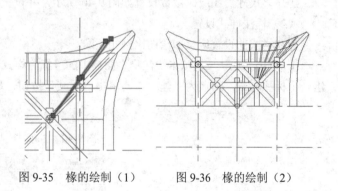

图 9-35　椽的绘制（1）　　　图 9-36　椽的绘制（2）

（3）单击"默认"选项卡"修改"面板中的"镜像"按钮，选中所绘制的椽，镜像轴线选择 45°轴线，结果如图 9-37 所示；重复"镜像"命令，选中所绘制的半个屋架，镜像轴线选择水平中心轴线，结果如图 9-38 所示。

14. 枋的绘制

在命令行中输入"多线"命令 MLINE，沿着梁的轴线绘制双线，命令行提示与操作如下：

```
命令: MLINE↙
当前设置: 对正 = 上，比例 = 20.00，样式 = STANDARD
指定起点或 [对正(J)/比例(S)/样式(ST)]: j↙
输入对正类型 [上(T)/无(Z)/下(B)] <上>: z↙
当前设置: 对正 = 无，比例 = 20.00，样式 = STANDARD
指定起点或 [对正(J)/比例(S)/样式(ST)]: s↙
```

输入多线比例 <20.00>: 80↙
当前设置: 对正 = 无, 比例 = 80.00, 样式 = STANDARD
指定起点或 [对正(J)/比例(S)/样式(ST)]:
指定下一点:
指定下一点或 [放弃(U)]:
指定下一点或 [闭合(C)/放弃(U)]: ↙

绘制结果如图 9-39 所示。

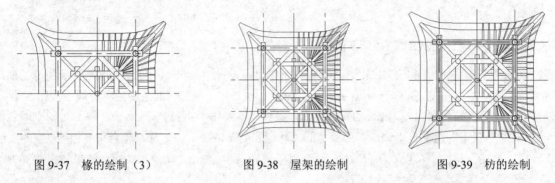

图 9-37 椽的绘制（3）　　图 9-38 屋架的绘制　　图 9-39 枋的绘制

15. 尺寸标注及轴号标注

（1）建立"尺寸"图层
建立"尺寸"图层，参数设置如图 9-40 所示，并设置为当前图层。
（2）标注样式设置
标注样式的设置应该和绘图比例相匹配。
① 单击"默认"选项卡"注释"面板中的"标注样式"按钮，弹出"创建新标注样式"对话框，新建一个标注样式，命名为"建筑"，单击"继续"按钮，如图 9-41 所示。

| ✓ 尺寸 | ♀ | ☼ | 🔓 | ■绿 | Continu... | —— 默认 | 0 | Color_3 | 🖨 | 🗐 |

图 9-40 "尺寸"图层参数

图 9-41 新建标注样式

② 将"建筑"样式中的参数按如图 9-42～图 9-46 所示逐项进行设置。单击"确定"按钮后回到"标注样式管理器"对话框，将"建筑"样式设置为当前，如图 9-47 所示。

16. 尺寸标注

该部分尺寸标注分为两道，第一道为局部尺寸的标注，第二道为总尺寸。

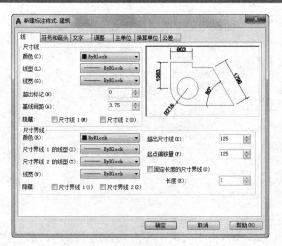

图 9-42　设置参数（1）

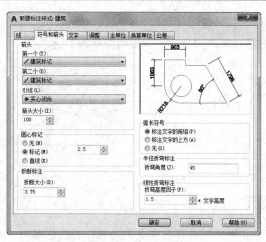

图 9-43　设置参数（2）

图 9-44　设置参数（3）

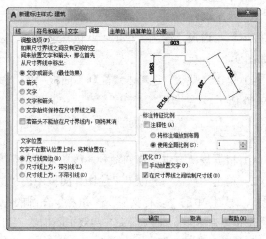

图 9-45　设置参数（4）

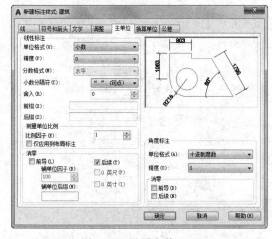

图 9-46　设置参数（5）

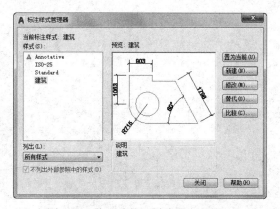

图 9-47　将"建筑"样式置为当前

（2）第一道尺寸线绘制。单击"默认"选项卡"注释"面板中的"线性"按钮 ⊢ 和"连续"按钮 ⊞，为图形标注第一道尺寸，结果如图 9-48 所示。

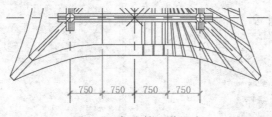

图 9-48　标注第一道尺寸

📢 **提示**

对于尺寸字样出现重叠的情况，应将它移开。用鼠标拾取尺寸数字，再用鼠标选中中间的蓝色方块标记，将字样移至外侧适当位置后单击"确定"按钮。

（3）第二道尺寸绘制。单击"默认"选项卡"注释"面板中的"线性"按钮 ⊢，为图形标注第二道尺寸，如图 9-49 所示。

（4）单击"默认"选项卡"注释"面板中的"线性"按钮 ⊢ 和"连续"按钮 ⊞，绘制其他尺寸，结果如图 9-50 所示。

17．轴号标注

（1）根据规范要求，横向轴号一般用阿拉伯数字 1、2、3…标注，纵向轴号用字母 A、B、C…标注。

（2）单击"默认"选项卡"绘图"面板中的"圆"按钮 ⊘，在轴线端绘制一个直径为 400 的圆，单击"绘图"工具栏中的"多行文字"按钮 A，在圆的中央标注一个数字"1"，字高 250，如图 9-51 所示。将该轴号图例复制到其他轴线端头，并双击圈内数字进行修改。

轴号标注结束后如图 9-52 所示。

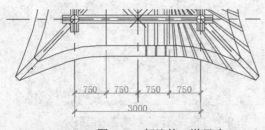

图 9-49　标注第二道尺寸

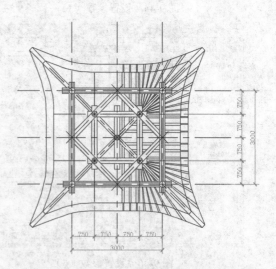

图 9-50　尺寸标注完毕

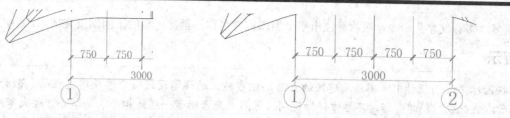

图 9-51　轴号　　　　　　　　图 9-52　下方尺寸标注结果

（3）采用上述整套尺寸标注方法，将其他方向的尺寸标注完成，结果如图 9-53 所示。

（4）亭平面图的标注方法同此，结果如图 9-54 所示。

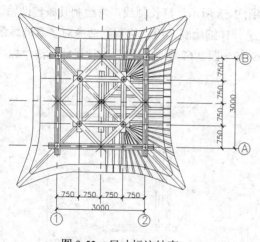

图 9-53　尺寸标注结束

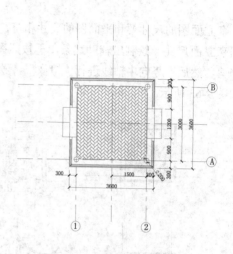

图 9-54　平面图尺寸标注

18. 建立"文字"图层

建立"文字"图层，参数设置如图 9-55 所示，将其设置为当前图层。

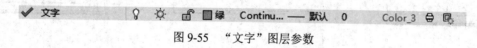

图 9-55　"文字"图层参数

19. 标注文字

单击"默认"选项卡"注释"面板中的"多行文字"按钮**A**，打开"文字编辑器"选项卡和多行文字编辑器，如图 9-56 所示。首先设置字体及字高，其次在文本区输入要标注的文字，单击绘图区空白处完成文字的输入。

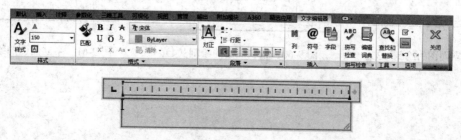

图 9-56　"文字编辑器"选项卡和多行文字编辑器

重复"多行文字"命令，依次标注出亭平面图构件名称。至此，亭的平面图就完成了。

📣 **提示**

在园林平面图设计中，不涉及建筑的立面，但在施工的详图设计中会涉及建筑立面、剖面图等的绘制，所以在此仅作简单介绍，不再作详细说明。另随书光盘附带一膜结构亭和一草亭，供大家练习使用。

9.2.3 亭立面图的绘制

亭立面图的尺寸要和平面图的尺寸相符，如图 9-57 和图 9-58 所示，延长轴线，再绘制几条辅助轴线，根据亭立面尺寸，绘制出辅助线条，再按照图步骤，对其进行详细绘制，用"修剪"命令对多余的线条进行修剪，然后沿竖向中轴线进行"镜像"，绘制过程如图 9-59～图 9-62 所示，最后进行尺寸标注，标注结果如图 9-63 所示。

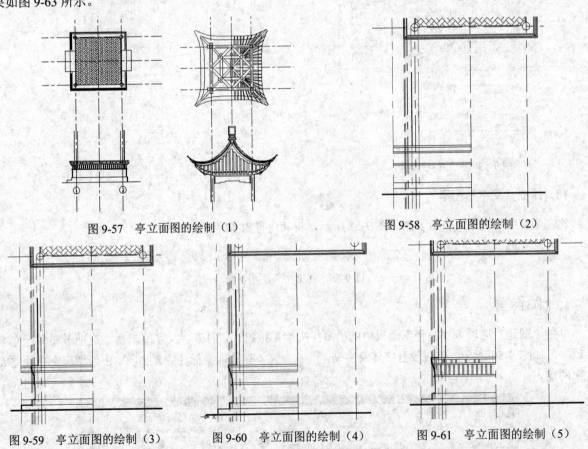

图 9-57 亭立面图的绘制（1）

图 9-58 亭立面图的绘制（2）

图 9-59 亭立面图的绘制（3）

图 9-60 亭立面图的绘制（4）

图 9-61 亭立面图的绘制（5）

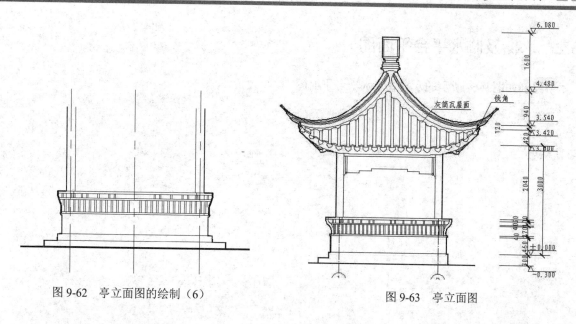

图 9-62　亭立面图的绘制（6）

图 9-63　亭立面图

9.3　水榭绘制实例

一般指有平台挑出水面观赏风景的园林建筑。《园冶》中说"榭者，藉也。藉景而成景也。或水边，或花畔，制亦随态"。现在的榭，以水榭居多，近水有平台伸出，设休息椅凳，以便近水赏景。较大的水榭还可以结合茶室或兼作水上舞台。

9.3.1　榭的基本特点

水榭作为一种临水园林建筑在设计上除了应满足功能需要外，还要与水面、池岸自然融合，并在体量、风格、装饰等方面与所处园林环境相协调。其设计要点如下：

（1）在可能范围内，水榭应三面或四面临水。如果不宜突出于池岸（湖），也应以平台作为建筑物与水面的过渡，以便使用者置身水面之上更好地欣赏景物。

（2）水榭应尽可能贴近水面。当池岸地坪距离水面较远时，水榭地坪应根据实际情况降低高度。此外，不能将水榭地坪与池岸地坪取齐，这样会将支撑水榭下部的混凝土骨架暴露出来，影响整体景观效果。

（3）全面考虑水榭与水面的高差关系。水榭与水面的高差关系，在水位无显著变化的情况下容易掌握；如果水位涨落变化较大，设计师应在设计前详细了解水位涨落的原因与规律，特别是最高水位的标高。应以稍高于最高水位的标高作为水榭的设计地坪，以免水淹。

（4）巧妙遮挡支撑水榭下部的骨架。当水榭与水面之间高差较大，支撑体又暴露得过于明显时，不要将水榭的驳岸设计成整齐的石砌岸边，而应将支撑的柱墩尽量向后设置，在浅色平台下部形成一条深色的阴影，在光影的对比中增加平台外挑的轻快感。

（5）在造型上，水榭应与水景、池岸风格相协调，强调水平线条。有时可通过设置水廊、白墙、漏窗，形成平缓而舒朗的景观效果。若在水榭四周栽种一些树木或翠竹等植物，效果会更好。

9.3.2 水榭及临水平台平面图

本节绘制如图 9-64 所示的水榭及临水平台平面图。

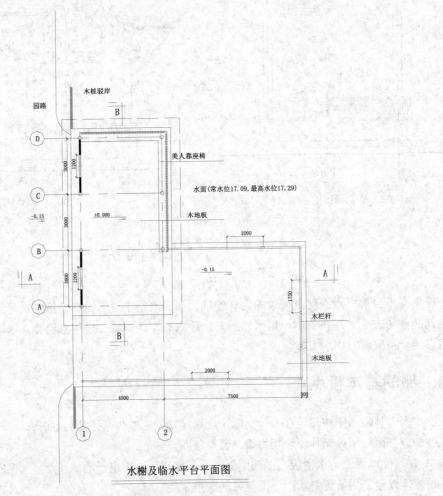

水榭及临水平台平面图

图 9-64 水榭及临水平台平面图

1. 绘制图形

（1）单击"默认"选项卡"图层"面板中的"图层特性"按钮，打开"图层特性管理器"对话框，新建几个图层，并将"轴线"图层设置为当前图层，如图 9-65 所示。

（2）将鼠标箭头移到状态栏的"正交"按钮上，单击鼠标左键打开正交设置，如图 9-66 所示。选择菜单栏中的"格式"→"线型"命令，打开"线型管理器"对话框进行设置，如图 9-67 所示。

（3）单击"默认"选项卡"绘图"面板中的"直线"按钮，绘制两条相交的轴线，如图 9-68 所示。

（4）单击"默认"选项卡"修改"面板中的"偏移"按钮，将水平轴线依次向下偏移 3000、3000 和 3000，将竖直轴线向左偏移 4500，如图 9-69 所示。

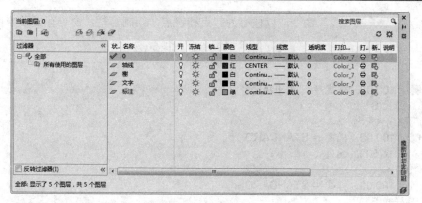

图 9-65　新建图层

图 9-66　打开正交设置

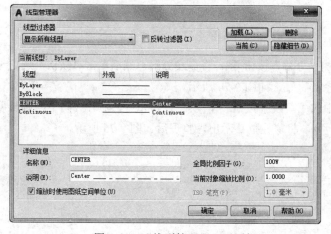

图 9-67　"线型管理器"对话框

图 9-68　绘制轴线　　图 9-69　偏移轴线

（5）将"榭"图层设置为当前图层，单击"默认"选项卡"绘图"面板中的"圆"按钮，绘制半径为 100 的柱子，结果如图 9-70 所示。

（6）单击"默认"选项卡"修改"面板中的"偏移"按钮，将最上边轴线向上偏移 500，向下依次偏移 5700、3800 和 3800，将最左侧的轴线向左偏移 500，向右依次偏移 5000 和 7300，将偏移后的轮廓线置于"榭"图层中，结果如图 9-71 所示。

（7）单击"默认"选项卡"修改"面板中的"倒角"按钮和"修剪"按钮，修剪掉多余的直线，完成基础轮廓线的绘制，如图 9-72 所示。

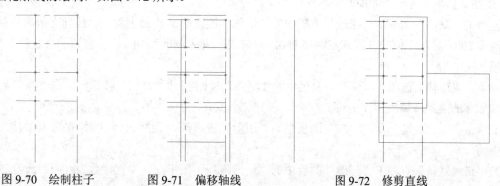

图 9-70　绘制柱子　　　　　图 9-71　偏移轴线　　　　　图 9-72　修剪直线

（8）选择菜单栏中的"绘图"→"多线"命令，以柱心为起点和终点，绘制窗栏，命令行提示与操作如下：

```
命令: MLINE↙
当前设置: 对正 = 无，比例 = 100.00，样式 = STANDARD
指定起点或 [对正(J)/比例(S)/样式(ST)]: j↙
输入对正类型 [上(T)/无(Z)/下(B)] <无>: z↙
当前设置: 对正 = 无，比例 = 100.00，样式 = STANDARD
指定起点或 [对正(J)/比例(S)/样式(ST)]: s↙
输入多线比例 <100.00>: 100↙
当前设置: 对正 = 无，比例 = 100.00，样式 = STANDARD
指定起点或 [对正(J)/比例(S)/样式(ST)]:
指定下一点:
指定下一点或 [放弃(U)]:
```

结果如图 9-73 所示。

（9）单击"默认"选项卡"修改"面板中的"分解"按钮，将多线分解，然后单击"默认"选项卡"修改"面板中的"修剪"按钮，修剪掉多余的直线，如图 9-74 所示。

（10）单击"默认"选项卡"绘图"面板中的"直线"按钮，以柱心为起点，沿轴线向下绘制长度为 900 的直线，为窗栏的位置，重复"直线"命令，将窗栏位置示出，整理后如图 9-75 所示。

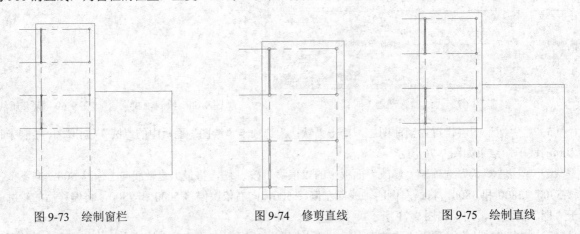

图 9-73　绘制窗栏　　　　　图 9-74　修剪直线　　　　　图 9-75　绘制直线

（11）单击"默认"选项卡"绘图"面板中的"图案填充"按钮，打开"图案填充创建"选项卡，选择 SOLID 图案，填充图形，如图 9-76 所示。

（12）单击"默认"选项卡"修改"面板中的"偏移"按钮，将最上侧的轴线向上依次偏移 250 和 50，向下偏移 200，将最右侧的轴线向左偏移 200，向右依次偏移 250 和 50，将偏移后的直线置于"榭"图层中，结果如图 9-77 所示。

（13）单击"默认"选项卡"修改"面板中的"倒角"按钮和"修剪"按钮，修剪掉多余的直线，完成椅面和靠背的绘制，如图 9-78 所示。

（14）单击"默认"选项卡"绘图"面板中的"矩形"按钮，绘制长为 100、宽为 30 的靠背栅格，如图 9-79 所示。

（15）单击"默认"选项卡"修改"面板中的"矩形阵列"按钮，设置行数为 1，列数为 51，列偏移为 90，选择靠背栅格为阵列对象，阵列图形，如图 9-80 所示。

（16）单击"默认"选项卡"绘图"面板中的"矩形"按钮▢，在图中右侧绘制栅格，如图 9-81 所示。

（17）单击"默认"选项卡"修改"面板中的"矩形阵列"按钮▦，设置行数为 70，列数为 1，行偏移为-90，选择靠背栅格为阵列对象，阵列图形，如图 9-82 所示。

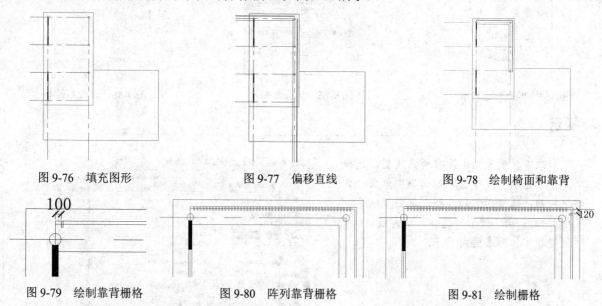

图 9-76　填充图形　　　　　图 9-77　偏移直线　　　　　图 9-78　绘制椅面和靠背

图 9-79　绘制靠背栅格　　　　图 9-80　阵列靠背栅格　　　　图 9-81　绘制栅格

（18）单击"默认"选项卡"修改"面板中的"修剪"按钮┼，修剪掉多余的直线，最终完成靠座椅的绘制，如图 9-83 所示。

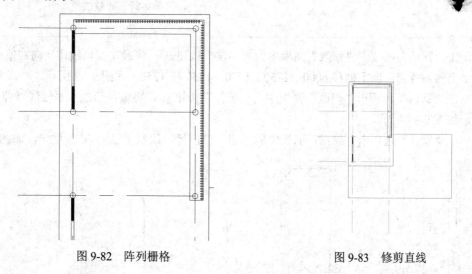

图 9-82　阵列栅格　　　　　　　　　图 9-83　修剪直线

（19）单击"默认"选项卡"修改"面板中的"偏移"按钮◳，将基础轮廓线向外偏移 500，然后单击"默认"选项卡"修改"面板中的"修剪"按钮┼，修剪掉多余的直线，完成顶部轮廓的绘制，如图 9-84 所示。

（20）修改顶部轮廓的线型，选择 ACAD_ISO02W100 线型，如图 9-85 所示，修改后如图 9-86 所示。

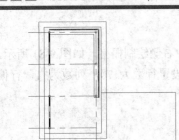

图 9-84　绘制顶部轮廓

图 9-85　选择线型

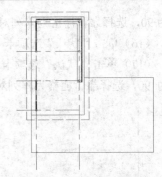

图 9-86　修改后线型

提示

如果下拉列表框中没有所需线型，选择"其他"选项，在弹出的对话框中单击"加载"按钮，选择所需的线型，单击"确定"按钮，如图 9-87 所示。这样，所需线型的式样就能在下拉列表框内显示。

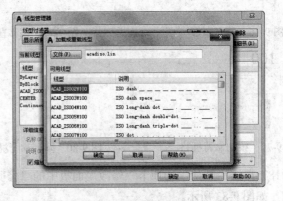

图 9-87　加载线型

（21）单击"默认"选项卡"修改"面板中的"偏移"按钮 ⊂，将最左侧轴线依次向右偏移 2000，偏移 6 次，将最上侧轴线依次向下偏移 6000、1750、1750、1750 和 1750，如图 9-88 所示。

（22）单击"默认"选项卡"修改"面板中的"延伸"按钮 ⊸，将偏移后的水平轴线延伸，将其与竖直轴线相交，如图 9-89 所示。

（23）单击"默认"选项卡"绘图"面板中的"圆"按钮 ⊙，绘制半径为 60 的柱子，如图 9-90 所示。

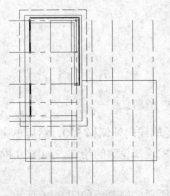

图 9-88　偏移轴线

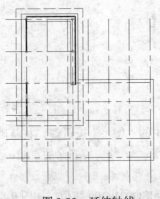

图 9-89　延伸轴线

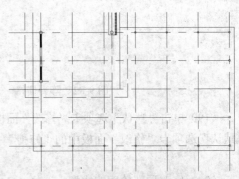

图 9-90　绘制柱子

（24）选择菜单栏中的"绘图"→"多线"命令，绘制木栏杆，命令行提示与操作如下：

```
命令: MLINE↙
当前设置: 对正 = 无，比例 = 400.00，样式 = STANDARD
指定起点或 [对正(J)/比例(S)/样式(ST)]: j↙
输入对正类型 [上(T)/无(Z)/下(B)] <无>: z↙
当前设置: 对正 = 无，比例 = 400.00，样式 = STANDARD
指定起点或 [对正(J)/比例(S)/样式(ST)]: s↙
输入多线比例 <400.00>: 80↙
当前设置: 对正 = 无，比例 = 80.00，样式 = STANDARD
指定起点或 [对正(J)/比例(S)/样式(ST)]:（选择柱心）
指定下一点:（选择柱心）
```

结果如图 9-91 所示。

（25）单击"默认"选项卡"修改"面板中的"删除"按钮和"修剪"按钮，修剪掉多余的直线，并将多余的轴线删除，如图 9-92 所示。

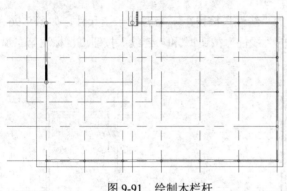

图 9-91　绘制木栏杆

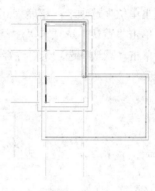

图 9-92　修剪直线

（26）单击"默认"选项卡"绘图"面板中的"圆"按钮和"修改"面板中的"复制"按钮，绘制木桩驳岸，如图 9-93 所示。

（27）单击"默认"选项卡"修改"面板中的"镜像"按钮，将绘制的木桩驳岸镜像到另外一侧，如图 9-94 所示。

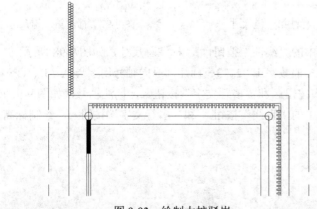

图 9-93　绘制木桩驳岸

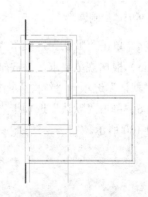

图 9-94　镜像木桩驳岸

（28）单击"默认"选项卡"绘图"面板中的"直线"按钮 ╱ 和"圆弧"按钮 ╭，绘制园路，如图 9-95 所示。

2. 进行尺寸标注和文字说明。

（1）将"标注"图层设置为当前图层，单击"默认"选项卡"注释"面板中的"标注样式"按钮 ，进入"标注样式管理器"对话框，在该对话框中单击"新建"按钮，然后进入创建新标注样式对话框，输入新建样式名，然后单击"继续"按钮，进行标注样式的设置。

设置新标注样式时，根据绘图比例，对"线""符号和箭头""文字""主单位"选项卡进行设置，具体如下：

① "线"选项卡："超出尺寸线"为 30，起点偏移量为 30。

② "符号和箭头"选项卡："第一个"为用户箭头，选择"建筑标记"，"箭头大小"为 100。

③ "文字"选项卡："文字高度"为 200，"文字位置"为垂直上，"从尺寸线偏移"为 20，"文字对齐"为"与尺寸线对齐"。

④ "主单位"选项卡：精度为 0，比例因子为 1。

（2）单击"默认"选项卡"注释"面板中的"线性"按钮 ╞╡，标注第一道尺寸，如图 9-96 所示。

（3）单击"默认"选项卡"注释"面板中的"线性"按钮 ╞╡ 和"连续"按钮 ╫╫，标注第二道尺寸，如图 9-97 所示。

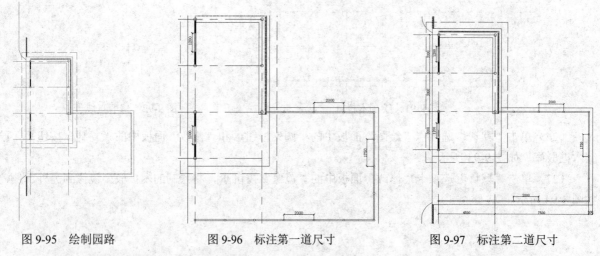

图 9-95　绘制园路　　　　　图 9-96　标注第一道尺寸　　　　　图 9-97　标注第二道尺寸

（4）单击"默认"选项卡"注释"面板中的"线性"按钮 ╞╡，标注总尺寸，如图 9-98 所示。

（5）根据规范要求，横向轴号一般用阿拉伯数字 1、2、3…标注，纵向轴号用字母 A、B、C…标注。单击"默认"选项卡"绘图"面板中的"圆"按钮 ⊙ 和"多行文字"按钮 A，标注轴号，如图 9-99 所示。

（6）单击"默认"选项卡"绘图"面板中的"直线"按钮 ╱ 和"多行文字"按钮 A，绘制标高符号，如图 9-100 所示。

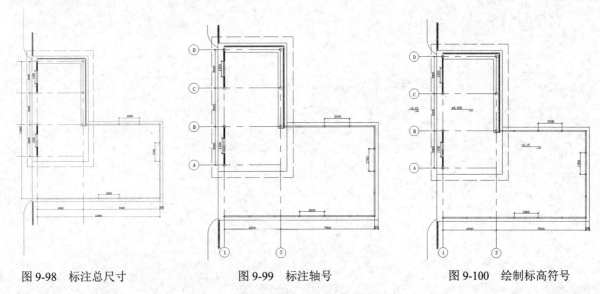

图 9-98　标注总尺寸　　　　　图 9-99　标注轴号　　　　　图 9-100　绘制标高符号

（7）同理，单击"默认"选项卡"绘图"面板中的"直线"按钮 和"注释"面板中的"多行文字"按钮 A，标注文字，如图 9-101 所示。

（8）单击"默认"选项卡"绘图"面板中的"直线"按钮，绘制剖切符号，如图 9-102 所示。

（9）单击"默认"选项卡"注释"面板中的"多行文字"按钮 A，在剖切符号处输入字母"A"，如图 9-103 所示。

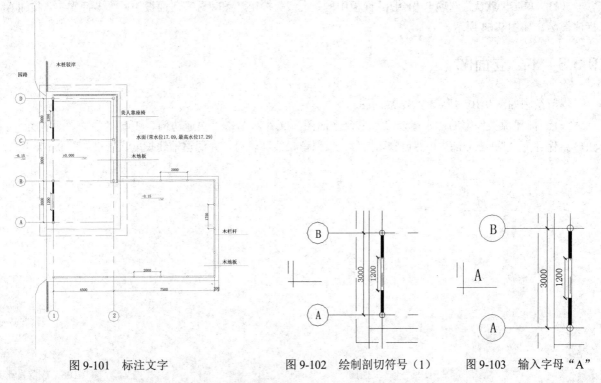

图 9-101　标注文字　　　　　图 9-102　绘制剖切符号（1）　　　　　图 9-103　输入字母"A"

（10）使用同样的方法，绘制其他位置处的剖切符号，如图 9-104 所示。

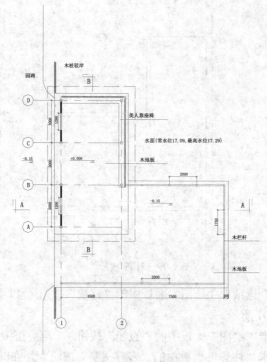

图 9-104 绘制剖切符号（2）

（11）单击"默认"选项卡"绘图"面板中的"直线"按钮╱和"注释"面板中的"多行文字"按钮 **A**，标注图名，如图 9-64 所示。

9.3.3 1-2 立面图

本节绘制如图 9-105 所示的 1-2 立面图。

（1）打开源文件中的"水榭及临水平台平面图"文件，单击"快速访问"工具栏中的"另存为"按钮 ，保存为"1-2 立面图"，然后删除图形，只保留轴线和轴号，并调整轴线长度，结果如图 9-106 所示。

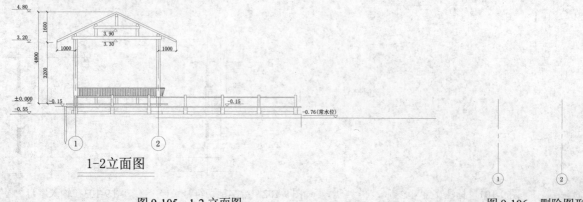

图 9-105 1-2 立面图

图 9-106 删除图形

（2）单击"默认"选项卡"绘图"面板中的"直线"按钮 ╱，绘制连续线段，如图 9-107 所示。

（3）单击"默认"选项卡"修改"面板中的"偏移"按钮 ⚏，将水平线依次向上偏移 140、200 和 60，如图 9-108 所示。

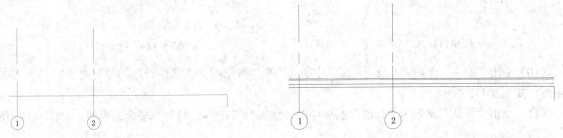

图 9-107　绘制连续线段　　　　　　　　　　　图 9-108　偏移直线

（4）单击"默认"选项卡"绘图"面板中的"直线"按钮 ╱，绘制木桩驳岸，如图 9-109 所示。

（5）单击"默认"选项卡"绘图"面板中的"直线"按钮 ╱，绘制两条竖直直线，完成木桩的绘制，如图 9-110 所示。

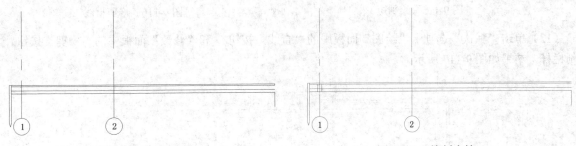

图 9-109　绘制木桩驳岸　　　　　　　　　　　图 9-110　绘制木桩

（6）单击"默认"选项卡"修改"面板中的"复制"按钮 ⚏，将木桩依次向右复制多个，设置间距为 1800，如图 9-111 所示。

（7）单击"默认"选项卡"修改"面板中的"修剪"按钮 ⚏，修剪掉多余的直线，如图 9-112 所示。

（8）单击"默认"选项卡"绘图"面板中的"直线"按钮 ╱，绘制水位线和其他部分图形，如图 9-113 所示。

（9）单击"默认"选项卡"修改"面板中的"偏移"按钮 ⚏，将两条轴线分别向两侧偏移 100，并修改线型为实线，完成柱子的绘制，如图 9-114 所示。

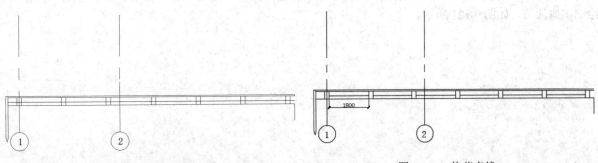

图 9-111　复制木桩　　　　　　　　　　　　　图 9-112　修剪直线

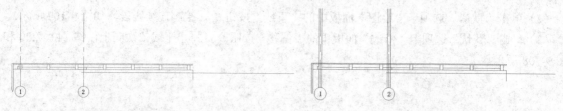

图 9-113　绘制水位线　　　　　　　　　　　图 9-114　绘制柱子

（10）单击"默认"选项卡"绘图"面板中的"矩形"按钮口，在图中合适的位置处绘制一个 5500×60 的矩形，如图 9-115 所示。

（11）单击"默认"选项卡"修改"面板中的"修剪"按钮，修剪掉多余的直线，如图 9-116 所示。

图 9-115　绘制矩形　　　　　　　　　　　　图 9-116　修剪直线

（12）单击"默认"选项卡"绘图"面板中的"直线"按钮和"修改"面板中的"修剪"按钮，绘制栏杆，结果如图 9-117 所示。

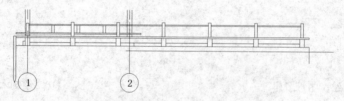

图 9-117　绘制栏杆

（13）单击"默认"选项卡"绘图"面板中的"直线"按钮，绘制靠座椅，如图 9-118 所示。

（14）单击"默认"选项卡"绘图"面板中的"直线"按钮，绘制栅格栏杆，如图 9-119 所示。

（15）单击"默认"选项卡"修改"面板中的"复制"按钮，将栅格栏杆依次向右进行复制，设置间距为 60，单击"默认"选项卡"修改"面板中的"修剪"按钮，修剪掉多余的直线，结果如图 9-120 所示。

（16）单击"默认"选项卡"绘图"面板中的"直线"按钮和"修改"面板中的"延伸"按钮，绘制水榭顶部，如图 9-121 所示。

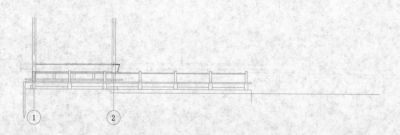

图 9-118　绘制靠座椅

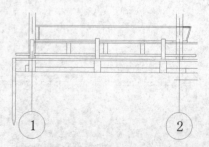

图 9-119　绘制栅格栏杆

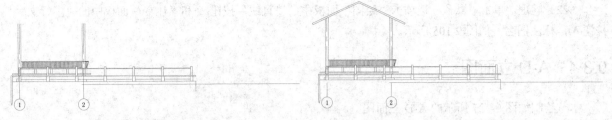

图 9-120 复制栅格栏杆   图 9-121 绘制水榭顶部

（17）单击"默认"选项卡"绘图"面板中的"矩形"按钮⬜，绘制 3 个矩形，如图 9-122 所示。

（18）单击"默认"选项卡"绘图"面板中的"圆"按钮⊘，在矩形处绘制半径为 70 的圆，如图 9-123 所示。

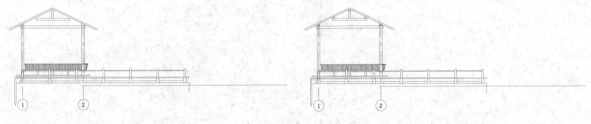

图 9-122 绘制矩形   图 9-123 绘制圆

（19）单击"默认"选项卡"绘图"面板中的"直线"按钮╱，在矩形处绘制连接线，然后单击"默认"选项卡"修改"面板中的"修剪"按钮⊁，修剪掉多余的直线，结果如图 9-124 所示。

（20）单击"默认"选项卡"注释"面板中的"线性"按钮⊢，标注尺寸，如图 9-125 所示。

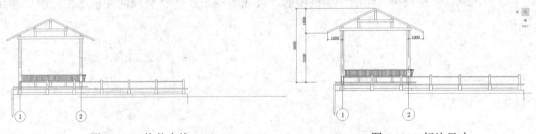

图 9-124 修剪直线   图 9-125 标注尺寸

（21）单击"默认"选项卡"绘图"面板中的"直线"按钮╱和"注释"面板中的"多行文字"按钮A，绘制标高符号，如图 9-126 所示。

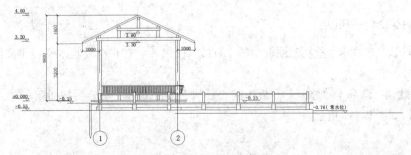

图 9-126 绘制标高符号

（22）同理，单击"默认"选项卡"绘图"面板中的"直线"按钮／和"注释"面板中的"多行文字"按钮A，标注图名，如图 9-105 所示。

9.3.4　A-D 立面图

本节绘制如图 9-127 所示的 A-D 立面图。

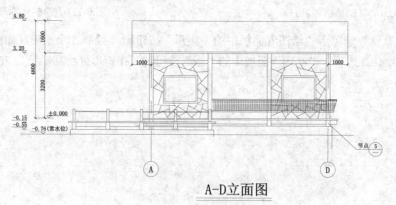

A-D立面图

图 9-127　A-D 立面图

（1）单击"快速访问"工具栏中的"打开"按钮，打开源文件中的"水榭及临水平台平面图"文件，单击"快速访问"工具栏中的"另存为"按钮，保存为"A-D 立面图"，然后将文字与标注图层关闭，并显示轴号，旋转 90°后如图 9-128 所示。

（2）单击"默认"选项卡"绘图"面板中的"直线"按钮／，在整理的图形下侧绘制地坪线，如图 9-129 所示。

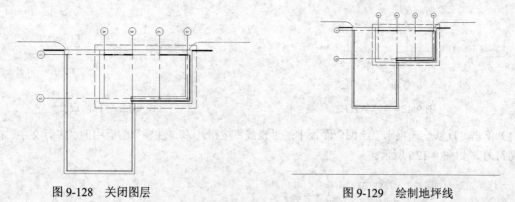

图 9-128　关闭图层　　　　　　　　　　　　图 9-129　绘制地坪线

（3）单击"默认"选项卡"绘图"面板中的"直线"按钮／，在水榭及临水平台平面图处引出辅助线，如图 9-130 所示。

（4）单击"默认"选项卡"修改"面板中的"复制"按钮和"旋转"按钮，将 A 和 D 轴号进行复制并旋转 90°，如图 9-131 所示。

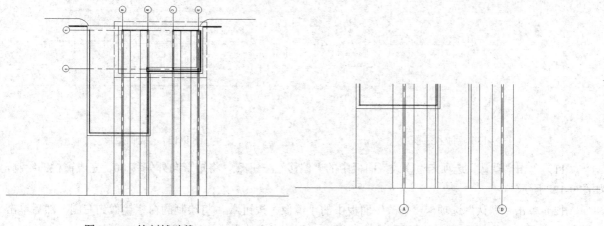

图 9-130 绘制辅助线　　　　　　　　图 9-131 复制轴号

（5）单击"默认"选项卡"绘图"面板中的"直线"按钮╱，绘制水平线，如图 9-132 所示。

（6）单击"默认"选项卡"修改"面板中的"删除"按钮✍和"修剪"按钮┿，修剪掉多余的直线并删除多余的图形，结果如图 9-133 所示。

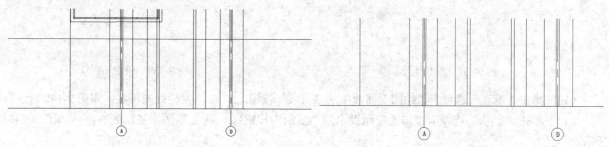

图 9-132 绘制水平线　　　　　　　　图 9-133 修剪图形

（7）单击"默认"选项卡"修改"面板中的"偏移"按钮⊆，将地坪线依次向上偏移 3200 和 1600，如图 9-134 所示。

（8）单击"默认"选项卡"修改"面板中的"修剪"按钮┿，修剪掉多余的直线，如图 9-135 所示。

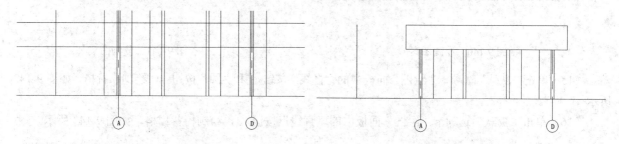

图 9-134 偏移地坪线　　　　　　　　图 9-135 修剪直线

（9）单击"默认"选项卡"绘图"面板中的"直线"按钮╱，细化图形，如图 9-136 所示。

（10）单击"默认"选项卡"绘图"面板中的"矩形"按钮▢，绘制一个 1600×1200 的矩形，如图 9-137 所示。

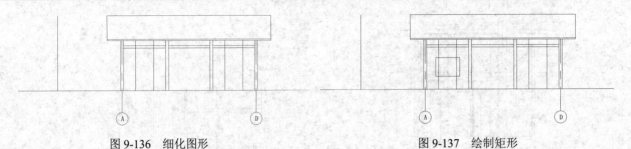

图 9-136　细化图形　　　　　　　　　　图 9-137　绘制矩形

（11）单击"默认"选项卡"修改"面板中的"偏移"按钮，将矩形向外偏移 80，完成窗栏的绘制，如图 9-138 所示。

（12）单击"默认"选项卡"修改"面板中的"镜像"按钮，将绘制的窗栏镜像到右侧，然后单击"默认"选项卡"修改"面板中的"删除"按钮，删除多余的直线，结果如图 9-139 所示。

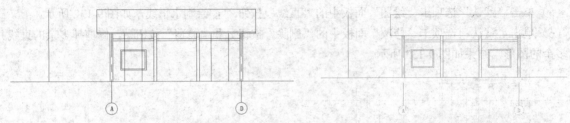

图 9-138　偏移矩形　　　　　　　　　　图 9-139　镜像窗栏

（13）单击"默认"选项卡"绘图"面板中的"直线"按钮，绘制窗栏处的图案，如图 9-140 所示。

（14）单击"默认"选项卡"修改"面板中的"复制"按钮，将左侧图案复制到右侧，如图 9-141 所示。

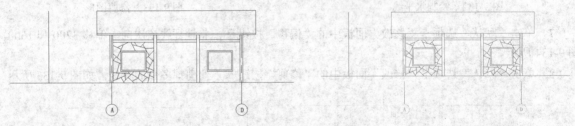

图 9-140　绘制图案　　　　　　　　　　图 9-141　复制图案

（15）单击"默认"选项卡"绘图"面板中的"直线"按钮和"圆"按钮，绘制靠背椅，如图 9-142 所示。

（16）单击"默认"选项卡"绘图"面板中的"直线"按钮，绘制椅背栅格，如图 9-143 所示。

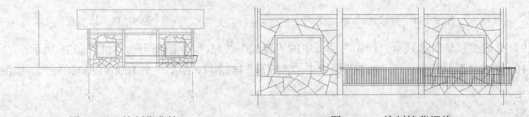

图 9-142　绘制靠背椅　　　　　　　　　图 9-143　绘制椅背栅格

（17）单击"默认"选项卡"修改"面板中的"修剪"按钮 ⊬，修剪掉多余的直线，如图 9-144 所示。

（18）单击"默认"选项卡"修改"面板中的"偏移"按钮 ⟳，将地坪线依次向下偏移 60、200 和 100，如图 9-145 所示。

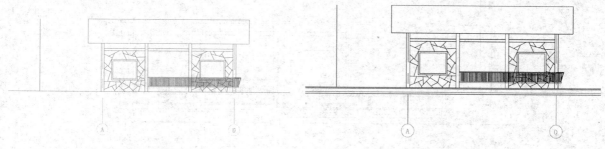

图 9-144　修剪直线　　　　　　　　　　　　　　　图 9-145　偏移地坪线

（19）单击"默认"选项卡"绘图"面板中的"矩形"按钮 ▭，绘制一个 7600×60 的矩形，如图 9-146 所示。

（20）单击"默认"选项卡"绘图"面板中的"直线"按钮 ／ 和"修改"面板中的"修剪"按钮 ⊬，绘制栏杆，如图 9-147 所示。

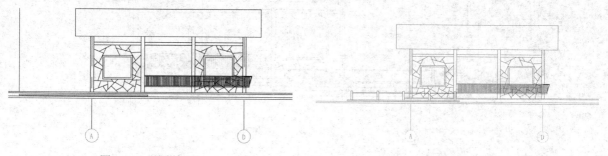

图 9-146　绘制矩形　　　　　　　　　　　　　　　图 9-147　绘制栏杆

（21）单击"默认"选项卡"绘图"面板中的"直线"按钮 ／，绘制木桩，然后单击"修改"工具栏中的"修剪"按钮 ⊬，修剪掉多余的直线，如图 9-148 所示。

（22）单击"默认"选项卡"绘图"面板中的"直线"按钮 ／，绘制水位线，并细化图形，如图 9-149 所示。

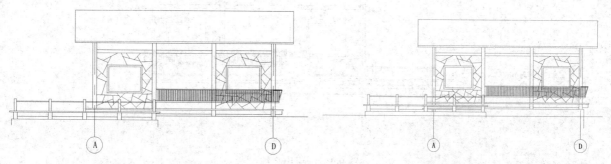

图 9-148　绘制木桩　　　　　　　　　　　　　　　图 9-149　绘制水位线

（23）单击"默认"选项卡"注释"面板中的"线性"按钮 ⊢，标注尺寸，如图 9-150 所示。

（24）单击"默认"选项卡"绘图"面板中的"直线"按钮／和"注释"面板中的"多行文字"按钮Ａ，绘制标高符号，如图9-151所示。

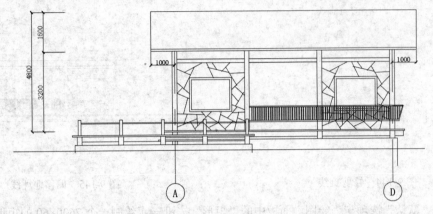

图9-150 标注尺寸

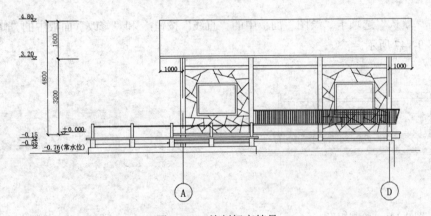

图9-151 绘制标高符号

（25）单击"默认"选项卡"绘图"面板中的"直线"按钮／，在图中引出直线，如图9-152所示。

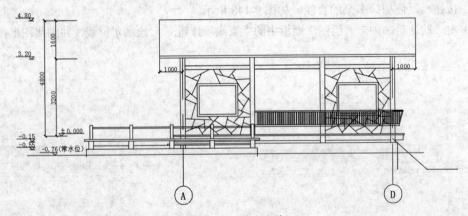

图9-152 引出直线

（26）单击"默认"选项卡"绘图"面板中的"圆"按钮⊘，在直线处绘制圆，如图9-153所示。

（27）单击"默认"选项卡"注释"面板中的"多行文字"按钮 A，输入文字，如图 9-154 所示。

（28）单击"默认"选项卡"绘图"面板中的"直线"按钮 和"多行文字"按钮 A，标注图名，如图 9-127 所示。

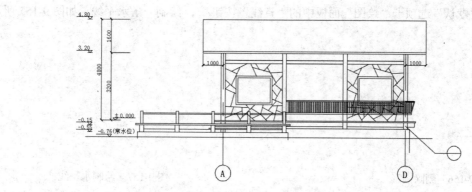

图 9-153　绘制圆

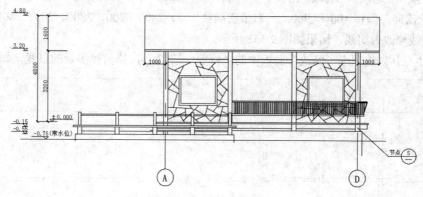

图 9-154　输入文字

9.3.5　B-B 剖面图

本节绘制如图 9-155 所示的 B-B 剖面图。

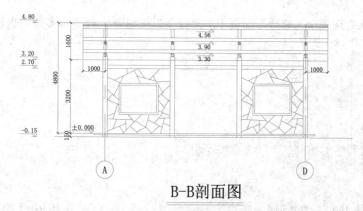

B-B剖面图

图 9-155　B-B 剖面图

（1）单击"快速访问"工具栏中的"打开"按钮🖿，打开源文件中的"A-D 立面图"文件，单击"快速访问"工具栏的"另存为"按钮🖫，保存为"B-B 剖面图"，然后删除图形只保留轴线和轴号，结果如图 9-156 所示。

（2）单击"默认"选项卡"绘图"面板中的"直线"按钮╱，绘制一条水平线，如图 9-157 所示。

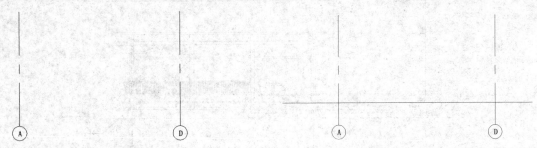

图 9-156　删除图形　　　　　　　　　　　　　　　　图 9-157　绘制水平线

（3）单击"默认"选项卡"修改"面板中的"偏移"按钮🕮，将水平线依次向上偏移 150、3200 和 1600，然后将轴线 A 依次向左偏移 100 和 900，向右依次偏移 100、2800、200、2800、200、2800、200 和 900，并将偏移后的虚线修改为实线，结果如图 9-158 所示。

（4）单击"默认"选项卡"修改"面板中的"修剪"按钮⤝，修剪掉多余的直线，如图 9-159 所示。

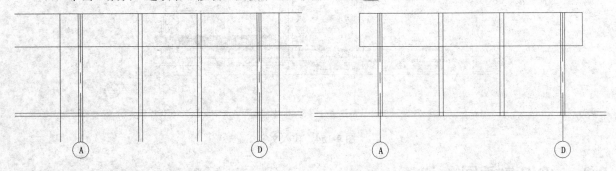

图 9-158　偏移直线　　　　　　　　　　　　　　　　图 9-159　修剪直线

（5）单击"默认"选项卡"绘图"面板中的"矩形"按钮▭，绘制一个 9940×60 的矩形，如图 9-160 所示。

（6）单击"默认"选项卡"修改"面板中的"修剪"按钮⤝，修剪掉多余的直线，如图 9-161 所示。

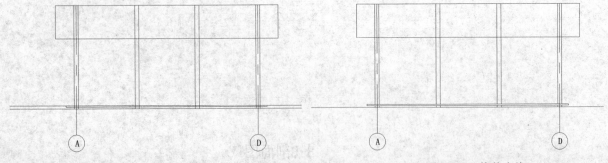

图 9-160　绘制矩形　　　　　　　　　　　　　　　　图 9-161　修剪直线

（7）单击"默认"选项卡"绘图"面板中的"直线"按钮／，在顶部绘制一条直线，如图 9-162 所示。

（8）单击"默认"选项卡"修改"面板中的"修剪"按钮／，修剪掉多余的直线，如图 9-163 所示。

（9）单击"默认"选项卡"绘图"面板中的"圆"按钮⊙，在左侧柱子顶部绘制一个半径为 80 的圆，如图 9-164 所示。

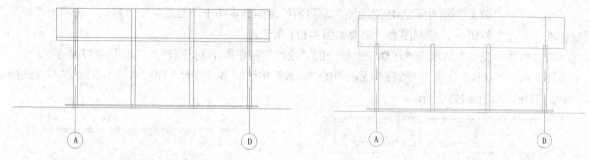

图 9-162　绘制直线　　　　　　　　　　　　　　　　图 9-163　修剪直线

（10）单击"默认"选项卡"绘图"面板中的"样条曲线拟合"按钮～，在圆内绘制样条曲线，细化圆，如图 9-165 所示。

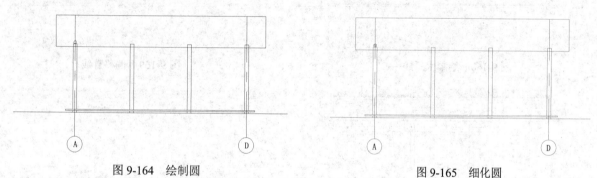

图 9-164　绘制圆　　　　　　　　　　　　　　　　　图 9-165　细化圆

（11）单击"默认"选项卡"修改"面板中的"复制"按钮％，将圆复制到其他柱子上，如图 9-166 所示。

（12）同理，单击"默认"选项卡"绘图"面板中的"直线"按钮／、"样条曲线拟合"按钮～和"圆"按钮⊙，绘制剩余柱子，如图 9-167 所示。

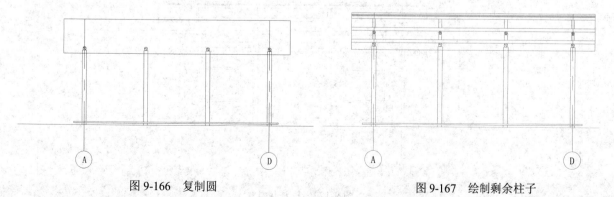

图 9-166　复制圆　　　　　　　　　　　　　　　　图 9-167　绘制剩余柱子

（13）单击"默认"选项卡"绘图"面板中的"直线"按钮／，在图中合适的位置处绘制一条水平线，如图 9-168 所示。

（14）单击"默认"选项卡"修改"面板中的"偏移"按钮📤，将水平线向下偏移 150，如图 9-169 所示。

（15）单击"默认"选项卡"修改"面板中的"修剪"按钮⊬，修剪掉多余的直线，如图 9-170 所示。

（16）打开"源文件\第 9 章\A-D 立面图"，将窗栏复制到本图中，然后单击"默认"选项卡"绘图"面板中的"直线"按钮／，绘制图案，结果如图 9-171 所示。

（17）单击"默认"选项卡"注释"面板中的"线性"按钮⊢，标注尺寸，如图 9-172 所示。

（18）单击"默认"选项卡"绘图"面板中的"直线"按钮／和"注释"面板中的"多行文字"按钮Ａ，绘制标高符号，如图 9-173 所示。

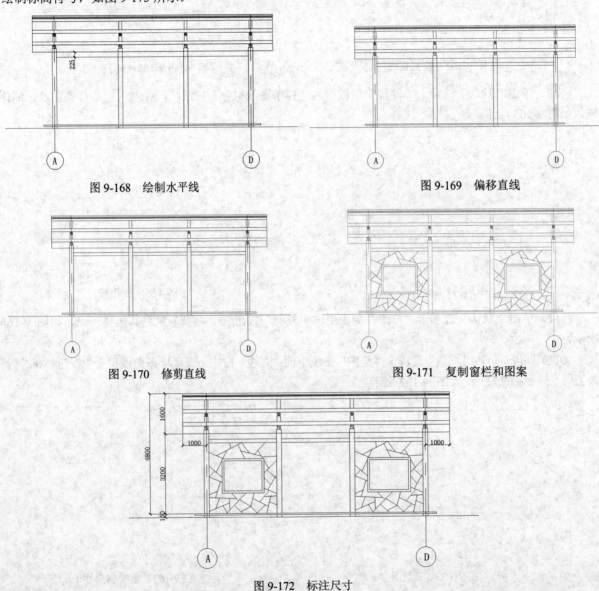

图 9-168　绘制水平线　　　　　　　　　　图 9-169　偏移直线

图 9-170　修剪直线　　　　　　　　　　图 9-171　复制窗栏和图案

图 9-172　标注尺寸

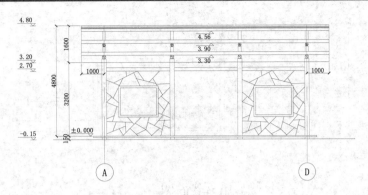

图 9-173　绘制标高符号

（19）单击"默认"选项卡"绘图"面板中的"直线"按钮 ╱ 和"注释"面板中的"多行文字"按钮 **A**，标注图名，如图 9-155 所示。

（20）其他水榭详图的绘制方法与前面绘制的详图类似，这里不再赘述，结果如图 9-174～图 9-178 所示。

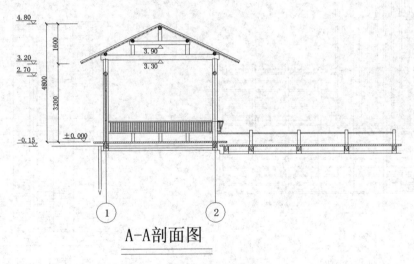

A-A剖面图

图 9-174　A-A 剖面图

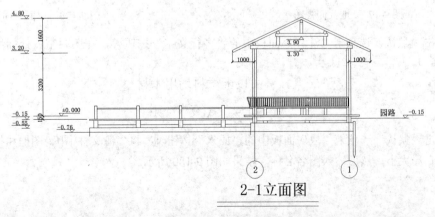

2-1立面图

图 9-175　2-1 立面图

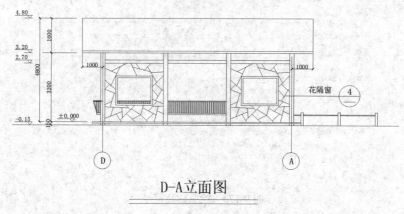

图 9-176　D-A 立面图

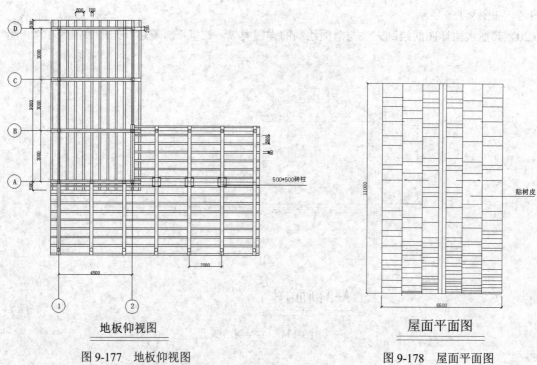

地板仰视图

图 9-177　地板仰视图

屋面平面图

图 9-178　屋面平面图

（21）单击"默认"选项卡"注释"面板中的"多行文字"按钮 **A**，在图中空白处标注文字说明，如图 9-179 所示。

注:以上材料均用木材

图 9-179　标注文字说明

（22）单击"默认"选项卡"块"面板中的"插入"按钮，将"源文件\图库\图框和指北针"插入到图中，并调整布局大小，然后输入图名名称，结果如图 9-180 所示。

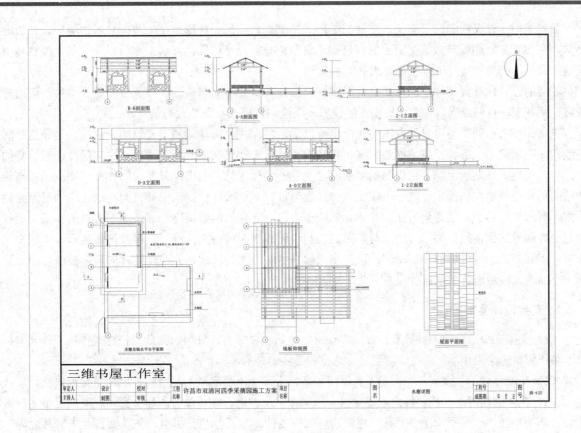

图 9-180　插入图框

9.4　小区花架绘制实例

　　花架是指用刚性材料构成一定形状的格架供攀缘植物攀附的园林设施，又称棚架、绿廊。花架可作遮阴休息之用，并可点缀园景。花架可应用于各种类型的园林绿地中，常设置在风景优美的地方供休息和观景，也可以和亭、廊、水榭等结合，组成外形美观的园林建筑群，如北海公园五龙亭北部的植物园内就有这样一组花架建筑群；在居住区绿地、儿童游乐场中花架可供休息、遮阴；园林中的茶室、冷饮部、餐厅等地也可以用花架作凉棚，设置客座；另外，园林的大门也可以做成花架形式。

9.4.1　花架的基本特点

　　花架是攀缘植物的棚架，又是人们消夏避暑之所。花架在造园设计中往往具有亭、廊的作用，作长线布置时，就像游廊一样能发挥建筑空间的脉络作用，形成导游路线；也可以用来划分空间增加风景的深度。作点状布置时，就像亭子一般，形成观赏点，并可以在此组织环境景色的观赏。花架又不同于亭、廊空间更为通透，特别由于绿色植物及花果自由地攀绕和悬挂，更添一番生气。花架在现代园林中除了供植物攀缘外，有时也取其形式轻盈以点缀园林建筑的某些墙段或檐头，使之更加活泼和具有园林的性格。

花架造型比较灵活和富于变化，最常见的形式是梁架式，另一种形式是半边列柱半边墙垣，上边叠架小坊，它在划分封闭或开敞的空间上更为自如。造园趣味类似半边廊，在墙上亦可以开设景窗使意境更为含蓄。此外新的形式还有单排柱花架或单柱式花架。

花架的设计往往同其他小品相结合，形成一组内容丰富的小品建筑，如布置坐凳供人小憩，墙面开设景窗、漏花窗、柱间或嵌以花墙，周围点缀叠石、小池，以形式吸引游人的景点。

花架在庭院中的布局可以采取附件式，也可以采取独立式。附件式属于建筑的一部分，是建筑空间的延续，如在墙垣的上部、垂直墙面的上部、垂直墙面的水平搁置横墙向两侧挑出。它应保持建筑自身的统一比例与尺度，在功能上除了供植物攀缘或设桌凳供游人休憩外，也可以只起装饰作用。独立式的布局应在庭院总体设计中加以确定，它可以在花丛中，也可以在草坪边，使庭院空间有起有伏，增加平坦空间的层次，有时亦可傍山临池随势弯曲。花架如同廊道也可以起到组织游览路线和组织观赏点的作用，布置花架时一方面要格调清新，另一方面要与周围建筑和绿化栽培在风格上的统一。在我国传统园林中较少采用花架，因其与山水园林格调不尽相同。但在现代园林中融合了传统园林和西洋园林的诸多技法，因此花架这一小品形式在造园艺术中日益为造园设计者所用。

1．花架设计要点

（1）花架在绿荫掩映下要好看、好用，在落叶之后也要好看、好用。因此要把花架作为一件艺术品，而不单作构筑物来设计，应注意比例尺寸、选材和必要的装修。

（2）花架体型不宜太大。太大了不易做得轻巧，太高了不易隐蔽而显空旷，应尽量接近自然。

（3）花架的四周，一般都较为通透开畅，除了作支承的墙、柱，没有围墙门窗。花架的上下（铺地和檐口）两个平面，也并不一定要对称和相似，可以自由伸缩交叉，相互引申，使花架置身于园林之内，融会于自然之中，不受阻隔。

（4）花架高度应控制在 2.5～2.8m，适宜尺度给人以易于亲近、近距离观赏藤蔓植物的机会。花架开间一般控制在 3～4m，太大了构件显得笨拙臃肿。进深跨度则常用 2700mm、3000mm、3300mm。

（5）要根据攀缘植物的特点、环境来构思花架的形体；根据攀缘植物的生物学特性，来设计花架的构造、材料等。

一般情况下，一个花架配置一种攀缘植物，配置 2～3 种相互补充的也可以见到。各种攀缘植物的观赏价值和生长要求不尽相同，设计花架前要有所了解。例如，紫藤花架，紫藤枝粗叶茂，老态龙钟，尤宜观赏。设计紫藤花架，要采用能负荷、永久性材料，显示出古朴、简练的造型。葡萄架，葡萄浆果有许多耐人深思的寓言、童话，可作为构思参考。种植葡萄，要求有充分的通风、光照条件，还要翻藤修剪，因此要考虑合理的种植间距。猕猴桃属有 30 余种，为野生藤本果树，广泛生长于长江流域以南林中、灌丛、路边，枝叶左旋攀缘而上。设计此棚架之花架板，最好是双向的，或者在单向花架板上再放临时"石竹"，以适应猕猴桃只旋而无吸盘的特点。整体造型相比较而言，纤细现代不如粗犷乡土。对于茎干草质的攀缘植物，如葫芦、茑萝、牵牛等，往往要借助于牵绳而上，因此，种植池要近；在花架柱之间也要有支撑、固定的梁板，方可爬满全棚。

2．花架结构类型

（1）双柱花架：好似以攀缘植物作顶的休憩廊。值得注意的是供植物攀缘的花架板，其平面排列可等距（一般为 50cm 左右），也可不等距，板间嵌入花架砖，取得光影和虚实变化；其立面也不一定是直线的，可曲线、折线，甚至由顶面延伸至两侧地面，如"滚地龙"一般。

（2）单柱花架：当花架宽度缩小，两柱接近成一柱时，花架板变成中部支撑两端外悬。为了整体的稳定和美观，单柱花架在平面上宜做成曲线、折线型。

（3）各种供攀缘用的花墙、花瓶、花钵、花柱。

3．花架建筑类型

（1）廊式花架：最常见的形式，片板支撑于左右梁柱上，同侧梁柱之间架有凳子，游人可入内休息，植物配置在梁柱外侧。

（2）片式花架：将片板嵌固于单排梁柱上，两面或一面悬挑，形体轻盈活泼。

（3）独立式花架：以各种材料作空格，构成伞亭、墙垣、花瓶等形状，用藤本植物缠绕成型，供观赏用。

3 种形式可以组合使用。

4．花架常用的建材

（1）混凝土材料，是最常见的材料。基础、柱、梁皆可按设计要求，唯花架板数量多，距离近，且受木构断面影响，宜用光模、高标号混凝土一次捣制成型，以求轻巧挺薄。

（2）金属材料，常用于独立的花柱、花瓶等。造型活泼、通透、多变、现代、美观，唯需经常养护油漆，且阳光直晒下温度较高。

（3）竹木材：朴实、自然、价廉、易于加工，但耐久性差。竹材限于强度及断面尺寸，梁柱间距不宜过大。

（4）石材：厚实耐用，但运输不便，常用块料作花架柱。

（5）玻璃钢、CRC 等，常用于花钵、花盆。

要根据花架的材料、高度及当地的气候条件配置合适美观的植物，如金属材料或比较低矮的花架可以攀缘藤本月季，竹木材料、钢筋混凝土以及比较高的花架可以攀缘紫藤、芸实、三叶木通等。

绘制如图 9-181 所示的弧形花架。

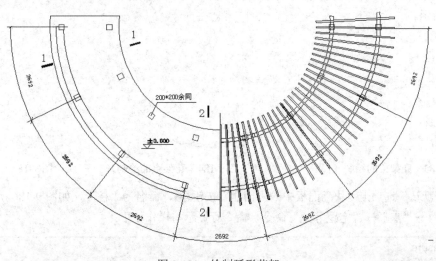

图 9-181　绘制弧形花架

9.4.2　花架绘制

利用前面所学的知识，绘制花架。

1. 建立"花架"图层

参数设置如图9-182所示，并将其设置为当前图层。

| ✓ | 花架 | ♀ | ☼ | 🔓 | ■洋红 | Continu... | —— 默认 | 0 | Color_6 | 🖨 | ▣ |

图9-182　"花架"图层

2. 花架顶部的绘制

（1）花架梁的绘制。单击"默认"选项卡"绘图"面板中的"圆弧"按钮 ⌒ ，命令行提示与操作如下：

命令: _arc
指定圆弧的起点或 [圆心(C)]: （在屏幕中适当的位置拾取一点）
指定圆弧的第二个点或 [圆心(C)/端点(E)]: c ✓
指定圆弧的圆心: @-4200,0 ✓
指定圆弧的端点(按住 Ctrl 键以切换方向)或 [角度(A)/弦长(L)]: a ✓
指定夹角(按住 Ctrl 键以切换方向): -93 ✓

单击"默认"选项卡"修改"面板中的"旋转"按钮 ○，将圆弧旋转4.5°。

结果如图9-183（a）所示。

单击"默认"选项卡"修改"面板中的"偏移"按钮 ⬚，将圆弧向外偏移135，偏移后如图9-183（b）所示。

重复"偏移"命令，以图9-183（a）所示绘制弧线为基准线，分别向外侧偏移1800和1935，结果如图9-184所示。

（2）花架柱的绘制。在距梁端400处绘制200×200的矩形，作为柱。单击"默认"选项卡"修改"面板中的"偏移"按钮 ⬚，以最内侧花架梁轮廓线为基准线，向外侧偏移62.5，作为绘制"柱"的辅助线，结果如图9-185所示。

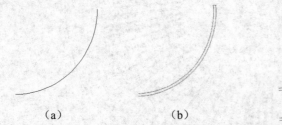

（a）	（b）		

图9-183　花架梁的绘制（1）　　　　图9-184　花架梁的绘制（2）　　　图9-185　花架柱的绘制

① 单击"默认"选项卡"块"面板中的"创建"按钮 🗔，命名为"柱"，如图9-186所示。选择菜单栏中的"绘图"→"点"→"定距等分"命令，命令行提示与操作如下：

命令: _measure
选择要定距等分的对象:

指定线段长度或 [块(B)]: b✓
输入要插入的块名: 柱✓
是否对齐块和对象? [是(Y)/否(N)] <Y>:✓
指定线段长度: 2000✓

图 9-186　创建块

🔊 **提示**

> 除了此方法外，也可通过"阵列"命令，采取环形阵列的办法，中心点选择圆弧的圆心，数目和角度按要求设置。

② 绘制出花架外侧柱的位置。单击"默认"选项卡"修改"面板中的"复制"按钮💠后，打开状态栏中的"正交"命令，命令行提示与操作如下：

命令: _copy
选择对象: （选择绘制的柱）✓
选择对象: ✓
当前设置: 复制模式 = 多个
指定基点或 [位移(D)/模式(O)] <位移>: （选择矩形一角点）
指定第二个点或 [阵列(A)]<使用第一个点作为位移>: 1800✓ （方向为水平向右）
指定第二个点或 [阵列(A)/退出(E)/放弃(U)] <退出>:✓

结果如图 9-187（a）所示。重复绘制内侧柱的方法绘制外侧柱，外侧柱的"指定线段长度"为 3000，结果如图 9-187（b）所示。

（3）花架架条的绘制。绘制第一根花架条：单击"默认"选项卡"绘图"面板中的"直线"按钮✏，绘制一条长为 3500，角度为 3 的斜线，然后单击"默认"选项卡"修改"面板中的"偏移"按钮⬚，对其进行向下偏移，偏移距离为 50。然后将两条直线段的端口封闭，结果如图 9-188 所示。单击"默认"选项卡"块"面板中的"创建"按钮🗔，选中绘制的"架条"，并将其命名为"架条"，如图 9-189 所示。

单击"默认"选项卡"修改"面板中的"环形阵列"按钮⬚，对架条进行阵列，设置填充角度为-90°，项目总数为 31，结果如图 9-190 所示。

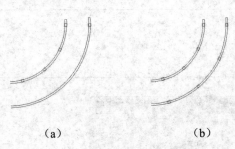

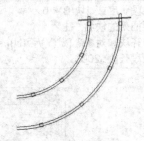

（a）　　　　　　　　　（b）

图 9-187　花架外侧柱的绘制　　　　　　图 9-188　花架架条的绘制

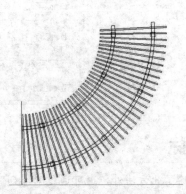

图 9-189　创建块　　　　　　　　图 9-190　架条阵列后效果

（4）花架基础的绘制。

① 轮廓的绘制。

单击"默认"选项卡"绘图"面板中的"圆弧"按钮 ，在屏幕中的适当位置绘制半径为3500、角度为90°的圆弧。

单击"默认"选项卡"修改"面板中的"偏移"按钮 ，将圆弧向外偏移，偏移距离为3000，然后单击"默认"选项卡"绘图"面板中的"直线"按钮 ，对其端口进行封口处理，结果如图9-191所示。

② 花架柱的绘制。

单击"默认"选项卡"修改"面板中的"偏移"按钮 ，以基础内侧轮廓线为基准线，向外侧偏移一条距离为637.5的曲线作为绘制"柱"的辅助线。在距基础的上端400处绘制一个200×200的矩形作为柱，结果如图9-192所示。

单击"默认"选项卡"块"面板中的"创建"按钮 ，命名为"柱2"，如图9-193所示。单击"默认"选项卡"绘图"面板中的"定距等分"按钮 ，命令行提示与操作如下：

```
命令: _measure
选择要定距等分的对象：（选择偏移的圆弧）
指定线段长度或 [块(B)]: b↙
输入要插入的块名: 柱2↙
是否对齐块和对象? [是(Y)/否(N)] <Y>:↙
指定线段长度: 2000↙
```

结果如图 9-194 所示。

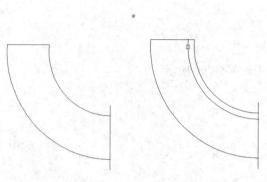

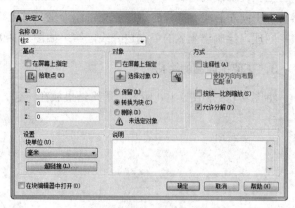

图 9-191　花架轮廓　　　图 9-192　花架柱的绘制　　　　　图 9-193　创建块

③ 绘制出花架外侧柱的位置。

单击"默认"选项卡"修改"面板中的"复制"按钮，打开状态栏中的"正交"命令，命令行提示与操作如下：

```
命令: _copy
选择对象:（选择柱）↙
选择对象: ↙
当前设置:　复制模式 = 多个
指定基点或 [位移(D)/模式(O)] <位移>:（选择矩形一角点）
指定第二个点或 [阵列(A)] <使用第一个点作为位移>: 1800↙（方向为水平向左）
指定第二个点或 [阵列(A)/退出(E)/放弃(U)] <退出>:↙
```

结果如图 9-195 所示。重复绘制内侧柱的方法绘制外侧柱，外侧柱的"指定线段长度"为 3000，结果如图 9-196 所示。同样可以将内侧柱选中，单击"默认"选项卡"修改"面板中的"复制"按钮，打开"极轴"命令，沿着圆弧圆心向柱的方向复制，输入距离 1800；用同样方法绘制其他外侧柱。

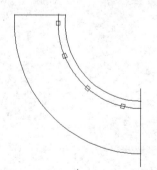

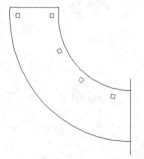

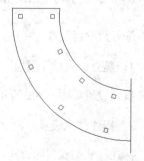

图 9-194　定距等分后的效果　　　　图 9-195　花架外侧柱的绘制　　　　图 9-196　花架柱子绘制完毕

（5）坐凳的绘制。

单击"默认"选项卡"修改"面板中的"偏移"按钮，对基础外侧轮廓线向内侧偏移，偏移距离为 200，为坐凳外侧距基础外侧轮廓线的距离；对坐凳外侧轮廓线向内侧偏移，偏移距离为 300，结果如图 9-197 所示。

坐凳轮廓线的绘制。如图 9-198 所示，以最上端柱左上角的角点为基点，向下绘制长为 60 的多段线，然后水平向左和坐凳的外轮廓线相交，作为坐凳的上端边缘。

同理，绘制出坐凳的下端边缘线，结果如图 9-199 所示。

3．花架平面图的绘制

将图 9-199 和图 9-190 所示的最终结果放在一起，结果如图 9-200 所示。

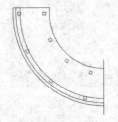 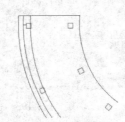  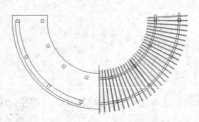

图 9-197　坐凳的绘制（1）　　图 9-198　坐凳的绘制（2）　　图 9-199　坐凳的绘制（3）　　图 9-200　花架平面图

📢 **提示**

> 　　图 9-190 和图 9-199 可通过辅助中心线来准确合在一起，将图 9-190 和图 9-199 所示的中心线通过"偏移"命令绘出，然后用中心轴线与边界线的交点为基准点，用"移动"命令将两者移动到一起，如图 9-201 所示。
>
>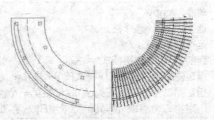
>
> 图 9-201　　花架平面图另外一种合成方式

9.4.3　尺寸标注及轴号标注

进行尺寸标注和文字说明。

1．建立"尺寸"图层

参数设置如图 9-202 所示，并将其设置为当前图层。

2．标注样式设置

标注样式的设置应该和绘图比例相匹配。

（1）单击"默认"选项卡"注释"面板中的"标注样式"按钮 ，弹出"标注样式管理器"对话框，单击"新建"按钮新建一个标注样式，并将其命名为"建筑"，单击"继续"按钮，如图 9-203 所示。

| ✓ 尺寸 | 💡 | ☀ | 🔓 ■绿 | Continu... | —— 默认 | 0 | Color_3 | 🖶 🗔 |

图 9-202　"尺寸"图层参数

图 9-203　新建标注样式

（2）将"建筑"样式中的参数按如图 9-204～图 9-206 所示逐项进行设置。单击"确定"按钮后回到"标注样式管理器"对话框，将"建筑"样式设为当前，如图 9-207 所示。

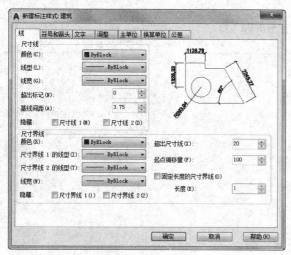

图 9-204　设置参数（1）

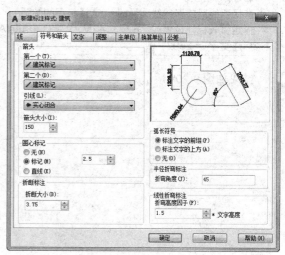

图 9-205　设置参数（2）

图 9-206　设置参数（3）

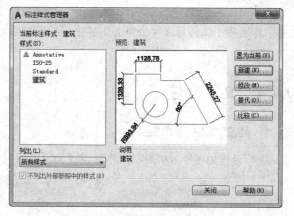

图 9-207　将"建筑"样式置为当前

3. 尺寸标注

（1）单击"默认"选项卡"修改"面板中的"打断于点"按钮 ，命令行提示与操作如下：

命令:_break
选择对象:（选择圆弧 1）
指定第二个打断点 或 [第一点(F)]: _f
指定第一个打断点:（用鼠标拾取柱心）
指定第二个打断点: @

重复"打断于点"命令，打断圆弧。

（2）单击"默认"选项卡"注释"面板中的"弧长"按钮，以柱心为基点进行标注，命令行提示与操作如下：

命令:_dimarc
选择弧线段或多段线圆弧段:（选择打断的圆弧）
指定弧长标注位置或 [多行文字(M)/文字(T)/角度(A)/部分(P)/]:
标注文字 = 2692

结果如图 9-208 所示。

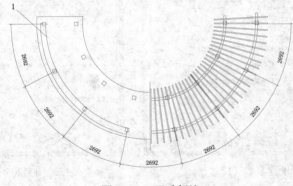

图 9-208　尺寸标注

提示

其他尺寸线的标注方法同上述其他建筑的标注方法，在此不再演示。

9.4.4　文字标注

1. 建立"文字"图层

参数设置如图 9-209 所示，将其设置为当前图层。

| ✔ 文字 | ♀ ☼ 🔓 🟩绿 Continu... —— 默认 0 Color_3 🖨 🖭 |

图 9-209　"文字"图层参数

2. 标注文字

单击"默认"选项卡"绘图"面板中的"多段线"按钮，在"柱"的位置引出一条多段线，作为文字标注的指示位置。单击"默认"选项卡"注释"面板中的"多行文字"按钮**A**，在待注文字的区域拉出一个矩形，即可打开"文字编辑器"选项卡和多行文字编辑器，如图 9-210 所示。首先设置字体及字高，其次在文本区输入要标注的文字，单击绘图区空白处完成文字的输入。

图 9-210　"文字编辑器"选项卡和多行文字编辑器

结果如图 9-181 所示。

📢 **提示**

高程的标注方法同建筑—廊高程的标注方法。

9.5　上机实验

【练习 1】绘制如图 9-211 所示的桥平面图。

1. 目的要求

本练习绘制的图形比较简单，在绘制的过程中，除了要用到"直线"和"偏移"等基本绘图命令外，还要用到"多行文字"和"线性"标注命令。通过本例学习重点掌握桥平面图的画法。

2. 操作提示

（1）绘制辅助线。

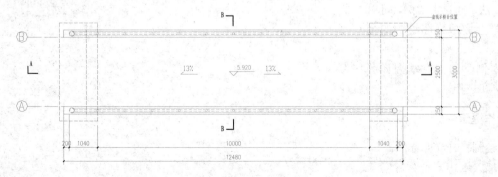

图 9-211　桥平面图

（2）绘制桥平面。

（3）绘制剖切符号。

（4）标注尺寸和文字。

【练习2】绘制如图 9-212 所示的剖面图。

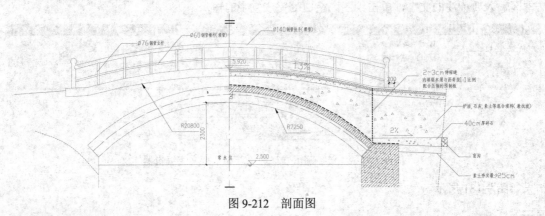

图 9-212　剖面图

1．目的要求

本练习绘制的图形比较复杂，通过本例学习熟练掌握二维绘图和编辑命令的运用。

2．操作提示

（1）绘制辅助线。
（2）绘制桥左侧。
（3）镜像桥左侧。
（4）填充图形。
（5）标注尺寸和文字。

【练习3】绘制如图 9-213 所示的栏杆立面详图。

1．目的要求

本实例主要要求读者通过练习进一步熟悉和掌握栏杆立面详图的绘制方法。通过本实例，可以帮助读者学会完成详图绘制的全过程。

通过本例学习重点掌握详图的绘制方法和技巧。

2．操作提示

（1）绘制栏杆立面详图。
（2）插入图块。
（3）标注尺寸和文字。

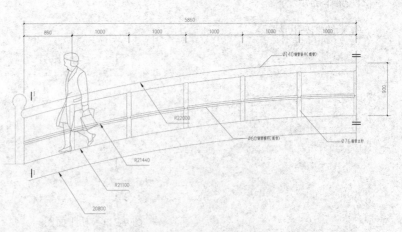

图 9-213　栏杆立面详图

第10章

园林小品图绘制

园林中供休息、装饰、照明、展示和为园林管理及方便游人之用的小型建筑设施称为园林建筑小品。一般没有内部空间，体量小巧，造型别致，富有特色，并讲究适得其所。这种建筑小品设置在城市街头、广场、绿地等室外环境中，因此称为城市建筑小品。园林建筑小品在园林中既能美化环境、丰富园趣，为游人提供文化休息和公共活动的方便，又能使游人从中获得美的感受和良好的教益。

10.1　园林小品概述

园林小品是园林中供休息、装饰、照明、展示和为园林管理及方便游人之用的小型建筑设施。一般没有内部空间，体量小巧，造型别致。园林小品既能美化环境，丰富园趣，为游人提供文化休息和公共活动的方便，又能使游人从中获得美的感受和良好的教益。

10.1.1　园林小品的分类

园林建筑小品按其功能分为 5 类。

1．供休息的小品

包括各种造型的靠背园椅、园凳、园桌和遮阳伞、遮阳罩等。常结合环境，用自然块石或用混凝土制作成仿石、仿树墩的凳、桌；或利用花坛、花台边缘的矮墙和地下通气孔道来制作椅、凳等；围绕大树基部设椅凳，既可休息，又能纳荫。

2．装饰性小品

各种固定的和可移动的花钵、饰瓶，可以经常更换花卉。装饰性的日晷、香炉、水缸，各种景墙（如九龙壁）、景窗等，在园林中起点缀作用。

3．照明的小品

园灯的基座、灯柱、灯头、灯具都有很强的装饰作用。

4．展示性小品

各种布告板、导游图板、指路标牌以及动物园、植物园和文物古建筑的说明牌、阅报栏、图片画廊等，都对游人有宣传、教育的作用。

5．服务性小品

如为游人服务的饮水泉、洗手池、公用电话亭、时钟塔等，为保护园林设施的栏杆、格子垣、花坛绿地的边缘装饰等，为保持环境卫生的废物箱等。

10.1.2　园林小品设计原则

园林装饰小品在园林中不仅是实用设施，且可作为点缀风景的景观小品。因此它既有园林建筑技术的要求，又有造型艺术和空间组合上的美感要求。一般在设计和应用时应遵循以下原则。

1．巧于立意

园林建筑装饰小品作为园林中局部主体景物，具有相对独立的意境，应具有一定的思想内涵，才能产生感染力。如我国园林中常在庭院的白粉墙前置玲珑山石、几竿修竹，粉墙花影恰似一幅花鸟国画，很有感染力。

2. 突出特色

园林建筑装饰小品应突出地方特色、园林特色及单体的工艺特色，使其有独特的格调，切忌生搬硬套，产生雷同。如广州某园草地一侧，花竹之畔，设一水罐形灯具，造型简洁，色彩鲜明，灯具紧靠地面与花卉绿草融成一体，独具环境特色。

3. 融于自然

园林建筑小品要将人工与自然浑然一体，追求自然又精于人工。"虽由人作，宛如天开"则是设计者的匠心之处。如在老榕树下，塑以树根造型的园凳，似在一片林木中自然形成的断根树桩，可达到以假乱真的程度。

4. 注重体量

园林装饰小品作为园林景观的陪衬，一般在体量上力求与环境相适宜。如在大广场中，设巨型灯具，有明灯高照的效果，而在小林荫曲径旁，只宜设小型园灯，不但体量小，造型更应精致；又如喷泉、花池的体量等，都应根据所处的空间大小确定其相应的体量。园林小品作为园林的点缀，一般在体量上力求精巧，不可喧宾夺主，失去分寸。

5. 因需设计

园林装饰小品，绝大多数有实用意义，因此除满足美观效果外，还应符合实用功能及技术上的要求。如园林栏杆具有各种使用目的，对于各种园林栏杆的高度也就有不同的要求；又如围墙则需要从围护要求来确定其高度及其他技术上的要求。

6. 功能技术要相符

园林小品绝大多数具有实用功能，因此除满足艺术造型美观的要求外，还应符合实用功能及技术的要求。例如园林栏杆的高度，应根据使用目的不同有所变化。又如园林坐凳，应符合游人休息的尺度要求；又如园墙，应从围护要求来确定其高度及其他技术要求。

7. 地域民族风格浓郁

园林小品应充分考虑地域特征和社会文化特征。园林小品的形式，应与当地自然景观和人文景观相协调，尤其在旅游城市，建设新的园林景观时，更应充分注意到这一点。

园林小品设计需考虑的问题是多方面的，不能局限于几条原则，应学会举一反三、融会贯通。

10.1.3　园林小品主要构成要素

园景规划设计应该包括园墙、门洞（又称墙洞）、空窗（又称月洞）、漏窗（又称漏墙或花墙窗洞）、室外家具、出入口标志等小品设施的设计。同时园林意境的空间构思与创造，往往又具有通过它们作为空间的分隔、穿插、渗透、陪衬来增加景深变化，扩大空间，使方寸之地能小中见大，并在园林艺术上巧妙地作为取景的画框，随步移景，遮移视线又成为情趣横溢的造园障景。

1．墙

园林景墙有分隔空间、组织导游、衬托景物、装饰美化或遮蔽视线的作用，是园林空间构图的一个重要因素。其作用在于加强了建筑线条、质地、阴阳、繁简及色彩上的对比。其式样可分为博古式、栅栏式、组合式和主题式等几类。

2．装饰隔断

其作用在于加强建筑线条、质地、阴阳、繁简及色彩上的对比。其式样可分为博古式、栅栏式、组合式和主题式等几类。

3．门窗洞口

门洞的形式有曲线型、直线型和混合型 3 种，现代园林建筑中还出现一些新的不对称的门洞式样，可以称之为自由型。门洞和门框是游人进出繁忙的地方，容易受到各种碰撞、挤压和磨损，因而需要配置坚硬耐磨的材料，特别是位于门碱楗部位的材料，更应如此；若有车辆出入，其宽度应该符合车辆的净空要求。

4．园凳和园椅

园凳和园椅的首要功能是供游人就座休息，同时又可欣赏周围景物。园桌和园椅还有另一个重要的功能是作为园林装饰小品，以其优美精巧的造型点缀园林环境，成为园林景色之一。

5．引水台、烧烤场及路标等

为了满足游人日常之需和野营等特殊需要，在风景区应该设置引水台和烧烤场，以及野餐桌、路标、厕所、废物箱、垃圾箱等。

6．铺地

园中铺地其实是一种地面装饰。铺地形式多样，有乱石铺地、冰裂纹，以及各式各样的砖花地等。砖花地形式多样，若做得巧妙，则价廉形美。

也有的铺地是用砖、瓦等与卵石混用拼出美丽的图案，这种形式是用立砖为界，中间填卵石；也有的用瓦片，以瓦的曲线做出"双钱"及其他带有曲线的图形。这种地面是园林中的庭院常用的铺地形式。另外，还有利用卵石的不同大小或色泽，拼搭出各种图案。例如，以深色（或较大的）卵石为界线，以浅色（或较小的）卵石填入其间，拼填出鹿、鹤、麒麟等图案，或拼填出"平升三级"等吉祥如意的图形，当然还有"暗八仙"或其他形象。总之，可以用这种材料铺成各种形象的地面。

用碎的大小不等的青板石，还可以铺出冰裂纹地面。冰裂纹图案除了形式美之外，还有文化上的内涵。文人们喜欢这种形式，它具有"寒窗苦读"或"玉洁冰清"之意，隐喻出坚毅、高尚、纯朴之意。

7．花色景梯

园林规划中结合造景和功能之需，采用多种造型的花色景梯小品，有的依楼倚山，有的凌空展翅，或悬挑睡眠，既满足交通功能之需，又增强了建筑空间的艺术景观效果。花色楼梯造型新颖多姿，与宾馆庭院环境相融相宜。

8. 栏杆边饰等装饰细部

园林中的栏杆除起防护作用外，还可用于分隔不同活动内容的空间，划分活动范围以及组织人流，用栏杆点缀装饰园林环境。

9. 园灯

（1）园灯中使用的光源及特征

① 汞灯：使用寿命长，是目前园林中最合适的光源之一。

② 金属卤化物灯：发光效率高，显色性好，也使用于照射游人多的地方，但使用范围受限制。

③ 高压钠灯：效率高，多用于节能、照度要求高的场景，如道路、广场、游乐园之中，但不能真实地反映绿色。

④ 荧光灯：照明效果好，寿命长，在范围较小的庭院中适用，但不适用广场和低温条件工作。

⑤ 白炽灯：能使红、黄更美丽显目。但寿命短，维修麻烦。

⑥ 水下照明彩灯：能够显示出鲜艳的色彩，但造价一般比较昂贵。

（2）园林中使用的照明器及特征

① 投光器：用在白炽灯、高强度放电处，能增加节日快乐的气氛，能从一个反向照射树木、草坪、纪念碑等。

② 杆头式照明器：布置在院落一侧或庭院角隅，适于全面照射铺地路面、树木、草坪，有静谧浪漫的气氛。

③ 低照明器：有固定式、直立移动式、柱式照明器。

（3）植物的照明

① 照明方法：树木照明可用自下而上照射的方法，以消除叶里的黑暗阴影。尤其当具有的照度为周围倍数时，被照射的树木就可以得到构景中心感。在一般的绿化环境中，需要的照度为50～100LX。

② 光源：汞灯、金属卤化灯都适用于绿化照明，但要看清树或花瓣的颜色，可使用白炽灯。同时应该尽可能地安排不直接出现的光源，以免产生色的偏差。

③ 照明器：一般使用投光器，调整投光的范围和灯具的高度，以取得预期效果。对于低矮植物多半使用仅产生向下配光的照明器。

（4）灯具选择与设计原则

① 外观舒适并符合使用要求与设计意图。

② 艺术性要强，有助于丰富空间的层次和立体感，形成阴影的大小，明暗要有分寸。

③ 与环境和气氛相协调。用"光"与"影"来衬托自然的美，创造一定的场面气氛，分隔与变化空间。

④ 保证安全，灯具线路开关乃至灯杆设置都要采取安全措施。

⑤ 形美价廉，具有能充分发挥照明功效的构造。

（5）园林照明器具构造

① 灯柱：多为支柱形，构成材料有钢筋混凝土、钢管、竹木及仿竹木，柱截面多为圆形和多边形两种。

② 灯具：有球形、半球形、圆及半圆筒形、角形、纺锤形、圆和角锥形、组合形等。所用材料则有镀金金属铝、钢化玻璃、塑胶、搪瓷、陶瓷、有机玻璃等。

③ 灯泡灯管：普通灯、荧光灯、水银灯、钠灯及其附件。

（6）园林照明标准

① 照度：目前国内尚无统一标准，一般可采用 0.3～1.5LX 作为照度保证。

② 光悬挂高度：一般取 4.5m 高度。而花坛要求设置低照明度的园路，光源设置高度小于或等于 1.0m 为宜。

10．雕塑小品

园林建筑的雕塑小品主要是指带观赏性的小品雕塑，园林雕塑的取材应与园林建筑环境相协调，要有统一的构思。园林雕塑小品的题材确定后，在建筑环境中应如何配置是一个值得探讨的问题。

11．游戏设施

游戏设施较为多见的有秋千、滑梯、沙场、爬杆、爬梯、绳具、转盘等。

10.2 树 池

当在有铺装的地面上栽种树木时，应在树木的周围保留一块没有铺装的土地，通常把它叫树池或树穴。树木移植时根球（根钵）所需的空间，用以保护树木，一般由树高、树径、根系的大小所决定。树池深度至少深于树根球以下 250mm。

10.2.1 树池的基本特点

树木是营造园林景观的主要材料之一，园林一贯倡导园林景观应以植物造景为主，尤其是能够很好地体现大园林特色的乔木的应用，已成为当今园林设计的主旨之一。城市的街道、公园、游园、广场及单位庭院中的各种乔木，构成了一个城市的绿色框架，体现了一个城市的绿化特色，更为出行和游玩的人们提供了浓浓的绿荫。之前，我们注重了树种的选择、树池的围挡，但对树池的覆盖、树池的美化重视不够，没有把树池的覆盖当作硬性任务来完成，使得许多城市的绿化不够完美、功能不够完备。所以，园林树池处理技术，坚持生态为先，兼顾使用，以最大限度发挥园林树池的综合功能。

1．树池处理的功能作用

（1）完善功能，美化容貌

城市街道中无论行道还是便道都种植各种树木，起着遮阳蔽日、美化市容的作用。由于城市中人多、车多，便利畅通的道路是人人所希望的，如不对树池进行处理，则会由于树池的低洼不平对行人或车辆通行造成影响，好比道路中的井盖缺失一样，影响通行的安全，未经处理的树池也在一定程度上影响城市的容貌。

（2）增加绿地面积

采用植物覆盖或软硬结合方式处理树池，可大大增加城市绿地面积。各城市中一般每条街道都有行道树，小的树池不小于 0.8m×0.8m，主要街道上的大树树池都为 1.5m×1.5m，如果把行道树的树池用植物覆盖，将增加大量的绿地。仅石家庄市行道树按一半计算，将增加绿地 13 万平方米。树池种植植物后增加浇水次数，增加空气湿度，有利于树木生长。

（3）通气保水利于树木生长

我们经常发现一些行道树和公园广场的树木出现长势衰败的现象，尤其一些针叶树种，对此园林专家分析，城市黄土不露天的要求，树木树池周围的硬铺装有着不可推卸的责任。正是这些水泥不透气的硬铺装阻断了土壤与空气的交流，同时也阻滞了水分的下渗，导致树木根系脱水或窒息而死亡。采用透水铺装材料则能很好地解决这个问题，利于树木水分吸收和自由呼吸，从而保证树木的正常生长。

2．树池处理方式及特点分析

（1）处理方式分类

通过对收集到的园林树池处理方式进行归纳、分析，当前园林树池处理方式可分为硬质处理、软质处理和硬软结合 3 种。

硬质处理是指使用不同的硬质材料用于架空、铺设树池表面的处理方式。此方式又分为固定式和不固定式，如园林中传统使用的铁箅子，以及越来越普通使用的塑胶箅子、玻璃钢箅子、碎石砾黏合铺装等，均属固定式，而使用卵石、树皮、陶粒覆盖树池则属于不固定式。软质处理则指采用低矮植物植于树池内，用于覆盖树池表面的方式。一般北方城市常用大叶黄杨、金叶女贞等灌木或冷季型草坪、麦冬类、白三叶等地被植物进行覆盖。软硬结合指同时使用硬质材料和园林植物对树池进行覆盖的处理方式，如对树池铺设透空砖、砖孔处植草等。

（2）树池处理特点分析

① 从使用功能上讲，上述各种树池处理方式均能起到覆盖树池、防止扬尘的作用，有的还可填平树池，便于行人通行，同时起到美化的作用。但不同的处理方式又具有独特的作用。

随着城市环境建设发展的要求，一些企业瞄准了园林这一市场，具有先进工艺的透水铺装应运而生，如透水铺装材料正是一个典型代表。这种材料以进口纤维化树脂为胶黏剂，配合天然材料或工业废弃物，如石子、木鞋、树皮、废旧轮胎、碎玻璃、炉渣等作骨料，经过混合、搅拌后进行铺装的方式，既利用了废旧物，又为植物提供了可呼吸、可透水的地被。同时对于城市来讲，其特有的色彩又是一种好的装饰。北方由于尘土较多，时间久了其透水性是否减弱，有待进一步考证。

② 从工程造价分析，不同类型的树池其造价差异较大。按每平方米计算，各种树池处理造价由高到低顺序为：玻璃钢箅子—石砾黏合铺装—铁箅子—塑胶箅子—透空砖植草—树皮—陶粒—植草。此顺序只是按石家庄市目前造价估算，各城市由于用工及材料来源的不同其造价应有所差异。但可以看出，树池植草造价最低，如交通或其他条件允许，树池应以植草为主。

3．树池处理原则及设计要点

（1）树池处理原则

树池处理应坚持因地制宜、生态优先的原则。由于城市绿地树木种植的多样性，不同地段、不同种植方式应采用不同的处理方式。便道树池在人流较大地段，由于兼顾行人通过，首先要求地面平坦利于通行，所有树池覆盖以选择箅式为主。分车带应以植物覆盖为主，个别地段为照顾行人可结合嵌草砖。公园、游园、广场及庭院主干道、环路上的乔木树池选择余地较大，既可选用各种箅式，也可用石砾黏合式，而位于干道、环路两侧草地的乔木则可选用陶粒、木屑等覆盖，覆盖物的颜色与绿草形成鲜明的对比，也是一种景观。林下广场树池应以软覆盖为主，选用麦冬等耐荫抗旱常绿的地被植物。总之，树池覆盖在保证使用功能的前提下，宜软则软、软硬结合，以最大地发挥树池的生态效益。

（2）设计技术要点

① 行道树为城市道路绿化的主框架，一般以高大乔木为主，其树池面积要大，一般不小于 1.2m×1.2m，由于人流较大，树池应选择算式覆盖，材料选玻璃钢、铁算或塑胶算子。如行道树地径较大，则不便使用一次铸造成型的铁算或塑胶算子，而以玻璃钢算子为宜，其最大优点是可根据树木地径大小、树干生长方位随意进行调整。

② 公园、游园、广场及庭院树池由于受外界干扰少，主要为游园、健身、游憩的人们提供服务，树池覆盖要更有特色，更体现环保和生态，所以应选择体现自然、与环境相协调的材料和方式进行树池覆盖。对于主环路树池可选用大块卵石填充，既覆土又透水透气，还平添一些野趣。在对称路段的树池内也可种植金叶女贞或黄杨，通过修剪保持树池植物呈方柱形、叠层形等造型，也别具风格。绿地内选择主要浏览部位的树木，用木屑、陶粒进行软覆盖，既具有美化功能，又可很好地解决剪草机作业时与树干相干扰的矛盾。铺装林下广场大树树池可结合环椅的设置，池内植草。其他树池为使地被植物不被踩踏，设计树池时池壁应高于地面 15cm，池内土与地面相平，以给地被植物留有生长空间。片林式树池尤其对于珍贵的针叶树，可将树池扩成带状，铺设嵌草砖，增大其透气面积，提供良好的生长环境。

4．树池处理的保障措施

为保障树木生长，提升城市景观水平，做好城市树木树池的处理是非常必要的。对此我们应采取多种措施予以保障。

首先是政策支持。作为城市生态工程，政府政策至关重要。解决好透水铺装问题，也是当前建设节约型社会的要求所在。据有关资料报道，包括北京在内的许多地方都相继出台政策，把广泛应用透水铺装作为市政、园林建设的一项重要工作来抓。其次，在透水铺装材料、工艺和技术上，应勇于创新。当前在政策的鼓励下，许多企业都开始开发各种材料，如玻璃钢算子、碎石（屑）黏合铺装及透水砌块等，在一定程度上满足了园林的需求。再次，为使各种绿地树池尤其是街道树池能一次到位，应按《城市道路绿化规划与设计规范》要求，行道树之间采用透气性路而铺装，树池上设置算子，同时其覆盖工程所需费用也应列入工程总体预算，从而保证工程的实施。对于已完工程尚未进行覆盖的，要每年列出计划，逐年进行改善。在园林绿化日常养护管理中，将树池覆盖纳入管理标准及检查验收范围，力促树池覆盖工作日趋完善。各城市也要结合自身特点，不断创新树池覆盖技术，形成独特风格。

10.2.2　绘制坐凳树池平面图

本节绘制如图 10-1 所示的坐凳树池平面。

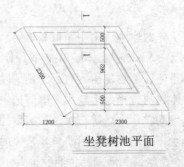

坐凳树池平面

图 10-1　坐凳树池平面

（1）单击"默认"选项卡"绘图"面板中的"圆"按钮⊙，绘制半径为 2300 的圆，如图 10-2 所示。

（2）单击"默认"选项卡"绘图"面板中的"直线"按钮╱，捕捉圆心向左绘制长为 1200 的水平直线，并向上绘制竖线，与圆边相交，如图 10-3 所示。

 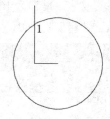

图 10-2　绘制圆　　　　　　　　　　图 10-3　绘制直线

同理，继续单击"默认"选项卡"绘图"面板中的"直线"按钮╱，捕捉圆心为起点，端点为点 1，绘制长为 2300 的斜线，结果如图 10-4 所示。

单击"默认"选项卡"修改"面板中的"删除"按钮✍，删除多余的直线和圆，如图 10-5 所示。

单击"默认"选项卡"绘图"面板中的"直线"按钮╱，捕捉斜线下端点，水平向右绘制长为 2300 的水平线，如图 10-6 所示。

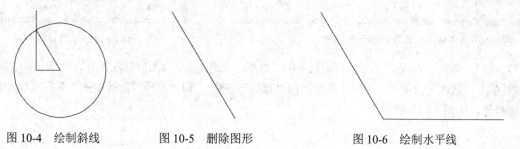

图 10-4　绘制斜线　　　　图 10-5　删除图形　　　　图 10-6　绘制水平线

（3）单击"默认"选项卡"修改"面板中的"复制"按钮☜，分别复制水平线和斜线，结果如图 10-7 所示。

（4）单击"默认"选项卡"修改"面板中的"偏移"按钮㿟，将 4 条直线分别向内偏移，偏移距离为 130、270、20 和 80，如图 10-8 所示。

（5）单击"默认"选项卡"修改"面板中的"修剪"按钮⊬，修剪掉多余的直线，并将部分线型修改为 ACAD_ISO02W100，如图 10-9 所示。

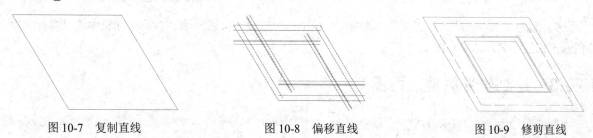

图 10-7　复制直线　　　　图 10-8　偏移直线　　　　图 10-9　修剪直线

（6）单击"默认"选项卡"注释"面板中的"标注样式"按钮▱，打开"标注样式管理器"对话框，如图 10-10 所示，单击"新建"按钮，创建一个新的标注样式，如图 10-11 所示，单击"继续"按钮，打开"新建标注样式：副本 ISO-25"对话框，分别对"线"、"符号和箭头"、"文字"和"主单位"等选项卡进行设置。

① "线"选项卡: "超出尺寸线"为30, "起点偏移量"为30。

② "符号和箭头"选项卡: "箭头"为"建筑标记", "箭头大小"为50。

③ "文字"选项卡: "文字高度"为100。

④ "主单位"选项卡: "精度"为0。

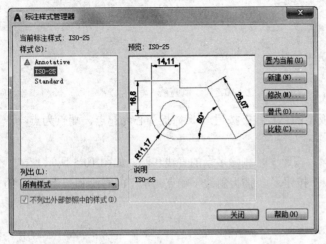

图 10-10 "标注样式管理器"对话框

图 10-11 新建标注样式

（7）单击"默认"选项卡"注释"面板中的"线性"按钮，为图形标注尺寸，如图 10-12 所示。

（8）单击"默认"选项卡"绘图"面板中的"直线"按钮和"注释"面板中的"多行文字"按钮A，绘制剖切符号，如图 10-13 所示。

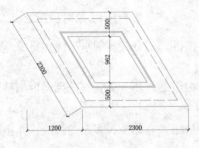

图 10-12 标注尺寸

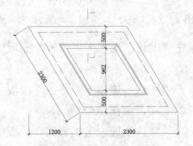

图 10-13 绘制剖切符号

（9）同理，单击"默认"选项卡"绘图"面板中的"直线"按钮和"注释"面板中的"多行文字"按钮A，标注图名，结果如图 10-1 所示。

10.2.3 绘制坐凳树池立面图

本节绘制如图 10-14 所示的坐凳树池立面图。

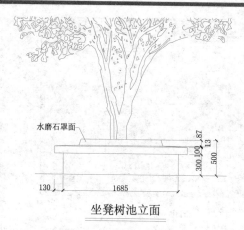

水磨石罩面

坐凳树池立面

图 10-14　坐凳树池立面图

（1）单击"默认"选项卡"绘图"面板中的"直线"按钮，绘制长为 2820 的地坪线，如图 10-15 所示。

（2）单击"默认"选项卡"修改"面板中的"偏移"按钮，将地坪线依次向上偏移 300、100、13 和 87，如图 10-16 所示。

图 10-15　绘制地坪线 　　　　　　　　　　　　　图 10-16　偏移地坪线

（3）单击"默认"选项卡"绘图"面板中的"直线"按钮，在图中合适的位置处绘制一条竖直直线，如图 10-17 所示。

（4）单击"默认"选项卡"修改"面板中的"偏移"按钮，将竖直直线依次向右偏移 130、1685 和 130，如图 10-18 所示。

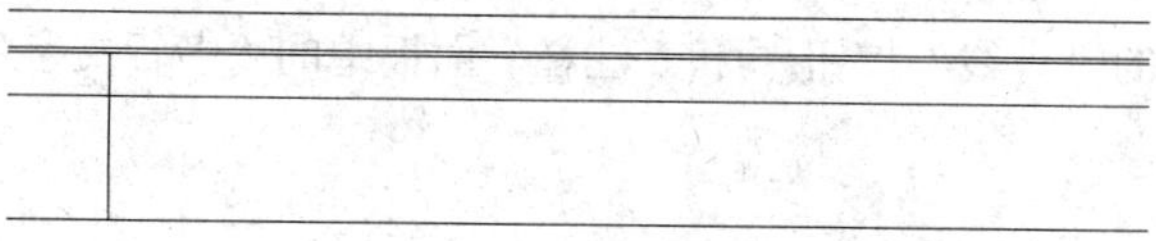

图 10-17　绘制竖直直线 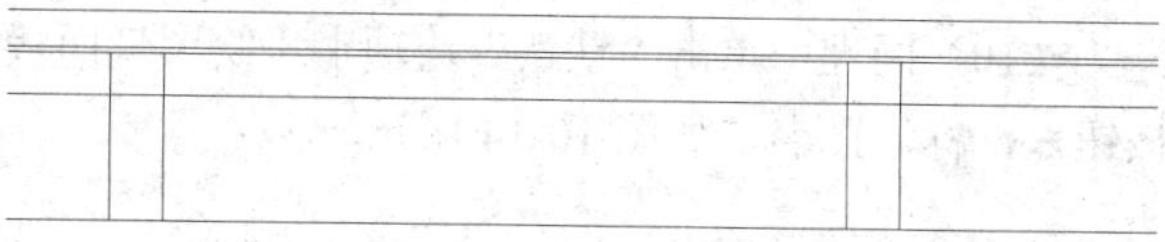　　　　　　　　　　　　图 10-18　偏移直线

（5）单击"默认"选项卡"修改"面板中的"修剪"按钮，修剪掉多余的直线，如图 10-19 所示。

（6）单击"默认"选项卡"绘图"面板中的"直线"按钮和"修改"面板中的"修剪"按钮，绘制水磨石罩面，如图 10-20 所示。

（7）单击"默认"选项卡"块"面板中的"插入"按钮，打开"插入"对话框，如图 10-21 所示，在图库中找到树木图块，将其插入到图中合适的位置，结果如图 10-22 所示。

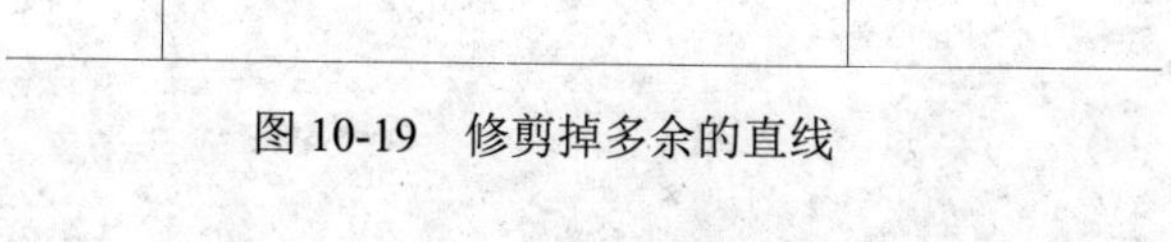

图 10-19　修剪掉多余的直线 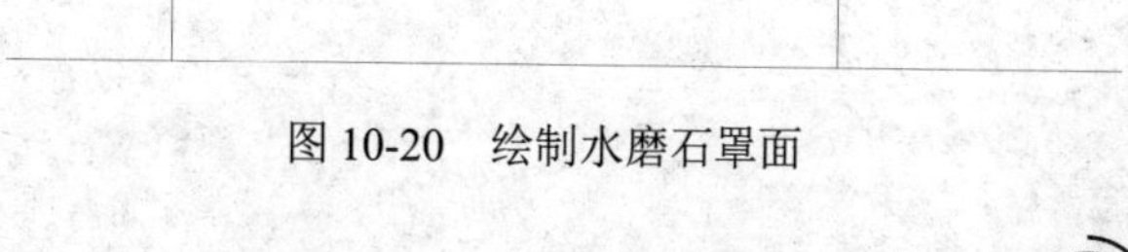　　　　　　　　　　图 10-20　绘制水磨石罩面

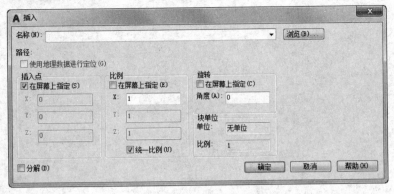

图 10-21　"插入"对话框

图 10-22　插入树木图块

（8）单击"默认"选项卡"注释"面板中的"线性"按钮▭，为图形标注尺寸，如图 10-23 所示。

（9）在命令行中输入"QLEADER"命令，标注文字，如图 10-24 所示。

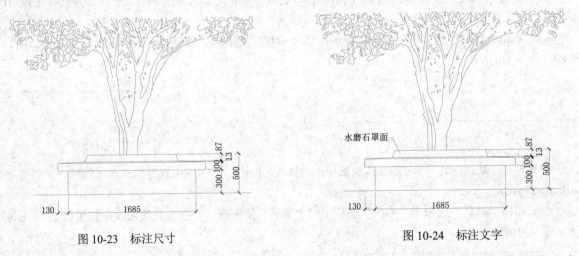

图 10-23　标注尺寸

图 10-24　标注文字

（10）同理，单击"默认"选项卡"绘图"面板中的"直线"按钮╱和"注释"面板中的"多行文字"按钮Ａ，标注图名，如图 10-14 所示。

10.2.4　绘制坐凳树池断面

本节绘制如图 10-25 所示的坐凳树池断面。

（1）单击"默认"选项卡"绘图"面板中的"矩形"按钮▢，绘制长为 770、宽为 150 的矩形，如图 10-26 所示。

（2）同理，在矩形上面绘制一个 570×100 的小矩形，将两个矩形的中点重合，结果如图 10-27 所示。

（3）单击"默认"选项卡"修改"面板中的"分解"按钮￼，将小矩形分解。

（4）单击"默认"选项卡"修改"面板中的"偏移"按钮￼，将小矩形的短边分别向内偏移 100，如图 10-28 所示。

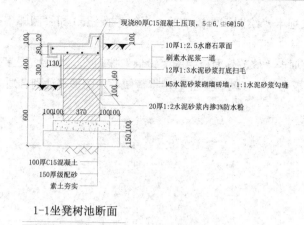

现浇80厚C15混凝土压顶，5Φ6，Φ6@150

10厚1:2.5水磨石罩面

刷素水泥浆一道

12厚1:3水泥砂浆打底扫毛

M5水泥砂浆砌墙砖墙，1:1水泥砂浆勾缝

20厚1:2水泥砂浆内掺3%防水粉

100厚C15混凝土

150厚级配砂

素土夯实

1-1坐凳树池断面

图 10-25　坐凳树池断面

图 10-26　绘制矩形　　　　　　　　　图 10-27　绘制小矩形

（5）单击"默认"选项卡"绘图"面板中的"直线"按钮／，以偏移的直线顶端点为起点，绘制两条长为650的竖直直线，然后单击"默认"选项卡"修改"面板中的"删除"按钮，将偏移后的直线删除，如图10-29所示。

（6）单击"默认"选项卡"绘图"面板中的"直线"按钮／，在竖直直线顶部绘制一条长为500的水平直线，如图10-30所示。

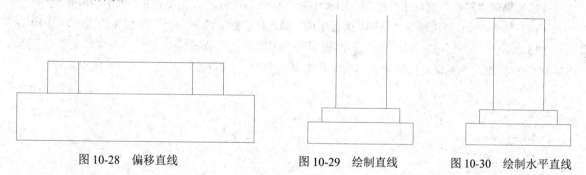

图 10-28　偏移直线　　　　　　　图 10-29　绘制直线　　　　图 10-30　绘制水平直线

（7）单击"默认"选项卡"修改"面板中的"偏移"按钮，将水平直线向上偏移，偏移距离为80，如图10-31所示。

（8）单击"默认"选项卡"绘图"面板中的"直线"按钮／和"修改"面板中的"修剪"按钮，细化顶部图形，如图10-32所示。

（9）单击"默认"选项卡"修改"面板中的"偏移"按钮，将直线1依次向下偏移300和100，如图10-33所示。

（10）单击"默认"选项卡"绘图"面板中的"直线"按钮／，在图形两侧绘制竖直直线，然后单击"默认"选项卡"修改"面板中的"修剪"按钮，修剪掉多余的直线，整理图形，结果如图10-34所示。

（11）单击"默认"选项卡"绘图"面板中的"直线"按钮 ╱ 和"圆弧"按钮 ╱ ，绘制种植土，如图 10-35 所示。

（12）单击"默认"选项卡"修改"面板中的"镜像"按钮 ⚠ ，将种植土镜像到另外一侧，然后单击"默认"选项卡"修改"面板中的"移动"按钮 ✛ ，将镜像后的图形移动到合适的位置处，结果如图 10-36 所示。

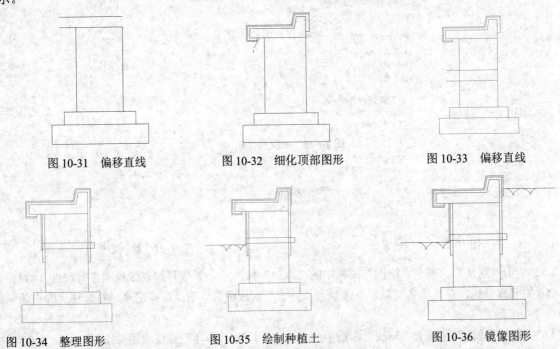

图 10-31　偏移直线　　　　图 10-32　细化顶部图形　　　　图 10-33　偏移直线

图 10-34　整理图形　　　　图 10-35　绘制种植土　　　　图 10-36　镜像图形

（13）单击"默认"选项卡"绘图"面板中的"直线"按钮 ╱ ，绘制钢筋，如图 10-37 所示。

（14）单击"默认"选项卡"绘图"面板中的"圆"按钮 ⊙ ，绘制一个半径为 8 的圆，如图 10-38 所示。

（15）单击"默认"选项卡"绘图"面板中的"图案填充"按钮 ▧ ，打开"图案填充创建"选项卡，选择 SOLID 图案，填充圆，完成配筋的绘制，结果如图 10-39 所示。

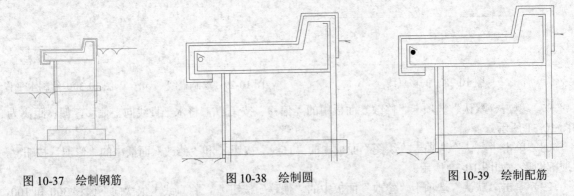

图 10-37　绘制钢筋　　　　图 10-38　绘制圆　　　　图 10-39　绘制配筋

（16）单击"默认"选项卡"修改"面板中的"复制"按钮 ▨ ，将填充圆复制到图中其他位置处，如图 10-40 所示。

（17）单击"默认"选项卡"绘图"面板中的"图案填充"按钮 ▧ ，填充其他位置处的图形，在填充图形前，首先利用直线命令补充绘制填充区域，结果如图 10-41 所示。

（18）单击"默认"选项卡"注释"面板中的"线性"按钮 ，为图形标注尺寸，如图 10-42 所示。

（19）单击"默认"选项卡"绘图"面板中的"直线"按钮 ，在图中引出直线，如图 10-43 所示。

（20）单击"默认"选项卡"注释"面板中的"多行文字"按钮 ，在直线右侧输入文字，如图 10-44 所示。

（21）单击"默认"选项卡"绘图"面板中的"直线"按钮 和"修改"面板中的"复制"按钮 ，将文字复制到图中其他位置处，双击文字，修改文字内容，以便文字格式的统一，最终完成文字的标注说明，结果如图 10-45 所示。

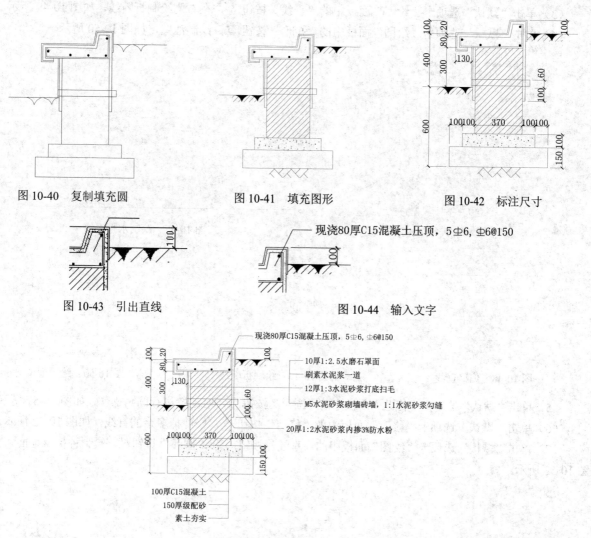

图 10-40　复制填充圆　　　　　　　图 10-41　填充图形　　　　　　　图 10-42　标注尺寸

图 10-43　引出直线　　　　　　　　　　图 10-44　输入文字

图 10-45　标注文字

（22）单击"默认"选项卡"绘图"面板中的"直线"按钮 和"注释"面板中的"多行文字"按钮 ，标注图名，如图 10-25 所示。

10.2.5　绘制人行道树池

绘制如图 10-46 所示的人行道树池。

（1）单击"默认"选项卡"绘图"面板中的"直线"按钮 ╱，在图中绘制一条水平直线，如图 10-47 所示。

（2）单击"默认"选项卡"修改"面板中的"偏移"按钮 ⊆，将步骤（1）绘制的水平直线依次向上偏移，如图 10-48 所示。

（3）单击"默认"选项卡"绘图"面板中的"直线"按钮 ╱，在右侧绘制折断线，如图 10-49 所示。

（4）单击"默认"选项卡"绘图"面板中的"矩形"按钮 ▢，绘制池壁，如图 10-50 所示。

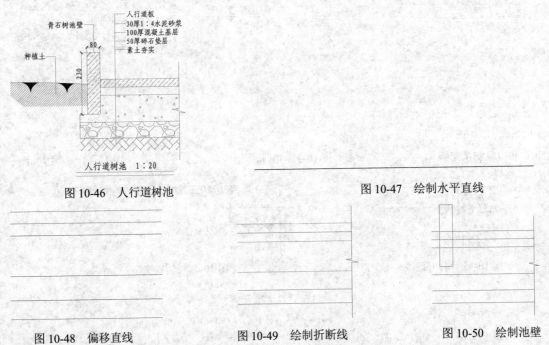

图 10-46　人行道树池　　　　　　　　　　图 10-47　绘制水平直线

图 10-48　偏移直线　　　　　图 10-49　绘制折断线　　　　　图 10-50　绘制池壁

（5）单击"默认"选项卡"修改"面板中的"圆角"按钮 ▢，对池壁进行圆角操作，如图 10-51 所示。

（6）单击"默认"选项卡"修改"面板中的"修剪"按钮 ┾，修剪掉多余的直线，如图 10-52 所示。

（7）单击"默认"选项卡"绘图"面板中的"直线"按钮 ╱ 和"圆弧"按钮 ⌒，绘制种植土地面，如图 10-53 所示。

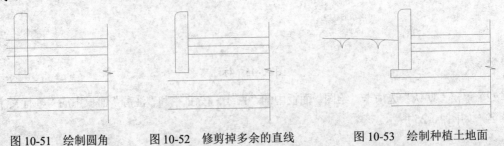

图 10-51　绘制圆角　　　　图 10-52　修剪掉多余的直线　　　　图 10-53　绘制种植土地面

（8）单击"默认"选项卡"绘图"面板中的"图案填充"按钮，打开"图案填充创建"选项卡，选择 SOLID 图案，填充图形，如图 10-54 所示。

（9）同理，单击"默认"选项卡"绘图"面板中的"直线"按钮和"图案填充"按钮，填充其他图形，然后删除多余的直线，结果如图 10-55 所示。

（10）单击"默认"选项卡"注释"面板中的"线性"按钮，为图形标注尺寸，如图 10-56 所示。

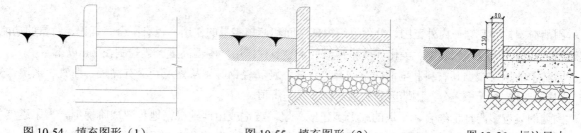

图 10-54　填充图形（1）　　　图 10-55　填充图形（2）　　　图 10-56　标注尺寸

（11）单击"默认"选项卡"绘图"面板中的"直线"按钮，在图中引出直线，如图 10-57 所示。

（12）单击"默认"选项卡"注释"面板中的"多行文字"按钮，在直线右侧输入文字，如图 10-58 所示。

（13）单击"默认"选项卡"修改"面板中的"复制"按钮，将短直线和文字依次向下复制，如图 10-59 所示。

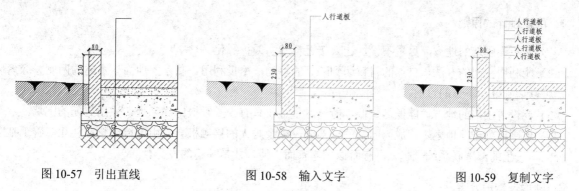

图 10-57　引出直线　　　　图 10-58　输入文字　　　　图 10-59　复制文字

（14）双击步骤（13）复制的文字，修改文字内容，以便文字格式的统一，如图 10-60 所示。

（15）同理，单击"默认"选项卡"绘图"面板中的"直线"按钮和"注释"面板中的"多行文字"按钮，标注其他位置处的文字说明，如图 10-61 所示。

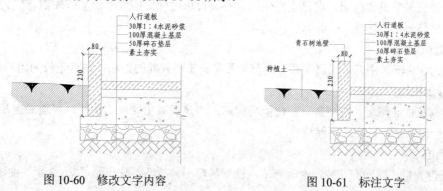

图 10-60　修改文字内容　　　　　图 10-61　标注文字

（16）单击"默认"选项卡"绘图"面板中的"直线"按钮／和"注释"面板中的"多行文字"按钮 **A**，标注图名，如图 10-46 所示。

10.3 景墙绘制实例

围墙在园林中起划分内外范围、分隔组织内部空间和遮挡劣景的作用，也有围合、标识、衬景的功能。建造精巧的围墙可以起到装饰、美化环境和制造气氛等多种作用。围墙高度一般控制在 2m 以下。

园林中的墙，根据其材料和剖面的不同有土、砖、瓦、轻钢等。从外观看又有高矮、曲直、虚实、光洁与粗糙，有檐与无檐之分。围墙区分的重要标准就是压顶。

围墙的设置多与地形结合，平坦的地形多建成平墙，坡地或山地则根据地势建成阶梯形，为了避免单调，有的建成波浪形的云墙。划分内外范围的围墙内侧常用土山、花台、山石、树丛、游廊等把墙隐蔽起来，使有限空间产生无限景观的效果。而专供观赏的景墙则设置在比较重要和突出的位置，供人们细细品味和观赏。

围墙是长型构造物。长度方向要按要求设置伸缩缝，按转折和门位布置柱位，调整因地面标高变化的立面；横向方向则关及围墙的强度，影响用料的大小。利用砖、混凝土围墙的平面凹凸、金属围墙构件的前后交错位置，实际上等于加大围墙横向断面的尺寸，可以免去墙柱，使围墙更自然通透。

1．围墙设计的原则

（1）能不设围墙的地方，尽量不设，让人接近自然，爱护绿化。

（2）能利用空间的办法，自然的材料达到隔离的目的，尽量利用。高差的地面、水体的两侧、绿篱树丛，都可以达到隔而不分的目的。

（3）要设置围墙的地方，能低尽量低，能透尽量透，只有少量须掩饰隐私处，才用封闭的围墙。

（4）使围墙处于绿地之中，成为园景的一部分，减少与人的接触机会，由围墙向景墙转化。善于把空间的分隔与景色的渗透联系起来，有而似无，有而生情，才是高超的设计。

2．围墙按构造分类

围墙的构造有竹木、砖、混凝土、金属材料几种。

（1）竹木围墙

竹篱笆是过去最常见的围墙，现已难得使用。有人设想过种一排竹子而加以编织，成为"活"的围墙（篱），则是最符合生态学要求的墙垣了。

（2）砖墙

墙柱间距为 3～4m，中开各式漏花窗，是节约又易施工、管养的办法。缺点是较为闭塞。

（3）混凝土围墙

一是以预制花格砖砌墙，花型富有变化但易爬越；二是混凝土预制成片状，可透绿也易管、养。混凝土墙的优点是一劳永逸，缺点是不够通透。

（4）金属围墙

☑ 以型钢为材，断面有几种，表面光洁，性韧易弯不易折断，缺点是每 2～3 年要油漆一次。

☑　以铸铁为材，可做各种花型，优点是不易锈蚀且价不高，缺点是性脆且光滑度不够。订货要注意所含成分不同。

☑　锻铁、铸铝材料。质优而价高，局部花饰中或室内使用。

☑　各种金属网材，如镀锌、镀塑铅丝网、铝板网、不锈钢网等。

现在往往把几种材料结合起来，取其长而补其短。混凝土往往用作墙柱、勒脚墙。取型钢为透空部分框架，用铸铁为花饰构件。局部、细微处用锻铁、铸铝。

绘制如图 10-62 所示的石屏造型。

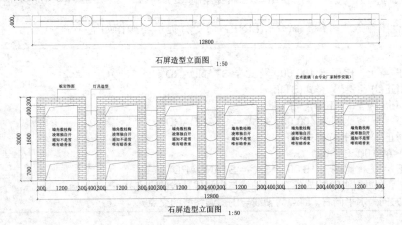

图 10-62　石屏造型

10.3.1　景墙平面图的绘制

景墙平面图的绘制包括轴线的绘制和墙线的绘制。

1．轴线设置

建立"轴线"图层，进行相应设置，然后开始绘制轴线。

单击"默认"选项卡"绘图"面板中的"直线"按钮，在绘图区适当位置选取直线的初始点，输入第二点的相对坐标（@2400,0），按 Enter 键后绘出横向轴线。

2．墙体绘制

（1）在命令行中输入"多线"命令 MLINE，命令行提示与操作如下：

```
命令: MLINE↙
当前设置: 对正 = 上, 比例 = 20.00, 样式 = STANDARD
指定起点或 [对正(J)/比例(S)/样式(ST)]: j↙
输入对正类型 [上(T)/无(Z)/下(B)] <上>: z↙
当前设置: 对正 = 无, 比例 = 20.00, 样式 = STANDARD
指定起点或 [对正(J)/比例(S)/样式(ST)]: s↙
输入多线比例 <20.00>: 400↙
当前设置: 对正 = 无, 比例 = 400.00, 样式 = STANDARD
指定起点或 [对正(J)/比例(S)/样式(ST)]:（用鼠标拾取轴线的左端点）
指定下一点:1800↙（方向为水平向右）
```

结果如图 10-63 所示。

（2）单击"默认"选项卡"绘图"面板中的"直线"按钮 ∕，将其端口封闭，结果如图 10-64 所示。

（3）单击"默认"选项卡"修改"面板中的"偏移"按钮 ⤳，对端口封闭直线段向内侧偏移，偏移距离为 300，结果如图 10-65 所示。

图 10-63　墙体绘制（1）　　　　图 10-64　墙体绘制（2）　　　　图 10-65　墙体绘制（3）

（4）在命令行中输入"多线"命令 MLINE，命令行提示与操作如下：

```
命令: MLINE↙
当前设置: 对正 = 上, 比例 = 400.00, 样式 = STANDARD
指定起点或 [对正(J)/比例(S)/样式(ST)]:  j↙
输入对正类型 [上(T)/无(Z)/下(B)] <上>:  z↙
当前设置: 对正 = 无, 比例 = 400.00, 样式 = STANDARD
指定起点或 [对正(J)/比例(S)/样式(ST)]:  s↙
输入多线比例 <400.00>:  16↙
当前设置: 对正 = 无, 比例 = 16.00, 样式 = STANDARD
指定起点或 [对正(J)/比例(S)/样式(ST)]:（轴线与内侧偏移线的交点）
指定下一点:（方向为水平向右, 终点为轴线与内侧偏移线的交点）
```

内置玻璃的平面绘制结果如图 10-66 所示。

（5）单击"默认"选项卡"修改"面板中的"偏移"按钮 ⤳，将左端封闭直线段向左偏移，偏移距离为 200，作为"景墙"中绘制"柱"的辅助线，如图 10-67 所示。然后单击"默认"选项卡"绘图"面板中的"圆"按钮 ⊙，以偏移后的线与轴线的交点为圆心，绘制半径为 200 的圆，作为灯柱，结果如图 10-68 所示。

图 10-66　内置玻璃　　　　图 10-67　灯柱绘制（1）　　　　图 10-68　灯柱绘制（2）

（6）单击"默认"选项卡"修改"面板中的"复制"按钮 ⟳，命令行提示与操作如下：

```
命令: _copy
选择对象:（选择图 10-69 所有对象）↙
选择对象: ↙
当前设置:  复制模式 = 多个
指定基点或 [位移(D)/模式(O)] <位移>:（如图 10-69 所示交点）
指定第二个点或 [阵列(A)] <使用第一个点作为位移>:（如图 10-70 所示交点）
指定第二个点或 [阵列(A)/退出(E)/放弃(U)] <退出>: ↙
```

图 10-69　基点 1　　　　　　　　図 10-70　基点 2

结果如图 10-71 所示。

图 10-71　墙体绘制完毕

10.3.2　景墙立面图的绘制

景墙立面图的绘制包括景墙轮廓线、内置玻璃、景墙材质、灯柱的绘制和文字的装饰。

1．建立"景墙立面图"图层

（1）建立一个新图层，命名为"景墙立面图"，如图 10-72 所示。确定后回到绘图状态。

✓　景墙立面图　　　🔆　☼　🔓　■洋红　Continu...　■■0.70... 0　　Color_6　🖶　📇

图 10-72　"景墙立面图"图层参数

（2）单击"默认"选项卡"绘图"面板中的"多段线"按钮 ⤵，绘制一条地基线，线条宽度设为 1.0。

2．绘制景墙外轮廓线

（1）打开状态栏中的"正交"命令。单击"默认"选项卡"绘图"面板中的"多段线"按钮 ⤵，命令行提示与操作如下：

```
命令：_pline
指定起点：（用鼠标拾取地基线上一点）✓
当前线宽为 0.0000
指定下一个点或 [圆弧(A)/半宽(H)/长度(L)/放弃(U)/宽度(W)]：3000✓（方向垂直向上）
指定下一点或 [圆弧(A)/闭合(C)/半宽(H)/长度(L)/放弃(U)/宽度(W)]：1800✓（方向水平向右）
指定下一点或 [圆弧(A)/闭合(C)/半宽(H)/长度(L)/放弃(U)/宽度(W)]：3000✓（方向垂直向下）
```

（2）单击"默认"选项卡"修改"面板中的"偏移"按钮 📥，向内侧偏移，偏移距离为 300，结果如图 10-73 所示。

3．内置玻璃的绘制

（1）打开"正交"命令，单击"默认"选项卡"绘图"面板中的"直线"按钮 ╱，以内侧偏移线左上角点为基点，垂直向下绘制长度为 400 的直线段，重复"直线"命令，水平向右绘制一长度为 1200 的直线段。然后单击"默认"选项卡"修改"面板中的"偏移"按钮 📥，将长度为 1200 的直线段向下偏移，偏移距离为 1600。

（2）玻璃上下方为镂空处理，用折断线表示。单击"默认"选项卡"绘图"面板中的"多段线"按钮 ⤵，如图 10-74 所示绘制折断线。

图 10-73　墙体

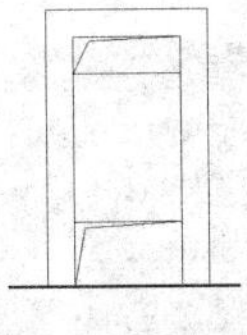

图 10-74　内置玻璃

4. 景墙材质的填充处理

单击"默认"选项卡"绘图"面板中的"图案填充"按钮，打开"图案填充创建"选项卡，设置如图10-75所示。选择要填充的区域，填充图形，结果如图10-76所示。

图10-75 填充设置

5. 灯柱的绘制

（1）单击"默认"选项卡"绘图"面板中的"矩形"按钮，在屏幕中的适当位置绘制尺寸为400×2000的矩形。

（2）单击"默认"选项卡"绘图"面板中的"圆弧"按钮，按照图10-77所示绘制灯柱上的装饰纹理。

（3）单击"默认"选项卡"绘图"面板中的"直线"按钮，在景墙左上角垂直向下绘制500的直线，然后水平向左绘制一条直线，作为灯柱的插入位置。然后单击"默认"选项卡"修改"面板中的"移动"按钮，命令行提示与操作如下：

```
命令: _move
选择对象: （用鼠标框选灯柱）
选择对象: ✓
指定基点或 [位移(D)] <位移>: （用鼠标拾取灯柱的左上角点）
指定第二个点或 <使用第一个点作为位移>: （用鼠标拾取1点）
```

结果如图10-78所示。

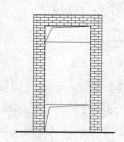
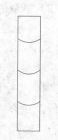
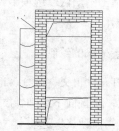

图10-76 填充后的效果 　　图10-77 灯柱 　　图10-78 将灯柱移到相应位置

6. 文字的装饰

（1）单击"默认"选项卡"注释"面板中的"多行文字"按钮，输入如图10-79所示文字。

图10-79 输入文字

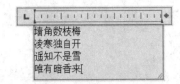

图 10-79　输入文字（续）

（2）单击"默认"选项卡"修改"面板中的"复制"按钮，将图 10-80 全部选中，带基点进行复制，基点选择如图 10-81 所示。

图 10-80　文字的装饰

图 10-81　选中进行复制

注意　基点为灯柱水平方向的延长线与景墙外轮廓线的交点，如图 10-82 所示。

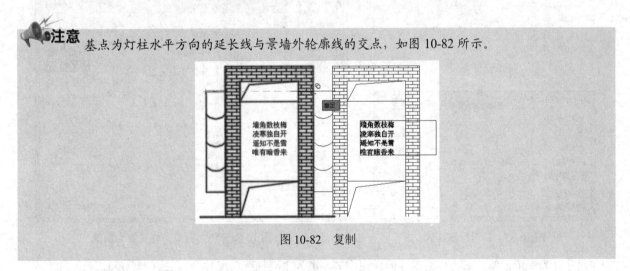

图 10-82　复制

双击其他玻璃框中的文字，进行编辑，结果如图 10-83 所示。

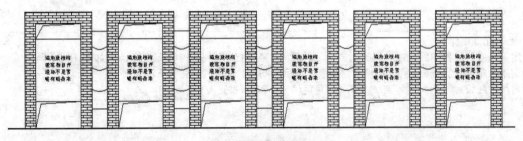

图 10-83　最终效果

10.3.3 尺寸标注及轴号标注

设置标注样式，对图形进行尺寸的标注。

1. 建立"尺寸"图层

参数设置如图 10-84 所示，并将其设置为当前图层。

| ✓ 尺寸 | 🔆 ☼ 🔓 🟩 绿 Continu... —— 默认 0 Color_3 🖨 🖳 |

图 10-84 "尺寸"图层参数

2. 标注样式设置

标注样式的设置应该和绘图比例相匹配。

（1）单击"默认"选项卡"注释"面板中的"标注样式"按钮 ╡，弹出"标注样式管理器"对话框，单击"新建"按钮，在弹出的"创建新标注样式"对话框中新建一个标注样式，命名为"建筑"，单击"继续"按钮，如图 10-85 所示。

（2）将"建筑"样式中的参数按前几节所示逐项进行设置。单击"确定"按钮后回到"标注样式管理器"对话框，将"建筑"样式设为当前，如图 10-86 所示。

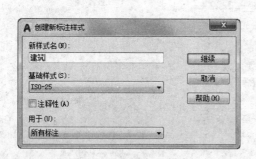

图 10-85 新建标注样式

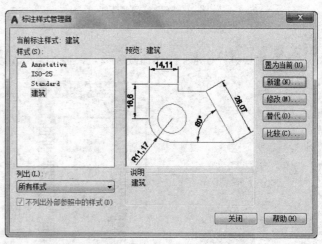

图 10-86 将"建筑"样式置为当前

尺寸分为 3 道，第一道为局部尺寸的标注，第二道为主要轴线的尺寸，第三道为总尺寸。

（3）第一道尺寸线绘制。单击"默认"选项卡"注释"面板中的"线性"按钮 ⊢，命令行提示与操作如下：

命令: _dimlinear
指定第一条尺寸界线原点或 <选择对象>:（利用"对象捕捉"拾取图中景墙的角点）如图 10-87 所示
指定第二条尺寸界线原点: （捕捉第二角点（水平方向））如图 10-88 所示
指定尺寸线位置或 [多行文字(M)/文字(T)/角度(A)/水平(H)/垂直(V)/旋转(R)]: ✓

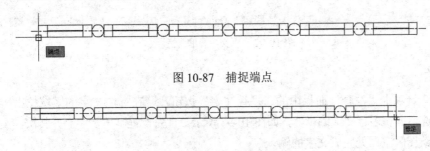

图 10-87 捕捉端点

图 10-88 第一道尺寸线

使用同样方法标注竖向尺寸，结果如图 10-89 所示。

图 10-89 竖向尺寸

3. 景墙立面图尺寸的标注

标注景墙立面图的第一道尺寸，结果如图 10-90 所示。

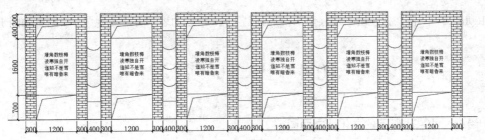

图 10-90 立面图的第一道尺寸

使用同样方法标注第二道尺寸，结果如图 10-91 所示。

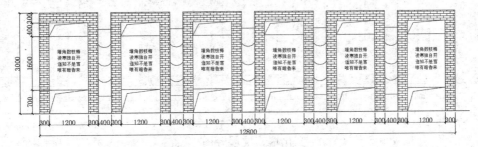

图 10-91 立面图的第二道尺寸

10.3.4 文字标注

设置文字样式，对图形进行文字标注。

1. 建立"文字"图层

参数设置如图 10-92 所示，将其设置为当前图层。

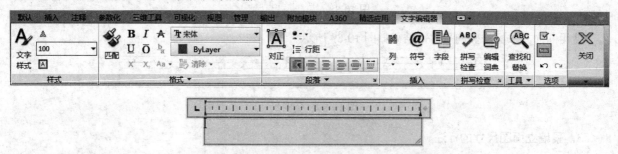

图 10-92 "文字"图层参数

2. 标注文字

单击"默认"选项卡"注释"面板中的"多行文字"按钮 **A**，在标注文字的区域拉出一个矩形，打开"文字编辑器"选项卡和多行文字编辑器，如图 10-93 所示。首先设置字体及字高，其次在文本区输入要标注的文字，单击绘图区空白处完成文字的输入。

图 10-93 "文字编辑器"选项卡和多行文字编辑器

采用相同的方法，依次标注出景墙其他部位名称。至此，景墙的表示方法就完成了，结果如图 10-62 所示。

10.4 上机实验

【练习 1】绘制图 10-94 所示的文化墙立面图。

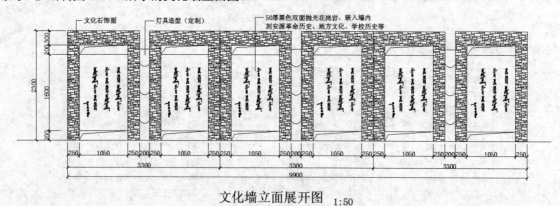

图 10-94 文化墙立面图

1. 目的要求

本实例的绘制方法与景墙的绘制类似，通过本例学习熟练掌握墙立面图的绘制方法和技巧。

2．操作提示

（1）绘制地基线。

（2）绘制文化墙外轮廓线。

（3）绘制内置玻璃。

（4）填充材质。

（5）绘制灯柱。

（6）标注尺寸和文字。

【练习2】 绘制图 10-95 所示的升旗台平面图。

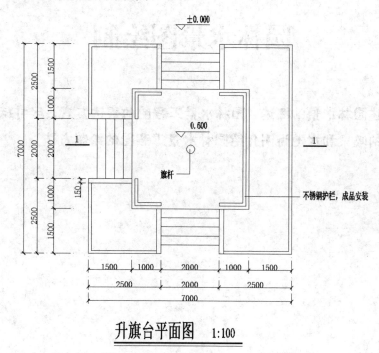

升旗台平面图　1:100

图 10-95　升旗台平面图

1．目的要求

本例比较简单，利用"直线"、"偏移"和"修剪"等命令绘制升旗台平面图，通过本例学习重点掌握升旗台平面图的绘制方法和技巧。

2．操作提示

（1）绘制升旗台轮廓线。

（2）绘制台阶。

（3）绘制剖切符号和标高符号。

（4）标注尺寸和文字。

园林水景图绘制

　　本章主要讲述园林水景的概述，园林水景工程图的表达方式、尺寸标注以及内容；以园林水景中常见的喷泉和水池为例介绍园林水景工程图的绘制方法。

11.1　园林水景概述

水景，作为园林中一道别样的风景点缀，以它特有的气息与神韵感染着每一个人。它是园林景观和给水排水的有机结合。随着房地产等相关行业的发展，人们对居住环境有了更高的要求。水景逐渐成为居住区环境设计的一大亮点，水景的应用技术也得到很快发展，许多技术已大量应用于实践中。

1. 园林水景的作用

园林水景的用途非常广泛，主要归纳为以下 5 个方面。

（1）园林水体景观。如喷泉、瀑布、池塘等，都以水体为题材，水成了园林的重要构成要素，也引发了无穷无尽的诗情画意。冰灯、冰雕也是水在非常温状况下的一种观赏形式。

（2）改善环境，调节气候，控制噪声。矿泉水具有医疗作用，负离子具有清洁作用，都不可忽视。

（3）提供体育娱乐活动场所。如游泳、划船、溜冰、船模以及冲浪、漂流、水上乐园等。

（4）汇集、排泄天然雨水。此项功能在认真设计的园林中，会节省不少地下管线的投资，为植物生长创造良好的立地条件；相反，污水倒灌、淹苗，又会造成意想不到的损失。

（5）防护、隔离、防灾用水。如护城河、隔离河，以水面作为空间隔离，是最自然、最节约的办法。引申来说，水面创造了园林迂回曲折的线路。隔岸相视，可望而不可即也。救火、抗旱都离不开水。城市园林水体，可作为救火备用水，郊区园林水体、沟渠，是抗旱救灾的天然管网。

2. 园林景观的分类

园林水体的景观形式是丰富多彩的。明袁中郎谓：“水突然而趋，忽然而折，天回云昏，顷刻不知其千里，细则为罗谷，旋则为虎眼，注则为天坤，立则为岳玉；矫而为龙，喷而为雾，吸而为风，怒而为霆，疾徐舒蹙，奔跃万状。”下面以水体存在的 4 种形态来划分水体的景观。

（1）水体因压力而向上喷，形成各种各样的喷泉、涌泉、喷雾等，总称“喷水”。

（2）水体因重力而下跌，高程突变，形成各种各样的瀑布、水帘等，总称“跌水”。

（3）水体因重力而流动，形成各种各样的溪流、漩涡等，总称“流水”。

（4）水面自然，不受重力及压力影响，称“池水”。

自然界不流动的水体，并不是静止的。它因风吹而起涟漪、波涛，因降雨而得到补充，因蒸发、渗透而减少、枯干，因各种动植物、微生物的参与而污染、净化，无时无刻不在进行生态的循环。

3. 喷水的类型

人工造就的喷水，有 7 种景观类型。

（1）水池喷水：这是最常见的形式。设计水池，安装喷头、灯光、设备。停喷时，是一个静水池。

（2）旱池喷水：喷头等隐于地下，适用于让人参与的地方，如广场、游乐场。停喷时是场中一块微凹地坪，缺点是水质易污染。

（3）浅池喷水：喷头于山石、盆栽之间，可以把喷水的全范围做成一个浅水盆，也可以仅在射流落点之处设几个水钵。美国迪士尼乐园有座间歇喷泉，由 A 定时喷一串水珠至 B，再由 B 喷一串水珠至 C，如此不断循环跳跃下去周而复始。

（4）舞台喷水：影剧院、跳舞厅、游乐场等场所，有时作为舞台前景、背景，有时作为表演场所和活动内容。这里小型的设施，水池往往是活动的。

（5）盆景喷水：家庭、公共场所的摆设，大小不一，往往成套出售。此种以水为主要景观的设施，不限于"喷"的水姿，而易于汲取高科技成果，做出让人意想不到的景观，很有启发意义。

（6）自然喷水：喷头置于自然水体之中。

（7）水幕影像：上海城隍庙的水幕电影，由喷水组成 10 余米宽、20 余米长的扇形水幕，与夜晚天际连成一片，电影放映时，人物驰骋万里，来去无影。

4．水景的类型

水景是园林景观构成的重要组成部分，水的形态不同，则构成的景观也不同。水景一般可分为以下几种类型。

（1）水池

园林中常以天然湖泊作水池，尤其在皇家园林中，此水景有一望千顷、海阔天空之气派，构成了大型园林的宏旷水景。而私家园林或小型园林的水池面积较小，其形状可方、可圆、可直、可曲，常以近观为主，不可过分分隔，故给人的感觉是古朴野趣。

（2）瀑布

瀑布在园林中虽用得不多，但它特点鲜明，即充分利用了高差变化，使水产生动态之势。如把石山叠高，下挖成潭，水自高往下倾泻，击石四溅，飞珠若帘，俨如千尺飞流，震撼人心，令人流连忘返。

（3）溪涧

溪涧的特点是水面狭窄而细长，水因势而流，不受拘束。水口的处理应使水声悦耳动听，使人犹如置身于真山真水之间。

（4）泉源

泉源之水通常是溢满的，一直不停地往外流出。古有天泉、地泉、甘泉之分。泉的地势一般比较低下，常结合山石，光线幽暗，别有一番情趣。

（5）濠濮

濠濮是山水相依的一种景象，其水位较低，水面狭长，往往能产生两山夹岸之感。而护坡置石，植物探水，可造成幽深濠涧的气氛。

（6）渊潭

潭景一般与峭壁相连，水面不大，深浅不一。大自然之潭周围峭壁嶙峋，俯瞰气势险峻，犹若万丈深渊。庭园中潭之创作，岸边宜叠石，不宜披土；光线处理宜荫蔽浓郁，不宜阳光灿烂；水位标高宜低下，不宜涨满。水面集中而空间狭隘是渊潭的创作要点。

（7）滩

滩的特点是水浅而与岸高差很小。滩景结合洲、矶、岸等，潇洒自如，极富自然。

（8）水景缸

水景缸是用容器盛水作景。其位置不定，可随意摆放，内可养鱼、种花，以用作庭园点景之用。

除上述类型外，随着现代园林艺术的发展，水景的表现手法越来越多，如喷泉造景、叠水造景等，均活跃了园林空间，丰富了园林内涵，美化了园林景致。

5. 喷水池的设计原则

（1）要尽量考虑向生态方向发展，如空调冷却水的利用、水帘幕降温、鱼塘增氧、兼作消防水池、喷雾增加空气湿度和负离子，以及作为水系循环水源等。科学研究证明，水滴分裂有带电现象，水滴从加有高压电的喷嘴中以雾状喷出，可吸附微小烟尘乃至有害气体，会大大提高除尘效率。带电水雾硝烟的技术及装置、向雷云喷射高速水流消除雷害的技术正在积极研究中。

（2）要与其他景观设施结合。这里有两层意思，一是喷水等水景工程，二是一项综合性工程，要园林、建筑、结构、雕塑、自控、电气、给排水、机械等方面专业参加，才能做到至善至美。

（3）水景是园林绿化景观中的一部分内容，要有雕塑、花坛、亭廊、花架、座椅、地坪铺装、儿童游戏场、露天舞池等内容的参加配合，才能成景，并做到规模不致过大，而效果淋漓尽致，喷射时好看，停止时也好看。

（4）要有新意，不落俗套。日本的喷水，是由声音、风向、光线来控制开启的，有座"激流勇进"，一股股激浪冲向艘艘木舟，激起"千堆雪"。美国有座喷泉，上喷的水正对着下泻的瀑，水花在空中爆炸，蔚为壮观。

（5）要因地制宜选择合理的喷泉。例如，适于参与、有管理条件的地方采用旱地喷水，而只适于观赏的要采用水池喷泉；园林环境下可考虑采用自然式浅池喷水。

6. 各种喷水款式的选择

现在的喷泉设计，多从造型考虑，喜欢哪个样子就选哪种喷头。这种做法是不对的。实际上现有各种喷头的使用条件是有很多不同的。

（1）声音：有的喷头的水噪声很大，如充气喷头；而有的是有造型而无声，很安静，如喇叭喷头。

（2）风力的干扰：有的喷头受外界风力影响很大，如半圆形喷头，此类喷头形成的水膜很薄，强风下几乎不能成形；有的则没什么影响，如树水状喷头。

（3）水质的影响：有的喷头受水质的影响很大，水质不佳，动辄堵塞，如蒲公英喷头，堵塞局部，破坏整体造型。但有的影响很小，如涌泉。

（4）高度和压力：各种喷头都有其合理、高效的喷射高度。例如，要喷得高，可用中空喷头，比用直流喷头好，因为环形水流的中部空气稀薄，四周空气裹紧水柱使之不易分散。而儿童游乐场为安全起见，要选用低压喷头。

（5）水姿的动态：多数喷头是安装后或调整后按固定方向喷射的，如直流喷头。还有一些喷头是动态的，如摇摆和旋转喷头，在机械和水力的作用下，喷射时喷头是移动的，且经过特殊设计，有的喷头还按预定的轨迹前进。同一种喷头，由于设计的不同，可喷射出各种高度，此起彼伏。无级变速可使喷射轨迹呈曲线形状，甚至时断时续，射流呈现出点、滴、串的水姿，如间歇喷头。多数喷头是安装在水面之上的，但是鼓泡（泡沫）喷头是安装在水面之下的，因水面的波动，喷射的水姿会呈现起伏动荡的变化。使用此类喷头，还要注意水池会有较大的波浪出现。

（6）射流和水色：多数喷头喷射时水色是透明无色的。鼓泡（泡沫）喷头、充气喷头由于空气和水混合，射流是不透明白色的。而雾状喷头要在阳光照射下才会产生瑰丽的彩虹。水盆景、摆设一类水景，往往把水染色，使之在灯光下更显烂漫辉煌。

11.2　园林水景工程图的绘制

山石水体是园林的骨架，表达水景工程构筑物（如驳岸、码头、喷水池等）的图样称为水景工程图。在水景工程图中，除表达工程设施的土建部分外，一般还有机电、管道、水文地质等专业内容。此处主要介绍水景工程图的表达方法、一般分类和喷水池工程图。

1．水景工程图的表达方法

（1）视图的配置

水景工程图的基本图样仍然是平面图、立面图和剖面图。水景工程构筑物，如基础、驳岸、水闸、水池等许多部分被土层覆盖，所以剖面图和断面图应用较多。人站在上游（下游），面向建筑物作投射，所得的视图称为上游（下游）立面图，如图 11-1 所示。为看图方便，每个视图都应在图形下方标出名称，各视图应尽量按投影关系配置。布置图形时，习惯使水流方向由左向右或自上而下。

（2）其他表示方法

① 局部放大图。

物体的局部结构用较大比例画出的图样称为局部放大图或详图。放大的详图必须标注索引标志和详图标志。

② 展开剖面图。

当构筑物的轴线是曲线或折线时，可沿轴线剖开物体并向剖切面投影，然后将所得剖面图展开在一个平面上，这种剖面图称为展开剖面图，在图名后应标注"展开"二字。

③ 分层表示法。

当构筑物有几层结构时，在同一视图内可按其结构层次分层绘制。相邻层次用波浪线分界，并用文字在图形下方标注各层名称。

④ 掀土表示法。

被土层覆盖的结构，在平面图中不可见。为表示这部分结构，可假想将土层掀开后再画出视图。

⑤ 规定画法。

除可采用规定画法和简化画法外，还有以下规定。

☑ 构筑物中的各种缝线，如沉陷缝、伸缩缝和材料分界线，两边的表面虽然在同一平面内，但画图时一般按轮廓线处理，用一条粗实线表示。

☑ 水景构筑物配筋图的规定画法与园林建筑图相同。如钢筋网片的布置对称可以只画一半，另一半表达构件外形。对于规格、直径、长度和间距相同的钢筋，可用粗实线画出其中一根来表示。同时用一横穿的细实线表示其余的钢筋。

如图形的比例较小，或者某些设备另有专门的图纸来表达，可以在图中相应的部位用图例来表达工程构筑物的位置。常用图例如图 11-2 所示。

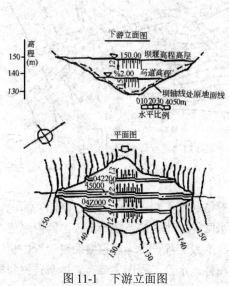

图 11-1　下游立面图

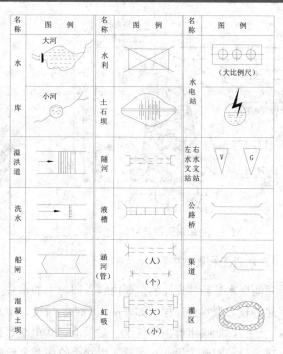

图 11-2　常用图例

2. 水景工程图的尺寸注法

投影制图有关尺寸标注的要求，在注写水景工程图的尺寸时也必须遵守。但水景工程图也有它自己的特点，主要如下：

（1）基准点和基准线

要确定水景工程构筑物在地面的位置，必须先定好基准点和基准线在地面的位置，各构筑物的位置均以基准点进行放样定位。基准点的平面位置是根据测量坐标确定的，两个基准点的连线可以定出基准线的平面位置。基准点的位置用交叉十字线表示，引出标注测量坐标。

（2）常水位、最高水位和最低水位

设计和建造驳岸、码头、水池等构筑物时，应根据当地的水情和一年四季的水位变化来确定驳岸和水池的形式和高度，使得常水位时景观最佳，最高水位时不至于溢出，最低水位时岸壁的景观也可入画。因此在水景工程图上，应标注常水位、最高水位和最低水位的标高，并常将水位作为相对标高的零点，如图 11-3 所示。为便于施工测量，图中除注写各部分的高度尺寸外，尚需注出必要的高程。

（3）里程桩

对于堤坝、渠道、驳岸、隧洞等较长的水景工程构筑物，沿轴线的长度尺寸通常采用里程桩的标注方法。标注形式为 k+m，k 为公里数，m 为米数。如起点桩号标注成 0+000，起点桩号之后，k、m 为正值，起点桩号之前，k、m 为负值。桩号数字一般沿垂直于轴线的方向注写，且标注在同一侧，如图 11-4 所示。当同一图中几种建筑物均采用"桩号"标注时，可在桩号数字之前加注文字以示区别，如坝 0+021.00、洞 0+018.30 等。

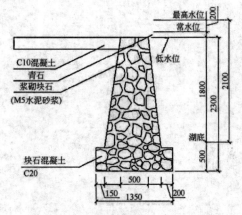

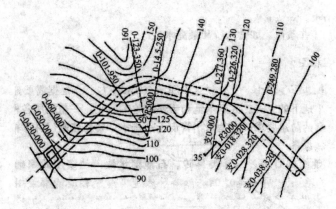

图 11-3 驳岸剖面图尺寸标注   图 11-4 里程桩尺寸标注

3．水景工程图的内容

开池理水是园林设计的重要内容。园林中的水景工程，有的是利用天然水源（河流、湖泊）和现状地形修建的较大型水面工程，如驳岸、码头、桥梁、引水渠道和水闸等；更多的是在街头、游园内修建的小型水面工程，如喷水池、种植池、盆景池、观鱼池等人工水池。水景工程设计一般也要经过规划、初步设计、技术设计和施工设计几个阶段。每个阶段都要绘制相应的图样。水景工程图主要有总体布置图和构筑物结构图。

（1）总体布置图

总体布置图主要表示整个水景工程各构筑物在平面和立面的布置情况。总体布置图以平面布置图为主，必要时配置立面图。平面布置图一般画在地形图上。为了使图形主次分明，结构图的次要轮廓线和细部构造线均省略不画，或用图例或示意图标示这些构造的位置和作用。图中一般只注写构筑物的外形轮廓尺寸和主要定位尺寸，主要部位的高程和填挖土方坡度。总体布置图的绘图比例一般为 1∶200～1∶500。总体布置图的内容如下：

① 工程设施所在地区的地形现状、河流及流向、水面、地理方位（指北针）等。

② 各工程构筑物的相互位置、主要外形尺寸、主要高程。

③ 工程构筑物与地面交线、填挖方的边坡线。

（2）构筑物结构图

结构图是以水景工程中某一构筑物为对象的工程图。包括结构布置图、分部和细部构造图以及钢筋混凝土结构图。构筑物结构图必须把构筑物的结构形状、尺寸大小、材料、内部配筋及相邻结构的连接方式等都表达清楚。结构图包括平、立、剖面图及详图和配筋图，绘图比例一般为 1∶5～1∶100。构筑物结构图的内容如下：

① 表明工程构筑物的结构布置、形状、尺寸和材料。

② 表明构筑物的各分部和细部构造、尺寸和材料。

③ 表明钢筋混凝土结构的配筋情况。

④ 工程地质情况及构筑物与地基的连接方式。

⑤ 相邻构筑物之间的连接方式。

⑥ 附属设备的安装位置。

⑦ 构筑物的工作条件，如常水位和最高水位等。

4．喷水池工程图

喷水池的面积和深度较小，一般仅几十厘米至一米左右，可根据需要建成地面上或地面下或者半地上半地下的形式。人工水池与天然湖池的区别：一是采用各种材料修建池壁和池底，并有较高的防水要求；二是采用管道给排水，修建闸门井、检查井、排放口和地下泵站等附属设备。

常见的喷水池结构有两种：一类是砖、石池壁水池，池壁用砖墙砌筑，池底采用素混凝土或钢筋混凝土；另一类是钢筋混凝土水池，池底和池壁都采用钢筋混凝土结构。喷水池的防水做法多是在池底上表面和池壁内外墙面抹 20mm 厚防水砂浆。北方水池还有防冻要求，可以在池壁外侧回填时采用排水性能较好的轻骨料，如矿渣、焦渣或级配砂石等。喷水池土建部分用喷水池结构图表达，以下主要说明喷水池管道的画法。

喷水的基本形式有直射形、集射形、放射形、散剔形、混合形等。喷水又可与山石、雕塑、灯光等相互依赖，共同组合形成景观。不同的喷水外形主要取决于喷头的形式，可根据不同的喷水造型设计喷头。

（1）管道的连接方法

喷水池采用管道给排水，管道在工业产品中有一定的规格和尺寸。在安装时加以连接组成管路，其连接方式将因管道的材料和系统而不同。常用的管道连接方式有 4 种。

① 法兰连接。

在管道两端各焊一个圆形的先到趾，在法兰盘中间垫以橡胶垫，四周钻有成组的小圆孔，在圆孔中用螺栓连接。

② 承插连接。

管道的一端做成钟形承口，另一端是直管，直管插入承口内，在空隙处填以石棉水泥。

③ 螺纹连接。

管端加工有处螺纹，用有内螺纹的套管将两根管道连接起来。

④ 焊接。

将两管道对接焊成整体，在园林给排水管路中应用不多。

喷水池给排水管路中，给水管一般采用螺纹连接，排水管大多采用承插连接。

（2）管道平面图

管道平面图主要是用以显示区域内管道的布置。一般游园的管道综合平面图常用比例为 1:200～1:2000。喷水池管道平面图主要能显示清楚该小区范围内的管道即可，通常选用 1:50～1:300 的比例。管道均用单线绘制，称为单线管道图，但用不同的宽度和不同的线型加以区别。新建的各种给排水管用粗线，原有的给排水管用中粗线；给水管用实线，排水管用虚线等。

管道平面图中的房屋、道路、广场、围墙、草地花坛等原有建筑物和构筑物按建筑总平面图的图例用细实线绘制，水池等新建建筑物和构筑物用中粗线绘制。

铸铁管以公称直径"DN"表示，公称直径指管道内径，通常以英寸为单位（1″=25.4mm），也可标注mm，例如 DN50。混凝土管以内径"d"表示，例如 d150。管道应标注起讫点、转角点、连接点、变坡点的标高。给水管宜注管中心线标高，排水管宜注管内底标高。一般标注绝对标高，如无绝对标高资料，也可注相对标高。给水管是压力管，通常水平敷设，可在说明中注明中心线标高。排水管为简便起见，可在检查井处引出标注，水平线上面注写管道种类及编号，例如 W-5，水平线下面注写井底标高。也可在说明中注写管口内底标高和坡度。管道平面图中还应标注闸门井的外形尺寸和定位尺寸，指北针或风向玫瑰图。为便于对照阅读，应附给水排水专业图例和施工说明。施工说明一般包括设计标高、管径及标高、管道材料和连接方式、检查井和闸门井尺寸、质量要求和验收标准等。

（3）安装详图

安装详图主要用以表达管道及附属设备安装情况的图样，或称工艺图。安装详图以平面图作为基本视图，然后根据管道布置情况选择合适的剖面图，剖切位置通过管道中心，但管道按不剖绘制。局部构造，如闸门井、泄水口、喷泉等用管道节点图表达。在一般情况下管道安装详图与水池结构图应分别绘制。

一般安装详图的画图比例都比较大，各种管道的位置、直径、长度及连接情况必须表达清楚。在安装详图中，管径大小按比例用双粗实线绘制，称为双线管道图。

为便于阅读和施工备料，应在每个管件旁边，以指引线引出 6 mm 小圆圈并加以编号，相同的管配件可编同一号码。在每种管道旁边注明其名称，并画箭头以示其流向。

池体等土建部分另有构筑物结构图详细表达其构造、厚度、钢筋配置等内容。在管道安装工艺图中，一般只画水池的主要轮廓，细部结构可省略不画。池体等土建构筑物的外形轮廓线（非剖切）用细实线绘制，闸门井、池壁等剖面轮廓线用中粗线绘制，并画出材料图例。管道安装详图的尺寸包括构筑尺寸、管径及定位尺寸、主要部位标高。构筑尺寸指水池、闸门井、地下泵站等内部长、宽和深度尺寸，沉淀池、泄水口、出水槽的尺寸等。在每段管道旁边注写管径和代号"DN"等，管道通常以池壁或池角定位。构筑物的主要部位（池顶、池底、泄水口等）及水面、管道中心、地坪应标注标高。

喷头是经机械加工的零部件，在与管道连接时，采用螺纹连接或法兰连接。自行设计的喷头应按机械制图标准画出部件装配图和零件图。

为便于施工备料、预算，应将各种主要设备和管配件汇总列出材料表。表列内容：件号、名称、规格、材料、数量等。

（4）喷水池结构图

喷水池池体等土建构筑物的布置、结构，形状大小和细部构造用喷水池结构图来表示。喷水池结构图通常包括表达喷水池各组成部分的位置、形状和周围环境的平面布置图，表达喷泉造型的外观立面图，表达结构布置的剖面图和池壁、池底结构详图或配筋图。如图 11-5 所示，是钢筋混凝土地上水池的池壁和池底详图。其钢筋混凝土结构的表达方法应符合建筑结构制图标准的规定。如图 11-5 所示为某公园喷泉结构图。

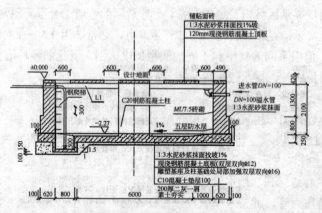

图 11-5　某公园喷泉结构图

11.3　园桥绘制实例

园林中的桥既起到交通连接的功能，又兼备赏景、造景的作用，如拙政园的折桥和"小飞虹"、颐和园中的"十七孔桥"和园内西堤上的 6 座形式各异的桥、网师园的小石桥等。在全园规划时，应将园桥所处的环境和所起的作用作为确定园桥的设计依据。一般在园林中架桥，多选择两岸较狭窄处，或湖岸与湖岛之间，或两岛之间。桥的形式多种多样，如拱桥、折桥、亭桥、廊桥、假山桥、索桥、独木桥、吊桥等，前几类多以造景为主，联系交通时以平桥居多。就材质而言，有木桥、石桥、混凝土桥等。在设计时应根据具体情况选择适宜的形式和材料。

绘制如图 11-6 所示的桥。

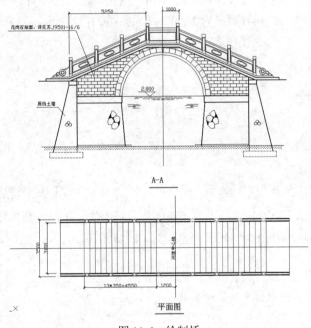

图 11-6　绘制桥

11.3.1　桥的绘制

以轴线作为定位线，绘制了桥的平面图和立面图以及桥面上的装饰。

1．绘制轴线

建立"轴线"图层，进行相应设置。单击"默认"选项卡"绘图"面板中的"直线"按钮，在绘图区适当位置选取直线的初始点，输入第二点的相对坐标（@0,15000），按 Enter 键后绘出竖向轴线。然后重复"直线"命令，在绘图区适当位置选取直线的初始点，输入第二点的相对坐标（@30000,0），进行范围缩放后如图 11-7 所示。

图 11-7　轴线绘制

2．桥平面图的绘制

（1）建立一个新图层，并将其命名为"桥"，如图 11-8 所示。确定后回到绘图状态。

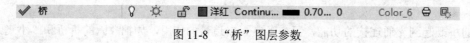

图 11-8　"桥"图层参数

（2）台阶的绘制。

① 将"桥"图层置为当前图层。单击"默认"选项卡"绘图"面板中的"直线"按钮／，以横向轴线和竖向轴线的交点为起点，水平向左绘制一条直线段，长度为 7250；然后垂直向上绘制一条竖向直线段，长度为1550，删除横向直线段，结果如图 11-9 所示。

②单击"默认"选项卡"绘图"面板中的"直线"按钮／，以步骤①绘制的直线段的上端点为起点，向下绘制一条长度为 3100 的直线段，为桥的界线。单击"默认"选项卡"修改"面板中的"偏移"按钮，将刚刚绘制出的直线段向右偏移，偏移距离为1500，结果如图 11-10 所示，为第一个台阶。

图 11-9　台阶的绘制（1）　　　　　图 11-10　台阶的绘制（2）

（3）继续绘制台阶，单击"默认"选项卡"修改"面板中的"矩形阵列"按钮，将步骤（2）偏移后的直线段向右阵列，阵列设置为 1 行 14 列，行偏移为 1，列偏移为 350，结果如图 11-11 所示。

📢 **提示**

选择对象为步骤（2）第一个台阶的竖向直线。

（4）桥栏的绘制。先绘制一侧栏杆，然后再对其进行镜像，绘制出另外一侧栏杆。单击"默认"选项卡"绘图"面板中的"直线"按钮／，在台阶一侧绘制一条直线（以桥的左端为起点，到中轴线结束），如图 11-12 所示，然后单击"默认"选项卡"修改"面板中的"偏移"按钮，将刚绘制的直线向下偏移，偏移距离为200，为桥栏杆的宽度。

图 11-11　全部台阶　　　　　　图 11-12　桥栏的绘制

（5）桥栏的细部做法。单击"默认"选项卡"修改"面板中的"偏移"按钮，将栏杆的两侧边缘线分别向内侧进行偏移，偏移距离为 25，然后以偏移后的直线为基准线，再向内偏移 25，结果如图 11-13 所示。

（6）望柱的绘制。

① 单击"默认"选项卡"绘图"面板中的"多段线"按钮，以第一个台阶与桥栏的交点为起始点，沿桥栏水平向右绘制长为 50 的直线段，然后垂直向下，与桥栏的外侧边缘线相交，如图 11-14 所示。

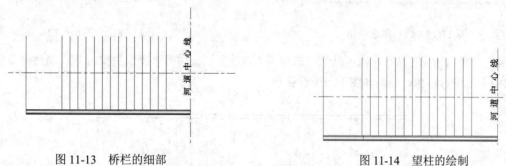

图 11-13　桥栏的细部　　　　　　　　　　　　　图 11-14　望柱的绘制

② 单击"默认"选项卡"绘图"面板中的"矩形"按钮，以折点为第一角点，如图 11-15 所示。

③ 在命令行中输入（@240,-200），然后单击"默认"选项卡"修改"面板中的"修剪"按钮，将矩形内部的线条修剪掉，结果如图 11-16 所示。

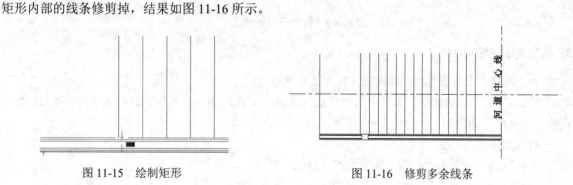

图 11-15　绘制矩形　　　　　　　　　　　　　图 11-16　修剪多余线条

（7）望柱内部的绘制。

① 单击"默认"选项卡"修改"面板中的"偏移"按钮，将绘制好的矩形向内侧偏移，偏移距离为 30，然后将内外矩形对应的 4 个角点连起来。最后单击"默认"选项卡"块"面板中的"创建"按钮，将其命名为"望柱"，拾取点选择望柱的任意一角点，选择对象为整个望柱。

② 单击"默认"选项卡"修改"面板中的"矩形阵列"按钮，将望柱进行矩形阵列，设置为 1 行 4 列，行偏移为 1，列偏移为 1500。

③ 单击"默认"选项卡"修改"面板中的"修剪"按钮，将"望柱"内部直线修剪掉，结果如图 11-17 所示。

（8）整个桥栏的绘制。

① 单击"默认"选项卡"修改"面板中的"镜像"按钮，将绘制好的一侧桥栏以水平中心线为镜像中心线进行镜像，结果如图 11-18 所示。

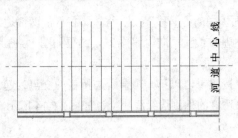

图 11-17　修剪多余线条

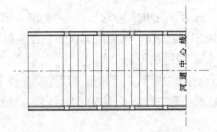

图 11-18　一侧桥栏绘制

② 同理，采用相应方法，单击"默认"选项卡"修改"面板中的"镜像"按钮 ，将桥栏以竖直中心线为镜像中心线进行镜像，结果如图 11-19 所示。

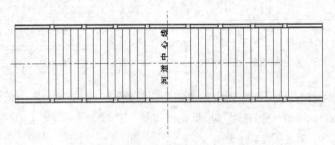

图 11-19　镜像得到另一侧

3．桥立面图的绘制

（1）将"轴线"图层设置为当前图层，打开正交设置。

单击"默认"选项卡"绘图"面板中的"直线"按钮 ，在绘图区适当位置选取直线的初始点，输入第二点的相对坐标（@0,12000），按 Enter 键后绘出竖向轴线。

（2）桥立面轮廓的绘制。

① 单击"默认"选项卡"绘图"面板中的"直线"按钮 ，以轴线上端近顶点处为起点，水平向左绘制一条长为 1000 的直线段，为桥体的最高处。右击状态栏中的"极轴"命令，弹出"草图设置"对话框，设置附加角度为 203°。

② 单击"默认"选项卡"绘图"面板中的"直线"按钮 ，沿极轴追踪方向 203°，在命令行输入直线长度 5250，绘制出桥体斜坡的倾斜线；然后沿水平向左方向输入直线长度 2000，为桥体的坡脚线，结果如图 11-20 所示。

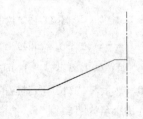

图 11-20　立面轮廓

（3）桥拱的绘制。

拱顶距常水位高度为 3000，拱券宽度为 150，拱券顶部距桥面最高处为 300。

①单击"默认"选项卡"绘图"面板中的"直线"按钮 ，以轴线与桥面最高处的交点为第一角点，沿垂直向下方向绘制直线段，在命令行中输入距离 3000，然后水平向左绘制直线段，在命令行中输入距离 3000。单击"默认"选项卡"绘图"面板中的"圆弧"按钮 ，以折点为圆心，命令行提示与操作如下：

```
命令:_arc
指定圆弧的起点或 [圆心(C)]: c ↙
```

指定圆弧的圆心:（折点，如图 11-21 所示）
指定圆弧的起点:（轴线与桥面最高处的交点，如图 11-22 所示）
指定圆弧的端点(按住 Ctrl 键以切换方向)或 [角度(A)/弦长(L)]:（水平方向直线段的端点，如图 11-23 所示）

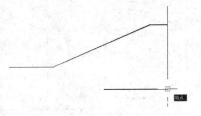

图 11-21　折点示意

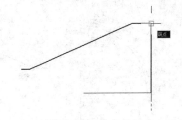

图 11-22　轴线与桥面最高处的交点示意

结果如图 11-24 所示。

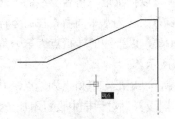

图 11-23　水平方向直线段的端点示意

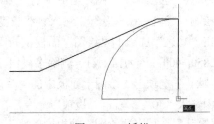

图 11-24　桥拱

② 将绘制好的圆弧进行偏移。单击"默认"选项卡"修改"面板中的"偏移"按钮，向内侧进行偏移，偏移距离为 300；然后重复"偏移"命令，以偏移后的弧线为基准线，偏移距离为 150。

③ 单击"默认"选项卡"绘图"面板中的"直线"按钮，在常水位处绘制长短不一的直线段，表示水面，结果如图 11-25 所示。

（4）桥拱砖体的绘制。

① 单击"默认"选项卡"绘图"面板中的"直线"按钮，在拱的最下端绘制一条水平方向的直线段，如图 11-26 所示。

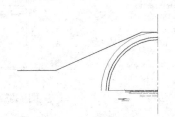

图 11-25　绘制水面

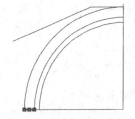

图 11-26　桥拱砖体的绘制（1）

② 单击"默认"选项卡"修改"面板中的"旋转"按钮，将图 11-26 所示的直线进行旋转复制，设置第一次旋转复制角度为 6°，其他旋转复制角度为 8°，结果如图 11-27 所示。

（5）桥台的绘制。

① 绘制挡土墙与桥台的界线，单击"默认"选项卡"绘图"面板中的"直线"按钮，以桥面转折点为第一角点（如图 11-28 所示），方向为沿桥面斜线方向，绘制长度为 450 的一条直线段。

② 打开"正交"命令，方向转为垂直向下，绘制长度为 4200 的一条直线段。

③ 单击"默认"选项卡"绘图"面板中的"直线"按钮✏，以 4200 的直线段下端点为第一角点，向两侧绘制直线，作为河底线，如图 11-29 所示。

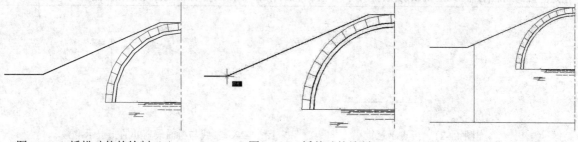

图 11-27 桥拱砖体的绘制（2）　　　图 11-28 桥基础的绘制　　　图 11-29 河底线

④ 单击"默认"选项卡"绘图"面板中的"多段线"按钮➔，以挡土墙与桥台界线的上端点为第一角点，垂直向下绘制直线段，在命令行中输入直线长度 1350，然后方向转为水平向右，在命令行中输入直线长度 500。单击"默认"选项卡"绘图"面板中的"矩形"按钮▫，以折线的转折点为第一角点，另一角点坐标为（@2850,-400），为挡土石。删除多段线，如图 11-30 所示。

⑤ 单击"默认"选项卡"绘图"面板中的"多段线"按钮➔，以矩形右下角点为起点，方向为水平向左，在命令行中输入"50"；右击"极轴"命令，在弹出的"草图设置"对话框中设置附加角为 275°。

⑥ 单击"默认"选项卡"绘图"面板中的"直线"按钮✏，以多段线端点为起点，沿 275°方向，绘制斜线，为桥台的边缘线，与河底线相交。

⑦ 删除绘制的多段线，结果如图 11-31 所示。

⑧ 单击"默认"选项卡"绘图"面板中的"矩形"按钮▫，以挡土墙与桥台的界线和河底线的交点为第一角点，另一角点坐标为（@3400,100），为河底基石，结果如图 11-32 所示。

图 11-30 挡土石　　　　　　　图 11-31 桥台的边缘线　　　　　　图 11-32 河底基石

（6）挡土墙的绘制。

① 单击"默认"选项卡"绘图"面板中的"多段线"按钮➔，以桥面转折点为第一角点（如图 11-33 所示），方向为水平向左，在命令行中输入距离 80，绘制一条直线段。

② 方向转为垂直向下，在命令行中输入距离 50，绘制一条直线段。然后单击"默认"选项卡"绘图"面板中的"矩形"按钮▫，以多段线的转折点为第一角点，另一角点坐标为（@500,250），为挡土墙上的基石；单击"默认"选项卡"绘图"面板中的"直线"按钮✏，以基石的左下角点为第一角点，打开"极轴"命令，附加角度为 256°，沿 256°方向绘制直线，与河底线相交，结果如图 11-34 所示。

（7）河底基石的绘制。

单击"默认"选项卡"绘图"面板中的"直线"按钮 ／，以挡土墙与桥台的界线和河底线的交点为第一角点垂直向下绘制直线段，在命令行中输入长度 325，然后方向改为水平向右，在命令行中输入距离 360，然后单击"默认"选项卡"绘图"面板中的"矩形"按钮 ▭，以"直线段"的端点为第一角点，另一角点坐标为（@-2100,-350）。单击"默认"选项卡"修改"面板中的"延伸"按钮 ⌐／，以"矩形"作为选择对象，以 256° 斜线作为要延伸的对象。然后将步骤（6）绘制线条的"线型"全部改为 dashedx2，全局比例因子设为 5，结果如图 11-35 所示。

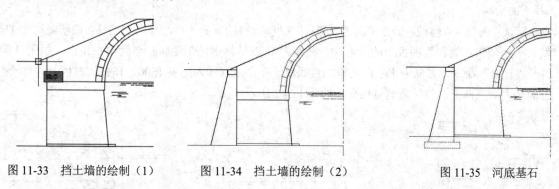

图 11-33　挡土墙的绘制（1）　　　图 11-34　挡土墙的绘制（2）　　　图 11-35　河底基石

（8）桥体材料的填充。

① 填充桥台的砖体材料，单击"默认"选项卡"绘图"面板中的"图案填充"按钮 ▨，打开"图案填充创建"选项卡，设置如图 11-36 所示。结果如图 11-37 所示。

图 11-36　"图案填充创建"选项卡

② 填充桥台基础的石材，单击"默认"选项卡"块"面板中的"插入"按钮 ▣，弹出"插入"对话框。选择"石块"存储的位置，插入图中适当地方，结果如图 11-38 所示。

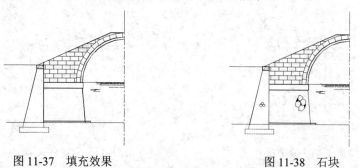

图 11-37　填充效果　　　　　　　　图 11-38　石块

③ 填充河底素土的材料，单击"默认"选项卡"绘图"面板中的"矩形"按钮 ▭，以河底线与中轴线的交点为第一角点，另一角点坐标为（@-7500,-210）。单击"默认"选项卡"绘图"面板中的"图案填充"按钮 ▨，打开"图案填充创建"选项卡，设置如图 11-39 所示。

图 11-39 填充设置

④ 填充后去掉矩形框，结果如图 11-40 所示。

（9）桥栏的绘制。

① 基座的绘制。

单击"默认"选项卡"修改"面板中的"偏移"按钮 ⊑，将绘制好的桥面线向上偏移，偏移距离为150，单击"默认"选项卡"绘图"面板中的"直线"按钮 ╱，以偏移后的下端转折点为第一角点，如图 11-41 所示。打开"正交"命令，方向为水平向左绘制直线段，在命令行输入距离 1500。打开状态栏中的"捕捉"命令，方向转为垂直向下，与桥面垂直相交，如图 11-42 所示。

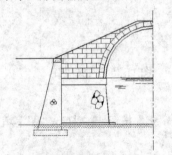

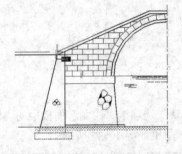

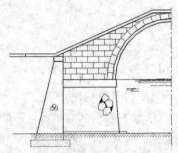

图 11-40 填充河底素土　　　　图 11-41 基座的绘制（1）　　　　图 11-42 基座的绘制（2）

单击"默认"选项卡"修改"面板中的"修剪"按钮 ⊹，以刚绘制的垂直线段为选择对象，以桥面线偏移后的直线段为要修剪的对象，结果如图 11-43 所示。

单击"默认"选项卡"修改"面板中的"偏移"按钮 ⊑，将绘制好的桥面线的偏移线向上偏移，偏移距离为110，单击"默认"选项卡"绘图"面板中的"直线"按钮 ╱，以偏移后的下端转折点为第一角点，如图 11-44 所示。

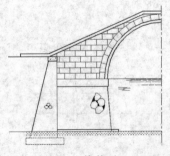

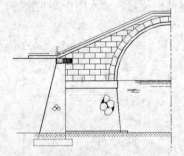

图 11-43 修剪后　　　　　　　　图 11-44 确定直线第一点

打开"正交"命令，方向为水平向左绘制直线段，在命令行中输入距离 1200。打开状态栏中的"正在追踪设置"命令，方向转为倾斜225°，与桥面基座线相交，如图 11-45 所示。

单击"默认"选项卡"绘图"面板中的"圆弧"按钮 ╱，以刚绘制的斜线段端点为起点，以斜线段的中点为端点绘制包含角为90°的圆弧。重复"圆弧"命令，以斜线段的中点为起点，斜线段下端点为端点，绘制包含角为 90°的圆弧。结果如图 11-46 所示，删除斜线段后如图 11-47 所示。

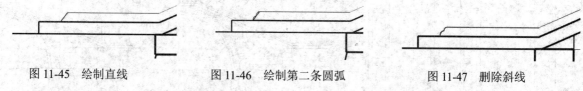

图 11-45　绘制直线　　　　图 11-46　绘制第二条圆弧　　　　图 11-47　删除斜线

② 栏杆的绘制。

单击"默认"选项卡"绘图"面板中的"直线"按钮／，以界面内任意一点作为直线的第一角点，打开"正交"命令，方向为垂直向上，在命令行中输入直线长度 1200，然后方向转为水平方向，在命令行中输入直线长度 200，然后方向转为垂直向下，在命令行中输入直线长度 1200，结果如图 11-48（a）所示。

单击"默认"选项卡"修改"面板中的"偏移"按钮，以横向直线为基准线，偏移距离为 180，结果如图 11-48（b）所示。

单击"默认"选项卡"修改"面板中的"偏移"按钮，以刚刚偏移后的横向直线段为基准线，向下偏移距离 40，然后重复"偏移"命令，以竖向直线段为基准线，向右偏移距离为 35，单击"默认"选项卡"绘图"面板中的"矩形"按钮□，以两条直线的交点为第一角点，另一角点坐标为（@125,-800），结果如图 11-48（c）所示。

单击"默认"选项卡"绘图"面板中的"圆弧"按钮，分别以矩形的 4 个端点为圆心绘制半径为 18 的圆弧。

用同样的方法绘制矩形长边中间的圆弧，以矩形长边的中点为圆心绘制半径为 18 的圆弧，结果如图 11-48（d）所示。

单击"默认"选项卡"修改"面板中的"修剪"按钮，以刚刚绘制的圆弧为选择对象，矩形为要修剪的对象，结果如图 11-48（e）所示。

单击"默认"选项卡"块"面板中的"创建"按钮，将绘制好的栏杆创建为一个名为"栏杆"的块。"拾取点"选择栏杆的左下角点。

在图中合适的点上插入"栏杆"块，然后将"块"分解，进行修剪后，结果如图 11-49 所示。

打开"极轴"命令并右击，设置附加角度为 23°，单击"默认"选项卡"绘图"面板中的"直线"按钮／，以栏杆的右上角点为第一角点，垂直向下绘制直线段，在命令行输入直线长度 280，然后方向转为 23°，在命令行中输入距离 1180，然后单击"默认"选项卡"修改"面板中的"偏移"按钮，将 23°斜线向下偏移，偏移距离为 80，单击"默认"选项卡"修改"面板中的"延伸"按钮，将偏移后的直线段延伸至栏杆，斜线段的另一端进行修剪，使其竖向整齐，结果如图 11-50 所示。

单击"默认"选项卡"修改"面板中的"路径阵列"按钮，选择对象为前面所绘制的栏杆和柱，将其进行阵列。

单击"默认"选项卡"绘图"面板中的"直线"按钮／，以第三根栏杆与第四根柱的两个交点为起点，水平向右绘制直线，与中轴线相交，结果如图 11-51 所示。

4．栏杆内装饰物的绘制

（1）单击"默认"选项卡"修改"面板中的"偏移"按钮，将栏杆的线条向内侧偏移，偏移距离为 130，如图 11-52 所示。单击"默认"选项卡"修改"面板中的"修剪"按钮，将多余的线条进行修剪，结果如图 11-53 所示。

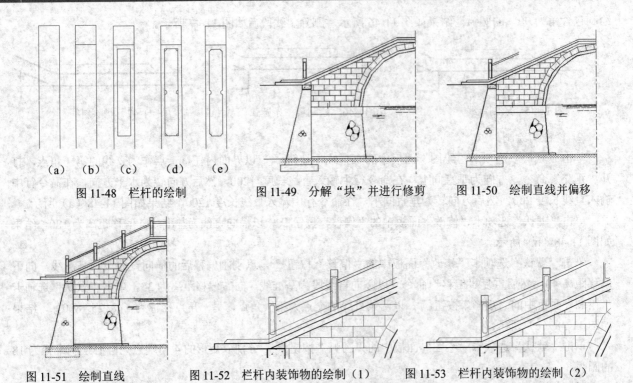

| (a) | (b) | (c) | (d) | (e) |
| 图 11-48 栏杆的绘制 | | 图 11-49 分解"块"并进行修剪 | | 图 11-50 绘制直线并偏移 |

图 11-51 绘制直线　　　　图 11-52 栏杆内装饰物的绘制（1）　　　图 11-53 栏杆内装饰物的绘制（2）

（2）单击"默认"选项卡"修改"面板中的"偏移"按钮 ⊆，将如图 11-54 所示的直线段向内侧进行偏移，偏移距离为 30，结果如图 11-55 所示。

（3）单击"默认"选项卡"修改"面板中的"修剪"按钮 ⊬，将多余的线条进行修剪，结果如图 11-56 所示。

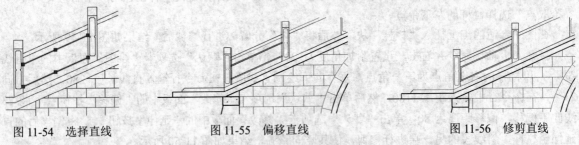

图 11-54 选择直线　　　　　　图 11-55 偏移直线　　　　　　图 11-56 修剪直线

（4）单击"默认"选项卡"绘图"面板中的"圆弧"按钮 ⌒，以平行四边形的 4 个端点为圆心绘制半径为 30 的圆弧。

（5）单击"默认"选项卡"修改"面板中的"修剪"按钮 ⊬，以步骤（4）绘制的圆弧为选择对象，矩形为要修剪的对象，结果如图 11-57 所示。

（6）单击"默认"选项卡"绘图"面板中的"直线"按钮 ／，以线段中点为起始点和终端点绘制中心线（辅助线），如图 11-58 所示。

（7）单击"默认"选项卡"修改"面板中的"偏移"按钮 ⊆，将竖向中心线向两侧偏移，偏移距离为 190，单击"默认"选项卡"绘图"面板中的"圆"按钮 ⊙，以偏移后的直线段与横向轴线的交点为圆心，绘制半径为 100 的圆。然后单击"默认"选项卡"绘图"面板中的"圆弧"按钮 ⌒，绘制以一侧圆的圆心为起点，另一侧圆的圆心为端点，包含角分别为 120°和-120°的两圆弧。然后删除多余线条，结果如图 11-59 所示。

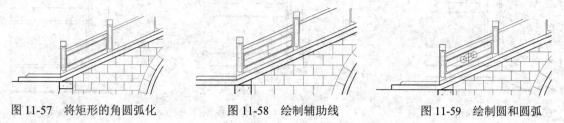

图 11-57　将矩形的角圆弧化　　　图 11-58　绘制辅助线　　　图 11-59　绘制圆和圆弧

（8）单击"默认"选项卡"修改"面板中的"修剪"按钮 ，对多余线条进行修剪，结果如图 11-60 所示。

（9）绘制好的图案不是一个整体，在命令行中输入"编辑多段线"命令 PEDIT，将其合并成一条多段线，命令行提示与操作如下：

```
命令: PEDIT ↙
选择多段线或 [多条(M)]: M↙
选择对象: （选择绘制好的图案）↙
选择对象: ↙
是否将直线、圆弧和样条曲线转换为多段线? [是(Y)/否(N)]? <Y>↙
输入选项 [闭合(C)/打开(O)/合并(J)/宽度(W)/拟合(F)/样条曲线(S)/非曲线化(D)/线型生成(L)/反转(R)/放弃(U)]: J↙
合并类型 = 延伸
输入模糊距离或 [合并类型(J)] <0.0000>:↙
多段线已增加 4 条线段
输入选项 [闭合(C)/打开(O)/合并(J)/宽度(W)/拟合(F)/样条曲线(S)/非曲线化(D)/线型生成(L)/反转(R)/放弃(U)]: ↙
```

（10）单击"默认"选项卡"修改"面板中的"偏移"按钮 ，将合并后的多段线向外侧偏移，偏移距离为 32，结果如图 11-61 所示。

（11）单击"默认"选项卡"修改"面板中的"复制"按钮 ，将绘制好的栏杆装饰全部选中，带基点复制，结果如图 11-62 所示。

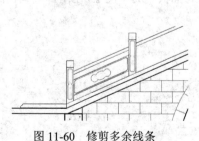
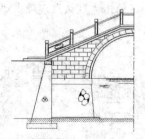

图 11-60　修剪多余线条　　　图 11-61　合并线段　　　图 11-62　复制栏杆内装饰物

5. 桥面最高处的栏杆装饰的绘制

（1）单击"默认"选项卡"修改"面板中的"偏移"按钮 ，将桥面最高处水平方向的栏杆线条向内侧偏移，偏移距离为 130，结果如图 11-63 所示。

（2）单击"默认"选项卡"修改"面板中的"偏移"按钮 ，将如图 11-64 所示的直线段向内侧进行偏移，偏移距离为 30，结果如图 11-65 所示。

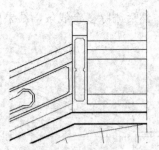
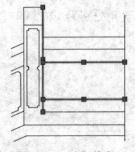
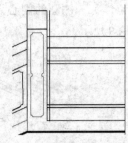

图 11-63　偏移线条　　　　　　图 11-64　选择线段　　　　　　图 11-65　偏移线条

（3）单击"默认"选项卡"修改"面板中的"修剪"按钮 ⁒，将多余的线条进行修剪，结果如图 11-66 所示。

（4）单击"默认"选项卡"绘图"面板中的"圆弧"按钮 ，以步骤（3）修剪好的矩形的两个角点为圆心，绘制半径为 30 的圆弧。

（5）单击"默认"选项卡"修改"面板中的"修剪"按钮 ⁒，以步骤（4）绘制的圆弧为选择对象，矩形为要修剪的对象，结果如图 11-67 所示。

（6）单击"默认"选项卡"块"面板中的"插入"按钮 ，将"石花"图块插入到图中适当位置，结果如图 11-68 所示。

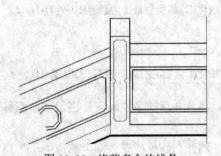
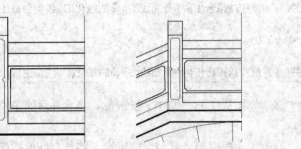
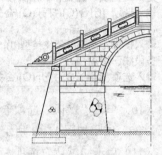

图 11-66　修剪多余的线条　　　　　图 11-67　将矩形的角圆弧化　　　　　图 11-68　插入块后的效果

（7）将所绘制好的一侧全部选中，单击"默认"选项卡"修改"面板中的"镜像"按钮 ，以中轴线作为对称轴，镜像后如图 11-69 所示。

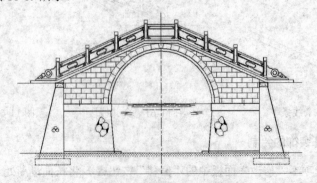

图 11-69　桥体绘制完毕

11.3.2　文字、尺寸的标注

1．建立"尺寸"图层

参数设置如图 11-70 所示，并将其设置为当前图层。

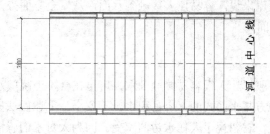

图 11-70　"尺寸"图层参数

2．标注样式设置

标注样式的设置应该和绘图比例相匹配。

（1）单击"默认"选项卡"注释"面板中的"标注样式"按钮，弹出"标注样式管理器"对话框，新建一个标注样式，并将其命名为"建筑"，单击"继续"按钮。

（2）将"建筑"样式中的参数逐项进行设置。单击"确定"按钮后回到"标注样式管理器"对话框，将"建筑"样式设为当前。

3．尺寸标注

该部分尺寸分为两道，第一道为局部尺寸的标注，第二道为总尺寸。

（1）第一道尺寸线绘制。单击"默认"选项卡"注释"面板中的"线性"按钮，标注如图 11-71 所示的尺寸。

图 11-71　第一道尺寸线（1）

采用同样的方法依次标注第一道其他尺寸，结果如图 11-72 所示。

（2）第二道尺寸绘制。单击"默认"选项卡"注释"面板中的"线性"按钮，标注如图 11-73 所示的尺寸。

结果如图 11-6 所示。

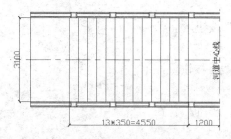

图 11-72　第一道尺寸线（2）

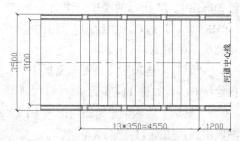

图 11-73　第二道尺寸

11.4 驳岸绘制实例

园林驳岸是在园林水体边缘与陆地交界处，为稳定岸壁，保护湖岸不被冲刷或水淹所设置的构筑物。园林驳岸也是园景的组成部分。在古典园林中，驳岸往往用自然山石砌筑，与假山、置石、花木相结合，共同组成园景。驳岸必须结合所在具体环境的艺术风格、地形地貌、地质条件、材料特性、种植特色以及施工方法、技术经济要求来选择其建筑结构形式，在实用、经济的前提下注意外形的美观，使其与周围景色相协调。水体驳岸是水域和陆域的交接线，相对水而言也是陆域的前沿。人们在观水时，驳岸会自然而然地进入视野；接触水时，也必须通过驳岸，作为到达水边的最终阶段。因此，驳岸设计的好坏，决定了水体能否成为吸引游人的空间；而且，作为城市中的生态敏感带，驳岸的处理对于滨水区的生态也有非常重要的影响。

目前，在我国城市水体景观的改造中，驳岸主要采取以下模式：

1. 立式驳岸

这种驳岸一般用在水面和陆地的平面差距很大或水面涨落高差较大的水域，或者因建筑面积受限、没有充分的空间而不得不建的驳岸。

2. 斜式驳岸

这种驳岸相对于直立式驳岸来说，容易使人接触到水面，从安全方面来讲也比较理想；但适于这种驳岸设计的地方必须有足够的空间。

3. 阶式驳岸

对比之前两种驳岸，这种驳岸让人很容易接触到水，可坐在台阶上眺望水面；但它很容易给人一种单调的人工化感觉，且驻足的地方是平面式的，容易积水，不安全。上述做法虽能立竿见影，使河道景观看上去显得很整洁、漂亮。但是，它忽视了人在水边的感受。因为人对水的感情，往往和人的参与有关，儿童喜欢水，涉足水中，尽情嬉水、玩乐，直接感觉到水的温暖、清澈、纯净；盛夏的沙滩人满为患，人们聚集在水中，体现出对水的钟爱。

11.4.1 驳岸一详图

本节绘制如图 11-74 所示的驳岸一详图。

（1）单击"默认"选项卡"绘图"面板中的"直线"按钮 ，绘制挡土墙轮廓线，如图 11-75 所示。

（2）单击"默认"选项卡"绘图"面板中的"多段线"按钮 ，在轮廓线内绘制石头，如图 11-76 所示。

（3）单击"默认"选项卡"绘图"面板中的"圆弧"按钮 ，在顶部绘制两段圆弧，如图 11-77 所示。

（4）单击"默认"选项卡"绘图"面板中的"多段线"按钮 ，

图 11-74 驳岸一详图

在圆弧上侧绘制不规则图形，如图 11-78 所示。

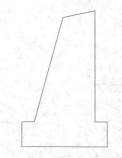

图 11-75　绘制轮廓线

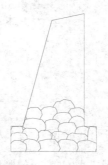

图 11-76　绘制石头

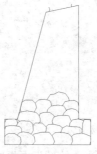

图 11-77　绘制圆弧

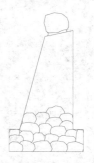

图 11-78　绘制不规则图形

（5）单击"默认"选项卡"绘图"面板中的"直线"按钮✎，在图形右侧绘制一条斜线，如图 11-79 所示。

（6）单击"默认"选项卡"块"面板中的"插入"按钮🔂，打开"插入"对话框，如图 11-80 所示，将块石插入到图中合适的位置处，结果如图 11-81 所示。

图 11-79　绘制一条斜线

图 11-80　"插入"对话框

（7）单击"默认"选项卡"绘图"面板中的"圆弧"按钮✎，绘制一段圆弧，如图 11-82 所示。

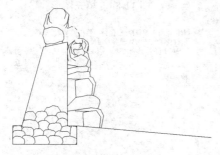

图 11-81　插入块石

图 11-82　绘制圆弧

（8）单击"默认"选项卡"块"面板中的"插入"按钮🔂，将植物和石块图块插入到图中，结果如图 11-83 所示。

（9）单击"默认"选项卡"绘图"面板中的"直线"按钮✎，绘制湖面常水位线，如图 11-84 所示，然后在直线上方绘制一个三角形，结果如图 11-85 所示。

图 11-83　插入植物图块

图 11-84　绘制湖面常水位线

（10）单击"默认"选项卡"绘图"面板中的"直线"按钮／，绘制填充界线，然后单击"默认"选项卡"绘图"面板中的"图案填充"按钮▨，填充图形，最后删除多余的直线，结果如图 11-86 所示。

（11）单击"默认"选项卡"绘图"面板中的"直线"按钮／和"注释"面板中的"多行文字"按钮 **A**，为图形标注文字，如图 11-87 所示。

（12）同理，单击"默认"选项卡"绘图"面板中的"直线"按钮／和"注释"面板中的"多行文字"按钮 **A**，为图形标注图名，如图 11-74 所示。

（13）驳岸三详图的绘制方法与驳岸一详图类似，这里不再赘述，结果如图 11-88 所示。

图 11-85　绘制三角形

图 11-86　填充图形

图 11-87　标注文字

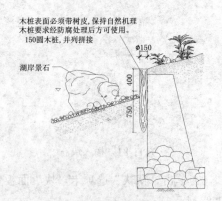

图 11-88　驳岸三详图

11.4.2　驳岸二详图

本节绘制如图 11-89 所示的驳岸二详图。

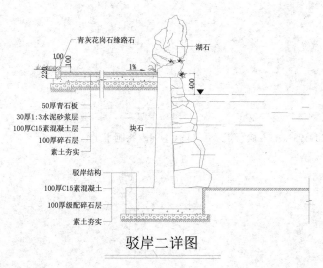

图 11-89　驳岸二详图

1. 绘制图形

（1）单击"默认"选项卡"绘图"面板中的"矩形"按钮 ⬜，在图中绘制一个 1699.5×100 的矩形，如图 11-90 所示。

（2）同理，在步骤（1）绘制的矩形上侧绘制一个 1499×100 的小矩形，使小矩形的下边中点和大矩形的上边中点相交，如图 11-91 所示。

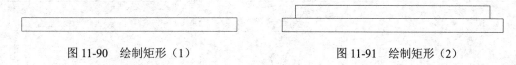

图 11-90　绘制矩形（1）　　　　　　　图 11-91　绘制矩形（2）

（3）单击"默认"选项卡"绘图"面板中的"直线"按钮 ✐，在小矩形上侧绘制轮廓线，如图 11-92 所示。

（4）单击"默认"选项卡"块"面板中的"插入"按钮 ⬚，将块石 1 插入到图中合适的位置处，如图 11-93 所示。

（5）单击"默认"选项卡"绘图"面板中的"直线"按钮 ✐，在图中合适的位置处绘制一条水平直线，如图 11-94 所示。

（6）单击"默认"选项卡"修改"面板中的"复制"按钮 ⬚ 和"修剪"按钮 ⊬，将步骤（5）绘制的水平直线依次向下进行复制并修剪掉多余的直线，如图 11-95 所示。

（7）单击"默认"选项卡"绘图"面板中的"直线"按钮 ✐，在图中左侧绘制一条竖直直线，如图 11-96 所示。

（8）单击"默认"选项卡"修改"面板中的"偏移"按钮 ⬚，将竖直直线依次向右偏移为 50、150、100 和 100，如图 11-97 所示。

（9）单击"默认"选项卡"修改"面板中的"修剪"按钮，修剪掉多余的直线，如图 11-98 所示。

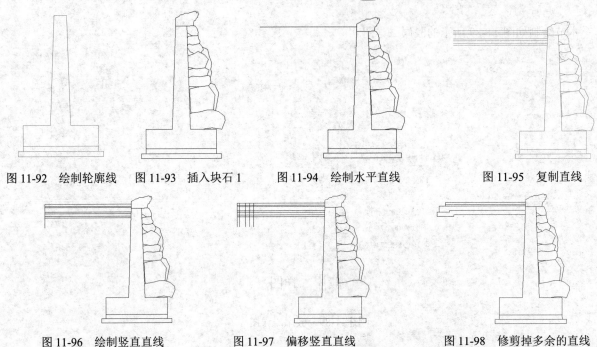

图 11-92　绘制轮廓线　　图 11-93　插入块石 1　　图 11-94　绘制水平直线　　图 11-95　复制直线

图 11-96　绘制竖直直线　　　　图 11-97　偏移竖直直线　　　　图 11-98　修剪掉多余的直线

（10）单击"默认"选项卡"绘图"面板中的"直线"按钮，绘制折断线，如图 11-99 所示。

（11）单击"默认"选项卡"修改"面板中的"复制"按钮，复制折断线，如图 11-100 所示。

（12）单击"默认"选项卡"修改"面板中的"修剪"按钮，修剪掉多余的直线，如图 11-101 所示。

（13）单击"默认"选项卡"块"面板中的"插入"按钮，将湖石和花草插入到图中合适的位置处，如图 11-102 所示。

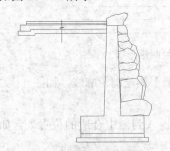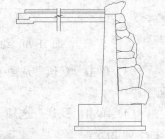

图 11-99　绘制折断线　　　　图 11-100　复制折断线　　　　图 11-101　修剪掉多余的直线

（14）单击"默认"选项卡"绘图"面板中的"直线"按钮和"圆弧"按钮，绘制青灰花岗石缘路石，如图 11-103 所示。

（15）单击"默认"选项卡"绘图"面板中的"多段线"按钮，在图中左上角绘制一条多段线，设置宽度为 3，如图 11-104 所示。

（16）单击"默认"选项卡"绘图"面板中的"直线"按钮，在多段线处绘制植物，如图 11-105 所示。

（17）单击"默认"选项卡"绘图"面板中的"直线"按钮，绘制水位线，如图 11-106 所示。

（18）单击"默认"选项卡"绘图"面板中的"直线"按钮 ∕，绘制湖底，如图 11-107 所示。

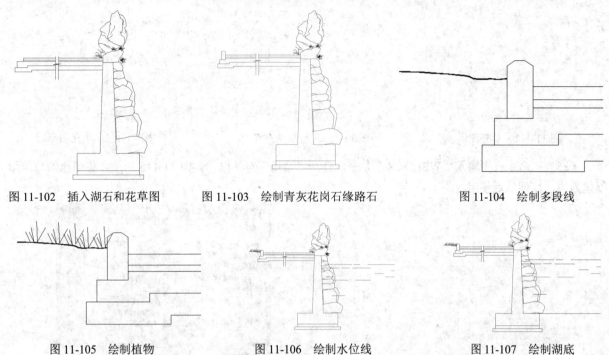

图 11-102　插入湖石和花草图　　　　图 11-103　绘制青灰花岗石缘路石　　　　图 11-104　绘制多段线

图 11-105　绘制植物　　　　　　　图 11-106　绘制水位线　　　　　　　图 11-107　绘制湖底

（19）单击"默认"选项卡"绘图"面板中的"直线"按钮 ∕，绘制折断线，如图 11-108 所示。

（20）单击"默认"选项卡"绘图"面板中的"直线"按钮 ∕，在水位线处绘制一个三角形，如图 11-109 所示。

（21）单击"默认"选项卡"绘图"面板中的"图案填充"按钮 ▨，打开"图案填充创建"选项卡，选择 SOLID 图案，填充三角形，结果如图 11-110 所示。

（22）同理，单击"默认"选项卡"绘图"面板中的"图案填充"按钮 ▨，分别选择 ANSI35、AR-SAND、AR-CONC 和 HEX，填充其他图形，如图 11-111 所示。

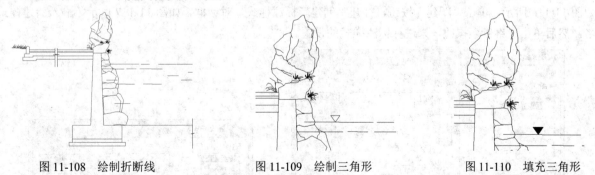

图 11-108　绘制折断线　　　　　　图 11-109　绘制三角形　　　　　　图 11-110　填充三角形

（23）单击"默认"选项卡"绘图"面板中的"直线"按钮 ∕，绘制填充界限，如图 11-112 所示。

（24）单击"默认"选项卡"绘图"面板中的"图案填充"按钮 ▨，选择 EARTH 图案，设置填充角度为 45°，填充图形，如图 11-113 所示，然后删除多余的直线，结果如图 11-114 所示。

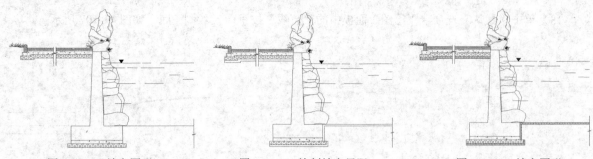

图 11-111 填充图形　　　　图 11-112 绘制填充界限　　　　图 11-113 填充图形

（25）在命令行中输入"WBLOCK"命令，打开"写块"对话框，如图 11-115 所示，将填充的三角形创建为块，以便以后使用。

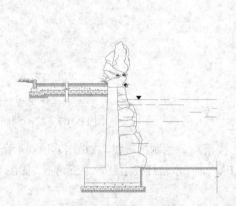

图 11-114 删除多余的直线　　　　　　图 11-115 "写块"对话框

2. 进行尺寸标注和文字说明

（1）单击"默认"选项卡"注释"面板中的"标注样式"按钮，打开"标注样式管理器"对话框，如图 11-116 所示，单击"新建"按钮，打开"创建新标注样式"对话框，如图 11-117 所示，输入新建样式名，然后单击"继续"按钮，来进行标注样式的设置。

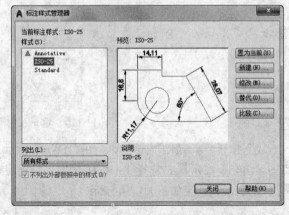

图 11-116 "标注样式管理器"对话框　　　　图 11-117 "创建新标注样式"对话框

（2）设置新标注样式时，根据绘图比例，对"线"、"符号和箭头"、"文字"和"主单位"选项卡进行设置，具体如下。

① "线"选项卡："超出尺寸线"为20，"起点偏移量"为50，如图11-118 所示。

② "符号和箭头"选项卡："第一个"为用户箭头，选择"建筑标记"，"箭头大小"为20，如图11-119所示。

图 11-118　　"线"选项卡设置

图 11-119　　"符号和箭头"选项卡设置

③ "文字"选项卡："文字高度"为100，"文字位置"为垂直上，"文字对齐"为"与尺寸线对齐"，如图11-120 所示。

④ "主单位"选项卡："精度为"0，如图11-121 所示。

（3）单击"标注"工具栏中的"线性"按钮□，为图形标注尺寸，如图11-122 所示。

（4）单击"绘图"工具栏中的"直线"按钮✓，在图中引出直线，如图11-123 所示。

（5）单击"默认"选项卡"注释"面板中的"文字样式"按钮A，打开"文字样式"对话框，如图11-124 所示，单击"新建"按钮，打开"新建文字样式"对话框，在"样式名"文本框中输入"样式1"，如图 11-125 所示，单击"确定"按钮，返回"文字样式"对话框，设置字体为宋体，调整高度为100，并将其置为当前。

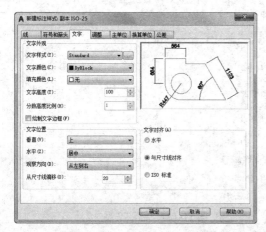

图 11-120　　"文字"选项卡设置

图 11-121　　"主单位"选项卡设置

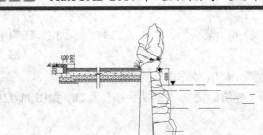

图 11-122　标注尺寸

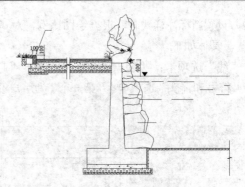

图 11-123　引出直线

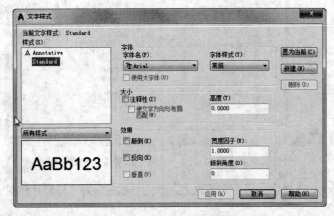

图 11-124　"文字样式"对话框

图 11-125　新建样式 1

（6）单击"默认"选项卡"注释"面板中的"多行文字"按钮**A**，在直线右侧标注文字，如图 11-126 所示。

（7）同理，单击"默认"选项卡"绘图"面板中的"直线"按钮 ╱ 和"注释"面板中的"多行文字"按钮**A**，标注其他位置处的文字，如图 11-127 所示。

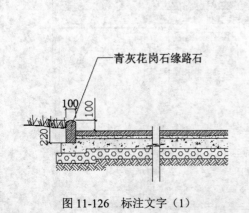

图 11-126　标注文字（1）

图 11-127　标注文字（2）

（8）单击"默认"选项卡"块"面板中的"插入"按钮🔲，打开"插入"对话框，在图库中选择箭头图块，将箭头插入到图中，结果如图 11-128 所示。

（9）单击"默认"选项卡"注释"面板中的"多行文字"按钮 Ⓐ，在箭头上标注文字，如图 11-129 所示。

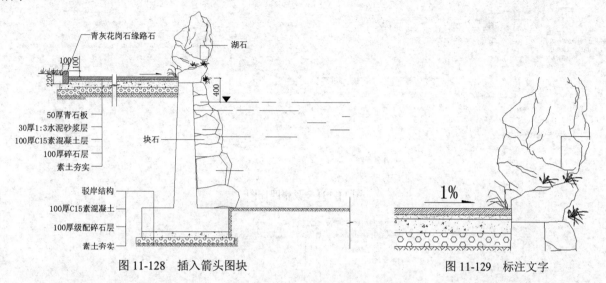

图 11-128　插入箭头图块

图 11-129　标注文字

（10）单击"默认"选项卡"绘图"面板中的"直线"按钮 ╱ 和"注释"面板中的"多行文字"按钮 Ⓐ，为图形标注图名，如图 11-89 所示。

（11）驳岸五详图的绘制方法与驳岸二详图类似，这里不再赘述，结果如图 11-130 所示。

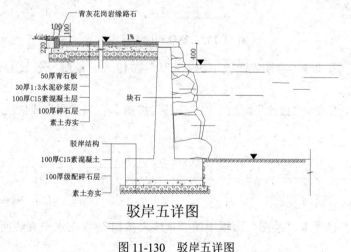

图 11-130　驳岸五详图

11.4.3　驳岸四详图

本节绘制如图 11-131 所示的驳岸四详图。

（1）打开"源文件\第 11 章\驳岸五详图"，删除掉图中多余的图形并进行整理，最后另存为"驳岸四详图"，结果如图 11-132 所示。

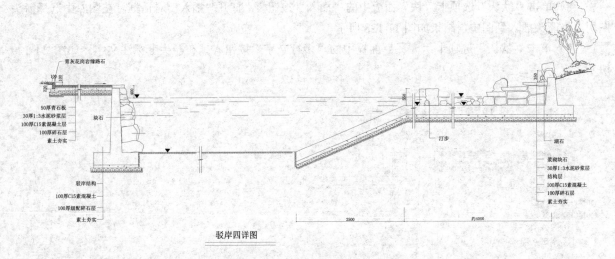

驳岸四详图

图 11-131　驳岸四详图

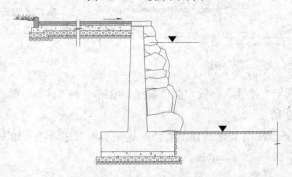

图 11-132　整理驳岸五详图

（2）单击"默认"选项卡"绘图"面板中的"直线"按钮 ／，绘制一条长为 5668 的水平直线，如图 11-133 所示。

（3）单击"默认"选项卡"修改"面板中的"偏移"按钮 ，将水平直线依次向下偏移 300、100 和 100，如图 11-134 所示。

图 11-133　绘制水平直线　　　　　　　　　　　　　　图 11-134　偏移直线

（4）单击"默认"选项卡"绘图"面板中的"直线"按钮 ／，在水平直线两侧绘制竖直线段，如图 11-135 所示。

（5）单击"默认"选项卡"修改"面板中的"偏移"按钮 ，将左侧竖直线段向右偏移 60、20 和 20，将右侧竖直线段向右偏移 100，如图 11-136 所示。

图 11-135　绘制竖直线段 　　　　　　　　　　　　　　图 11-136　偏移竖直线段

（6）单击"默认"选项卡"修改"面板中的"修剪"按钮，修剪掉多余的直线，如图 11-137 所示。

（7）单击"默认"选项卡"绘图"面板中的"直线"按钮，绘制角度为 203°的斜线，如图 11-138 所示。

图 11-137　修剪掉多余的直线　　　　　　图 11-138　绘制斜线

（8）单击"默认"选项卡"修改"面板中的"偏移"按钮，将斜线向下依次偏移 300、100 和 100，如图 11-139 所示。

（9）单击"默认"选项卡"绘图"面板中的"直线"按钮，绘制左侧图形，然后单击"默认"选项卡"修改"面板中的"修剪"按钮，修剪掉多余的直线，结果如图 11-140 所示。

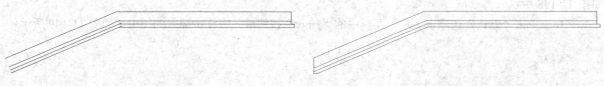

图 11-139　偏移斜线　　　　　　图 11-140　修剪图形

（10）单击"默认"选项卡"绘图"面板中的"直线"按钮，绘制右侧图形，如图 11-141 所示。

（11）单击"默认"选项卡"修改"面板中的"修剪"按钮，修剪掉多余的直线，如图 11-142 所示。

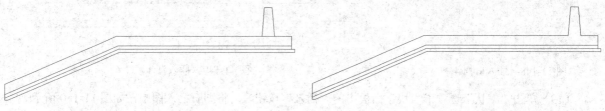

图 11-141　绘制右侧图形　　　　　　图 11-142　修剪掉多余的直线

（12）单击"默认"选项卡"绘图"面板中的"直线"按钮，绘制折断线，如图 11-143 所示。

（13）单击"默认"选项卡"修改"面板中的"复制"按钮，复制折断线，如图 11-144 所示。

（14）单击"默认"选项卡"修改"面板中的"修剪"按钮，修剪掉多余的直线，如图 11-145 所示。

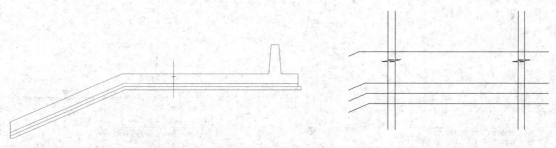

图 11-143　绘制折断线　　　　　　图 11-144　复制折断线

（15）单击"默认"选项卡"绘图"面板中的"多段线"按钮 ，在图中右侧绘制一条多段线，设置宽度为10，如图11-146所示。

（16）单击"默认"选项卡"绘图"面板中的"直线"按钮 ，绘制植物，如图11-147所示。

图11-145　修剪掉多余的直线　　　　图11-146　绘制多段线　　　　图11-147　绘制植物

（17）单击"默认"选项卡"块"面板中的"插入"按钮 ，将植物4插入到图中合适的位置处，如图11-148所示。

（18）单击"默认"选项卡"块"面板中的"插入"按钮 ，将汀步插入到图中，如图11-149所示。

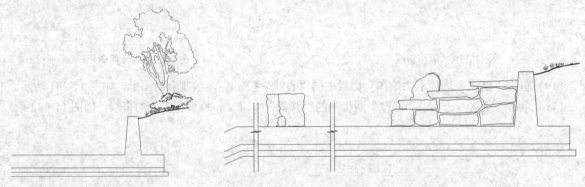

图11-148　插入植物4　　　　　　　　　图11-149　插入汀步

（19）单击"默认"选项卡"块"面板中的"插入"按钮 ，将湖石插入图中，如图11-150所示。

（20）单击"默认"选项卡"修改"面板中的"复制"按钮 ，将整理的驳岸五详图中的折断线向右进行复制，如图11-151所示。

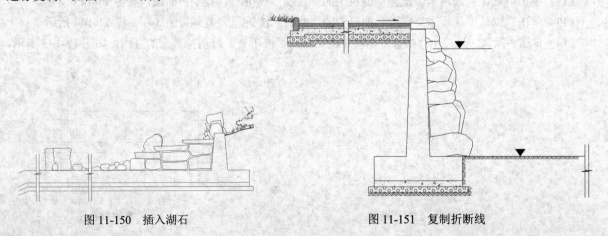

图11-150　插入湖石　　　　　　　　　图11-151　复制折断线

（21）单击"默认"选项卡"绘图"面板中的"直线"按钮 ∕，绘制水平直线，如图 11-152 所示。

（22）单击"默认"选项卡"绘图"面板中的"直线"按钮 ∕，绘制水位线，如图 11-153 所示。

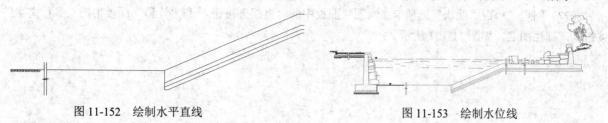

图 11-152　绘制水平直线

图 11-153　绘制水位线

（23）单击"默认"选项卡"绘图"面板中的"图案填充"按钮 ▨，填充图形，如图 11-154 所示。

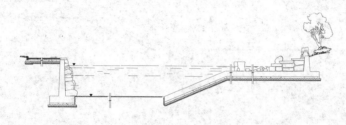

图 11-154　填充图形

（24）单击"默认"选项卡"块"面板中的"插入"按钮 ▣，插入三角形，或者单击"默认"选项卡"修改"面板中的"复制"按钮 ❀，将三角形复制到图中其他位置处，如图 11-155 所示。

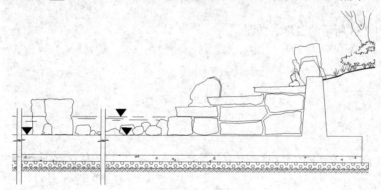

图 11-155　复制三角形

（25）单击"默认"选项卡"注释"面板中的"线性"按钮 ⊢，为图形标注尺寸，如图 11-156 所示。

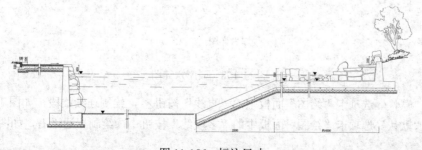

图 11-156　标注尺寸

（26）单击"默认"选项卡"绘图"面板中的"直线"按钮 ∕ 和"注释"面板中的"多行文字"按钮 A，为图形标注文字，如图 11-157 所示。

（27）同理，单击"默认"选项卡"绘图"面板中的"直线"按钮 ∕ 和"注释"面板中的"多行文字"按钮 A，标注图名，如图 11-131 所示。

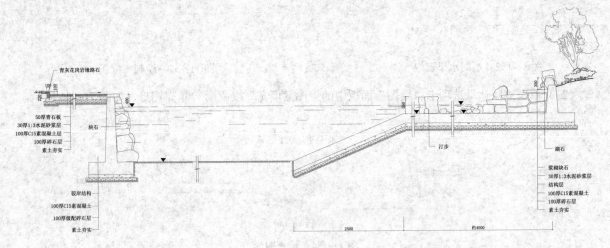

图 11-157　标注文字

11.4.4　驳岸六详图

本节绘制如图 11-158 所示的驳岸六详图。

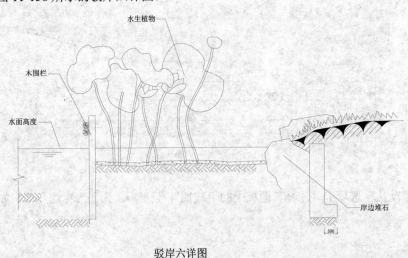

驳岸六详图

图 11-158　驳岸六详图

（1）单击"默认"选项卡"绘图"面板中的"直线"按钮 ∕，绘制连续线段，如图 11-159 所示。

（2）单击"默认"选项卡"绘图"面板中的"多段线"按钮 ⌐，绘制岸边堆石，如图 11-160 所示。

图 11-159　绘制连续线段　　　　图 11-160　绘制岸边堆石

（3）单击"默认"选项卡"绘图"面板中的"直线"按钮，绘制湖面，如图 11-161 所示。

（4）单击"默认"选项卡"绘图"面板中的"多段线"按钮，绘制一条多段线，如图 11-162 所示。

图 11-161　绘制湖面　　　　　　图 11-162　绘制多段线

（5）单击"默认"选项卡"修改"面板中的"偏移"按钮，偏移多段线，完成湖底的绘制，如图 11-163 所示。

（6）单击"默认"选项卡"绘图"面板中的"直线"按钮，绘制折断线和湖面波纹，如图 11-164 所示。

图 11-163　偏移多段线　　　　　图 11-164　绘制折断线和湖面波纹

（7）单击"默认"选项卡"绘图"面板中的"矩形"按钮，绘制木围栏，如图 11-165 所示。

（8）单击"默认"选项卡"修改"面板中的"修剪"按钮，修剪掉多余的直线，如图 11-166 所示。

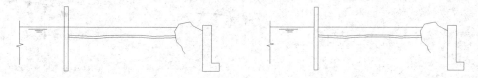

图 11-165　绘制木围栏　　　　　图 11-166　修剪掉多余的直线

（9）单击"默认"选项卡"绘图"面板中的"圆"按钮，绘制 3 个圆，如图 11-167 所示。

（10）单击"默认"选项卡"绘图"面板中的"直线"按钮，绘制多条短直线，如图 11-168 所示。

图 11-167　绘制 3 个圆　　　　　图 11-168　绘制多条短直线

（11）同理，单击"默认"选项卡"绘图"面板中的"直线"按钮／和"圆"按钮◎，绘制另一个木围栏装饰，如图 11-169 所示。

（12）单击"默认"选项卡"绘图"面板中的"样条曲线拟合"按钮～，绘制岸边坡度，如图 11-170 所示。

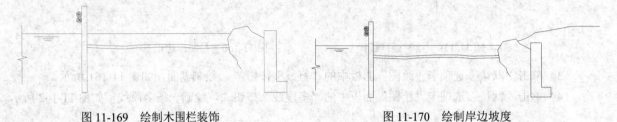

图 11-169　绘制木围栏装饰　　　　　　　　图 11-170　绘制岸边坡度

（13）单击"默认"选项卡"绘图"面板中的"圆弧"按钮，在坡度下方绘制多条圆弧，如图 11-171 所示。

（14）单击"默认"选项卡"绘图"面板中的"图案填充"按钮，选择 SOLID 图案，填充样条曲线，如图 11-172 所示。

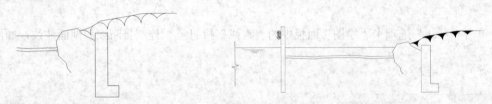

图 11-171　绘制多条圆弧　　　　　　　　图 11-172　填充样条曲线

（15）单击"默认"选项卡"绘图"面板中的"多段线"按钮，绘制植物，如图 11-173 所示。

（16）单击"默认"选项卡"绘图"面板中的"多段线"按钮，在植物处绘制岸边堆石，如图 11-174 所示。

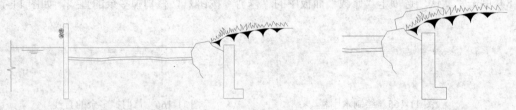

图 11-173　绘制植物　　　　　　　　　　图 11-174　绘制岸边堆石

（17）单击"默认"选项卡"块"面板中的"插入"按钮，在源文件的图库中找到水生植物图块，将其插入到图中合适的位置处，结果如图 11-175 所示。

（18）单击"默认"选项卡"绘图"面板中的"直线"按钮／，绘制填充界限，如图 11-176 所示。

（19）单击"默认"选项卡"绘图"面板中的"图案填充"按钮，选择 ANSI31 和 EARTH 图案，填充图形，如图 11-177 所示。

（20）单击"默认"选项卡"修改"面板中的"删除"按钮，删除多余的填充界限，如图 11-178 所示。

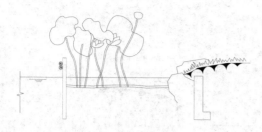

图 11-175　插入水生植物

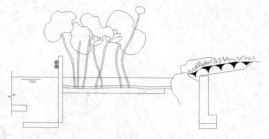

图 11-176　绘制填充界限

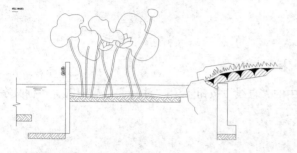

图 11-177　填充图形

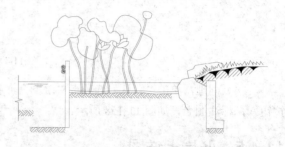

图 11-178　删除多余的填充界限

（21）单击"默认"选项卡"绘图"面板中的"图案填充"按钮，打开"图案填充创建"选项卡，如图 11-179 所示。选择"级配砂石"图案，设置填充比例为 500，填充湖底，结果如图 11-180 所示。

注意　将需要的图案放置在 AutoCAD 2017 的安装目录下。

图 11-179　"图案填充创建"选项卡

（22）单击"默认"选项卡"注释"面板中的"线性"按钮，标注尺寸，如图 11-181 所示。

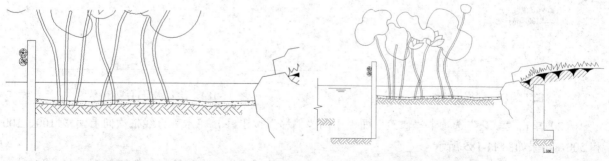

图 11-180　填充湖底

图 11-181　标注尺寸

（23）单击"默认"选项卡"绘图"面板中的"直线"按钮和"注释"面板中的"多行文字"按钮，标注文字，如图 11-182 所示。

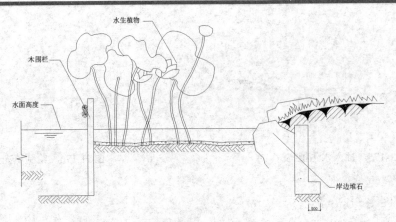

图 11-182　标注文字

（24）同理，单击"默认"选项卡"绘图"面板中的"直线"按钮，和"注释"面板中的"多行文字"按钮，标注图名，如图 11-158 所示。

11.4.5　驳岸七详图

本节绘制如图 11-183 所示的驳岸七详图。

（1）单击"默认"选项卡"绘图"面板中的"直线"按钮，绘制长为 1100 的水平直线，如图 11-184 所示。

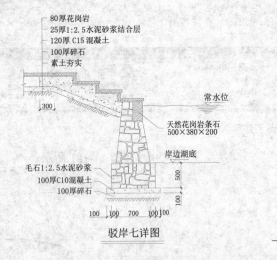

驳岸七详图

图 11-183　驳岸七详图　　　　　　　图 11-184　绘制水平直线

（2）单击"默认"选项卡"修改"面板中的"偏移"按钮，将水平直线依次向上偏移 100、100 和 500，结果如图 11-185 所示。

（3）单击"默认"选项卡"绘图"面板中的"直线"按钮，在左侧绘制一条竖直直线，如图 11-186 所示。

（4）单击"默认"选项卡"修改"面板中的"偏移"按钮，将竖直直线依次向右偏移 100、100、700、100 和 100，如图 11-187 所示。

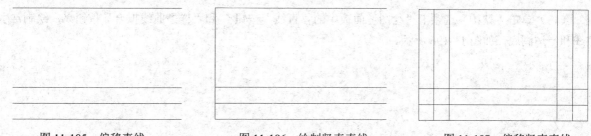

图 11-185　偏移直线　　　　　　图 11-186　绘制竖直直线　　　　　图 11-187　偏移竖直直线

（5）单击"默认"选项卡"修改"面板中的"修剪"按钮，修剪掉多余的直线，如图 11-188 所示。

（6）单击"默认"选项卡"绘图"面板中的"直线"按钮，绘制轮廓线，并删除掉多余的直线，结果如图 11-189 所示。

（7）单击"默认"选项卡"绘图"面板中的"矩形"按钮，绘制天然花岗岩条石，如图 11-190 所示。

（8）单击"默认"选项卡"绘图"面板中的"直线"按钮，绘制台阶，如图 11-191 所示。

（9）单击"默认"选项卡"绘图"面板中的"矩形"按钮，绘制其他位置处的天然花岗岩条石，如图 11-192 所示。

（10）单击"默认"选项卡"绘图"面板中的"直线"按钮，绘制连续线段，如图 11-193 所示。

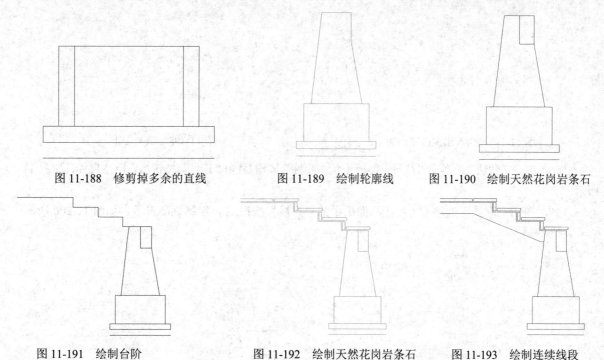

图 11-188　修剪掉多余的直线　　　　　图 11-189　绘制轮廓线　　　图 11-190　绘制天然花岗岩条石

图 11-191　绘制台阶　　　　　图 11-192　绘制天然花岗岩条石　　　图 11-193　绘制连续线段

（11）单击"默认"选项卡"修改"面板中的"偏移"按钮，将连续线段向下偏移 100，然后单击"默认"选项卡"修改"面板中的"修剪"按钮，修剪掉多余的直线，结果如图 11-194 所示。

（12）单击"默认"选项卡"绘图"面板中的"直线"按钮，在图中左侧绘制折断线和竖直直线，结果如图 11-195 所示。

（13）单击"默认"选项卡"绘图"面板中的"直线"按钮 ✏ 和"样条曲线拟合"按钮 ～，绘制常水位线和岸边湖底，如图 11-196 所示。

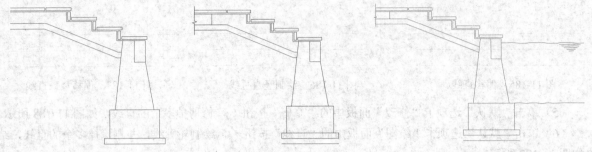

图 11-194　偏移连续线段　　　　图 11-195　绘制折断线　　　　图 11-196　绘制常水位线和岸边湖底

（14）单击"默认"选项卡"块"面板中的"插入"按钮 ⬇，将水泥砂浆图块插入到图中合适的位置，如图 11-197 所示。

（15）单击"默认"选项卡"绘图"面板中的"图案填充"按钮 ▨，选择 ANSI33、AR-SAND、EARTH 和 AR-CONC 图案，填充图形，如图 11-198 所示。

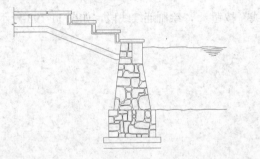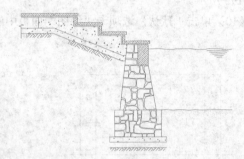

图 11-197　插入水泥砂浆图块　　　　　　　　图 11-198　填充图形

（16）单击"默认"选项卡"注释"面板中的"线性"按钮 ▭ 和"连续"按钮 ▥，标注尺寸，如图 11-199 所示。

（17）单击"默认"选项卡"绘图"面板中的"直线"按钮 ✏，绘制标高符号，如图 11-200 所示。

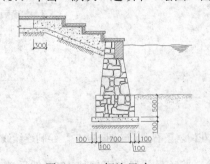

图 11-199　标注尺寸　　　　　　　　　　图 11-200　绘制标高符号

（18）单击"默认"选项卡"注释"面板中的"多行文字"按钮 **A**，在标高符号处输入文字"常水位"，如图 11-201 所示。

（19）单击"默认"选项卡"修改"面板中的"复制"按钮 ⬚，复制标高符号和文字，然后双击文字修改文字内容，如图 11-202 所示。

图 11-201　输入文字

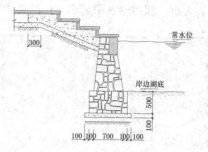

图 11-202　修改文字内容

（20）单击"默认"选项卡"绘图"面板中的"直线"按钮 ✏ 和"注释"面板中的"多行文字"按钮 Ⓐ，标注剩余文字，如图 11-203 所示。

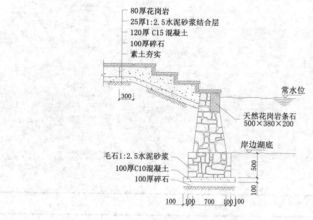

图 11-203　标注文字

（21）同理，单击"默认"选项卡"绘图"面板中的"直线"按钮 ✏ 和"注释"面板中的"多行文字"按钮 Ⓐ，标注图名，如图 11-183 所示。

（22）浅水区驳岸详图的绘制方法与其他详图的绘制方法类似，这里不再赘述，结果如图 11-204 所示。

（23）单击"默认"选项卡"注释"面板中的"多行文字"按钮 Ⓐ，在图中空白处标注文字说明，如图 11-205 所示。

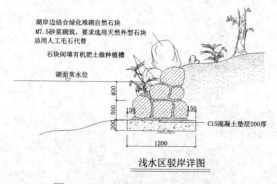

图 11-204　绘制浅水区驳岸详图

备注：卵石滩散铺150厚浅色φ30～60白色60%，浅黄色20%，
　　　青灰色20%，并在其上布置少许φ150～200白色大卵石。

图 11-205　标注文字说明

（24）单击"默认"选项卡"块"面板中的"插入"按钮 🔚，将"源文件\图库\图框"插入到图中，并调整布局大小，然后输入图名名称，结果如图 11-206 所示。

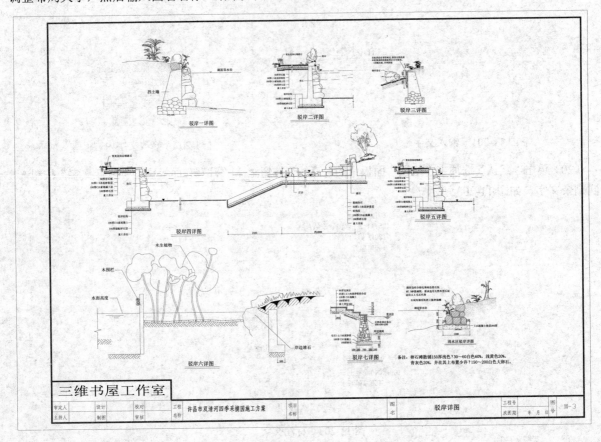

图 11-206 插入图框

11.5 上机实验

【练习1】绘制如图 11-207 所示的喷泉详图。

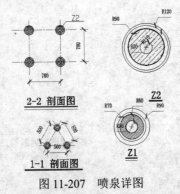

图 11-207 喷泉详图

1. 目的要求

本实例主要要求读者通过练习进一步熟悉和掌握喷泉详图的绘制方法。通过本实例，可以帮助读者学会完成喷泉详图绘制的全过程。

2. 操作提示

（1）绘图前准备及绘图设置。

（2）绘制定位线（以 Z2 为例）。

（3）绘制汉白玉石柱。

（4）标注文字。

【练习2】绘制如图 11-208 所示的喷泉剖面图。

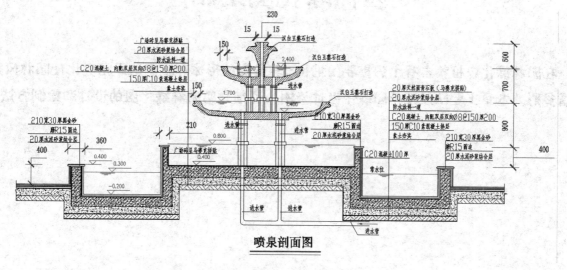

图 11-208　喷泉剖面图

1. 目的要求

本实例主要要求读者通过练习进一步熟悉和掌握喷泉剖面图的绘制方法。通过本实例，可以帮助读者学会完成喷泉剖面图绘制的全过程。

2. 操作提示

（1）绘图前准备及绘图设置。

（2）绘制基础。

（3）绘制喷泉剖面轮廓。

（4）绘制管道。

（5）填充基础和喷池。

（6）标注文字。

第12章

园林绿化图绘制

在园林绿化中植物占有十分重要的地位，其多变的形体和丰富的季相变化使园林风貌丰富多彩。本章主要以屋顶花园绿化设计为例，详细介绍园林绿化图的设计和绘制方法。

12.1　园林植物配置原则

城市园林作为城市唯一具有生命的基础设施，在改善生态环境、提高环境质量方面有着不可替代的作用。城市绿化不但要求城市绿起来，而且要美观，因而绿化植物的配置就显得十分重要，与环境在生态适应性上要统一，又要体现植物个体与群体的形态美、色彩美和意境美，充分利用植物的形体、线条和色彩进行构图，通过植物的季相及生命周期的变化达到预期的景观效果。认识自然、尊重自然、改造自然、保护自然、利用自然，使人与自然和谐相处，这就是植物配置的意义所在。

1．园林植物配置原则

（1）整体优先原则

城市园林植物配置要遵循自然规律，利用城市所处的环境、地形地貌特征、自然景观、城市性质等进行科学建设或改建。要高度重视保护自然景观、历史文化景观以及物种的多样性，把握好它们与城市园林的关系，使城市建设与自然和谐共存，在城市建设中可以感受历史，保障历史文脉的延续。充分研究和借鉴城市所处地带的自然植被类型、景观格局和特征特色，在科学合理的基础上，适当增加植物配置的艺术性、趣味性，使之具有人性化和亲近感。

（2）生态优先原则

植物材料的选择、树种的搭配、草本花卉的点缀、草坪的衬托以及新平装的选择等必须最大限度地以改善生态环境、提高生态质量为出发点，也应该尽量多地选择和使用乡土树种，创造出稳定的植物群落；充分应用生态位原理和植物他感作用，合理配置植物，只有最适合的才是最好的，才能发挥出最大的生态效益。

（3）可持续发展原则

以自然环境为出发点，按照生态学原理，在充分了解各植物种类的生物学、生态学特性的基础上，合理布局、科学搭配，使各种植物和谐共存，群落稳定发展，达到调节自然环境与城市环境之间的关系，在城市中实现社会、经济和环境效益的协调发展。

（4）文化原则

在植物配置中坚持文化原则，可以使城市园林向充满人文内涵的高品位方向发展，使不断演变起伏的城市历史文化脉络在城市园林中得到体现。在城市园林中把反映某种人文内涵、象征某种精神品格、代表着某个历史时期的植物科学合理地进行配置，形成具有特色的城市园林景观。

2．配置方法

（1）近自然式配置

所谓近自然式配置，一方面是指植物材料本身为近自然状态，尽量避免人工重度修剪和造型，另一方面是指在配置中要避免植物种类单一、株行距整齐划一以及苗木规格的一致。在配置中，尽可能自然，通过不同物种、密度、不同规格的适应、竞争实现群落的共生与稳定。目前，城市森林在我国还处于起步阶段，森林绿地的近自然配置应该大力提倡。首先要以地带性植被为样板进行模拟，选择合适的建群种；同时要减少对树木个体、群落的过渡人工干扰。上海在城市森林建设改造中采用宫胁造林法来模拟地带性森林植被，也是一种有益的尝试。

（2）融合传统园林中植物配置方法

充分吸收传统园林植物配置中模拟自然的方法，师法自然，经过艺术加工来提升植物景观的观赏价值，在充分发挥群落生态功能的同时尽可能创造社会效益。

3．树种选择配置

树木是构成森林最基本的组成要素，科学地选择城市森林树种是保证城市森林发挥多种功能的基础，也直接影响城市森林的经营和管理成本。

（1）发展各种高大的乔木树种

在我国城市绿化用地十分有限的情况下，要达到以较少的城市绿化建设用地获得较高生态效益的目的，必须发挥乔木树种占有空间大、寿命长、生态效益高的优势。例如，德国城市森林树木达到 12m 修剪 6m 以下的侧枝，林冠下种植栎类、山毛榉等阔叶树种。我国的高大树木物种资源丰富，30～40m 的高大乔木树种很多，应该广泛加以利用。在高大乔木树种选择的过程中除了重视一些长寿命的基调树种以外，还要重视一些速生树种的使用，特别是在我国城市森林还比较落后的现实情况下，通过发展速生树种可以尽快形成森林环境。

（2）按照我国城市的气候特点和具体城市绿地的环境选择常绿与阔叶树种

乔木树种的主要作用之一是为城市居民提供遮阴环境。在我国，大部分地区都有酷热漫长的夏季，冬季虽然比较冷，但阳光比较充足。因此，我国的城市森林建设在夏季要能够遮阴降温，在冬季要能够透光增温。而现在许多城市的城市森林建设并没有这种考虑，偏爱使用常绿树种。有些常绿树种引种进来，许多都处在濒死边缘，几乎没有生态效益。一些具有鲜明地方特色的落叶阔叶树种，不仅能够在夏季旺盛生长，发挥降温增湿、净化空气等生态效益，而且在冬季落叶能增加光照，起到增温作用。因此，要根据城市所处地区的气候特点和具体城市绿地的环境需求选择常绿与落叶树种。

4．选择本地带野生或栽培的建群种

追求城市绿化的个性与特色是城市园林建设的重要目标。地区之间因气候条件、土壤条件的差异造成植物种类上的不同，乡土树种是表现城市园林特色的主要载体之一。使用乡土树种更为可靠、廉价、安全，它能够适应本地区的自然环境条件，抵抗病虫害、环境污染等干扰的能力强，尽快形成相对稳定的森林结构和发挥多种生态功能，有利于减少养护成本。因此，乡土树种和地带性植被应该成为城市园林的主体。建群种是森林植物群落中在群落外貌、土地利用、空间占用、数量等方面占主导地位的树木种类。建群种可以是乡土树种，也可以是在引入地经过长期栽培，已适应引入地自然条件的外来种。建群种无论是在对当地气候条件的适应性、增建群落的稳定性，还是在展现当地森林植物群落外貌特征等方面都有不可替代的作用。

12.2 屋顶花园概述

1．设计原则

屋顶花园成败的关键在于减轻屋顶荷载，改良种植土、屋顶结构类型和植物的选择与植物设计等问题。

屋顶花园的组成要素主要是自然山水，各种建筑物和植物，按照园林美的基本法则构成美丽的景观。但因其在屋顶有限的面积内造园受到特殊条件的制约，不完全等同于地面的园林，因此有其特殊性。屋顶营造花园，一切造园要素受建筑物顶层负荷的有限性限制。因此，在屋顶花园中不可设置大规模的自然山水、石材。应设置小巧的山石，要考虑建筑屋顶承重范围。在地形处理上以平地处理为主。水池一般为浅水池，可用喷泉来丰富水景。设计时要做到：

（1）以植物造景为主，把生态功能放在首位。

（2）确保营建屋顶花园所增加的荷重不超过建筑结构的承重能力，屋面防水结构能安全使用。

（3）因为屋顶花园相对于地面的公园、游园等绿地来讲面积较小，必须精心设计，才能取得较为理想的艺术效果。

（4）尽量降低造价，从现有条件来看，只有较为合理的造价，才可能使屋顶花园得到普及。

2．分类

（1）休闲屋面

在屋顶进行绿色覆盖的同时，建造园林小品、花架、廊亭，以营造出休闲娱乐、高雅舒适的空间。给人们提供一个释放工作压力、排解生活烦恼、修身养性、畅想未来的优美场所。

（2）生态屋面

就是在屋面上覆盖绿色植被，并配有给排水设施，使屋面具备隔热保温、净化空气、阻噪吸尘、增加氧气的功能，从而提高人居生活品质。生态屋面不但能有效增加绿地面积，更能有效维持自然生态平衡，减轻城市热岛效应。

（3）种植屋面

屋顶光照时间长，昼夜温差大、远离污染源，所种的瓜果蔬菜含糖量比地面提高 5% 以上，碳水化合物丰富，可以收获纯天然绿色食品。

（4）复合屋面

是集"休闲屋面""生态屋面""种植屋面"于一身的屋面处理方式。在一个建筑物上既有休闲娱乐的场所，又有生态种植的形式。这是针对不同样式的建筑所采用的综合性屋面处理模式。它能够兼优并举，使一个建筑物呈多样性，让人们的生活丰富多彩，有效地提高生活品质，促使环境的优化组合。让我们的生存环境进一步地人性化、个性化，彻底体现出人与大自然和谐共处、互为促进的理性生态观念。

3．总体布局

屋顶花园的形式，同园林本身的形式相同，创作上仍然分为自然式、规则式和混合式。

（1）自然式园林布局

一般采取自然式园林的布局手法，园林空间的组织、地形地物的处理、植物配置等均采用自然的手法，以求一种连续的自然景观组合。讲究植物的自然形态与建筑、山水、色彩的协调配合关系，植物配置讲究树木花卉的四时生态、高矮搭配、疏密有致。追求的是色彩变化、层次丰富和较多的景观轮廓。

（2）规则式园林布局

规则式园林布局注重的是装饰性的景观效果，强调动态与秩序的变化。植物配置上形成规则的、有层次的、交替的组合，表现出庄重、典雅、宏大的气氛。多采用不同色彩的植物搭配，景观效果更为醒目，屋顶花园在规则式布局中，点缀精巧的小品，结合植物图案，常常使不大的屋顶空间变为景观丰富、视野开阔的区域。

（3）混合式园林布局

混合式园林布局，注重自然与规则的协调与统一，求得景观的共融性。自然与规则的特点都有，又都自成一体，其空间构成在点的变化中形成多样的统一，不强调景观的连续，更多地注意个性的变化。混合式布局在屋顶花园中使用较多。

屋顶花园的规划设计，使屋顶的自然生态环境与城市总体生态环境融为一体，城市文明永延续与生活环境文化融合。在楼顶隔热防水层上培育一层植被，一是可扩大绿化面积，拓展城市绿肺；二是可以提供新的休息场所，提高人们的生活质量；三是可以依靠屋顶植物截留部分降水，减轻高强度降水对城市防洪排灌系统的压力和冲击；四是可以为顶层住户免去一些冬冷夏热的影响。不仅如此，我们也可因此看到屋顶花园是可持续发展的重要组成部分：地面上的花园给人们沐浴阳光、休闲活动带来方便，但通常在开敞的空间营造起来的花园价格非常贵，其中土地资金占很大一部分，屋顶花园则相对有很大优势，单从占用土地上来讲，就有很大优势，相比之下屋顶花园要比地面上开敞空间的花园投资少许多。

12.3 屋顶花园绘制

使用直线命令绘制屋顶轮廓线；使用直线、矩形、圆弧、插入块命令绘制门和水池；使用阵列、样条曲线、矩形、圆等命令绘制园路和铺装；使用矩形、圆、插入块命令绘制园林小品；使用填充命令填充园路和地被；使用插入和复制命令复制花卉；使用直线、复制、矩阵、单行文字命令绘制花卉表；使用多行文字命令标注文字，完成保存屋顶花园平面图，如图 12-1 所示。

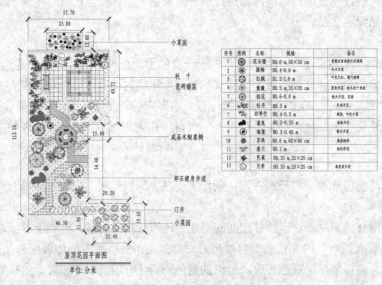

图 12-1　屋顶花园平面图

12.3.1　绘图前的准备与设置

要根据绘制图形决定绘图的比例，建议采用 1：1 的比例绘制。

1．建立新文件

打开 AutoCAD 2017 应用程序，以"A3.dwt"样板文件为模板，建立新文件，将新文件命名为"屋顶花园.dwg"并保存。

2．设置图层

设置以下多个图层："芭蕉"、"标注尺寸"、"葱兰"、"地被"、"桂花"、"紫薇"、"海棠"、"红枫"、"花石榴"、"蜡梅"、"露台"、"轮廓线"、"牡丹"、"铺地"、"山竹"、"水池"、"苏铁"、"图框"、"文字"、"鸢尾"、"园路"、"月季"和"坐凳"，将"轮廓线"图层设置为当前图层，设置好的各图层的属性如图 12-2 所示。

3．标注样式设置

根据绘图比例设置标注样式，对标注样式"线"、"符号和箭头"、"文字"和"主单位"选项卡进行设置，具体如下所述。

（1）"线"选项卡："超出尺寸线"为 2.5，"起点偏移量"为 3。

（2）"符号和箭头"选项卡："第一个"为"建筑标记"，"箭头大小"为 2，"圆心标记"为标记 1.5。

（3）"文字"选项卡："文字高度"为 3，"文字位置"为垂直上方，"从尺寸线偏移"为 3，"文字对齐"为"ISO 标准"。

（4）"主单位"选项卡："精度"为 0.00，"比例因子"为 1。

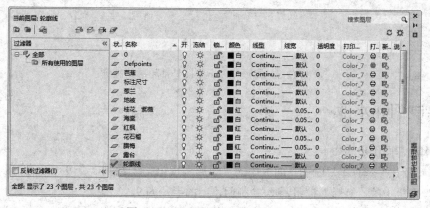

图 12-2　屋顶花园平面图图层设置

4．文字样式的设置

单击"默认"选项卡"注释"面板中的"文字样式"按钮，进入"文字样式"对话框，选择仿宋字体，"宽度因子"设置为 0.8。

12.3.2　绘制屋顶轮廓线

绘制屋顶轮廓线，操作步骤如下：

（1）在状态栏中单击"正交模式"按钮，打开正交模式，单击"对象捕捉"按钮，打开对象捕捉模式。

（2）单击"默认"选项卡"绘图"面板中的"直线"按钮 ╱，绘制屋顶轮廓线。

（3）单击"默认"选项卡"修改"面板中的"复制"按钮 ❑，复制上面绘制好的水平直线，向下复制的距离为1.28。

（4）将"标注尺寸"图层设置为当前图层，单击"默认"选项卡"注释"面板中的"线性"按钮 ⊢⊣，标注外形尺寸。完成的图形和绘制尺寸如图12-3所示。

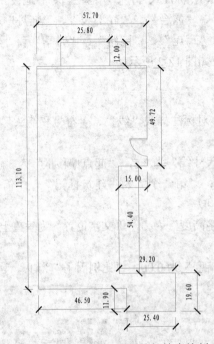

图12-3　屋顶花园平面图外部轮廓绘制

12.3.3　绘制门和水池

绘制门和水池，操作步骤如下：

（1）单击"默认"选项卡"绘图"面板中的"矩形"按钮 ▭，绘制一个9×0.6的矩形。单击"默认"选项卡"绘图"面板中的"圆弧"按钮 ╱，绘制门，门的半径为9。

（2）单击"默认"选项卡"修改"面板中的"复制"按钮 ❑，复制上面绘制好的水平直线，向下复制的距离为9。

（3）从设计中心插入水池平面图例。

单击"视图"选项卡"选项板"面板中的"设计中心"按钮 ▦，进入"设计中心"对话框，单击"文件夹"按钮，在文件夹列表中按住鼠标左键单击 Home Designer.Dwg，然后单击 Home Designer.Dwg 下的块，选择洗脸池作为水池的图例。右击洗脸池图例后，在弹出的快捷菜单中选择"插入块"命令，如图12-4所示，弹出如图12-5所示的"插入"对话框，设置里面的选项，单击"确定"按钮进行插入，指定 XYZ 轴比例因子为0.01。

（4）将"标注尺寸"图层设置为当前图层，单击"默认"选项卡"注释"面板中的"线性"按钮 ⊢⊣，标注外形尺寸。完成的图形和绘制尺寸如图 12-6 所示。

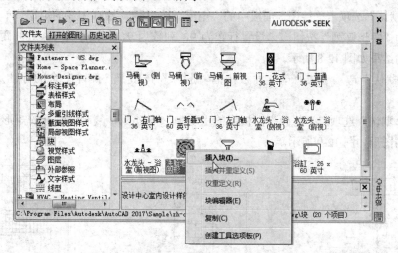

图 12-4 块的插入操作

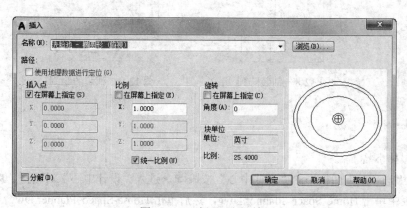

图 12-5 "插入"对话框

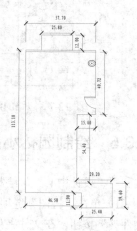

图 12-6 门和水池绘制

12.3.4 绘制园路和铺装

利用之前学过的知识，绘制园路和铺装，操作步骤如下：

（1）将"园路"图层设置为当前图层，单击"默认"选项卡"绘图"面板中的"直线"按钮，绘制定位轴线。

（2）单击"默认"选项卡"绘图"面板中的"样条曲线拟合"按钮，绘制园路。

（3）单击"默认"选项卡"绘图"面板中的"直线"按钮，绘制直线园路。

（4）单击"默认"选项卡"绘图"面板中的"圆"按钮，绘制圆形园路。

（5）把"标注尺寸"图层设置为当前图层，单击"默认"选项卡"注释"面板中的"线性"按钮，标注外形尺寸。

（6）单击"注释"选项卡"标注"面板中的"连续"按钮，进行连续标注。

（7）单击"默认"选项卡"注释"面板中的"半径"按钮，进行圆标注。完成的图形和绘制尺寸如

图 12-7 所示。

（8）单击"默认"选项卡"绘图"面板中的"矩形"按钮▭，绘制3×3的矩形。单击"默认"选项卡"修改"面板中的"矩形阵列"按钮▦，设置行数为9，列数为9，行间距为3，列间距为3，选择矩形为阵列对象，阵列的结果如图12-8所示。

（9）单击"默认"选项卡"修改"面板中的"删除"按钮✏，删除多余的标注尺寸，完成的图形如图12-8所示。

（10）单击"默认"选项卡"修改"面板中的"复制"按钮⬚，复制绘制好的矩形，完成其他区域铺装的绘制，完成的图形如图12-9所示。

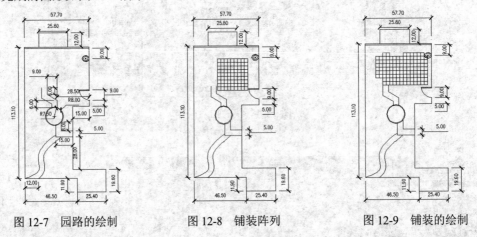

图 12-7　园路的绘制　　　图 12-8　铺装阵列　　　图 12-9　铺装的绘制

12.3.5　绘制园林小品

利用"设计中心"，绘制园林小品。

（1）单击"视图"选项卡"选项板"面板中的"设计中心"按钮▦，进入"设计中心"对话框，单击"文件夹"按钮，在文件夹列表中单击 Home-Space Planner.Dwg，然后单击 Home-Space Planner.Dwg 下的块，选择桌子-长方形的图例。右击桌子-长方形图例后，在弹出的快捷菜单中选择"插入块"命令，进入"插入"对话框，设置里面的选项，单击"确定"按钮进行插入。从设计中心插入，图例的位置如图12-10所示。

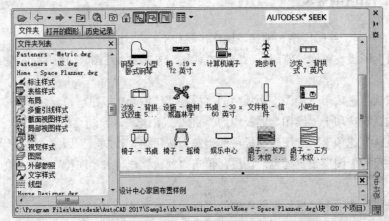

图 12-10　桌子的位置

（2）单击"默认"选项卡"修改"面板中的"环形阵列"按钮，选择桌子为阵列对象，设置项目数为 6，填充角度为 360，如图 12-11 所示。

（3）单击"默认"选项卡"块"面板中的"插入"按钮，将"源文件\图库"中的木质环形坐凳插入到"屋顶花园.dwg"中。

（4）单击"快速访问"工具栏中的"打开"按钮，将"源文件\图库"中的秋千打开，然后按 Ctrl+C 快捷键复制，按 Ctrl+V 快捷键粘贴到"屋顶花园.dwg"中。

（5）单击"默认"选项卡"绘图"面板中的"圆"按钮，以前面绘制的圆的圆心为圆心，绘制半径为 2.11 和 2.16 的圆，完成的图形如图 12-12 所示。

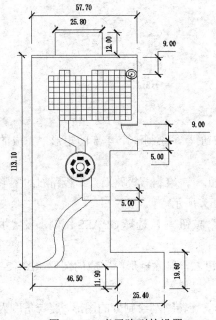

图 12-11　桌子阵列的设置

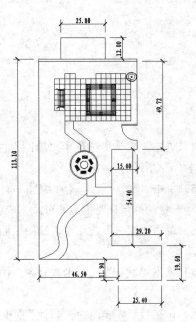

图 12-12　园林小品的绘制

12.3.6　填充园路和地被

在"铺地"图层上，填充园路和地被。

（1）将"铺地"图层设置为当前图层，单击"默认"选项卡"绘图"面板中的"直线"按钮和"多段线"按钮，绘制园路分隔区域。

（2）单击"默认"选项卡"绘图"面板中的"图案填充"按钮，填充园路和地被。设置填充图案类型如下：

① "卵石 6"图例，填充比例和角度分别为 2 和 0。

② DOLMIT 图例，填充比例和角度分别为 0.1 和 0，孤岛显示样式为外部。

③ GRASS 图例，填充比例和角度分别为 0.1 和 0。

（3）图 12-13（b）是在图 12-13（a）的基础上，单击"默认"选项卡"修改"面板中的"删除"按钮，删除多余分隔区域。单击"默认"选项卡"修改"面板中的"修剪"按钮，框选删除园林小品重叠的实体。

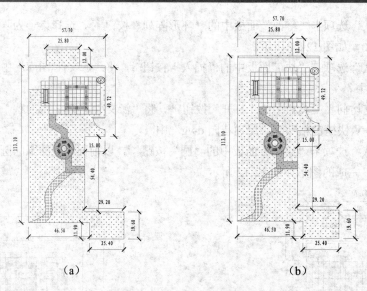

图 12-13　填充完的图形

（4）单击"默认"选项卡"绘图"面板中的"矩形"按钮▭，绘制一个 4×5 的矩形，完成的图形如图 12-14（a）所示。

（5）单击"默认"选项卡"绘图"面板中的"直线"按钮╱，绘制石板路石，石板路石的图形没有固定的尺寸形状，外形只要相似即可。完成的图形如图 12-14（b）所示。

（6）单击"默认"选项卡"绘图"面板中的"图案填充"按钮▨，选择 GRASS 图例，设置填充比例为 0.05，填充路石。

（7）单击"默认"选项卡"修改"面板中的"删除"按钮✎，删除矩形，完成的图形如图 12-14（c）所示。

（8）单击"默认"选项卡"修改"面板中的"旋转"按钮◌，旋转刚刚绘制好的图形，旋转角度为-15°。

（9）单击"默认"选项卡"块"面板中的"创建"按钮▦，进入"块定义"对话框，创建为块并输入块的名称。绘制流程如图 12-14（d）所示。

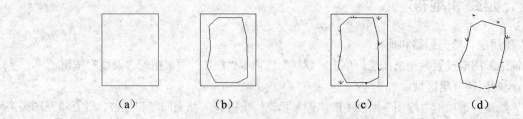

（a）　　　　　　　（b）　　　　　　　（c）　　　　　　　（d）

图 12-14　石板路石绘制流程

（10）单击"默认"选项卡"修改"面板中的"复制"按钮◳和"旋转"按钮◌，将石板路石分布到图中合适的位置处，结果如图 12-15 所示。

12.3.7　复制花卉

利用"复制"命令，绘制花卉。

（1）使用 Ctrl+C 和 Ctrl+V 快捷键从"源文件\图库\风景区规划图例.dwg"图形中复制图例。

（2）单击"默认"选项卡"修改"面板中的"复制"按钮，复制图例到指定的位置，完成的图形如图 12-16 所示。

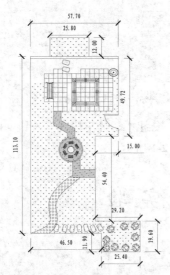

图 12-15　石板路石复制

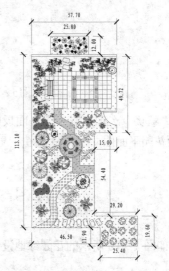

图 12-16　花卉的复制

12.3.8　绘制花卉表

绘制屋顶花园的花卉表，操作步骤如下：

（1）单击"默认"选项卡"绘图"面板中的"直线"按钮，绘制一条 110 的水平直线。

（2）单击"默认"选项卡"修改"面板中的"矩形阵列"按钮，选择水平直线为阵列对象，设置行数为 15，列数为 1，行间距为 6，完成的图形如图 12-17（a）所示。

（3）单击"默认"选项卡"绘图"面板中的"直线"按钮，连接水平直线最外端端点。

（4）单击"默认"选项卡"修改"面板中的"复制"按钮，复制垂直直线，如图 12-17（b）所示。

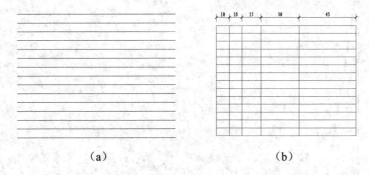

（a）　　　　　　　　　　　　　　　（b）

图 12-17　花卉表格绘制流程

（5）单击"默认"选项卡"注释"面板中的"多行文字"按钮，标注文字。

（6）单击"默认"选项卡"修改"面板中的"复制"按钮，复制图例到指定的位置，完成的图形如图 12-18 所示。

序号	图例	名称	规格	备注
1		花石榴	H0.6 m, 50×50 cm	意富旺家春秋开花观果
2		腊梅	H0.4-0.6 m	冬天开花
3		红枫	H1.2-1.8 m	叶色火红，观叶树种
4		紫薇	H0.5 m, 35×35 cm	夏秋开花，枝条秀美
5		桂花	H0.6-0.8 m	秋天开花，花香
6		牡丹	H0.3 m	冬春开花
7		四季竹	H0.4-0.5 m	观赏，叶色丰富
8		鸢尾	H0.2-0.25 m	春秋开花
9		海棠	H0.3-0.45 m	春天开花
10		苏铁	H0.6 m, 60×60 cm	观赏树种
11		蕙兰	H0.1 m	烘托作用
12		芭蕉	H0.35 m, 25×25 cm	春夏秋开花
13		月季	H0.35 m, 25×25 cm	春夏秋开花

图 12-18 花卉表格文字标注

（7）单击"默认"选项卡"绘图"面板中的"直线"按钮、"多段线"按钮和"多行文字"按钮，标注屋顶花园平面图文字和图名。完成的图形如图 12-1 所示。

12.4 上机实验

【练习1】绘制如图 12-19 所示的花园绿地设计。

1. 目的要求

本实例主要要求读者通过练习进一步熟悉和掌握花园绿地设计的绘制方法。通过本实例，可以帮助读者学会完成绿地设计绘制的全过程。

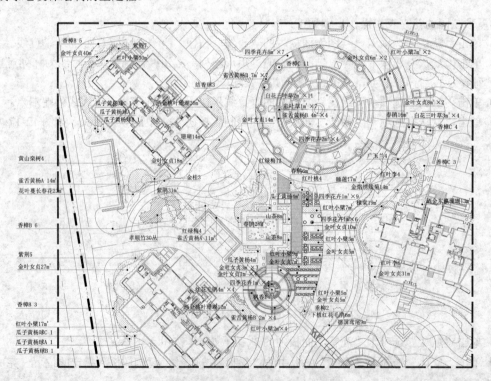

图 12-19 花园绿地设计

2．操作提示

（1）绘图前准备及绘图设置。

（2）绘制入口和设计地形。

（3）绘制道路系统和广场。

（4）景点的规划设计。

（5）绘制景点细节。

（6）绘制建筑物。

（7）植物的配植。

（8）标注文字。

【练习 2】绘制如图 12-20 所示的休闲广场种植设计图。

1．目的要求

本实例主要要求读者通过练习进一步熟悉和掌握休闲广场种植设计图的绘制方法。通过本实例，可以帮助读者学会完成种植设计图绘制的全过程。

2．操作提示

（1）绘图前准备及绘图设置。

（2）绘制入口和设计地形。

（3）绘制道路系统和广场。

（4）景点的规划设计。

（5）绘制景点细节。

（6）绘制建筑物。

（7）植物的配植。

（8）标注文字。

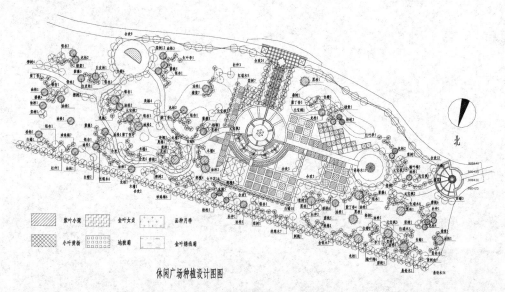

图 12-20　休闲广场种植设计图

第 3 篇

综合实例篇

本篇主要结合实例讲解利用 AutoCAD 2017 进行各种类型园林设计的操作步骤、方法技巧等，包括道路绿化设计、某学校校园附属绿地设计综合实例和社区公园设计。

本篇内容通过实例加深读者对 AutoCAD 功能的理解和掌握，更主要的是向读者传授一种园林设计的系统的思想。

▶▶ **道路绿地设计**

▶▶ **某学校校园附属绿地设计综合实例**

▶▶ **社区公园设计**

第13章

道路绿地设计

　　道路是城市最重要的基础设施之一，是人们认识和理解一座城市的媒介，城市道路绿化水平的高低直接影响道路形象进而决定城市的品位。道路绿化，除了具有一般绿地的净化空气、降低噪声、调节小气候等生态功能外，还具有保护路面和行人，引导控制人流车流，提高行车安全等功能。

　　本章首先介绍了道路绿地的特点、设计概要，然后介绍了几种类型道路绿地植物配植的绘制方法。

13.1　道路绿化概述

道路绿地与前几章的绿地类型有所不同，它属于附属绿地，而非公园绿地，要注意与街旁绿地的区分。道路绿地具体是指道路广场用地内的绿地，包括行道树绿带、分车绿带、交通岛绿地、交通广场和停车场绿地等。

道路绿地的主要功能是庇荫、滤尘、隔音减噪、改善道路沿线的环境质量和美化城市。它是城市道路的重要组成部分，在城市绿化覆盖率中占较大比例。

13.1.1　城市道路绿化设计要求

搞好道路绿化，首要任务是高水平的绿化设计。城市道路绿化设计应符合以下基本要求。

1. 道路绿化应符合行车视线和行车净空要求

行车视线要求符合安全视距、交叉口视距、停车视距和视距三角形等方面的安全。安全视距即最短通视距离：驾驶员在一定距离内，可随时看到前面的道路和在道路上出现的障碍物以及迎面驶来的其他车辆，以便能当机立断及时采取减速制动措施或绕越障碍物前进。交叉口视距：为保证行车安全，车辆在进入交叉口处前一段距离内，必须能看清相交道路上的行驶情况，以便能顺利驶过交叉口或及时减速停车，避免相撞，这一段距离必须大于或等于停车视距。停车视距：车辆在同一车道上，突然遇到前方障碍物，而必须及时刹车时，所需要的安全停车距离。视距三角形：是由两相交道路的停车视距作为直角边长，在交叉口处组成的三角形。为了保证行车安全，在视距三角形范围内和内侧范围内，不得种植高于外侧机动车车道中线处路面标高 1m 的树木，保证通视。

行车净空则要求道路设计在一定宽度和高度范围内为车辆运行的空间，树木不得进入该空间。

2. 满足树木对立地空间与生长空间的需要

树木生长需要的地上和地下空间，如果得不到满足，树木就不能正常生长发育，甚至死亡。因此，市政公用设施如交通管理设施、照明设施、地下管线、地上杆线等，与绿化树木的相应位置必须统一设计，合理安排，使其各得其所，减少矛盾。

道路绿化应以乔木为主，乔灌、花卉、地被植物相结合，没有裸露土壤，绿化美化地面，景观层次丰富，最大限度地发挥道路绿化对环境的改善能力。

3. 树种选择要求适地适树

树种选择要符合本地自然条件，根据栽植地的小气候、地下环境、土壤条件等，选择适宜生长的树种。不适宜绿化的土质，应加以改良。道路绿化采用人工植物群落的配置形式时，要使植物生长分布的相互位置与各自的生态习性相适应。地上部分，植物树冠、花叶分布的空间与光照、空气、温度、湿度要求相一致，各得其所。地下部分，植物根系分布对土壤中营养物质全面吸收互不影响，符合植物间伴生的生态习性。植物配置协调空间层次、树形组合、色彩搭配和季相变化的关系。此外，对辖区内的古树名木要加强保护。古树名木都是适宜本地生长或经长久磨难而生存下来的品种，十分珍贵，是城市历史的缩影。因此，在道路平面、纵断面与横断面设计时，对古树名木必然严加保护，对有价值的其他树木也应注意保护。对衰老的古树名木，还应采取复壮措施。

4．道路绿化设计要求实行远近期结合

道路绿化很难在栽植时就充分体现其设计意图，达到完美的境界，往往需要几年、十几年的时间。因此，设计要具备发展观点和长远的眼光，对各种植物树种的形态、大小、色彩等现状和可能发生的变化，要有充分的了解，使其长到鼎盛时期时，达到最佳效果。同时，道路绿化的近期效果也应该重视，尤其是行道树苗木规格不宜过小，速生树胸径一般不宜小于 5cm，慢生树木不宜小于 8cm，使其尽快达到其防护功能。

道路绿地还需要配备灌溉设施，道路绿地的坡向、坡度应符合排水要求，并与城市排水系统相结合，防止绿地内积水和水土流失。

5．道路绿化应符合美学要求

道路绿化的布局、配置、节奏、色彩变化等都要与道路的空间尺度相协调。同一道路的绿化宜有统一的景观风格，不同道路和绿化形式可有所变化。园林景观路应配置观赏价值高、有地方特色的植物，并与街景结合；主干路应体现城市道路绿化景观风貌；毗邻山、河、湖、海的道路，其绿化应结合自然环境，突出自然景观特色。总之，道路绿化设计要处理好区域景观与整体景观的关系，创造完美的景观。

6．适应抵抗性和防护能力的需要

城市道路绿地的立地条件极为复杂，既有地上架空线和地下管线的限制，又有因人流车流频繁，人踩车压及沿街摊群侵占等人为破坏，还有城市环境污染，再加上行人和摊棚在绿地旁和林荫下，给浇水、打药、修剪等日常养护管理工作带来困难。因此，设计人员要充分认识道路绿化的制约因素，在对树种选择、地形处理、防护设施等方面进行认真考虑，力求绿地自身有较强的抵抗性和防护能力。

13.1.2　城市道路绿化植物的选择

城市道路绿化植物的选择，主要考虑艺术效果和功能效果。

1．乔木的选择

乔木在街道绿化中，主要作为行道树，作用主要是夏季为行人遮阴、美化街景，因此选择品种时主要从以下几方面着手：

（1）株形整齐，观赏价值较高（或花型、叶型、果实奇特，或花色鲜艳，或花期长），最好叶秋季变色，冬季可观树形、赏枝干。

（2）生命力强健，病虫害少，便于管理，管理费用低，花、果、枝叶无不良气味。

（3）树木发芽早、落叶晚，适合本地区正常生长，晚秋落叶期在短时间内树叶即能落光，便于集中清扫。

（4）行道树树冠整齐，分枝点足够高，主枝伸张、角度与地面不小于 30°，叶片紧密，有浓荫。

（5）繁殖容易，移植后易于成活和恢复生长，适宜大树移植。

（6）有一定耐污染、抗烟尘的能力。

（7）树木寿命较长，生长速度不太缓慢。目前在北方城市应用较多的有雪松、法桐、国槐、合欢、栾树、垂柳、馒头柳、杜仲、白蜡等。

2. 灌木的选择

灌木多应用于分车带或人行道绿带（车行道的边缘与建筑红线之间的绿化带），可遮挡视线、减弱噪声等，选择时应注意以下几个方面：

（1）枝叶丰满、株形完美，花期长，花多而显露，防止过多萌蘖枝过长妨碍交通。

（2）植株无刺或少刺，叶色有变，耐修剪，在一定年限内人工修剪可控制它的树形和高矮。

（3）繁殖容易，易于管理，能耐灰尘和路面辐射。应用较多的有大叶黄杨、金叶女贞、紫叶小蘖、月季、丁香、紫荆、连翘、榆叶梅等。

3. 地被植物的选择

目前，北方大多数城市主要选择冷季型草坪作为地被植物，根据气候、温度、湿度、土壤等条件选择适宜的草坪草种是至关重要的；另外，多种低矮花灌木均可作地被应用，如棣棠等。

4. 草本花卉的选择

一般露地花卉以宿根花卉为主，与乔灌草巧妙搭配，合理配置：一、二年生草本花卉只在重点部位点缀，不宜多用。

5. 道路绿化中行道树种植设计形式

（1）树带式。交通、人流不大的路段，在人行道和车行道之间，留出一条不加铺装的种植带，一般宽不小于 1.5m，植一行大乔木和树篱，如宽度适宜，则可分别植两行或多行乔木与树篱；树下铺设草皮，留出铺装过道，以便人流或汽车停站。

（2）树池式。在交通量较大，行人多而人行道又窄的路段，设计正方形、长方形或圆形空地，种植花草树木，形成池式绿地。正方形以边长 1.5m 较合适，长方形长、宽分别以 2m、1.5m 为宜，圆形树池以直径不小于 1.5m 为好；行道树的栽植点位于几何形的中心，池边缘高出人行道 8~10cm，避免行人践踏，如果树池略低于路面，应加与路面同高的池墙，这样可增加人行道的宽度，又避免践踏，同时还可使雨水渗入池内；池墙可用铸铁或钢筋混凝土做成，设计时应当简单大方。

行道树种植时，应充分考虑株距与定干高度。一般株行距要根据树冠大小决定，有 4m、5m、6m、8m 不等，若种植干径为 5cm 以上的树苗，株距应定为 6~8m 为宜；从车行道边缘至建筑红线之间的绿化地段，统称为人行道绿化带，为了保证车辆在车行道上行驶时，车中人能够看到人行道上的行人和建筑，在人行道绿化带上种植树木，必须保持一定的株距，一般来说，株距不应小于树冠的两倍。

6. 城市干道的植物配置

城市干道具有实现交通、组织街景、改善小气候的三大功能，并以丰富的景观效果、多样的绿地形式和多变的季相色彩影响着城市景观空间和景观视线。城市干道分为一般城市干道、景观游憩型干道、防护型干道、高速公路、高架道路等类型。各种类型城市干道的绿化设计都应该在遵循生态学原理的基础上，根据美学特征和人的行为游憩学原理来进行植物配置，体现各自的特色。植物配置应视地点的不同而有各自的特点。

（1）景观游憩型干道的植物配置

景观游憩型干道的植物配置应兼顾其观赏和游憩功能，从人的需求出发，兼顾植物群落的自然性和系统性来设计可供游人参与游赏的道路。有"城市林荫道"之称的肇嘉浜路中间有宽 21m 的绿化带，种植了大量的香樟、雪松、水杉、女贞等高大的乔木，林下配置了各种灌木和花草，同时绿地内设置了游憩步道，其间点缀各种雕塑和园林小品，发挥其观赏和休闲功能。

（2）防护型干道的植物配置

道路与街道两侧的高层建筑形成了城市大气下垫面内的狭长低谷，不利于汽车尾气的排放，直接危害两侧的行人和建筑内的居民，对人的危害相当严重。基于隔离防护主导功能的道路绿化主要发挥其隔离有害有毒气体、噪声的功能，兼顾观赏功能。绿化设计选择具有耐污染、抗污染、滞尘、吸收噪声的植物，如雪松、圆柏、桂花、珊瑚树、夹竹桃等，采用由乔木群落向小乔木群落、灌木群落、草坪过渡的形式，形成立体层次感，起到良好的防护作用和景观效果。

（3）高速公路的植物配置

良好的高速公路植物配置可以减轻驾驶员的疲劳，丰富的植物景观也为旅客带来了轻松愉快的旅途。高速公路的绿化由中央隔离带绿化、边坡绿化和互通绿化组成。中央隔离带内一般不成行种植乔木，避免投影到车道上的树影干扰司机的视线，树冠太大的树种也不宜选用。隔离带内可种植修剪整齐、具有丰富视觉韵律感的大色块模纹绿带，绿带中选择的植物品种不宜过多，色彩搭配不宜过艳，重复频率不宜太高，节奏感也不宜太强烈，一般可以根据分隔带宽度每隔 30～70m 距离重复一段，色块灌木品种选用 3～6 种，中间可以间植多种形态的开花或常绿植物使景观富于变化。

边坡绿化的主要目的是固土护坡、防止冲刷，其植物配置应尽量不破坏自然地形地貌和植被，选择根系发达、易于成活、便于管理、兼顾景观效果的树种。

互通绿化位于高速公路的交叉口，最容易成为人们视觉上的焦点，其绿化形式主要有两种：一种是大型的模纹图案，花灌木根据不同的线条造型种植，形成大气简洁的植物景观；另一种是苗圃景观模式，人工植物群落按乔、灌、草的种植形式种植，密度相对较高，在发挥其生态和景观功能的同时，还兼顾了经济功能，为城市绿化发展所需的苗木提供了有力的保障。

（4）园林绿地内道路的植物配置

园林道路是全园的骨架，具有发挥组织游览路线、连接景观区等重要功能。道路植物配置无论从植物品种的选择上还是搭配形式（包括色彩、层次高低、大小面积比例等）都要比城市道路配置更加丰富多样，更加自由生动。

园林道路分为主路、次路和小路。主路绿化常常代表绿地的形象和风格，植物配置应该引人入胜，形成与其定位一致的气势和氛围。如在入口的主路上定距种植较大规格的高大乔木如悬铃木、香樟、杜英、榉树等，其下种植杜鹃、红花木、龙柏等整形灌木，节奏明快富有韵律，形成壮美的主路景观。次路是园中各区内的主要道路，一般宽 2～3m；小路则是供游人在宁静的休息区中漫步，一般宽仅 1～1.5m。绿地的次干道常常蜿蜒曲折，植物配置也应以自然式为宜。沿路在视觉上应有疏有密，有高有低，有遮有敞。形式上有草坪、花丛、灌丛、树丛、孤植树等，游人沿路散步可经过大草坪，也可在林下小憩或穿行在花丛中赏花。竹径通幽是中国传统园林中经常应用的造景手法，竹生长迅速，适应性强，常绿，清秀挺拔，具有文化内涵，至今仍可在现代绿地见到。

（5）城市广场绿化植物的配植

由于植物具有生命的设计要素，其生长受到土壤肥力、排水、日照、风力以及温度和湿度等因素的影响，因此设计师在进行设计之前，就必须了解广场相关的环境条件，然后才能确定、选择适合在此条件下生长的植物。

在城市广场等空地上栽植树木，土壤作为树木生长发育的"胎盘"，无疑具有举足轻重的作用。因此土壤的结构，必须满足以下条件：可以让树木长久地茁壮成长；土壤自身不会流失；对环境影响具有抵抗力。

根据形状、习性和特征的不同，城市广场上绿化植物的配植，可以采取一点、两点、线段、团组、面、垂直或自由式等形式。在保持统一性和连续性的同时，显露其丰富性和个性来。例如，在不同功能空间的周边，常采用树篱等方式进行隔离，而树篱通常选用大叶黄杨、小叶黄杨、紫叶小檗、绿叶小檗、侧柏等常绿树种；花坛和草坪常配置 30～90cm 的镶边，起到阻隔、装饰和保持水土的作用。

花坛虽然在各种绿化空间中都可能出现，但由于其布局灵活、占地面积小、装饰性强，因此在广场空间中出现得更加频繁。既有以平面图案和肌理形式表现的花池，也有与台阶等构筑物相结合的花台，还有以种植容器为依托的各种形式。花坛不仅可以独立设置，也可以与喷泉、水池、雕塑、休息座椅等结合。在空间环境中除了起到限定、引导等作用外，还可以由于本身优美的造型或独特的排列、组合方式，而成为视觉焦点。

7. 城市道路绿化的布置形式

城市道路绿化的布置形式也是多种多样的，其中断面布置形式是规划设计所用的主要模式，常用的城市道路绿化的形式有以下几种：

（1）一板二带式。这是道路绿化中最常用的一种形式，即在车行道两侧人行道分隔线上种植行道树。此法操作简单、用地经济、管理方便。但当车行道过宽时行道树的遮阴效果较差，不利于机动车辆与非机动车辆混合行驶时的交通管理。

（2）二板三带式。在分隔单向行驶的两条车行道中间绿化，并在道路两侧布置行道树。这种形式适于宽阔道路，绿带数量较大、生态效益较显著，多用于高速公路和入城道路绿化。

（3）三板四带式。利用两条分隔带把车行道分成 3 块，中间为机动车道，两侧为非机动车道，连同车道两侧的行道树共为 4 条绿带。此法虽然占地面积较大，但其绿化量大，夏季蔽荫效果好，组织交通方便，安全可靠，解决了各种车辆混合互相干扰的矛盾。

（4）四板五带式。利用 3 条分隔带将车道分为 4 条而规划为 5 条绿化带，以便各种车辆上行、下行互不干扰，利于限定车速和交通安全；如果道路面积不宜布置五带，则可用栏杆分隔，以节约用地。

（5）其他形式。按道路所处地理位置、环境条件特点，因地制宜地设置绿带，如山坡、水道的绿化设计。

13.2　自然式种植设计平面图的绘制

此道路宽 10m，红线控制两侧绿地分别宽 6m，如图 13-1 所示为道路绿地规划区域的一个标准段。

图 13-1　自然式道路某段

13.2.1　必要的设置

对绘制的图形进行单位和图形界限的设置。

1．单位设置

将系统单位设为米（m），以 1∶1 的比例绘制。

2．图形界限设置

以 1:1 的比例绘图，将图形界限设为 420×297。

13.2.2　道路绿地中乔木的绘制

在新建的"乔木"图层，绘制乔木图例。

1．新建"乔木"图层

单击"默认"选项卡"图层"面板中的"图层特性"按钮，弹出"图层特性管理器"对话框，建立一个新图层，命名为"乔木"，颜色选取 3 号绿色，线型为 Continuous，线宽为默认，并设置为当前图层，如图 13-2 所示。确定后回到绘图状态。

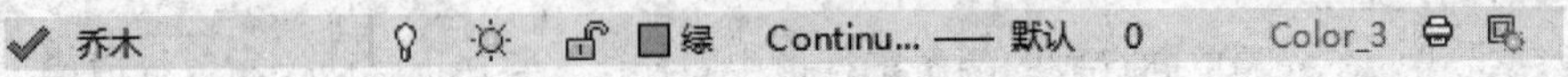

✔ 乔木　　　　🔆 ☼ 🔓 ■绿　Continu... ── 默认　0　　　Color_3 🖶 🗔

图 13-2　"乔木"图层设置

2．乔木的配植

（1）单击"默认"选项卡"修改"面板中的"偏移"按钮，将红线控制线向道路内侧进行偏移，偏移距离为 1.0，然后打开光盘附带的植物图例，选择合适的植物图例，复制到图 13-3 所示的地方，调解大小比例后结果如图 13-3 所示。

（2）乔木 A 之间的距离为 3.5m。将步骤（1）绘制的乔木 A 选中，单击"默认"选项卡"修改"面板中的"矩形阵列"按钮，设置行数为 1，列数为 3，列偏移为 3.5。结果如图 13-4 所示。

图 13-3　乔木种植

图 13-4　阵列后效果

（3）将步骤（2）绘制的乔木 A 全部选中，单击"默认"选项卡"修改"面板中的"矩形阵列"按钮，设置行数为 1，列数为 7，列偏移为 20。结果如图 13-5 所示。

3. 乔木 B 的绘制

乔木 B 与乔木 A 之间的距离为 4.0，乔木 B 的间距为 5.0。

（1）单击"默认"选项卡"绘图"面板中的"直线"按钮　，以最左端右数第三个乔木 A 的图例的中心点为第一点，水平向右绘制长度为 4.0m 的直线段，然后竖直向下绘制 0.3，以该直线的端点为乔木 B 的中心位置。打开光盘附带的植物图例，选择合适的植物图例，复制到图 13-6 所示的地方，调整大小比例后结果如图 13-6 所示。

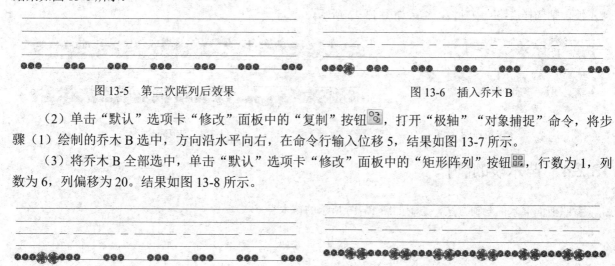

图 13-5　第二次阵列后效果　　　　　　　　　图 13-6　插入乔木 B

（2）单击"默认"选项卡"修改"面板中的"复制"按钮　，打开"极轴""对象捕捉"命令，将步骤（1）绘制的乔木 B 选中，方向沿水平向右，在命令行输入位移 5，结果如图 13-7 所示。

（3）将乔木 B 全部选中，单击"默认"选项卡"修改"面板中的"矩形阵列"按钮　，行数为 1，列数为 6，列偏移为 20。结果如图 13-8 所示。

图 13-7　复制乔木 B　　　　　　　　　　　图 13-8　阵列后效果

13.2.3　灌木的绘制

采用之前相同的方法，绘制灌木图形。

（1）单击"默认"选项卡"图层"面板中的"图层特性"按钮　，弹出"图层特性管理器"对话框，建立一个新图层，命名为"灌木"，颜色选取 3 号绿色，线型为 Continuous，线宽为默认，并设置为当前图层，如图 13-9 所示。确定后回到绘图状态。

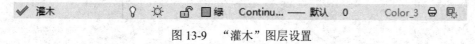

图 13-9　"灌木"图层设置

（2）将光盘植物图例打开，复制（带基点复制，基点选择树干的中心位置）合适的灌木平面图例，置于合适的位置，结果如图 13-10 所示。

（3）详图如图 13-11～图 13-14 所示。

图 13-10　插入合适的灌木

图 13-11　灌木配植详图（1）

图 13-12　灌木配植详图（2）　　　　　　　图 13-13　灌木配植详图（3）

（4）单击"默认"选项卡"修改"面板中的"镜像"按钮，将道路绿地一侧的种植设计镜像到另一侧，镜像轴选择道路的中轴线，结果如图 13-15 所示。

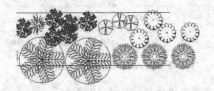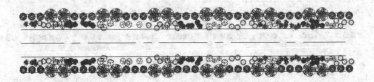

图 13-14　灌木配植详图（4）　　　　　　　图 13-15　种植完毕

13.2.4　苗木表的制作

参照前面灌木的绘制方法，绘制如图 13-16 所示的苗木表。

黄刺玫	红瑞木
绸李	五角枫
连翘	臭椿
圆柏	水蜡
龙爪槐	红丁香
垂柳	樟子松
绣线菊	白蜡
紫丁香	臭椿
水蜡球（列植）	榆树
大花珍珠梅	松树锦鸡
砂地柏	红刺枚
地锦	榆叶梅
垂柳	

图 13-16　苗木表

13.3　区域道路绿化图综合实例

绘制 B 区道路轮廓线以及定位轴线；使用直线、阵列、圆、填充等命令绘制 B 区道路绿化、亮化；使用阵列、直线、复制等命令绘制人行道绿化、亮化；使用多行文字命令标注文字，完成保存道路绿化平面图，如图 13-17 所示。

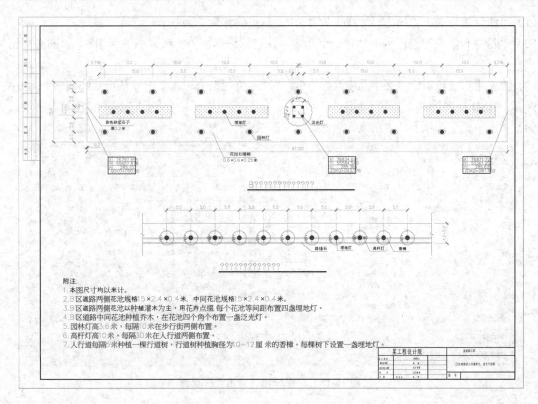

图 13-17　道路绿化平面图

13.3.1　绘图前准备与设置

1．根据绘制图形决定绘图的比例

建议采用 1:1 的比例绘制，1:200 的出图比例。

2．建立新文件

打开 AutoCAD 2017 应用程序，以"A2.dwt"样板文件为模板，建立新文件，将新文件命名为"道路绿化平面图.dwg"并保存。单击"默认"选项卡"修改"面板中的"缩放"按钮，把绘制好的 A2 图幅缩小 5 倍，即输入的比例因子为 0.2。

3．设置图层

根据需要设置以下 11 个图层："标注尺寸"、"粗线"、"道路"、"道路红线"、"亮化"、"绿化"、"其他线"、"图例"、"文字"、"香樟"和"中心线"，将"中心线"图层设置为当前图层，设置好的各图层的属性如图 13-18 所示。

4．标注样式设置

根据绘图比例设置标注样式，对标注样式"线"、"符号和箭头"、"文字"和"主单位"选项卡进行设置，具体如下。

（1）"线"选项卡："超出尺寸线"为 0.5，"起点偏移量"为 0.6。

（2）"符号和箭头"选项卡："第一个"为"建筑标记"，"箭头大小"为 0.6，"圆心标记"为标记 0.3。

（3）"文字"选项卡："文字高度"为 0.6，"文字位置"为垂直上，"从尺寸线偏移"为 0.3，"文字对齐"为"ISO 标准"。

（4）"主单位"选项卡："精度"为 0.0，"比例因子"为 1。

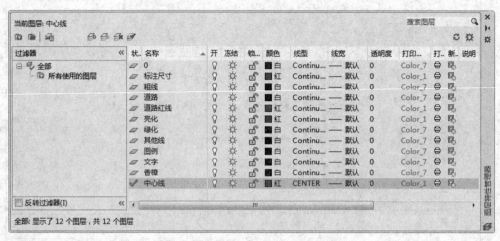

图 13-18   道路绿化、亮化图层设置

5．文字样式的设置

单击"默认"选项卡"注释"面板中的"文字样式"按钮 ，弹出"文字样式"对话框，选择仿宋字体，宽度因子设置为 0.8。文字样式的设置如图 13-19 所示。

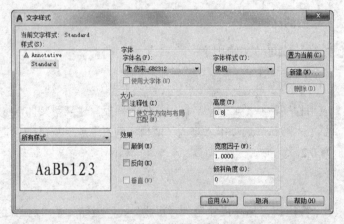

图 13-19   道路绿化图文字样式设置

13.3.2   绘制 B 区道路轮廓线以及定位轴线

绘制 B 区的定位轴线，并利用"线性"和"连续"命令，对绘制的轴线进行标注。

（1）在状态栏中单击"正交模式"按钮 ，打开正交模式；在状态栏中单击"对象捕捉"按钮 ，打开对象捕捉模式；在状态栏中单击"对象捕捉追踪"按钮，打开对象捕捉追踪。

（2）单击"默认"选项卡"绘图"面板中的"直线"按钮，绘制一条长为 87.552 的水平直线。重复"直线"命令，以水平直线中点为起点，绘制一条长为 12 的垂直直线。

（3）将"标注尺寸"图层设置为当前图层，单击"默认"选项卡"注释"面板中的"线性"按钮，标注外形尺寸。把水平方向的标注修改为 87.552，在命令行中输入"DDEDIT"命令，命令行提示与操作如下：

命令: ddedit↙
选择注释对象：（选择水平方向的标注尺寸，弹出"文字编辑器"选项卡和多行文字编辑器，修改为 87.552）
选择注释对象：↙

完成的图形如图 13-20 所示。

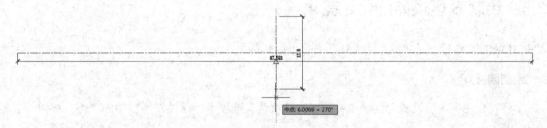

图 13-20　B 区道路绿化定位线绘制

（4）单击"默认"选项卡"修改"面板中的"删除"按钮，删除标注尺寸线。

（5）单击"默认"选项卡"修改"面板中的"复制"按钮，复制刚刚绘制好的水平直线，向上复制的位移分别为 1.2、4 和 6。向下复制的位移分别为 1.2、4 和 6。

（6）单击"默认"选项卡"修改"面板中的"复制"按钮，复制刚刚绘制好的垂直直线，向右复制的位移分别为 1.2、6.2、10、20、21.2、26.2、30、40、41.2、43.576 和 43.776。向左复制的位移分别为 1.2、6.2、10、20、21.2、26.2、30、40、41.2、43.576 和 43.776。

（7）单击"默认"选项卡"注释"面板中的"线性"按钮，标注线性尺寸。

（8）单击"注释"选项卡"标注"面板中的"连续"按钮，进行连续标注。在命令行中输入"DDEDIT"命令，把水平方向的标注修改为 87.552。复制的尺寸和完成的图形如图 13-21 所示。

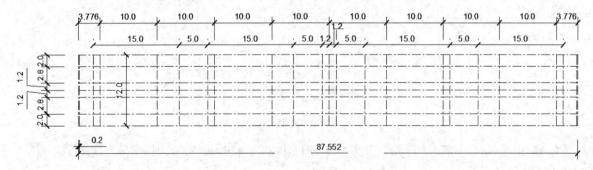

图 13-21　B 区道路绿化定位线复制

（9）将"道路红线"图层设置为当前图层，单击"默认"选项卡"绘图"面板中的"直线"按钮，绘制道路红线，完成的图形如图 13-22 所示。

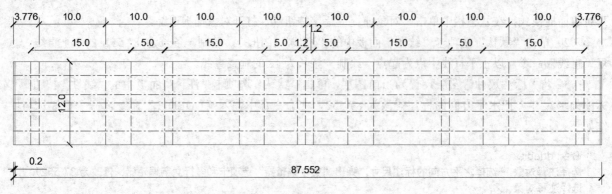

图 13-22　B 区道路红线复制

13.3.3　绘制 B 区道路绿化、亮化

绘制 B 区的园林灯、绿化带、泛光灯和人行道绿化等。

1．绘制园林灯

（1）将"亮化"图层设置为当前图层，单击"默认"选项卡"绘图"面板中的"圆"按钮 ⊙，绘制半径为 0.4 的圆。

（2）单击"默认"选项卡"绘图"面板中的"椭圆"按钮 ⬭，命令行提示与操作如下：

```
命令: _ellipse
指定椭圆的轴端点或 [圆弧(A)/中心点(C)]: c↙
指定椭圆的中心点:（用鼠标拾取上步绘制的圆心）
指定轴的端点:（十字光标指向水平方向）0.7↙
指定另一条半轴长度或 [旋转(R)]: 0.5↙
```

如图 13-23 所示。

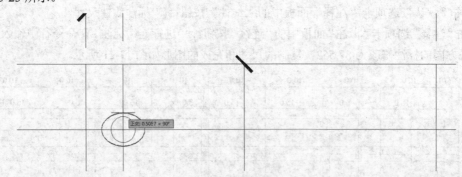

图 13-23　绘制椭圆

（3）单击"默认"选项卡"绘图"面板中的"图案填充"按钮 ▨，打开"图案填充创建"选项卡，选择 SOLID 图案，填充圆。

（4）单击"默认"选项卡"修改"面板中的"矩形阵列"按钮 ▦，设置行数为 2，列数为 9，行偏移为-8，列偏移为 10，将刚刚绘制好的园林灯进行阵列，如图 13-24 所示。

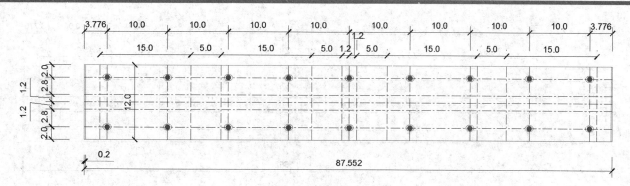

图 13-24　园林灯阵列复制

2．绘制绿化带

（1）将"绿化"图层设置为当前图层，单击"默认"选项卡"绘图"面板中的"矩形"按钮 □，绘制一个 15×2.4 的矩形。

（2）单击"默认"选项卡"修改"面板中的"复制"按钮 ，复制园林灯到指定的位置。

（3）将"标注尺寸"图层设置为当前图层，单击"默认"选项卡"注释"面板中的"线性"按钮 ，标注外形尺寸。

（4）单击"注释"选项卡"标注"面板中的"连续"按钮 ，进行连续标注。标注的尺寸和完成的图形如图 13-25 所示。

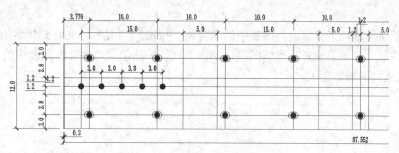

图 13-25　阵列绿化带园林灯

（5）单击"默认"选项卡"修改"面板中的"删除"按钮 ，删除多余的绿化带的园林灯和标注尺寸。

（6）将"填充"图层设置为当前图层，单击"默认"选项卡"绘图"面板中的"图案填充"按钮 ，打开"图案填充创建"选项卡，设置如图 13-26 所示，填充矩形。

图 13-26　绿化带填充设置

（7）单击"默认"选项卡"修改"面板中的"复制"按钮 ，复制绘制好的绿化带到指定位置，完成的图形如图 13-27 所示。

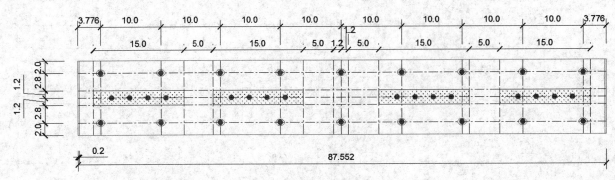

图 13-27 绿化带复制

3. 绘制泛光灯以及调用香樟图例

（1）使用 Ctrl+C 快捷键复制风景区规划图例绘制好的香樟图例，然后使用 Ctrl+V 快捷键粘贴到道路绿化平面图中。

（2）单击"默认"选项卡"修改"面板中的"缩放"按钮，把图例缩小 200 倍，即输入的比例因子为 0.005。

（3）将"绿化"图层设置为当前图层，单击"默认"选项卡"绘图"面板中的"矩形"按钮，绘制一个 2.4×2.4 的矩形。

（4）将"亮化"图层设置为当前图层，单击"默认"选项卡"绘图"面板中的"圆"按钮，绘制半径为 0.3 的圆。

（5）单击"默认"选项卡"修改"面板中的"复制"按钮，复制泛光灯到指定的位置。

（6）将"标注尺寸"图层设置为当前图层，单击"默认"选项卡"注释"面板中的"线性"按钮，标注外形尺寸。完成的图形如图 13-28 所示。

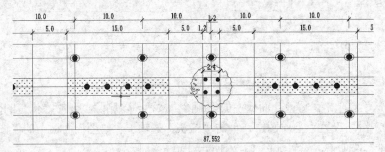

图 13-28 泛光灯和香樟复制

4. 绘制人行道绿化

（1）将"其他线"图层设置为当前图层。单击"默认"选项卡"绘图"面板中的"直线"按钮，绘制一条长为 60 的水平直线。重复"直线"命令，绘制一条长为 4 的垂直直线。

（2）单击"默认"选项卡"修改"面板中的"复制"按钮，复制刚刚绘制好的垂直直线，向右复制的位移分别为 5、10、15、20、25、30、35、40、45、50、55 和 60。

（3）将"标注尺寸"图层设置为当前图层，单击"默认"选项卡"注释"面板中的"线性"按钮，标注线性尺寸。

（4）单击"注释"选项卡"标注"面板中的"连续"按钮，进行连续标注。在命令行中输入"DDEDIT"命令，把垂直方向的标注修改为4.0～5.0。

（5）单击"默认"选项卡"绘图"面板中的"直线"按钮，绘制两端的折断线，如图13-29所示。

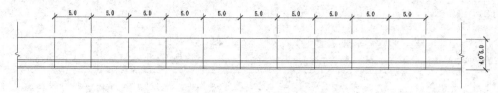

图 13-29　人行道绿化定位线

（6）将"亮化"图层设置为当前图层，单击"默认"选项卡"绘图"面板中的"圆"按钮，绘制半径为0.5的圆。

（7）单击"默认"选项卡"绘图"面板中的"图案填充"按钮，选择SOLID图例，填充圆。

（8）单击"默认"选项卡"修改"面板中的"复制"按钮，复制香樟图例到指定的位置。

（9）单击"默认"选项卡"修改"面板中的"矩形阵列"按钮，设置行数为1，列数为11，列偏移为5，将刚刚绘制好的香樟和埋地灯进行阵列，结果如图13-30所示。

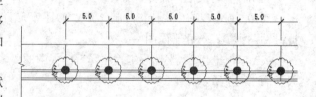

图 13-30　阵列香樟和埋地灯

（10）将"亮化"图层设置为当前图层，单击"默认"选项卡"绘图"面板中的"直线"按钮，绘制一条长为6.6的水平直线。重复"直线"命令，绘制一条长为0.3的垂直直线。

（11）单击"默认"选项卡"绘图"面板中的"样条曲线拟合"按钮，绘制灯罩。

（12）单击"默认"选项卡"绘图"面板中的"圆弧"按钮，绘制圆弧。

（13）将"标注尺寸"图层设置为当前图层，单击"默认"选项卡"注释"面板中的"线性"按钮，标注外形尺寸。完成的图形参照如图13-31（a）所示。

（14）将"亮化"图层设置为当前图层，单击"默认"选项卡"绘图"面板中的"椭圆"按钮，绘制高杆灯，指定轴的端点，十字光标指向水平方向，输入"1.0"，指定另一条半轴长度，十字光标指向垂直方向，输入"0.5"。完成的图形参照如图13-31（b）所示。

（15）单击"默认"选项卡"修改"面板中的"偏移"按钮，向里面偏移0.1，完成的图形参照如图13-31（c）所示。

（16）单击"默认"选项卡"修改"面板中的"删除"按钮，删除多余的标注尺寸和直线。

（17）单击"默认"选项卡"修改"面板中的"镜像"按钮，复制刚刚绘制好的图形，完成的图形参照如图13-31（d）所示。

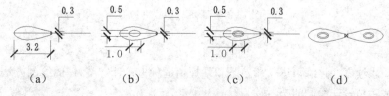

図 13-31　高杆灯绘制流程

（18）单击"默认"选项卡"修改"面板中的"缩放"按钮 ，把绘制好的高杆灯缩小一半，即输入的比例因子为 0.5。

（19）单击"默认"选项卡"修改"面板中的"复制"按钮 ，复制到指定位置，完成的图形参照如图 13-32 所示。

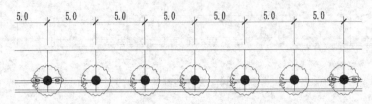

图 13-32　高杆灯复制

13.3.4　标注文字

利用"多行文字"命令，标注文字。

（1）使用 Ctrl+C 快捷键复制"源文件\图库\道路平面布置图"中的程桩号关键点，然后使用 Ctrl+V 快捷键粘贴到道路绿化平面图中。

（2）单击"默认"选项卡"注释"面板中的"多行文字"按钮 ，标注文字、图名和说明，完成的结果如图 13-17 所示。

13.4　上 机 实 验

【练习1】绘制如图 13-33 所示的街道种植设计方案 1。

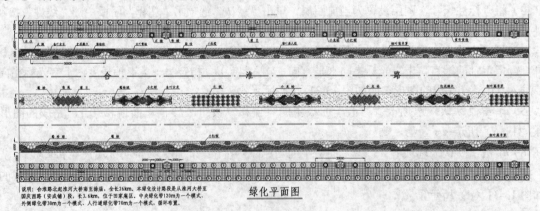

说明：合淮路北起淮河大桥淮至徐浦店，全长26km，本绿化设计路段是从淮河大桥至国庆西路（安成锦）段，长3.6km，位于田家庵区。中央绿化带120m为一个模式，外侧绿化带30m为一个模式，人行道绿化带70m为一个模式，循环布置。

绿化平面图

图 13-33　街道种植设计方案 1

1. 目的要求

本实例主要要求读者通过练习进一步熟悉和掌握街道种植设计方案 1 的绘制方法。通过本实例，可以帮助读者学会完成种植设计绘制的全过程。

2. 操作提示

（1）绘图前准备及绘图设置。

（2）绘制绿植。

（3）植物配植。

（4）标注文字。

【练习2】绘制如图 13-34 所示的街道种植设计方案 2。

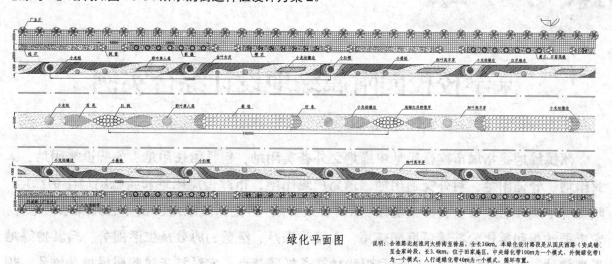

绿化平面图

说明：合淮路北起淮河大桥南至徐庙，全长26km，本绿化设计路段是从国庆西路（安成铺至金家岭段，长3.4km，位于田家庵区。中央绿化带100m为一个模式、外侧绿化带1为一个模式、人行道绿化带40m为一个模式，循环布置。

图 13-34　街道种植设计方案 2

1. 目的要求

本实例主要要求读者通过练习进一步熟悉和掌握街道种植设计方案 2 的绘制方法。通过本实例，可以帮助读者学会完成种植设计绘制的全过程。

2. 操作提示

（1）绘图前准备及绘图设置。

（2）绘制绿植。

（3）植物配植。

（4）标注文字。

第 **14** 章

某学校校园附属绿地设计综合实例

　　附属绿地是指城市建设用地中绿地之外各类用地，包括居住用地、公共设施用地、工业用地、仓储用地、对外交通用地、道路广场用地、市政设施用地和特殊用地中的绿地。附属绿地属于各单位公共建筑庭园，不对公众开放，这是附属绿地区别于公共绿地的地方。它主要改善和美化公共建筑庭园环境，直接为生产、经营、办公及生活服务，与其他绿地类型相比，具有环境复杂、生境局限和功能多样等特点。本章首先对附属绿地的性质、规划设计进行了概述，然后以某校园为例详细介绍了附属绿地的绘制过程。

14.1　公共事业庭园绿地规划设计概述

本节主要讲述公共事业庭园绿地规划的相关基本理论。

14.1.1　公共事业附属绿地的特点

公共事业庭园绿地主要为各类场所从事的办公、学习、科学研究、疗养健身、旅游购物、经营服务提供良好的环境。

14.1.2　公共事业附属绿地的规划

公共事业庭园绿地规划应与总体规划同步进行，公共事业单位在编制基本建设总体规划的同时，应考虑庭园环境绿地规划设置，其各项指标要符合国家相关标准，要能够体现时代精神风貌，并具有地方特色。各类公共庭园环境绿地规划应充分考虑庭园所处的自然环境，因地制宜地进行各种绿色空间景观的布局和设计，形成以生态造景为主，满足多功能要求的绿地。最后要注意远近规划相结合，逐步提高绿地的质量。规划布局的形式因地而异，但主要形式还是以规则式、自然式和混合式为主，在实际规划时，要根据具体情况选用适宜的形式。

14.1.3　公共事业附属绿地的设计

在完成了规划后即可进行绿地的设计工作。

1．大门环境绿地设计

大门绿地景观引人注目，是庭园的窗口，因此应重点规划和建设。其位置多面临主干道或街道，因此环境绿化既要创造本单位庭园绿化的特色，又要与街道景观相协调。大门的外部通常设置花坛、花台，配植花灌木和草本花卉，以观赏植物的色彩美，给人以较强的视觉冲击力；大门内部可与庭园内的主干道相结合，其间可布置花坛、水池、喷泉、雕塑、草坪等，多为规则式的封闭绿地。

2．行政办公环境绿地设计

行政办公环境绿地的景观十分重要，直接关系到各公共事业单位在社会上的形象。行政办公区的主要建筑一般为行政办公楼或综合楼等，其环境绿地应采用规则对称式布局，创造出整洁、理性的空间环境。植物的种植设计应衬托主体建筑、丰富环境景观、发挥生态功能、突出艺术效果，多设置各种几何花坛、花台、观赏草坪、多植树等。在空间上多采用开朗空间，创造大庭园空间，给人以明朗、舒畅的景观感受。

3．教学环境绿地设计

这类环境要求安静、卫生、优美，同时也要美观，满足师生课间休息活动的需要。绿地的布局和种植形式应与教学楼等主体建筑相协调，植物景观以观赏树木为主，楼南侧应有高大落叶树木遮荫，北侧可选择耐荫的常绿树木，在空间较大的庭园还可设置开阔的草坪。整个教学区环境以绿色植物造景为主，同时可适量点缀一些香花植物和观花树木或草花。

4．医疗卫生环境绿地设计

这类绿地的规划设计要注重卫生防护隔离、隔噪、滞尘，创造安静优雅、整洁卫生、有益健康的绿色环境。前庭绿化以美化装饰为主，门诊部应设置缓冲绿地空间，住院部和疗养区四周环境要优美。医院各分区之间要有隔离带，对于一些专科医院，其绿地设计应结合医院特点。

5．生活环境绿地设计

生活环境绿地主要为人们居住生活创造一个整洁、卫生、舒适、优美的环境空间。应根据不同性质的生活区类型进行相应的绿化。

下面以某学校绿地（局部）为例进行介绍。

14.2　绘制某校园 A 区平面图

本节绘制如图 14-1 所示的 A 区平面图。

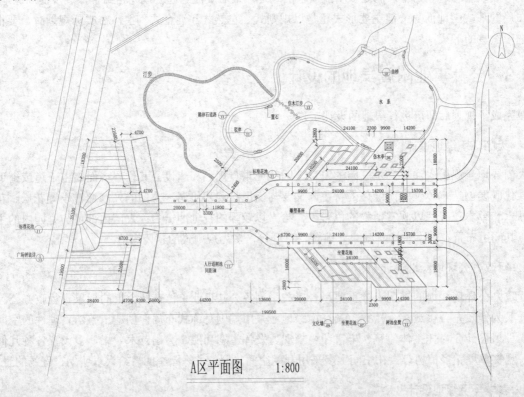

A区平面图　　　1:800

图 14-1　A 区平面图

14.2.1　必要的设置

设置单位和图形界限。

1. 单位设置

将系统单位设为毫米（mm）。以 1:1 的比例绘制。具体操作是，选择菜单栏中的"格式"→"单位"命令，打开"图形单位"对话框，按如图 14-2 所示进行设置，然后单击"确定"按钮完成。

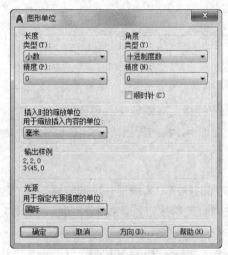

图 14-2　"图形单位"对话框

2. 图形界限设置

AutoCAD 2017 默认的图形界限为 420×297，是 A3 图幅，但是以 1：1 的比例绘图，将图形界限设为 420000×297000。命令行提示与操作如下：

```
命令:LIMITS
重新设置模型空间界限:
指定左下角点或 [开(ON)/关(OFF)] <0,0>:（按 Enter 键）
指定右上角点 <420,297>: 420000,297000（按 Enter 键）
```

14.2.2　辅助线的设置

建立"辅助线"图层，绘制轴线。

1. 建立辅助线图层

单击"默认"选项卡"图层"面板中的"图层特性"按钮，打开"图层特性管理器"对话框，新建辅助线图层，将颜色设置为红色，线型设置为 ACAD_ISO10W100，其他属性默认，如图 14-3 所示。

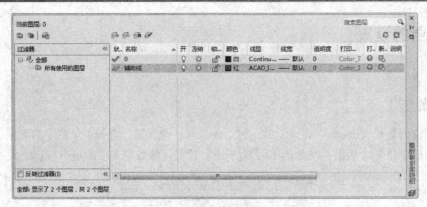

图 14-3　新建图层

2．对象捕捉设置

将鼠标箭头移到状态栏的"对象捕捉"右侧的小三角按钮上，单击鼠标打开一个菜单，选择"对象捕捉设置"命令，打开"对象捕捉"选项卡，将捕捉模式按如图 14-4 所示进行设置，然后单击"确定"按钮。

3．辅助线的绘制

辅助线的设置用来控制全园景观的秩序，为场地基址的特性。将"辅助线"图层置为当前图层，单击"默认"选项卡"绘图"面板中的"直线"按钮 ，绘制辅助线，如图 14-5 所示。

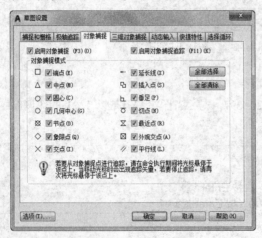

图 14-4　对象捕捉设置

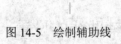

图 14-5　绘制辅助线

14.2.3　绘制道路

绘制的道路包括人行道和鹅卵石道路。

1．绘制人行道

（1）新建"道路"图层，并将其设置为当前图层，单击"默认"选项卡"绘图"面板中的"直线"按钮 ，绘制长为 44200 的水平直线，如图 14-6 所示。

（2）单击"默认"选项卡"绘图"面板中的"圆弧"按钮 ，绘制一段圆弧，该圆弧的水平长为 13600，如图 14-7 所示。

（3）单击"默认"选项卡"绘图"面板中的"直线"按钮 ，以步骤（2）绘制的圆弧右端点为起点，水平向右绘制长为 77500 的水平直线，如图 14-8 所示。

图 14-7 绘制圆弧

图 14-6 绘制水平直线　　　　　　　　　　　　　　　　　图 14-8 绘制直线

（4）单击"默认"选项卡"绘图"面板中的"直线"按钮 和"圆弧"按钮 ，以步骤（3）绘制的直线端点为起点继续绘制图形，最终完成人行道轮廓线的绘制，如图 14-9 所示。

（5）单击"默认"选项卡"修改"面板中的"偏移"按钮 ，将人行道轮廓线向下偏移 3000，并整理图形，完成人行道的绘制，如图 14-10 所示。

（6）单击"默认"选项卡"修改"面板中的"偏移"按钮 ，将人行道最下侧轮廓线向下偏移 160，完成标准花池的绘制，如图 14-11 所示。

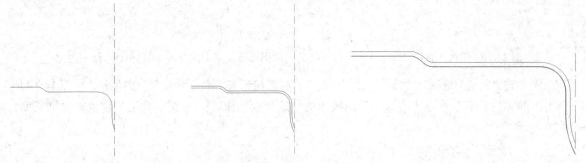

图 14-9 绘制人行道轮廓线　　　　图 14-10 偏移轮廓线　　　　　　图 14-11 绘制标准花池

（7）单击"默认"选项卡"绘图"面板中的"矩形"按钮 ，在图中绘制一个小矩形，如图 14-12 所示。

（8）单击"默认"选项卡"修改"面板中的"偏移"按钮 ，将矩形向内偏移，完成人行道树池的绘制，如图 14-13 所示。

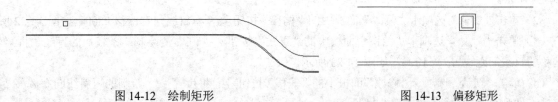

图 14-12 绘制矩形　　　　　　　　　　　　　　图 14-13 偏移矩形

（9）单击"默认"选项卡"修改"面板中的"复制"按钮🔄和"旋转"按钮🔄，将人行道树池复制到图中其他位置处，如图14-14所示。

（10）单击"默认"选项卡"绘图"面板中的"直线"按钮／，在图中绘制一条长为26000的竖直直线，如图14-15所示。

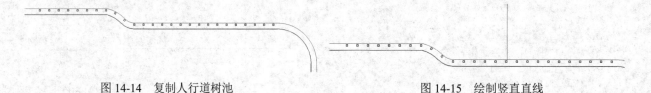

图14-14　复制人行道树池　　　　　　　　　图14-15　绘制竖直直线

（11）单击"默认"选项卡"修改"面板中的"镜像"按钮▲，以步骤（10）绘制的竖直直线的中点为镜像点，将人行道镜像到另外一侧，使其间距为26000，然后单击"默认"选项卡"修改"面板中的"删除"按钮🖋，将竖直直线删除，结果如图14-16所示。

（12）单击"默认"选项卡"绘图"面板中的"矩形"按钮▢，在人行道之间绘制一个矩形，矩形的两条长边距离与人行道内侧轮廓线的间距为9000，如图14-17所示。

（13）单击"默认"选项卡"修改"面板中的"分解"按钮🗗，将矩形分解。

（14）单击"默认"选项卡"修改"面板中的"圆角"按钮▢，对矩形进行圆角操作，如图14-18所示。

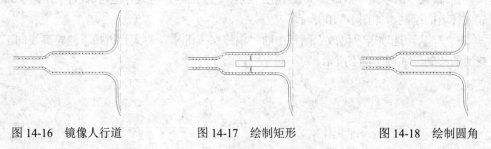

图14-16　镜像人行道　　　　　图14-17　绘制矩形　　　　　图14-18　绘制圆角

（15）单击"默认"选项卡"修改"面板中的"偏移"按钮🔷，将圆角矩形向内偏移，如图14-19所示。

（16）单击"默认"选项卡"绘图"面板中的"矩形"按钮▢，在图中合适的位置处绘制基座，如图14-20所示。

图14-19　偏移圆角矩形　　　　　　　　　　图14-20　绘制基座

2．绘制鹅卵石道路

（1）单击"默认"选项卡"绘图"面板中的"直线"按钮／，在图中合适的位置处绘制一条斜线，如图14-21所示。

（2）单击"默认"选项卡"修改"面板中的"偏移"按钮🔷，将斜线向右偏移2500，如图14-22所示。

（3）单击"默认"选项卡"绘图"面板中的"直线"按钮／，在右侧绘制一条较短的直线，将其与左侧偏移的直线间距设置为11800，如图14-23所示。

（4）单击"默认"选项卡"修改"面板中的"偏移"按钮🔷，将步骤（3）绘制的短斜线向右偏移2400，并将其延伸到合适的位置，如图14-24所示。

（5）单击"默认"选项卡"修改"面板中的"修剪"按钮 ⊁，修剪掉多余的直线，如图 14-25 所示。

（6）单击"默认"选项卡"绘图"面板中的"圆弧"按钮 和"样条曲线拟合"按钮 ，绘制鹅卵石道路，如图 14-26 所示。

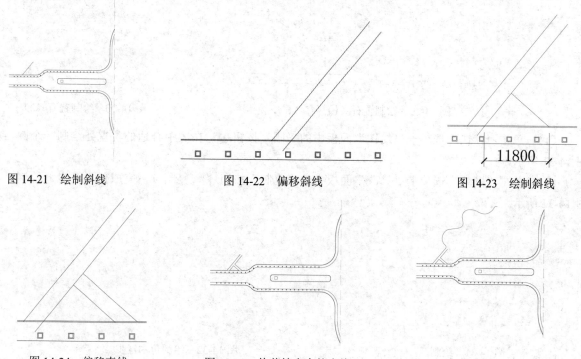

图 14-21　绘制斜线　　　　　　　图 14-22　偏移斜线　　　　　　　图 14-23　绘制斜线

图 14-24　偏移直线　　　　　图 14-25　修剪掉多余的直线　　　　图 14-26　绘制鹅卵石道路（1）

（7）单击"默认"选项卡"绘图"面板中的"样条曲线拟合"按钮 ，绘制驳岸，如图 14-27 所示。

（8）同理，绘制其他位置处的鹅卵石道路，结果如图 14-28 所示。

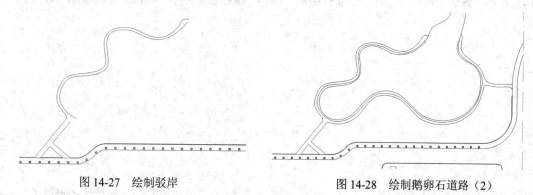

图 14-27　绘制驳岸　　　　　　　　图 14-28　绘制鹅卵石道路（2）

（9）单击"默认"选项卡"绘图"面板中的"直线"按钮 ，在图中绘制置石，如图 14-29 所示。

（10）同理，单击"默认"选项卡"绘图"面板中的"直线"按钮 和"修改"面板中的"复制"按钮 ，绘制其他位置处的置石，如图 14-30 所示。

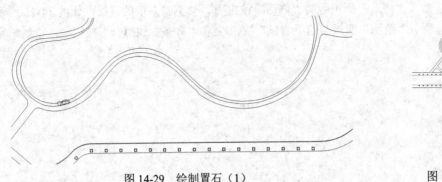

图 14-29　绘制置石（1）　　　　　　图 14-30　绘制置石（2）

（11）单击"默认"选项卡"绘图"面板中的"圆"按钮⊘，在图中合适的位置处绘制一个圆，如图 14-31 所示。

（12）单击"默认"选项卡"修改"面板中的"复制"按钮，复制圆，完成仿木汀步的绘制，如图 14-32 所示。

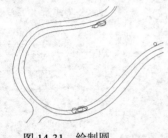

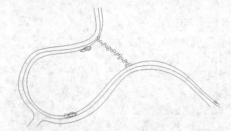

图 14-31　绘制圆　　　　　　　　　图 14-32　绘制仿木汀步

（13）单击"默认"选项卡"绘图"面板中的"样条曲线拟合"按钮，在图中合适的位置处绘制一条样条曲线，如图 14-33 所示。

（14）单击"默认"选项卡"修改"面板中的"偏移"按钮，将样条曲线向内偏移 1200，如图 14-34 所示。

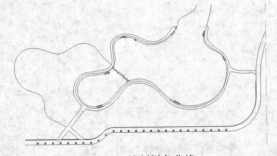

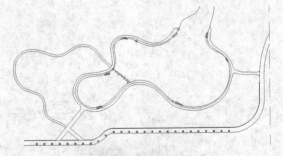

图 14-33　绘制样条曲线　　　　　　图 14-34　偏移样条曲线

（15）单击"默认"选项卡"绘图"面板中的"直线"按钮，绘制汀步，如图 14-35 所示。

（16）单击"默认"选项卡"修改"面板中的"复制"按钮，根据绘制的样条曲线，将汀步复制到图中其他位置，然后单击"默认"选项卡"修改"面板中的"删除"按钮，将多余的样条曲线删除，如图 14-36 所示。

图 14-35 绘制汀步

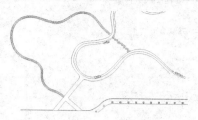

图 14-36 复制汀步

14.2.4 绘制园林设施

新建"建筑"图层，在图层上绘制园林设施。

（1）新建"建筑"图层，并将其设置为当前图层，单击"默认"选项卡"绘图"面板中的"直线"按钮，在图中合适的位置处绘制一个四边形，如图 14-37 所示。

（2）单击"默认"选项卡"修改"面板中的"复制"按钮和"旋转"按钮，将四边形向右复制 3 个，并将其旋转到合适的角度，如图 14-38 所示。

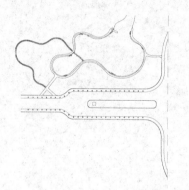

图 14-37 绘制四边形

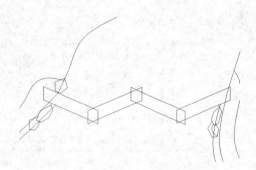

图 14-38 复制四边形

（3）单击"默认"选项卡"修改"面板中的"修剪"按钮，修剪掉多余的直线，最终完成曲桥的绘制，如图 14-39 所示。

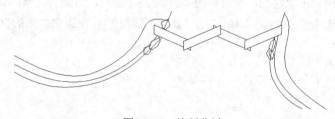

图 14-39 绘制曲桥

（4）单击"默认"选项卡"绘图"面板中的"直线"按钮，在人行道上侧绘制一条长为 20800 的斜线，如图 14-40 所示。

（5）单击"默认"选项卡"修改"面板中的"偏移"按钮，将步骤（4）绘制的斜线依次向右偏移，水平间距分别为 9900、24100 和 14200，如图 14-41 所示。

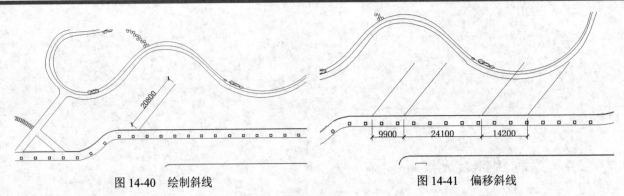

| 图 14-40 绘制斜线 | 图 14-41 偏移斜线 |

（6）单击"默认"选项卡"绘图"面板中的"直线"按钮 ╱和"修改"面板中的"修剪"按钮 ╱，补充绘制剩余图形，如图 14-42 所示。

（7）单击"默认"选项卡"修改"面板中的"偏移"按钮 ⚏，将步骤（6）绘制的轮廓线进行偏移，然后单击"默认"选项卡"修改"面板中的"修剪"按钮 ╱，修剪掉多余的直线，如图 14-43 所示。

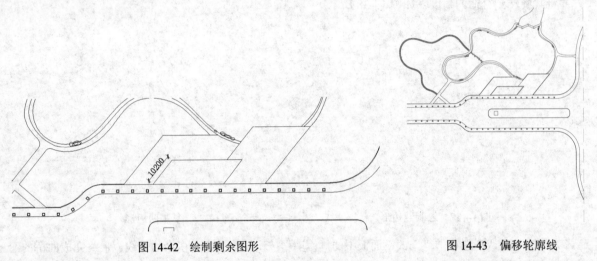

| 图 14-42 绘制剩余图形 | 图 14-43 偏移轮廓线 |

（8）单击"默认"选项卡"绘图"面板中的"直线"按钮 ╱，绘制文化墙，如图 14-44 所示。

（9）单击"默认"选项卡"绘图"面板中的"直线"按钮 ╱，在图中合适的位置处绘制两条斜线，如图 14-45 所示。

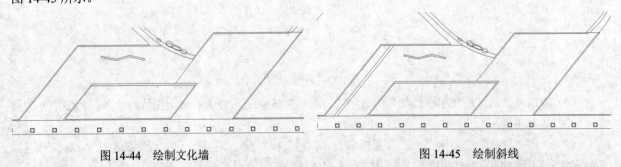

| 图 14-44 绘制文化墙 | 图 14-45 绘制斜线 |

（10）单击"默认"选项卡"修改"面板中的"复制"按钮 ❏，将斜线依次向右复制，如图 14-46 所示。

（11）单击"默认"选项卡"修改"面板中的"修剪"按钮 ⊬，修剪掉多余的直线，如图 14-47 所示。

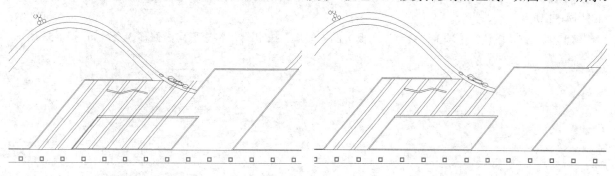

图 14-46 复制斜线   图 14-47 修剪掉多余的直线

（12）单击"默认"选项卡"绘图"面板中的"矩形"按钮 □，在图中合适的位置处绘制一个矩形，如图 14-48 所示。

（13）单击"默认"选项卡"绘图"面板中的"圆"按钮 ⊙，在矩形内绘制一个圆，完成坐凳花池的绘制，如图 14-49 所示。

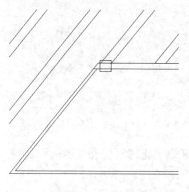
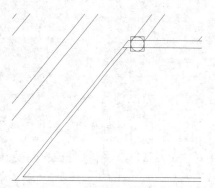

图 14-48 绘制矩形   图 14-49 绘制圆

（14）单击"默认"选项卡"修改"面板中的"复制"按钮，将坐凳花池复制到图中其他位置处，如图 14-50 所示。

（15）单击"默认"选项卡"修改"面板中的"修剪"按钮 ⊬，修剪掉多余的直线，如图 14-51 所示。

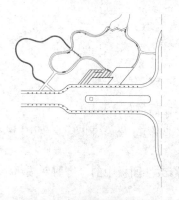
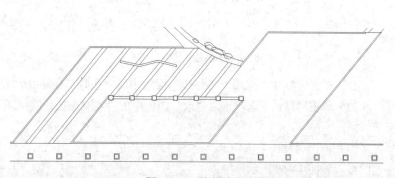

图 14-50 复制坐凳花池   图 14-51 修剪掉多余的直线

（16）单击"默认"选项卡"绘图"面板中的"矩形"按钮▢，在图中合适的位置处绘制一个矩形，如图 14-52 所示。

（17）单击"默认"选项卡"修改"面板中的"偏移"按钮，将矩形向内偏移 3 个，如图 14-53 所示。

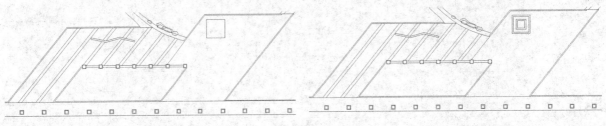

图 14-52　绘制矩形　　　　　　　　　　　图 14-53　偏移矩形

（18）单击"默认"选项卡"绘图"面板中的"直线"按钮，在矩形内绘制两条相交的斜线，最终完成仿木亭的绘制，如图 14-54 所示。

（19）单击"默认"选项卡"绘图"面板中的"直线"按钮和"修改"面板中的"偏移"按钮，绘制树池坐凳，如图 14-55 所示。

图 14-54　绘制仿木亭　　　　　　　　　　图 14-55　绘制树池坐凳

（20）单击"默认"选项卡"修改"面板中的"复制"按钮，将树池坐凳依次向下复制，如图 14-56 所示。

（21）单击"默认"选项卡"修改"面板中的"镜像"按钮，镜像图形，如图 14-57 所示。

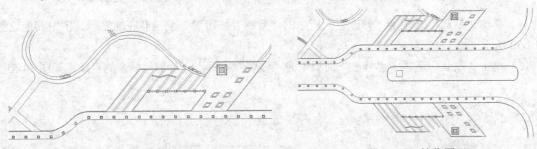

图 14-56　复制树池坐凳　　　　　　　　　图 14-57　镜像图形

（22）单击"默认"选项卡"修改"面板中的"删除"按钮，将镜像后的仿木亭删除。

（23）单击"默认"选项卡"修改"面板中的"复制"按钮，将树池坐凳向左复制两个，如图 14-58 所示。

（24）单击"默认"选项卡"绘图"面板中的"直线"按钮和"修改"面板中的"修剪"按钮，整理图形，如图 14-59 所示。

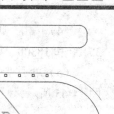

图 14-58　复制树池坐凳　　　　　　　　　　图 14-59　整理图形

14.2.5　绘制广场

绘制某校园 A 区平面图的广场图形。

（1）新建"广场"图层，并将其设置为当前图层，单击"默认"选项卡"修改"面板中的"偏移"按钮🔲，选中直线 1，如图 14-60 所示，将直线 1 向左偏移 199500，如图 14-61 所示。

（2）单击"默认"选项卡"绘图"面板中的"直线"按钮✏，根据偏移的直线绘制一条斜线，并将直线 1 删除，如图 14-62 所示。

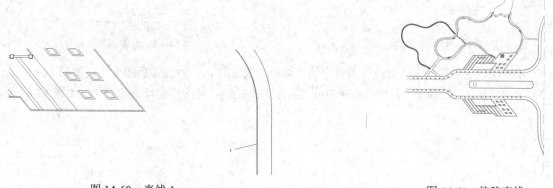

图 14-60　直线 1　　　　　　　　　　　　　　图 14-61　偏移直线

（3）单击"默认"选项卡"绘图"面板中的"直线"按钮✏，绘制一条长为 46400 的水平直线，如图 14-63 所示。

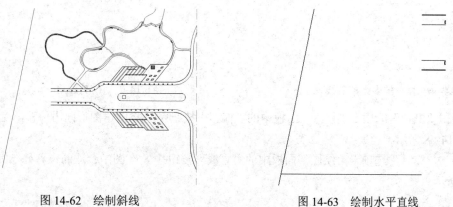

图 14-62　绘制斜线　　　　　　　　　　　　图 14-63　绘制水平直线

（4）单击"默认"选项卡"修改"面板中的"复制"按钮 🖳，将水平直线向上依次复制，距离为19000、35100和18300，如图14-64所示。

（5）单击"默认"选项卡"绘图"面板中的"直线"按钮 ✏️，在图中合适的位置处绘制一条斜线，如图14-65所示。

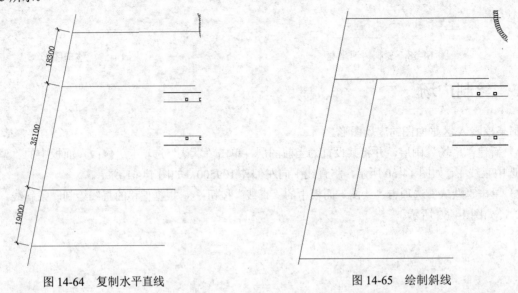

图 14-64　复制水平直线　　　　　图 14-65　绘制斜线

（6）单击"默认"选项卡"修改"面板中的"修剪"按钮 ✂️，修剪掉多余的直线，如图14-66所示。

（7）单击"默认"选项卡"修改"面板中的"圆角"按钮 ⬜，对图形进行圆角操作，如图14-67所示。

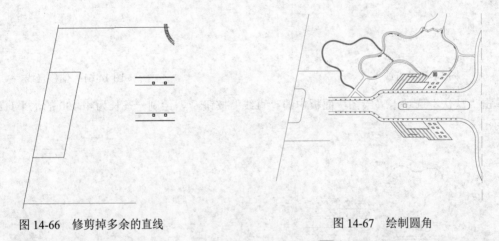

图 14-66　修剪掉多余的直线　　　　图 14-67　绘制圆角

（8）单击"默认"选项卡"修改"面板中的"偏移"按钮 ⬛，将圆角图形向内偏移，完成标准花池的绘制，如图14-68所示。

（9）单击"默认"选项卡"绘图"面板中的"直线"按钮 ✏️，在图中合适的位置处绘制一条辅助线，如图14-69所示。

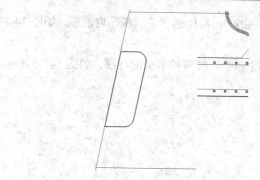

图 14-68　绘制标准花池

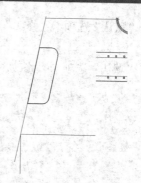

图 14-69　绘制辅助线

（10）单击"默认"选项卡"修改"面板中的"偏移"按钮⬛，将辅助线向右依次偏移，偏移距离为28400、4700、8300 和 5000，如图 14-70 所示。

（11）单击"默认"选项卡"绘图"面板中的"直线"按钮/，绘制一条长为 21600、宽为 4700 的种植池，如图 14-71 所示。

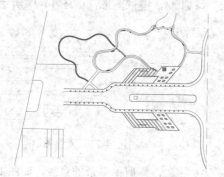

图 14-70　偏移直线

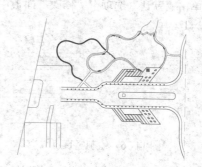

图 14-71　绘制种植池

（12）单击"默认"选项卡"修改"面板中的"偏移"按钮⬛，将种植池轮廓向内偏移，如图 14-72 所示。

（13）单击"默认"选项卡"绘图"面板中的"直线"按钮/，在图中合适的位置处绘制休息室，如图 14-73 所示。

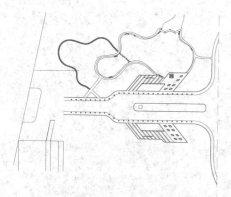

图 14-72　偏移种植池轮廓

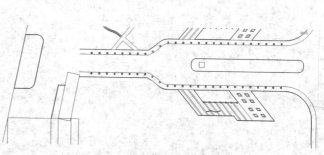

图 14-73　绘制休息室

（14）单击"默认"选项卡"修改"面板中的"偏移"按钮 ⟈，将休息室轮廓线向内偏移，如图 14-74 所示。

（15）单击"默认"选项卡"修改"面板中的"修剪"按钮 ⊬，修剪掉多余的直线，如图 14-75 所示。

图 14-74　偏移四边形

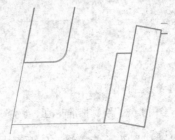

图 14-75　修剪掉多余的直线

（16）单击"默认"选项卡"绘图"面板中的"直线"按钮 ∕，在图中合适的位置处绘制一条竖直直线，如图 14-76 所示。

（17）单击"默认"选项卡"修改"面板中的"镜像"按钮 ⚐，镜像图形，如图 14-77 所示。

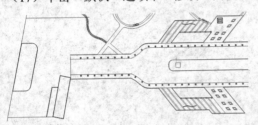

图 14-76　绘制竖直直线

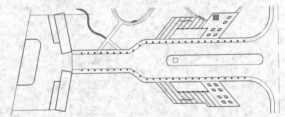

图 14-77　镜像图形

（18）单击"默认"选项卡"修改"面板中的"修剪"按钮 ⊬，修剪掉多余的直线，如图 14-78 所示。

（19）单击"默认"选项卡"绘图"面板中的"圆弧"按钮 ⟋，在图中合适的位置处绘制一段圆弧，如图 14-79 所示。

（20）单击"默认"选项卡"绘图"面板中的"直线"按钮 ∕，在图中绘制放射状直线，完成花坛的绘制，如图 14-80 所示。

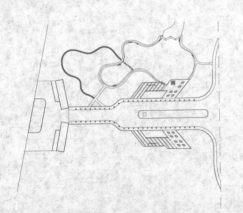

图 14-78　修剪掉多余的直线

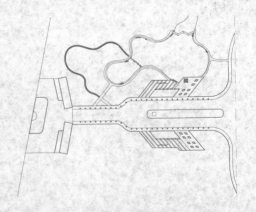

图 14-79　绘制圆弧

（21）单击"默认"选项卡"绘图"面板中的"直线"按钮，绘制广场铺装图形，如图 14-81 所示。

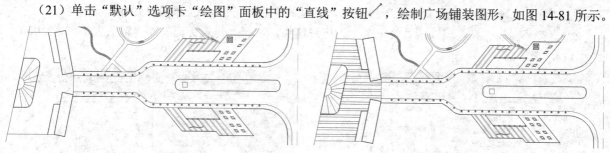

图 14-80 绘制花坛   图 14-81 绘制广场铺装

（22）单击"默认"选项卡"绘图"面板中的"直线"按钮，绘制铁路，如图 14-82 所示。

（23）单击"默认"选项卡"绘图"面板中的"直线"按钮，绘制剩余图形，如图 14-83 所示。

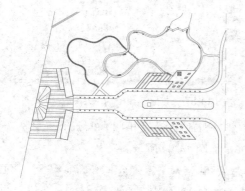

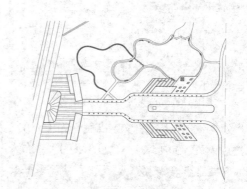

图 14-82 绘制铁路   图 14-83 绘制剩余图形

14.2.6 标注尺寸

设置标注样式，对图形进行尺寸标注。

（1）单击"默认"选项卡"注释"面板中的"标注样式"按钮，打开"标注样式管理器"对话框，如图 14-84 所示。单击"新建"按钮，打开"创建新标注样式"对话框，如图 14-85 所示，然后单击"继续"按钮，打开"新建标注样式：副本 ISO-25"对话框，分别对各个选项卡进行设置。

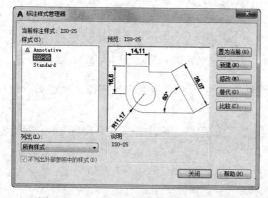

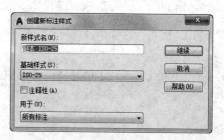

图 14-84 "标注样式管理器"对话框   图 14-85 "创建新标注样式"对话框

① "线"选项卡："超出尺寸线"为1000，"起点偏移量"为1000，如图14-86所示。

② "符号和箭头"选项卡："第一个"为用户箭头，选择"建筑标记"，"箭头大小"为1000，如图14-87所示。

图14-86 "线"选项卡设置　　　　图14-87 "符号和箭头"选项卡设置

③ "文字"选项卡："文字高度"为1600，"文字位置"为垂直上，如图14-88所示。

④ "主单位"选项卡："精度"为0，"舍入"为100，如图14-89所示。

图14-88 "文字"选项卡设置　　　　图14-89 "主单位"选项卡设置

（2）单击"默认"选项卡"注释"面板中的"线性"按钮⊢∣和"连续"按钮⊞⊞，标注第一道尺寸，如图14-90所示。

（3）单击"默认"选项卡"注释"面板中的"线性"按钮⊢∣，标注总尺寸，如图14-91所示。

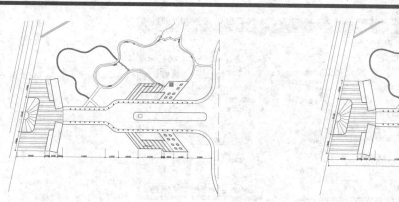

图 14-90　标注第一道尺寸　　　　　　　图 14-91　标注总尺寸

（4）单击"默认"选项卡"注释"面板中的"线性"按钮 和"连续"按钮 ，标注细节尺寸，如图 14-92 所示。

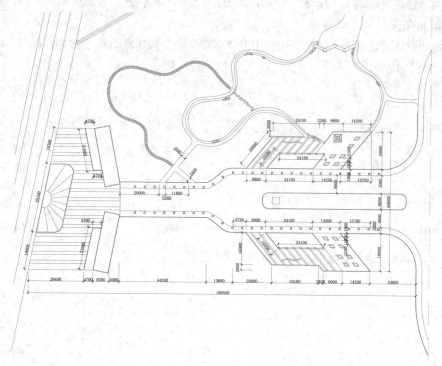

图 14-92　标注细节尺寸

14.2.7　标注文字

设置文字样式，标注文字。

（1）单击"默认"选项卡"注释"面板中的"文字样式"按钮 ，打开"文字样式"对话框，将"高度"设置为 2000，"宽度因子"设置为 0.7，如图 14-93 所示。

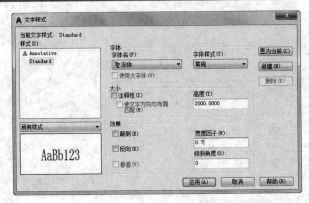

图 14-93　设置文字样式

（2）单击"默认"选项卡"绘图"面板中的"直线"按钮 ✏，在图中引出直线，如图 14-94 所示。

（3）单击"默认"选项卡"绘图"面板中的"圆"按钮 ⊘，在直线处绘制一个圆，如图 14-95 所示。

（4）单击"默认"选项卡"注释"面板中的"多行文字"按钮 **A**，在圆内输入文字，完成索引符号的绘制，如图 14-96 所示。

（5）单击"默认"选项卡"注释"面板中的"多行文字"按钮 **A**，标注文字，如图 14-97 所示。

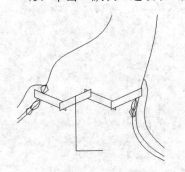

图 14-94　引出直线

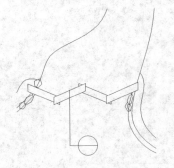

图 14-95　绘制圆

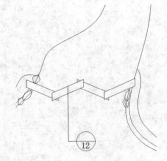

图 14-96　输入文字

（6）同理，标注其他位置处的文字，如图 14-98 所示。

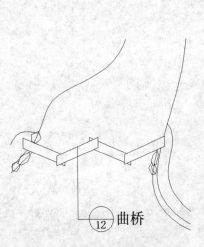

图 14-97　标注文字（1）

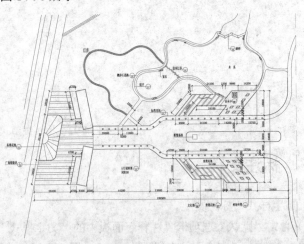

图 14-98　标注文字（2）

（7）单击"默认"选项卡"绘图"面板中的"直线"按钮／和"注释"面板中的"多行文字"按钮Ａ，标注图名，如图 14-99 所示。

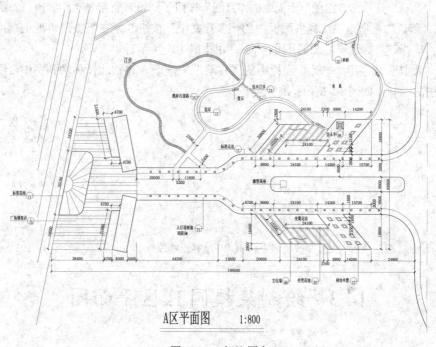

A区平面图　　1:800

图 14-99　标注图名

14.2.8　绘制指北针

利用之前学过的知识，绘制指北针图形，并移动到图中的合适位置，最终完成对某校园 A 区平面图的绘制。

（1）单击"默认"选项卡"绘图"面板中的"圆"按钮⊙，绘制一个圆，如图 14-100 所示。

（2）单击"默认"选项卡"绘图"面板中的"直线"按钮／，绘制圆的垂直方向直径作为辅助线，如图 14-101 所示。

（3）单击"默认"选项卡"修改"面板中的"偏移"按钮，将辅助线分别向左右两侧偏移，如图 14-102 所示。

图 14-100　绘制圆　　　　图 14-101　绘制直线　　　　图 14-102　偏移直线

（4）单击"默认"选项卡"绘图"面板中的"直线"按钮／，将两条偏移线与圆的下方交点同辅助线上端点连接起来；然后单击"默认"选项卡"修改"面板中的"删除"按钮 ✐，删除 3 条辅助线（原有辅助线及两条偏移线），得到一个等腰三角形，如图 14-103 所示。

（5）单击"默认"选项卡"绘图"面板中的"直线"按钮 ✐，在底部绘制连续线段，如图 14-104 所示。

（6）单击"默认"选项卡"注释"面板中的"多行文字"按钮 Ａ，在等腰三角形上端顶点的正上方书写大写的英文字母"N"，标示平面图的正北方向，如图 14-105 所示。

（7）单击"默认"选项卡"修改"面板中的"移动"按钮 ✛，将指北针移动到图中合适的位置，最终完成 A 区平面图的绘制，如图 14-1 所示。

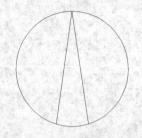

图 14-103　绘制等腰三角形

图 14-104　绘制连续线段

图 14-105　标示方向

14.3　绘制某校园 B 区平面图

本节绘制如图 14-106 所示的 B 区平面图。

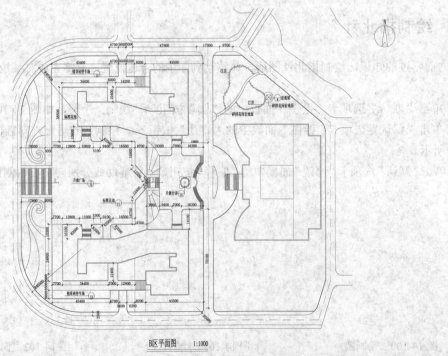

B区平面图　　1:1000

图 14-106　绘制 B 区平面图

14.3.1　辅助线的设置

设置"辅助线"图层，绘制平面图的大体轮廓。

1. 建立辅助线图层

单击"默认"选项卡"图层"面板中的"图层特性"按钮，打开"图层特性管理器"对话框，新建辅助线图层，将颜色设置为红色，线型设置为 ACAD_ISO10W100，其他属性默认，如图 14-107 所示。

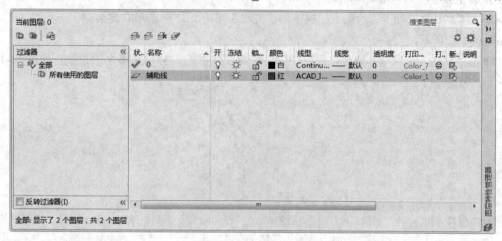

图 14-107　新建图层

2. 对象捕捉设置

将鼠标指针移到状态栏"对象捕捉"右侧的小三角按钮上，单击鼠标打开一个菜单，选择"对象捕捉设置"命令，打开"对象捕捉"选项卡，将捕捉模式按如图 14-108 所示进行设置，然后单击"确定"按钮。

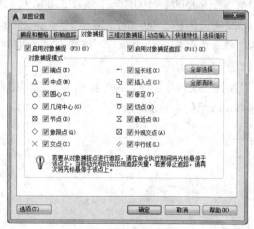

图 14-108　对象捕捉设置

3. 辅助线的绘制

（1）单击"默认"选项卡"绘图"面板中的"矩形"按钮，绘制一个 252000×231000 的矩形，如

图 14-109 所示。

（2）单击"默认"选项卡"修改"面板中的"分解"按钮，将矩形分解。

（3）单击"默认"选项卡"修改"面板中的"偏移"按钮，将上侧直线向下偏移 28300 和 193400，将右侧直线向左偏移 16100、89800 和 146100，并将偏移后的直线改为"轴线"图层，如图 14-110 所示。

（4）单击"默认"选项卡"修改"面板中的"圆角"按钮，设置圆角半径为50000，对轴线左侧进行倒圆角操作，如图 14-111 所示。

图 14-109 绘制矩形

（5）单击"默认"选项卡"绘图"面板中的"直线"按钮，在图形右侧绘制斜线，如图 14-112 所示。

（6）单击"默认"选项卡"修改"面板中的"修剪"按钮，修剪掉多余的直线，如图 14-113 所示。

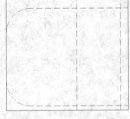

图 14-110 偏移直线　　图 14-111 绘制圆角　　图 14-112 绘制斜线　　图 14-113 修剪掉多余的直线

14.3.2　绘制道路

新建"道路"图层，并绘制道路。

（1）新建"道路"图层，并将"道路"图层设置为当前图层，单击"默认"选项卡"修改"面板中的"偏移"按钮，将上侧轴线向上偏移 3500、2500，向下偏移 3500，将右侧轴线向两侧分别偏移 3500，左侧轴线向右偏移 3500，将下侧轴线向上偏移 3500，向下偏移 3500 和 2500，如图 14-114 所示。

（2）单击"默认"选项卡"修改"面板中的"修剪"按钮，修剪掉多余的直线，并将偏移后的"轴线"图层改为"道路"图层，如图 14-115 所示。

（3）单击"默认"选项卡"绘图"面板中的"直线"按钮，在图中合适的位置处绘制一条竖直直线，将其与左侧直线间距设置为 78600，如图 14-116 所示。

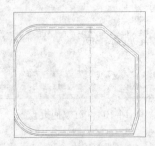
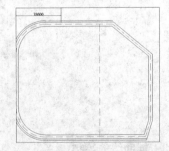

图 14-114 偏移轴线　　　图 14-115 修剪掉多余的直线　　　图 14-116 绘制直线

（4）单击"默认"选项卡"修改"面板中的"圆角"按钮，将步骤（3）绘制的竖直直线与水平直线交点处进行圆角操作，设置圆角半径为 5000，如图 14-117 所示。

（5）单击"默认"选项卡"修改"面板中的"偏移"按钮 🔁，将竖直短直线向左偏移，偏移距离为 2500，如图 14-118 所示。

（6）单击"默认"选项卡"修改"面板中的"倒角"按钮 ◻，对偏移后的短直线进行倒角操作，设置倒角距离为 2500，如图 14-119 所示。

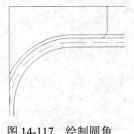

图 14-117　绘制圆角

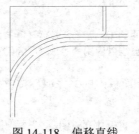

图 14-118　偏移直线

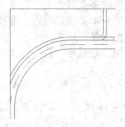

图 14-119　绘制倒角

（7）单击"默认"选项卡"绘图"面板中的"直线"按钮 ✏，以上侧短直线上一点为起点，水平向右绘制一条长为 7000 的水平直线，如图 14-120 所示。

（8）单击"默认"选项卡"修改"面板中的"镜像"按钮 ⚌，以步骤（7）绘制的水平直线中点为镜像点，镜像图形，并将水平短直线删除，如图 14-121 所示。

（9）单击"默认"选项卡"修改"面板中的"修剪"按钮 ✂，修剪掉多余的直线，完成北入口的绘制，如图 14-122 所示。

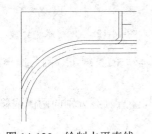

图 14-120　绘制水平直线

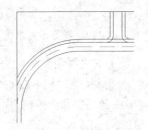

图 14-121　镜像图形

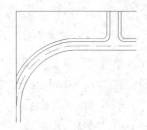

图 14-122　绘制北入口

（10）单击"默认"选项卡"绘图"面板中的"直线"按钮 ✏，绘制一条斜线，如图 14-123 所示。

（11）单击"默认"选项卡"修改"面板中的"偏移"按钮 🔁，将斜线分别向两侧偏移 3500 和 2500，如图 14-124 所示。

（12）单击"默认"选项卡"修改"面板中的"圆角"按钮 ◻，将步骤（11）偏移 3500 的直线进行圆角操作，设置左侧圆角半径为 10000，右侧圆角半径为 5000，如图 14-125 所示。

图 14-123　绘制斜线

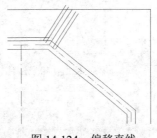

图 14-124　偏移直线

图 14-125　绘制圆角

（13）单击"默认"选项卡"修改"面板中的"倒角"按钮◻，将左侧偏移 2500 的直线进行倒角操作，设置倒角长度为 4000，角度为 28°，如图 14-126 所示，命令行提示与操作如下：

```
命令: _chamfer
（"不修剪"模式）当前倒角长度 = 4036.0000，角度 = 28
选择第一条直线或 [放弃(U)/多段线(P)/距离(D)/角度(A)/修剪(T)/方式(E)/多个(M)]: a
指定第一条直线的倒角长度<4036.0000>: 4000↙
指定第一条直线的倒角角度<28>:28↙
选择第一条直线或 [放弃(U)/多段线(P)/距离(D)/角度(A)/修剪(T)/方式(E)/多个(M)]:
选择第二条直线，或按住 Shift 键选择直线以应用角点或 [距离(D)/角度(A)/方法(M)]:
```

（14）单击"默认"选项卡"修改"面板中的"修剪"按钮和"延伸"按钮，修剪掉多余的直线，并将部分直线延伸，如图 14-127 所示。

（15）单击"默认"选项卡"修改"面板中的"偏移"按钮，将最上侧水平直线依次向下偏移，偏移距离分别为 78700、7000、104400 和 7000，如图 14-128 所示。

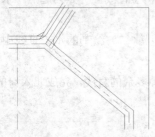
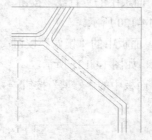
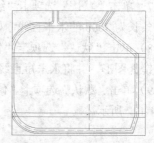

图 14-126　绘制倒角　　　　图 14-127　修剪延伸直线　　　　图 14-128　偏移水平直线

（16）单击"默认"选项卡"修改"面板中的"圆角"按钮◻，对偏移后的直线进行圆角操作，设置圆角半径分别为 10000 和 5000，完成东入口的绘制，如图 14-129 所示。

（17）单击"默认"选项卡"修改"面板中的"偏移"按钮，将中间竖直轴线分别向两侧偏移 3500，并将偏移后的"轴线"图层改为"道路"图层，如图 14-130 所示。

（18）单击"默认"选项卡"修改"面板中的"圆角"按钮◻，设置圆角半径为 5000，对偏移后的直线进行圆角操作，如图 14-131 所示。

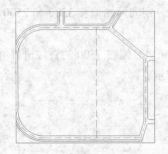
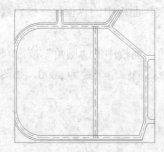
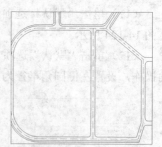

图 14-129　绘制东入口　　　　图 14-130　偏移轴线　　　　图 14-131　绘制圆角

14.3.3　绘制园林设施

新建"建筑"图层，绘制园林设施。

1．绘制园林设施大体轮廓

（1）新建"建筑"图层，并将其设置为当前图层，单击"默认"选项卡"修改"面板中的"偏移"按钮，将最上侧轴线向下偏移 6000 和 8800，并将偏移后的"轴线"图层改为"建筑"图层，如图 14-132 所示。

（2）同理，单击"默认"选项卡"修改"面板中的"偏移"按钮，将左侧轴线依次向右偏移，偏移距离分别为 6000、18000 和 5000，并将偏移后的"轴线"图层改为"建筑"图层，如图 14-133 所示。

（3）单击"默认"选项卡"绘图"面板中的"直线"按钮，在图中合适的位置处绘制一条竖直直线，如图 14-134 所示。

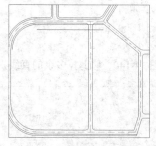　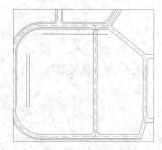　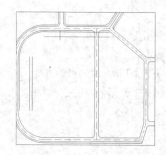

图 14-132　偏移上侧轴线　　　　图 14-133　偏移左侧轴线　　　　图 14-134　绘制直线

（4）单击"默认"选项卡"修改"面板中的"圆角"按钮，设置圆角半径为 5000，对图形进行圆角操作，如图 14-135 所示。

（5）单击"默认"选项卡"绘图"面板中的"直线"按钮，以竖直短直线下端点为起点，水平向左绘制一条长为 6700 的水平直线，如图 14-136 所示。

（6）单击"默认"选项卡"绘图"面板中的"直线"按钮和"修改"面板中的"修剪"按钮，绘制停车场，如图 14-137 所示。

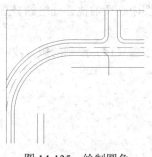　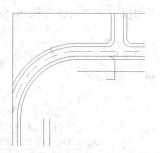　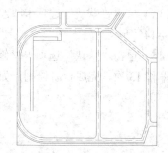

图 14-135　绘制圆角　　　图 14-136　绘制水平直线　　　图 14-137　绘制停车场

（7）单击"默认"选项卡"绘图"面板中的"直线"按钮，在图中合适的位置处绘制一条长为 5600 的水平直线，如图 14-138 所示。

（8）单击"默认"选项卡"修改"面板中的"镜像"按钮，以步骤（7）绘制的水平直线中点为镜像点，镜像图形，如图 14-139 所示。

（9）单击"默认"选项卡"修改"面板中的"修剪"按钮 ⁄－，修剪掉多余的直线，如图 14-140 所示。

（10）单击"默认"选项卡"修改"面板中的"偏移"按钮 ⁄－，将前面镜像的竖直短直线向右偏移，偏移距离为 6200 和 8200，如图 14-141 所示。

（11）单击"默认"选项卡"修改"面板中的"延伸"按钮 －⁄，将步骤（10）偏移的直线向上延伸，如图 14-142 所示。

（12）单击"默认"选项卡"绘图"面板中的"直线"按钮 ／，在图中合适的位置处绘制长为 18000 的水平直线，如图 14-143 所示。

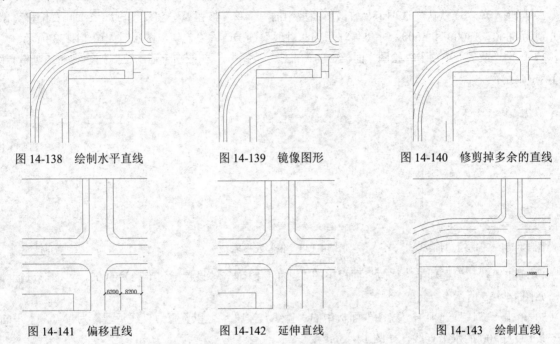

图 14-138　绘制水平直线　　　　图 14-139　镜像图形　　　　图 14-140　修剪掉多余的直线

图 14-141　偏移直线　　　　图 14-142　延伸直线　　　　图 14-143　绘制直线

（13）单击"默认"选项卡"修改"面板中的"偏移"按钮 ⁄－，将水平直线向下偏移，偏移距离为 7400，如图 14-144 所示。

（14）单击"默认"选项卡"绘图"面板中的"直线"按钮 ／，在图中合适的位置处绘制竖直直线，如图 14-145 所示。

（15）单击"默认"选项卡"修改"面板中的"偏移"按钮 ⁄－，将步骤（14）绘制的短直线向左偏移 600，偏移 13 次，完成台阶绘制，如图 14-146 所示。

图 14-144　偏移直线　　　　图 14-145　绘制竖直直线　　　　图 14-146　绘制台阶

（16）单击"默认"选项卡"修改"面板中的"偏移"按钮⫿，将台阶最左侧直线向左偏移 14200、6000 和 34400，如图 14-147 所示。

（17）单击"默认"选项卡"绘图"面板中的"直线"按钮╱，根据偏移的直线绘制水平直线，并将多余的直线删除，如图 14-148 所示。

（18）单击"默认"选项卡"绘图"面板中的"直线"按钮╱，以水平直线左端点为起点，竖直向下绘制长为 38500 的竖直直线，向右绘制长为 14800 的水平直线，向上绘制长为 10600 的竖直直线，结果如图 14-149 所示。

图 14-147　偏移直线　　　　图 14-148　绘制水平直线　　　　图 14-149　绘制连续线段

（19）单击"默认"选项卡"修改"面板中的"圆角"按钮▢，设置圆角半径为 2000，对图形进行圆角操作，如图 14-150 所示。

（20）单击"默认"选项卡"绘图"面板中的"直线"按钮╱，绘制长为 7000 的水平直线，如图 14-151 所示。

（21）单击"默认"选项卡"修改"面板中的"镜像"按钮⚐，以步骤（20）绘制的水平直线中点为镜像点，镜像图形，如图 14-152 所示。

图 14-150　绘制圆角　　　　图 14-151　绘制水平直线　　　　图 14-152　镜像图形

（22）单击"默认"选项卡"修改"面板中的"偏移"按钮⫿，将中间轴线向左依次偏移，偏移距离为 54800、16500、9400 和 5100，如图 14-153 所示。

（23）单击"默认"选项卡"绘图"面板中的"直线"按钮╱，根据偏移的轴线绘制轮廓线，如图 14-154 所示。

（24）单击"默认"选项卡"修改"面板中的"删除"按钮⟋，删除多余的轴线和直线，如图 14-155 所示。

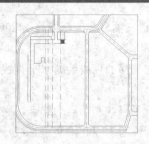

图 14-153 偏移轴线

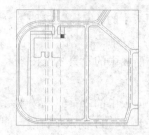

图 14-154 绘制轮廓线

图 14-155 删除多余的轴线

（25）单击"默认"选项卡"绘图"面板中的"直线"按钮✓和"修改"面板中的"修剪"按钮✓，细化图形，如图 14-156 所示。

（26）单击"默认"选项卡"修改"面板中的"偏移"按钮❏，将步骤（25）绘制的图形向内偏移 300，如图 14-157 所示。

（27）单击"默认"选项卡"绘图"面板中的"直线"按钮✓，在图中合适的位置处绘制一条长为 16900 的竖直直线，向右绘制长为 12300、角度为 135°的斜线，如图 14-158 所示。

图 14-156 细化图形

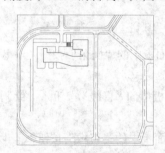

图 14-157 偏移直线

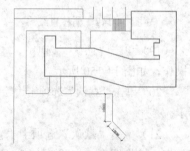

图 14-158 绘制直线

（28）单击"默认"选项卡"修改"面板中的"偏移"按钮❏和"修剪"按钮✓，设置偏移距离为 200，绘制标准花池，如图 14-159 所示。

（29）单击"默认"选项卡"绘图"面板中的"直线"按钮✓，在图中合适的位置处绘制一条水平直线，如图 14-160 所示。

（30）单击"默认"选项卡"修改"面板中的"修剪"按钮✓，修剪掉多余的直线，如图 14-161 所示。

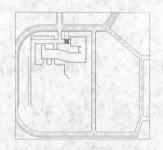

图 14-159 绘制标准花池

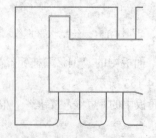

图 14-160 绘制水平直线

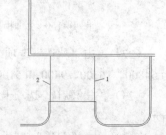

图 14-161 修剪掉多余的直线

（31）单击"默认"选项卡"修改"面板中的"偏移"按钮❏，将直线 1 和直线 2 分别向内偏移 100，如图 14-162 所示。

（32）同理，单击"默认"选项卡"修改"面板中的"偏移"按钮❏，将水平直线向上偏移 300，偏移

6 次，如图 14-163 所示。

（33）单击"默认"选项卡"修改"面板中的"复制"按钮 🔄，将偏移后的直线向上复制，间距为 1600，完成台阶的绘制，如图 14-164 所示。

（34）单击"默认"选项卡"修改"面板中的"镜像"按钮 🔼，镜像图形，并进行整理，如图 14-165 所示。

2．绘制台阶

（1）单击"默认"选项卡"绘图"面板中的"直线"按钮 ╱，在图中合适的位置处绘制一条水平直线，如图 14-166 所示。

（2）单击"默认"选项卡"修改"面板中的"偏移"按钮 ⚏，将水平直线依次向下偏移，偏移距离分别为 2000、18600 和 2000，如图 14-167 所示。

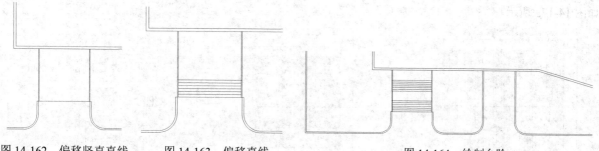

图 14-162　偏移竖直直线　　　　图 14-163　偏移直线　　　　　　图 14-164　绘制台阶

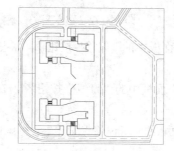

　　图 14-165　镜像图形　　　　　图 14-166　绘制水平直线　　　　图 14-167　偏移水平直线

（3）单击"默认"选项卡"修改"面板中的"修剪"按钮 ╱，修剪掉多余的直线，如图 14-168 所示。

（4）单击"默认"选项卡"绘图"面板中的"直线"按钮 ╱，在图中合适的位置处绘制一条竖直直线，然后单击"默认"选项卡"修改"面板中的"矩形阵列"按钮 ▦，设置行数为 1，列数为 12，列偏移为 300，将竖直直线进行阵列，结果如图 14-169 所示。

（5）单击"默认"选项卡"修改"面板中的"复制"按钮 🔄，将步骤（4）阵列后的 11 条直线向右复制 4 次，间距为 2000，完成台阶的绘制，如图 14-170 所示。

（6）单击"默认"选项卡"绘图"面板中的"直线"按钮 ╱，绘制指引箭头，如图 14-171 所示。

（7）单击"默认"选项卡"注释"面板中的"多行文字"按钮 🅰，在箭头处输入文字，如图 14-172 所示。

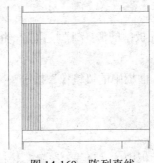

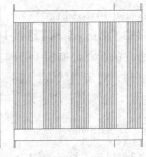

图 14-168　修剪掉多余的直线　　　　图 14-169　阵列直线　　　　图 14-170　绘制台阶

3．绘制升旗广场入口设施

（1）单击"默认"选项卡"绘图"面板中的"直线"按钮 ，在图中合适的位置处绘制一条竖直直线，如图 14-173 所示。

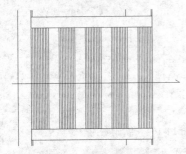

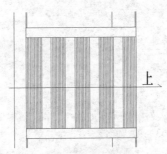

图 14-171　绘制指引箭头　　　　图 14-172　输入文字　　　　图 14-173　绘制竖直直线

（2）单击"默认"选项卡"修改"面板中的"偏移"按钮 ，将竖直直线向右偏移，偏移距离为 1000，如图 14-174 所示。

（3）单击"默认"选项卡"绘图"面板中的"直线"按钮 ，在图中合适的位置处绘制一条短直线，如图 14-175 所示。

（4）单击"默认"选项卡"修改"面板中的"偏移"按钮 ，将短直线依次向下偏移，偏移间距为 1100，如图 14-176 所示。

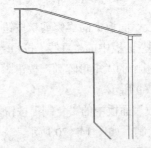

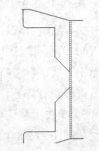

图 14-174　偏移直线　　　　图 14-175　绘制短直线　　　　图 14-176　偏移短直线

（5）单击"默认"选项卡"绘图"面板中的"直线"按钮 和"圆弧"按钮 ，绘制图形，如图 14-177 所示。

（6）单击"默认"选项卡"绘图"面板中的"直线"按钮 ，在图中合适的位置处绘制一条水平直线，如图 14-178 所示。

（7）单击"默认"选项卡"修改"面板中的"偏移"按钮 ⚎，将水平直线依次向下偏移，如图 14-179 所示。

图 14-177　绘制图形

图 14-178　绘制水平直线

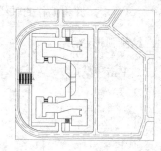

图 14-179　偏移直线

（8）单击"默认"选项卡"修改"面板中的"修剪"按钮 ⊬，修剪掉多余的直线，如图 14-180 所示。

（9）单击"默认"选项卡"绘图"面板中的"直线"按钮 ✏，绘制台阶，如图 14-181 所示。

（10）单击"默认"选项卡"绘图"面板中的"直线"按钮 ✏ 和"注释"面板中的"多行文字"按钮 🄰，绘制指引箭头，如图 14-182 所示。

图 14-180　修剪掉多余的直线

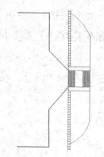

图 14-181　绘制台阶

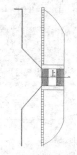

图 14-182　绘制指引箭头

（11）单击"默认"选项卡"绘图"面板中的"圆弧"按钮 ⌒，绘制一段圆弧，如图 14-183 所示。

（12）单击"默认"选项卡"绘图"面板中的"直线"按钮 ✏，绘制放射状直线，如图 14-184 所示。

（13）单击"默认"选项卡"修改"面板中的"镜像"按钮 ⚠，镜像图形，并进行整理，如图 14-185 所示。

图 14-183　绘制圆弧

图 14-184　绘制放射状直线

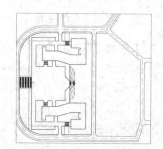

图 14-185　镜像图形

（14）单击"默认"选项卡"修改"面板中的"偏移"按钮 ，将中间轴线向左偏移，偏移距离为 19800 和 7200，如图 14-186 所示。

（15）单击"默认"选项卡"绘图"面板中的"直线"按钮 ，根据步骤（14）偏移的轴线，绘制升旗广场入口踏步，并将偏移的轴线删除，如图 14-187 所示。

4．绘制弧形台阶

（1）单击"默认"选项卡"绘图"面板中的"直线"按钮 ，在图中绘制一个矩形，如图 14-188 所示。

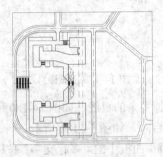
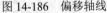

图 14-186　偏移轴线

图 14-187　绘制踏步

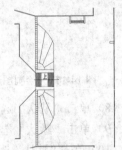

图 14-188　绘制一个矩形

（2）单击"默认"选项卡"修改"面板中的"复制"按钮 ，将矩形向下复制，如图 14-189 所示。

（3）单击"默认"选项卡"绘图"面板中的"直线"按钮 和"圆弧"按钮 ，绘制轮廓线，如图 14-190 所示。

（4）单击"默认"选项卡"修改"面板中的"偏移"按钮 ，偏移轮廓线，完成台阶的绘制，如图 14-191 所示。

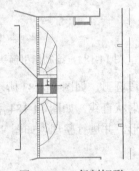

图 14-189　复制矩形

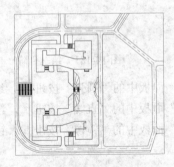

图 14-190　绘制轮廓线

图 14-191　绘制台阶

（5）单击"默认"选项卡"绘图"面板中的"直线"按钮 和"注释"面板中的"多行文字"按钮 ，绘制指引箭头，如图 14-192 所示。

（6）单击"默认"选项卡"修改"面板中的"镜像"按钮 ，镜像图形，如图 14-193 所示。

（7）单击"默认"选项卡"绘图"面板中的"直线"按钮 和"圆弧"按钮 ，绘制升旗广场通道，如图 14-194 所示。

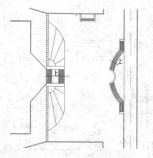

图 14-192　绘制指引箭头　　　图 14-193　镜像图形　　　图 14-194　绘制升旗广场通道

5. 绘制升旗台

（1）单击"默认"选项卡"绘图"面板中的"矩形"按钮□，在图中合适的位置处绘制一个矩形，如图 14-195 所示。

（2）单击"默认"选项卡"修改"面板中的"偏移"按钮△，将矩形向内偏移，如图 14-196 所示。

（3）单击"默认"选项卡"绘图"面板中的"直线"按钮／，在图中绘制直线，如图 14-197 所示。

（4）单击"默认"选项卡"修改"面板中的"修剪"按钮／，修剪掉多余的直线，如图 14-198 所示。

（5）单击"默认"选项卡"绘图"面板中的"直线"按钮／，绘制踏步，如图 14-199 所示。

（6）单击"默认"选项卡"修改"面板中的"镜像"按钮▲，将踏步镜像到另外一侧，如图 14-200 所示。

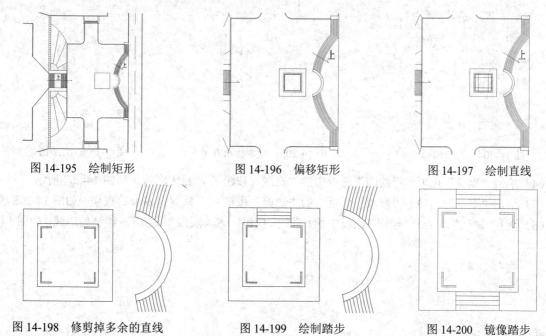

图 14-195　绘制矩形　　　图 14-196　偏移矩形　　　图 14-197　绘制直线

图 14-198　修剪掉多余的直线　　　图 14-199　绘制踏步　　　图 14-200　镜像踏步

（7）单击"默认"选项卡"修改"面板中的"复制"按钮❀和"旋转"按钮○，复制踏步并旋转到合适的角度，如图 14-201 所示。

（8）单击"默认"选项卡"绘图"面板中的"圆"按钮⊙，绘制一个圆，如图 14-202 所示。

（9）单击"默认"选项卡"修改"面板中的"修剪"按钮／，修剪掉多余的直线，最终完成升旗台的绘制，如图 14-203 所示。

图 14-201　复制踏步

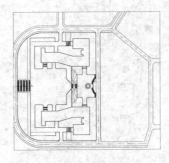
图 14-202　绘制圆

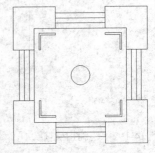
图 14-203　绘制升旗台

6. 绘制剩余图形

（1）单击"默认"选项卡"绘图"面板中的"圆弧"按钮 ，在图中合适的位置处绘制一段圆弧，如图 14-204 所示。

（2）单击"默认"选项卡"修改"面板中的"偏移"按钮 ，将圆弧向外偏移 200，绘制标准花池，如图 14-205 所示。

（3）单击"默认"选项卡"绘图"面板中的"圆弧"按钮 ，在图中合适的位置处绘制小段圆弧，如图 14-206 所示。

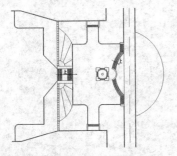
图 14-204　绘制圆弧

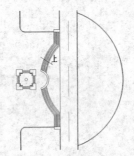
图 14-205　绘制标准花池

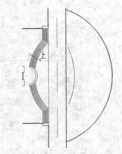
图 14-206　绘制小段圆弧

（4）单击"默认"选项卡"绘图"面板中的"直线"按钮 ，封闭圆弧，如图 14-207 所示。

（5）单击"默认"选项卡"修改"面板中的"修剪"按钮 ，修剪掉多余的直线，如图 14-208 所示。

（6）单击"默认"选项卡"绘图"面板中的"直线"按钮 和"圆弧"按钮 ，绘制轮廓线，如图 14-209 所示。

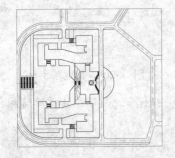
图 14-207　封闭圆弧

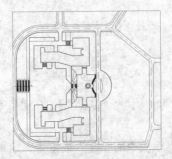
图 14-208　修剪掉多余的直线

图 14-209　绘制轮廓线

（7）单击"默认"选项卡"修改"面板中的"偏移"按钮，将轮廓线向内偏移 200，然后单击"默认"选项卡"修改"面板中的"修剪"按钮，修剪掉多余的直线，如图 14-210 所示。

（8）单击"默认"选项卡"绘图"面板中的"直线"按钮，绘制一条竖直直线，如图 14-211 所示。

（9）单击"默认"选项卡"绘图"面板中的"矩形"按钮，绘制一个矩形，如图 14-212 所示。

图 14-210　偏移直线　　　　　图 14-211　绘制竖直直线　　　　　图 14-212　绘制矩形

（10）单击"默认"选项卡"绘图"面板中的"直线"按钮和"修改"面板中的"偏移"按钮、"修剪"按钮，绘制台阶，如图 14-213 所示。

（11）单击"默认"选项卡"绘图"面板中的"直线"按钮和"修改"面板中的"偏移"按钮，补充绘制道路和标准花池，如图 14-214 所示。

（12）单击"默认"选项卡"绘图"面板中的"圆弧"按钮，在图中绘制一段圆弧，如图 14-215 所示。

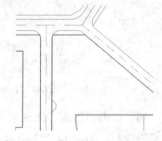

图 14-213　绘制台阶　　　图 14-214　绘制道路和标准花池　　　图 14-215　绘制圆弧（1）

（13）同理，单击"默认"选项卡"绘图"面板中的"圆弧"按钮，绘制另外一段圆弧，如图 14-216 所示。

（14）单击"默认"选项卡"修改"面板中的"修剪"按钮，修剪掉多余的直线，如图 14-217 所示。

（15）单击"默认"选项卡"绘图"面板中的"样条曲线拟合"按钮，绘制地面，如图 14-218 所示。

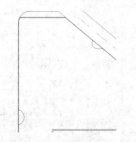

图 14-216　绘制圆弧（2）　　图 14-217　修剪掉多余的直线　　　图 14-218　绘制地面

（16）单击"默认"选项卡"绘图"面板中的"圆"按钮⊙，绘制一个圆，如图 14-219 所示。

（17）单击"默认"选项卡"修改"面板中的"复制"按钮❀，复制圆，完成汀步的绘制，如图 14-220 所示。

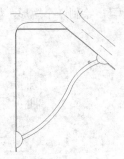
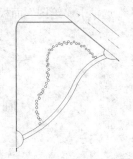

图 14-219 绘制圆   图 14-220 绘制汀步（1）

（18）同理，单击"默认"选项卡"绘图"面板中的"圆"按钮⊙，绘制另外一侧的汀步，如图 14-221 所示。

（19）单击"默认"选项卡"绘图"面板中的"矩形"按钮▭，绘制一个矩形，如图 14-222 所示。

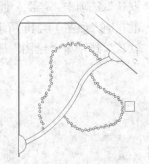

图 14-221 绘制汀步（2）   图 14-222 绘制矩形

（20）单击"默认"选项卡"绘图"面板中的"直线"按钮／，在矩形内绘制两条相交的直线，完成景观架的绘制，如图 14-223 所示。

（21）单击"默认"选项卡"绘图"面板中的"圆"按钮⊙和"修改"面板中的"修剪"按钮⊹，绘制花岗石地面，如图 14-224 所示。

（22）单击"默认"选项卡"绘图"面板中的"圆弧"按钮╱和"样条曲线拟合"按钮〜，绘制剩余图形，并将外框删除，结果如图 14-225 所示。

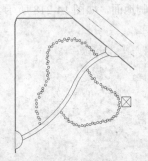

图 14-223 绘制景观架   图 14-224 绘制花岗石地面   图 14-225 绘制剩余图形

14.3.4　标注尺寸

设置新的标注样式，进行尺寸标注。

（1）单击"默认"选项卡"注释"面板中的"标注样式"按钮 ，打开"标注样式管理器"对话框，如图 14-226 所示。新建一个新的标注样式并进行设置，设置"超出尺寸线"为 1000，"起点偏移量"为 1000，"箭头大小"为 1000，"文字高度"为 1600，"精度"为 0，"舍入"为 100。

（2）单击"默认"选项卡"注释"面板中的"线性"按钮 和"连续"按钮，为图形标注尺寸，如图 14-227 所示。

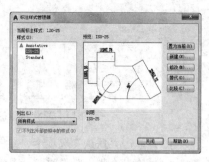

图 14-226　"标注样式管理器"对话框

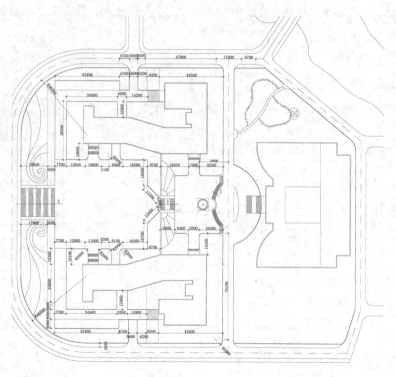

图 14-227　标注尺寸

14.3.5　标注文字

设置新的文字样式，进行文字标注。

（1）单击"默认"选项卡"注释"面板中的"文字样式"按钮 ，打开"文字样式"对话框，将"高度"设置为 2000，"宽度因子"设置为 0.7，如图 14-228 所示。

（2）单击"默认"选项卡"绘图"面板中的"直线"按钮 ，在图中引出直线，如图 14-229 所示。

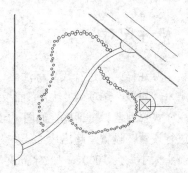

| 图 14-228 设置文字样式 | 图 14-229 引出直线 |

（3）单击"默认"选项卡"绘图"面板中的"圆"按钮⊙，在直线处绘制一个圆，如图 14-230 所示。

（4）单击"默认"选项卡"注释"面板中的"多行文字"按钮Ａ，在圆内输入文字，完成索引符号的绘制，如图 14-231 所示。

（5）单击"默认"选项卡"注释"面板中的"多行文字"按钮Ａ，标注文字，如图 14-232 所示。

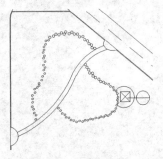

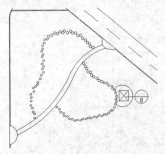

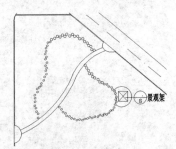

| 图 14-230 绘制圆 | 图 14-231 输入文字 | 图 14-232 标注文字（1） |

（6）同理，标注其他位置处的文字，如图 14-233 所示。

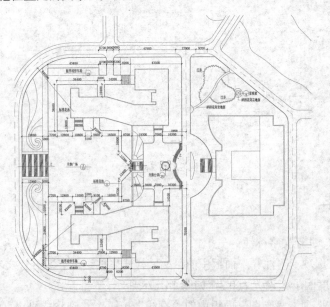

图 14-233 标注文字（2）

（7）单击"默认"选项卡"绘图"面板中的"直线"按钮／和"注释"面板中的"多行文字"按钮 A，标注图名，如图 14-234 所示。

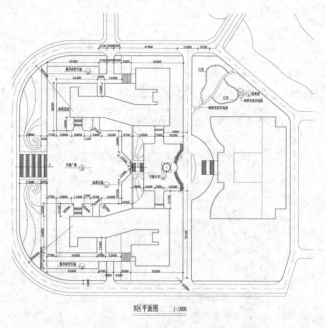

B区平面图　　1:1000

图 14-234　标注图名

（8）单击"默认"选项卡"绘图"面板中的"直线"按钮／、"圆"按钮⊙和"注释"面板中的"多行文字"按钮 A，绘制指北针，最终完成 B 区平面图的绘制，如图 14-106 所示。

14.4　绘制某校园 A 区种植图

本节绘制如图 14-235 所示的 A 区种植图。

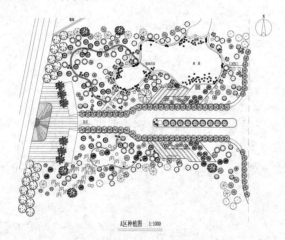

A区种植图　　1:1000

图 14-235　A 区种植图

14.4.1 必要的设置

绘制图形前首先进行了必要的设置。

1．单位设置

将系统单位设为毫米（mm），以 1：1 的比例绘制。具体操作是，选择菜单栏中的"格式"→"单位"命令，打开"图形单位"对话框，如图 14-236 所示进行设置，然后单击"确定"按钮完成。

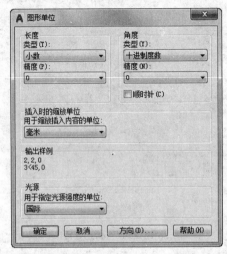

图 14-236 "图形单位"对话框

2．图形界限设置

AutoCAD 2017 默认的图形界限为 420×297，是 A3 图幅，但是以 1:1 的比例绘图，将图形界限设为 420000×297000。命令行提示与操作如下：

```
命令: LIMITS
重新设置模型空间界限:
指定左下角点或 [开(ON)/关(OFF)] <0,0>:（按 Enter 键）
指定右上角点 <420,297>: 420000,297000（按 Enter 键）
```

14.4.2 编辑旧文件

利用之前绘制的"某校园 A 区平面图"，绘制种植图。

（1）打开 AutoCAD 2017 应用程序，单击"快速访问"工具栏中的"打开"按钮 ⤴，弹出"选择文件"对话框，选择图形文件"某校园 A 区平面图"；或者在"文件"下拉菜单中最近打开的文档中选择"某校园 A 区平面图"，双击打开文件，将文件另存为"某校园 A 区种植图"，打开后的图形如图 14-237 所示。

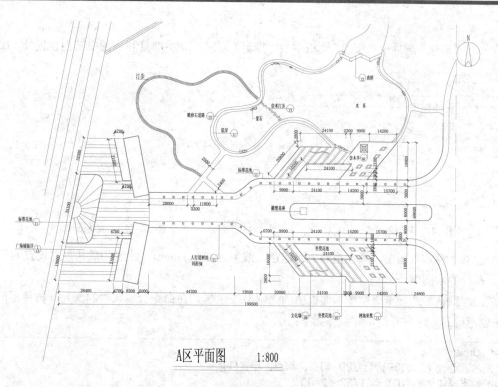

A区平面图   1:800

图 14-237 打开"某校园 A 区平面图"

（2）单击"默认"选项卡"修改"面板中的"删除"按钮 ，将多余的图形删除，如图 14-238 所示。

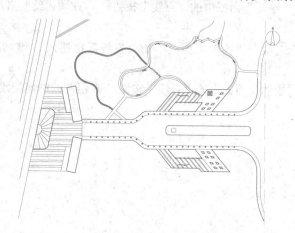

图 14-238 删除多余的图形

14.4.3 植物的绘制

植物是园林设计中有生命的题材，在园林中占有十分重要的地位，其多变的形体和丰富的季相变化使园林风貌充满丰采。植物景观配置成功与否，将直接影响环境景观的质量及艺术水平。

（1）单击"默认"选项卡"绘图"面板中的"圆"按钮 ，在图中合适的位置处绘制一个圆，如图 14-239

所示。

（2）单击"默认"选项卡"修改"面板中的"复制"按钮 ，将圆复制到图中其他位置处，如图 14-240 所示。

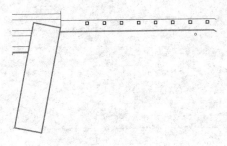

图 14-239　绘制圆

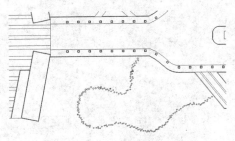

图 14-240　复制圆

（3）建立"乔木"图层，颜色选取 3 号绿色，线型为 Continuous，线宽为默认，并设置为当前图层。

（4）落叶乔木图例。

① 单击"默认"选项卡"绘图"面板中的"圆"按钮 ⊙，在命令行输入"2400"（树种不同，输入的树冠半径也不同），命令行提示与操作如下：

```
命令: _circle
指定圆的圆心或 [三点(3P)/两点(2P)/切点，切点，半径(T)]:
指定圆的半径或 [直径(D)] <4.1463>: 2400
```

绘制一半径为 2400mm 的圆，圆直径代表乔木树冠冠幅，如图 14-241 所示。

② 单击"默认"选项卡"绘图"面板中的"直线"按钮 ╱，在圆内绘制直线，直线代表树木的枝条，如图 14-242 所示。

③ 同理，单击"默认"选项卡"绘图"面板中的"直线"按钮 ╱，继续在圆内绘制直线，结果如图 14-243 所示。

④单击"默认"选项卡"绘图"面板中的"直线"按钮 ╱，沿圆绘制连续线段，如图 14-244 所示。

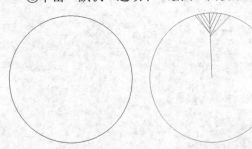

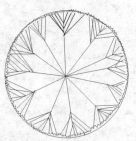

图 14-241　绘制圆　　　图 14-242　绘制树木枝条　　图 14-243　绘制其他树木枝条　　图 14-244　绘制连续线段

⑤ 单击"默认"选项卡"修改"面板中的"删除"按钮 ✎，将外轮廓线圈删除，如图 14-245 所示。

📢 提示

　　在完成图 14-242 所示的图形后可将绘制的这几条直线全选，然后进行圆形阵列，但是绘制出来的图例不够自然，不能够准确代表自然界植物的生长状态，因为自然界树木的枝条总是形态各异的。

⑥ 单击"默认"选项卡"块"面板中的"创建"按钮🔲，弹出"块定义"对话框，如图 14-246 所示，在"名称"文本框中输入植物名称，然后单击"选择对象"按钮🔲，选择要创建的植物图例，按 Enter 键或空格键确定；接着单击"拾取点"按钮🔲，选择图例的中心点，按 Enter 键或空格键确定，结果如图 14-247 所示；单击"确定"按钮，植物的块就创建好了。

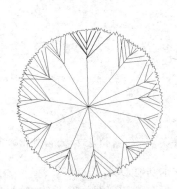

图 14-245　删除外轮廓线圈　　　　　　　　　图 14-246　打开"块定义"对话框

⑦ 单击"默认"选项卡"块"面板中的"插入"按钮🔲，将李树图块插入到图中合适的位置处，如图 14-248 所示。

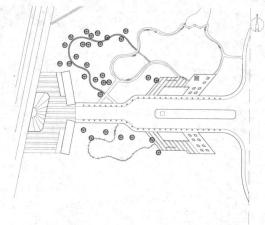

图 14-247　创建块　　　　　　　　　　　图 14-248　插入李树图块

（5）常绿针叶乔木图例。

① 单击"默认"选项卡"绘图"面板中的"圆"按钮⊘，在命令行中输入"3000"，命令行提示与操作如下：

```
命令: _circle
指定圆的圆心或 [三点(3P)/两点(2P)/切点、切点、半径(T)]:
指定圆的半径或 [直径(D)] <4.1463>:3000
```

绘制一半径为 3000mm 的圆，圆代表乔木树冠平面的轮廓，如图 14-249 所示。

② 单击"默认"选项卡"绘图"面板中的"圆"按钮 ⊙，绘制一半径为 100 的小圆，代表乔木的树干，如图 14-250 所示。

③ 单击"默认"选项卡"绘图"面板中的"直线"按钮 ╱，在圆内绘制直线，直线代表枝条，如图 14-251 所示。

④ 单击"默认"选项卡"修改"面板中的"删除"按钮 ✍，将外轮廓线圈删除，如图 14-252 所示。

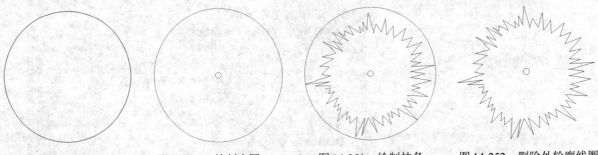

图 14-249 绘制圆　　　　图 14-250 绘制小圆　　　　图 14-251 绘制枝条　　　　图 14-252 删除外轮廓线圈

⑤ 单击"默认"选项卡"块"面板中的"创建"按钮 ⬜，将针叶乔木创建为块，并命名为水杉。

⑥ 单击"默认"选项卡"块"面板中的"插入"按钮 ⬜，将水杉图块插入到图中合适的位置处，如图 14-253 所示。

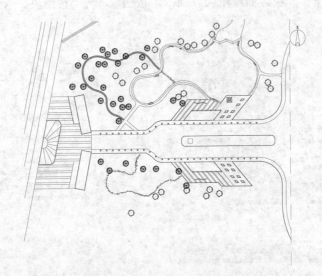

图 14-253 插入水杉图块

（6）竹叶的绘制。

① 单击"默认"选项卡"绘图"面板中的"多段线"按钮 ⤵，绘制单个竹叶的形状，如图 14-254 所示。

② 单击"默认"选项卡"修改"面板中的"复制"按钮 ⬚，对其进行复制，然后单击"默认"选项卡"修改"面板中的"旋转"按钮 ◯，旋转至合适角度，如图 14-255 所示。

③ 单击"默认"选项卡"块"面板中的"创建"按钮 ⬜，将图 14-255 所示一组竹叶选中，创建为块，命名为苦竹。

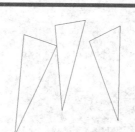

图 14-254　单个竹叶　　　　　　　　图 14-255　一组竹叶

④ 单击"默认"选项卡"块"面板中的"插入"按钮🔲，将苦竹图块插入到图中合适的位置处，如图 14-256 所示。

（7）同理，绘制其他植物图形，并将其创建为块。

（8）单击"默认"选项卡"块"面板中的"插入"按钮🔲，将其他植物图块插入到图中合适的位置处，也可以打开光盘\图库中的其他植物，然后单击"默认"选项卡"修改"面板中的"复制"按钮🔲，将植物复制到图中其他位置处，结果如图 14-257 所示。

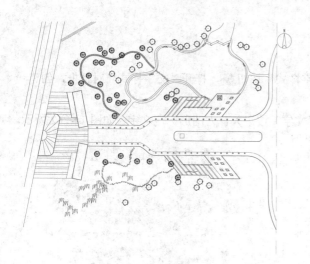

图 14-256　插入苦竹图块

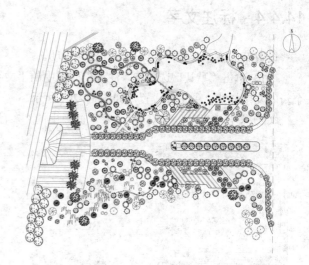

图 14-257　插入植物

单击"默认"选项卡"绘图"面板中的"图案填充"按钮🔲，打开"图案填充创建"选项卡，选择 GOST_GLASS 图案，如图 14-258 所示，填充圆弧区域，如图 14-259 所示。

图 14-258　"图案填充创建"选项卡

（9）同理，单击"默认"选项卡"绘图"面板中的"图案填充"按钮🔲，分别选择 CORK 图案、HOUND 图案和 STARS 图案，填充剩余图形，如图 14-260 所示。

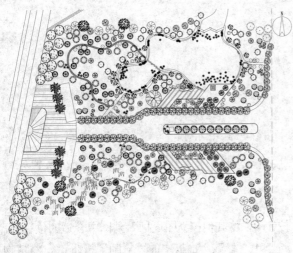

图 14-259 填充图形（1）

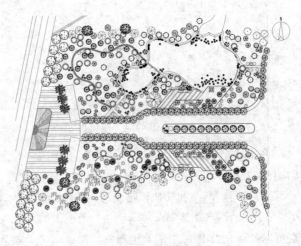

图 14-260 填充图形（2）

14.4.4 标注文字

设置新的文字样式，为图形添加文字说明。

（1）单击"默认"选项卡"注释"面板中的"文字样式"按钮 A，打开"文字样式"对话框，创建一个新的文字样式，并进行设置，如图 14-261 所示。

（2）单击"默认"选项卡"注释"面板中的"多行文字"按钮 A，为图形标注文字，如图 14-262 所示。

图 14-261 设置文字样式

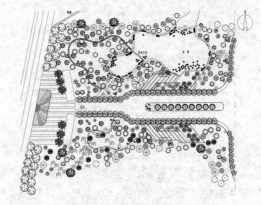

图 14-262 标注文字

（3）单击"默认"选项卡"绘图"面板中的"直线"按钮 ╱ 和"注释"面板中的"多行文字"按钮 A，标注图名，如图 14-235 所示。

14.5 绘制某校园 B 区种植图

本节绘制如图 14-263 所示的 B 区种植图。

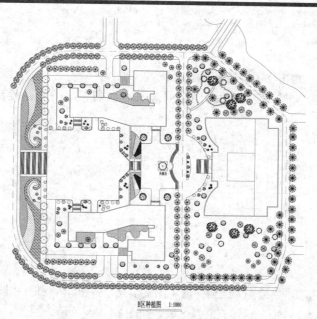

B区种植图　1:1000

图 14-263　某校园景观绿化种植图

14.5.1　编辑旧文件

（1）打开 AutoCAD 2017 应用程序，单击"快速访问"工具栏中的"打开"按钮，弹出"选择文件"对话框，选择图形文件"某校园景观绿化 B 区平面图"；或者在"文件"下拉菜单中最近打开的文档中选择"某校园景观绿化 B 区平面图"，双击打开文件，将文件另存为"某校园景观绿化 B 区种植图"，打开后的图形如图 14-264 所示。

（2）单击"默认"选项卡"修改"面板中的"删除"按钮，将多余的图形删除，如图 14-265 所示。

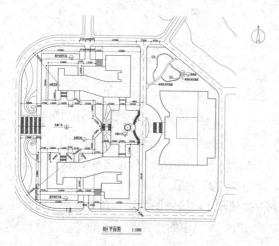

B区平面图　1:1000

图 14-264　打开"某校园景观绿化 B 区平面图"

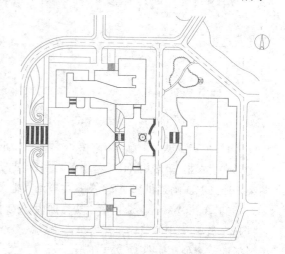

图 14-265　删除多余的图形

14.5.2 植物的绘制

利用图库，绘制植物，将植物图块插入到图形中。

（1）单击"默认"选项卡"绘图"面板中的"圆弧"按钮 ，在图中绘制几段圆弧，如图 14-266 所示。

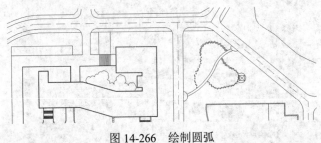

图 14-266　绘制圆弧

（2）单击"默认"选项卡"绘图"面板中的"图案填充"按钮 ，打开"图案填充创建"选项卡，选择 ZIGZAG 图案，如图 14-267 所示，填充圆弧区域，如图 14-268 所示。

图 14-267　设置填充图案

（3）同理，单击"默认"选项卡"绘图"面板中的"圆弧"按钮 ，绘制另外一侧的圆弧，如图 14-269 所示。

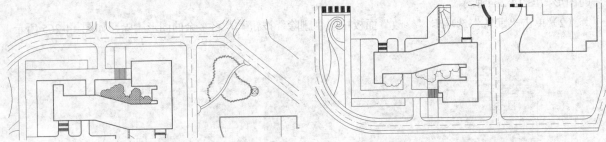

图 14-268　填充圆弧区域　　　　　　　　图 14-269　绘制另外一侧的圆弧

（4）单击"默认"选项卡"绘图"面板中的"图案填充"按钮 ，填充圆弧区域，如图 14-270 所示。

（5）同理，单击"默认"选项卡"绘图"面板中的"图案填充"按钮 ，分别选择 CORK 图案、GLASS 图案、HOUND 图案和 STARS 图案，填充其他图形，如图 14-271 所示。

（6）单击"默认"选项卡"块"面板中的"插入"按钮 ，将植物图块插入到图中合适的位置处，或者打开光盘\图库中的植物，然后单击"默认"选项卡"修改"面板中的"复制"按钮 ，将植物复制到图中合适的位置处，如图 14-272 所示。

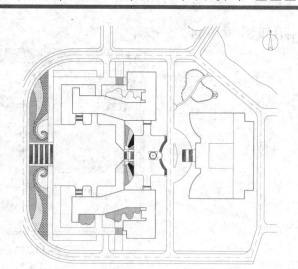

图 14-270　填充圆弧区域　　　　　　　图 14-271　填充图形

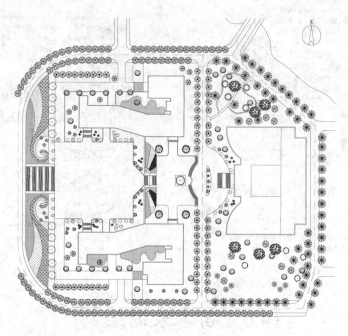

图 14-272　插入植物图块

14.5.3　标注文字

设置文字样式，标注文字。

（1）单击"默认"选项卡"注释"面板中的"文字样式"按钮 A，打开"文字样式"对话框，创建一个新的文字样式，并进行设置，如图 14-273 所示。

（2）单击"默认"选项卡"注释"面板中的"多行文字"按钮 A，为图形标注文字，如图 14-274 所示。

（3）单击"默认"选项卡"绘图"面板中的"直线"按钮 ╱ 和"注释"面板中的"多行文字"按钮 A，

标注图名，如图14-275所示。

图14-273 设置文字样式

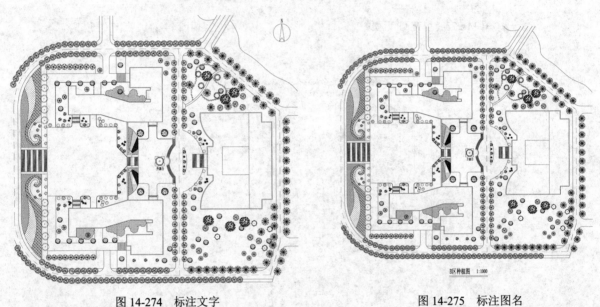

图14-274 标注文字   图14-275 标注图名

14.6 苗木表的绘制

在园林设计中植物配置做完之后，要进行苗木表（植物配置表）的制作，苗木表用来统计整个园林规划设计中植物的基本情况，主要包括序号、图例、树种、规格、数量、单位等项。常绿植物一般用高度和冠幅来表示，如雪松、大叶黄杨等；落叶乔木一般用胸径和冠幅来表示，如垂柳、栾树等；落叶灌木一般用冠幅和高度来表示，如金银木、连翘等。绘制如图14-276所示的苗木表。

（1）单击"默认"选项卡"绘图"面板中的"矩形"按钮□，在图中绘制一个171000×89300的矩形，如图14-277所示。

序号	图例	树种	规格	数量	单位	备注
1		香樟	⌀28-30	20	株	
2		香樟	⌀14-16	34	株	
3		香樟	⌀8-10	40	株	
4		银杏	⌀8-10	0	株	
5		白玉兰	⌀5-7	16	株	
6		雪松	H500	9	株	
7		李树	⌀8-10	30	株	
8		碧桃	⌀6-8	35	株	
9		女贞	⌀10-12	21	株	
10		杜英	⌀8-10	0	株	
11		桂花	⌀8-10	16	株	
12		水杉	⌀7-9	29	株	
13		全缘栾树	⌀8-10	5	株	
14		樟树	⌀12-15	10	株	
15		樱花	⌀6-8	10	株	
16		垂柳	⌀6-8	24	株	
17		红枫	⌀6-8 H150	9	株	
18		乌桕	⌀7-9	12	株	
19		广玉兰	⌀7-9	9	株	
20		山茶	H150	23	株	
21		红叶李	⌀4-6	11	株	
22		龙爪槐	⌀5-7	9	株	
23		苦竹	2-3杆/丛 ⌀3	50	丛	
24		华棕	H350	6	株	
25		荷花	3-5芽/丛	100	丛	
26		罗汉松	⌀6-8	4	株	
27		腊梅	H200	8	株	
28		黑松	⌀8-10	16	株	
29		含笑	W100	23	株	
30		苏铁	⌀20 H50	26	株	
31		菖蒲	3-5芽/丛	50	丛	
32		红花继木	H35 W20	124	m²	
33		金叶女贞	H35 W20	102	m²	
34		月桂	H35 W20	162	m²	
35		四季草花		20	m²	
36		八角金盘	H35 W20	0	m²	
		马尼拉草	满铺	12000	m²	

图 14-276　绘制苗木表

图 14-277　绘制矩形

（2）单击"默认"选项卡"修改"面板中的"分解"按钮，将矩形分解。

（3）单击"默认"选项卡"修改"面板中的"偏移"按钮，将最上侧水平直线向下依次偏移，偏移距离为 4500，偏移 37 次，如图 14-278 所示。

（4）同理，单击"默认"选项卡"修改"面板中的"偏移"按钮，将左侧竖直直线依次向右偏移，偏移距离分别为 6800、7500、15000、25500、10800 和 8900，如图 14-279 所示。

（5）单击"默认"选项卡"注释"面板中的"文字样式"按钮，打开"文字样式"对话框，创建一个新的文字样式，并进行设置，如图 14-280 所示。

（6）单击"默认"选项卡"注释"面板中的"多行文字"按钮，在第一行中输入标题，如图 14-281 所示。

图 14-278　偏移水平直线

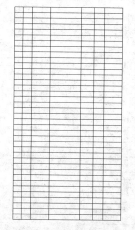

图 14-279　偏移竖直直线

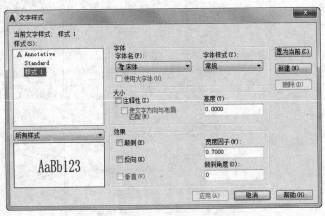

图 14-280 设置文字样式

图 14-281 输入标题

（7）单击"默认"选项卡"修改"面板中的"复制"按钮，将第一行第一列的文字依次向下复制，如图 14-282 所示，双击文字，修改文字内容，以便文字格式的统一，如图 14-283 所示。

（8）单击"默认"选项卡"修改"面板中的"复制"按钮，在种植图中选择各个植物图例，复制到表内，如图 14-284 所示。

（9）同理，单击"默认"选项卡"注释"面板中的"多行文字"按钮 A 和"修改"面板中的"复制"按钮，在各个标题内输入相应的内容，最终完成苗木表的绘制，如图 14-276 所示。

图 14-282 复制文字

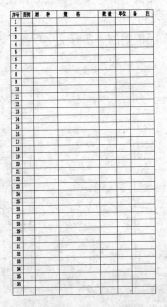

图 14-283 修改文字内容

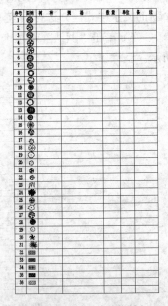

图 14-284 复制图例

14.7　绘制某校园（局部）放线图

绘制如图 14-285 所示的 B 区放线图。

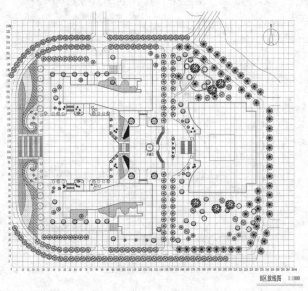

图 14-285　B 区放线图

（1）打开 AutoCAD 2017 应用程序，单击"快速访问"工具栏中的"打开"按钮，弹出"选择文件"对话框，选择图形文件"某校园景观绿化 B 区种植图"；或者在"文件"下拉菜单中最近打开的文档中选择"某校园景观绿化 B 区种植图"，双击打开文件，将文件另存，打开后的图形如图 14-286 所示。

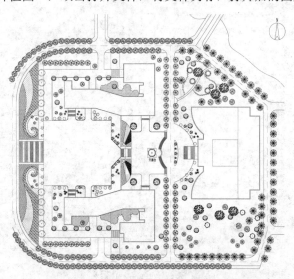

图 14-286　打开"某校园景观绿化 B 区种植图"

（2）单击"默认"选项卡"绘图"面板中的"直线"按钮 ⁄，在图中合适的位置处绘制一条水平直线和一条竖直直线，如图 14-287 所示。

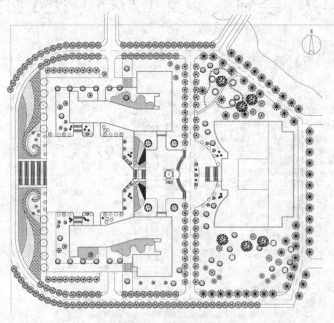

图 14-287　绘制直线

（3）单击"默认"选项卡"修改"面板中的"偏移"按钮 ⌒，将水平直线依次向下偏移，偏移间距为 5000，如图 14-288 所示。

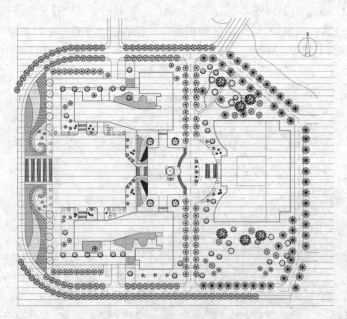

图 14-288　偏移水平直线

（4）同理，单击"默认"选项卡"修改"面板中的"偏移"按钮，将竖直直线依次向右偏移，偏移间距为 5000，如图 14-289 所示。

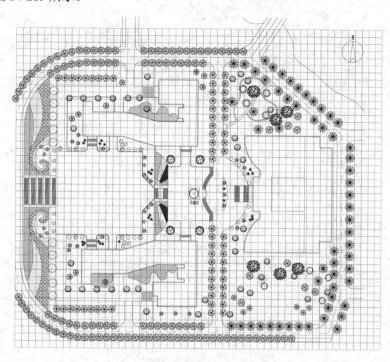

图 14-289　偏移竖直直线

（5）单击"默认"选项卡"注释"面板中的"多行文字"按钮，在网格线上标注尺寸。首先标注放线原点的相对坐标尺寸，如图 14-290 所示。将标注好的相对坐标尺寸进行阵列，阵列后双击多行文字进行修改尺寸，如图 14-291 所示。

（6）单击"默认"选项卡"绘图"面板中的"直线"按钮和"注释"面板中的"多行文字"按钮，标注图名，最终完成 B 区放线图的绘制，如图 14-285 所示。

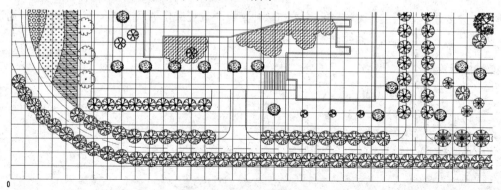

图 14-290　标注原点坐标

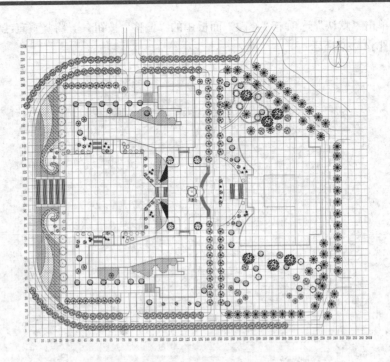

图 14-291　标注网格线的坐标

14.8　上机实验

【练习 1】绘制如图 14-292 所示的某校园景观绿化 A 区种植图。

1．目的要求

本实例主要要求读者通过练习进一步熟悉和掌握某校园景观绿化 A 区种植图的绘制方法。通过本实例，可以帮助读者学会完成绿化设计绘制的全过程。

2．操作提示

（1）绘图前准备及绘图设置。
（2）绘制辅助线和道路。
（3）绘制园林设施和广场。
（4）植物配植。
（5）标注文字。

【练习 2】绘制如图 14-293 所示的公园绿地设计图。

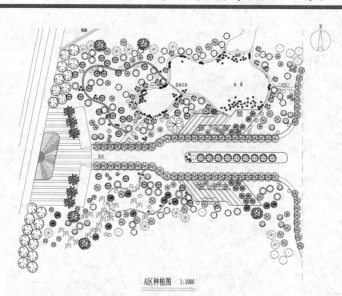

A区种植图　1:1000

图 14-292　A 区种植图

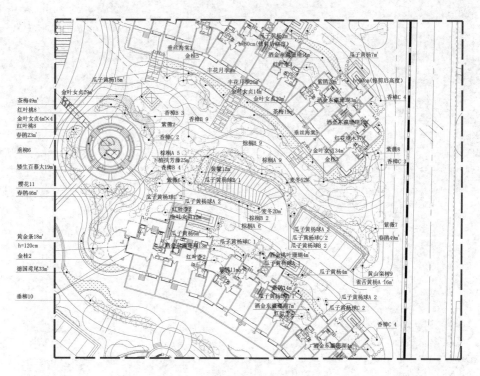

图 14-293　公园绿地设计图

1. 目的要求

　　本实例主要要求读者通过练习进一步熟悉和掌握公园绿地设计图的绘制方法。通过本实例，可以帮助读者学会完成公园绿地设计图绘制的全过程。

2. 操作提示

（1）绘图前准备及绘图设置。

（2）绘制入口。

（3）绘制道路系统。

（4）绘制建筑物。

（5）景点的规划设计。

（6）植物的配植。

（7）标注文字。

第15章

社区公园设计

　　社区公园指为一定居住用地范围内的居民服务，具有一定活动内容和设施的集中绿地（不包括居住组团绿地）。"社区"的基本要素为有一定的地域；有一定的人群；有一定的组织形式、共同的价值观念、行为规范及相应的管理机构；有满足成员的物质和精神需求的各种生活服务设施。本例主要讲述社区公园景区详图及社区公园辅助设施的绘制过程。

15.1　概　　述

社区公园规划设计首先以服务居民为目标，形成有利于邻里团结交往、居民休息娱乐的园林环境；要考虑老年人及少年儿童的需要，按照他们不同的活动规律配备不同的设施，采用无障碍设计，适应老幼及残疾人的生理体能特点。其次要充分利用居住区中保留的有利的自然生态因素，在规划设计时，结合原有的地形条件使地形、空间更加丰富，并协调建筑与居住区周围环境的关系，提高绿化的生态环境功能。最后一条就是根据绿地中市政设施布局和具体环境条件进行绿化建设。在规划时要遵循城市园林绿化设计的一般原则，要根据绿地中各种管线、构筑物、道路等情况进行设计，种植设计要注意建筑物的采光、通风等要求。

社区公园包括居住区公园和小区游园两个小类。二者的规划布局略有不同，分别介绍如下。

1．居住区公园的规划设计

居住区公园是服务于一个居住区的居民，具有一定活动内容和设施，为居住区配套建设的集中绿地。规划用地面积较大，一般在 1hm² 以上，相当于一城市小型公园。公园内的设施比较丰富，有体育活动场地、各年龄组休息活动设施、画廊、阅览室、茶室、园林小品建筑和铺地、小型水体水景、地形变化、树木草地花卉、出入口等。公园常与居住区服务中心结合布置，以方便居民活动和更有效地美化居住区形象。居住区公园服务半径为 0.5～11.0km，居民步行到达时间在 10min 左右。

居住区公园的用地规模、布局形式和景观构成与城市公园类似。

在选址与用地范围的确定上，往往利用原有的地形地貌或有人文历史价值的区域。公园的设施和内容比较丰富、齐全，有功能区或景区的划分。布局紧凑，各个分区联系紧密，游览路线的景观变化节奏比较快。

一般居住区公园规划布局应达到以下几个方面的要求：

（1）满足功能要求，划分不同功能区域。根据居民的要求布置休息、文化娱乐、体育锻炼、儿童玩耍及互相交往等活动场地和设施。

（2）满足园林审美和游览需求，充分利用地形、水体、植物、建筑及小品等要素营造园林景观，创造优美的环境。园林空间的组织与园路的布局要结合园林景观及活动场地的布局，兼顾游览交通和展示园景的功能。

（3）形成优美的绿化景观和优良的生态环境，发挥园林植物群落在形成公园景观及公园良好生态环境的主导作用。

居住区公园的规划设计手法与城市综合公园的规划设计手法相似，但也有其特殊的一面。居住区公园的游人主要是本居住区的居民，游园时间多集中在早晚，尤其是在夏季晚上乘凉的人较多。因此要多考虑晚间游园活动所需的场地和设施，在植物配植上，要多配植一些夜间开花和散发香味的植物，基础设施上要注意晚间的照明，达到亮化、彩化。

2．小区游园的规划设计

小区游园是为一个居住小区的居民服务、配套建设的集中绿地。设置一定的健身活动设施和社交游憩场地，如儿童游乐设施、老年人活动休息场地设施，园林小品建筑和铺地，小型水体水景、地形变化、树木草地花卉、出入口等。一般面积在 4000m² 以上。小区游园服务半径为 0.3～0.5km。

小区游园是为居住小区就近提供服务的绿地。一般布置在居住人口 10000 人左右的居住小区中心地带，也有的布置在居住小区临近城市主要道路的一侧，方便居民及行人进入公园休息，同时美化了街景，并使居住区建筑与城市街道间有适当的过渡，减少了城市街道对居住小区的不利影响，也可利用周围的有利条件，如优美的自然山水、历史古迹、园林胜景等。

小区游园是居住区中最主要的绿地，利用率比居住区公园更高，能更有效地为居民服务，因此一般把小区游园设置在较适中的位置，并尽量与小区内的活动中心、商业服务中心距离近些。

小区游园无明确的功能分区，内部的各种园林建筑、设施较居住区公园简单。一般有游憩锻炼活动场地、结合养护管理用房的公共厕所，儿童游戏场地，并有花坛、花池、亭、廊、景墙及铺地、园椅等建筑小品和设施小品。

小区游园平面布局形式不拘一格，但总的来说要简洁明了，内部空间要开敞明亮。对于较小的小区游园，宜采取规则式布局，结合地形竖向变化形成简洁明快、活泼多变的小区游园环境。

下面以北京某居住区绿地设计进行介绍，如图 15-1 所示，绘制时首先要建立相应的图层，在原地形的基础上进行出入口、道路、地形、景区等的划分，然后再绘制各部分的详图，最后进行植物的配植。

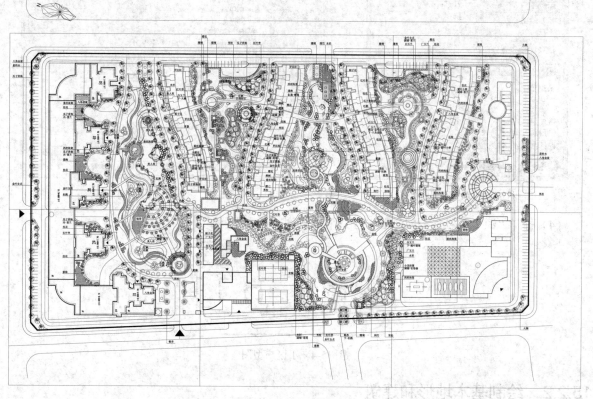

图 15-1 社区公园的绘制

15.2　社区公园地形的绘制

15.2.1　绘图环境设置

设置单位和图形界限。

（1）单位的设置。

将系统单位设置为毫米（mm）。以 1:1 的比例绘制。选择菜单栏中的"格式"→"单位"命令，弹出"图形单位"对话框，进行如图 15-2 所示的设置，然后单击"确定"按钮。

（2）图形界限的设置。

AutoCAD 2017 默认的图形界限为 420×297，是 A3 图幅，这里以 1:1 的比例绘制，将图形界限设为 420000×297000。

（3）单击"快速访问"工具栏中的"打开"按钮 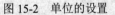，弹出"选择文件"对话框，如图 15-3 所示。

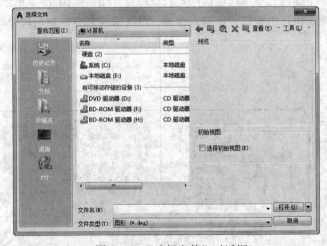

图 15-2　单位的设置　　　　　　　　　图 15-3　"选择文件"对话框

（4）打开"源文件\社区公园\小区户型图"放置到适当位置，如图 15-4 所示。

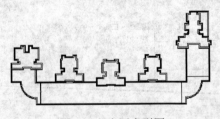

图 15-4　小区户型图

15.2.2　绘制基本地形和建筑

设置了图层，在图层上绘制了基本地形和建筑。

1. 建立"轴线"图层

（1）单击"默认"选项卡"图层"面板中的"图层特性"按钮![图层特性图标]，弹出"图层特性管理器"对话框，建立一个新图层，命名为"轴线"，颜色选取红色，线型为 CENTER，线宽为默认，将其设置为当前图层，如图 15-5 所示。确定后回到绘图状态。

✔ 轴线　　　　♀　☼　🔓　■红　CENTER ── 默认　0　Color_1　🖶　🗗

图 15-5　"轴线"图层

（2）单击"默认"选项卡"绘图"面板中的"直线"按钮![直线图标]，绘制长度为 457098 的直线和长度为 38065 的垂直直线，如图 15-6 所示。

图 15-6　绘制直线

2. 建立"线路"图层

（1）单击"默认"选项卡"图层"面板中的"图层特性"按钮![图层特性图标]，弹出"图层特性管理器"对话框，建立一个新图层，命名为"线路"，颜色选取红色，线型为 Continuous，线宽为默认，将其设置为当前图层，如图 15-7 所示。确定后回到绘图状态。

✔ 线路　　　　♀　☼　🔓　■红　Continu... ── 默认　0　Color_1　🖶　🗗

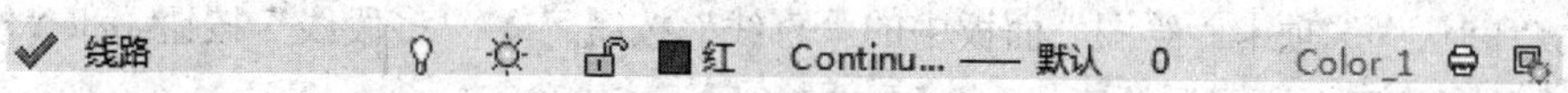

图 15-7　新建图层

（2）将"线路"图层设为当前图层，单击"默认"选项卡"修改"面板中的"偏移"按钮![偏移图标]，选取步骤（1）绘制的直线分别向上、向下偏移，偏移距离为 6750，如图 15-8 所示。

图 15-8　偏移直线

（3）单击"默认"选项卡"修改"面板中的"偏移"按钮![偏移图标]，选择绘制的垂直直线分别向左、向右偏移，如图 15-9 所示。

（4）单击"默认"选项卡"修改"面板中的"圆角"按钮![圆角图标]，对偏移后水平底边和垂直直线进行圆角处理，圆角半径为 12000，如图 15-10 所示。

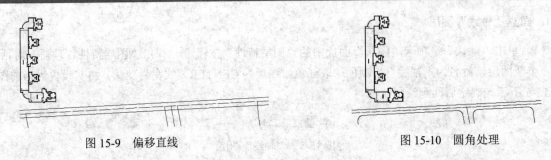

| 图 15-9　偏移直线 | 图 15-10　圆角处理 |

（5）单击"默认"选项卡"绘图"面板中的"直线"按钮／，绘制社区公园外围轮廓线，如图 15-11 所示。

（6）单击"默认"选项卡"修改"面板中的"偏移"按钮，选择步骤（5）绘制的社区公园外围线向内偏移，偏移距离为 2500，如图 15-12 所示。

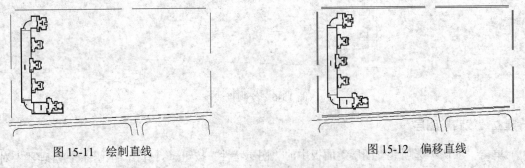

| 图 15-11　绘制直线 | 图 15-12　偏移直线 |

（7）单击"默认"选项卡"修改"面板中的"圆角"按钮，选择步骤（6）偏移的直线进行圆角处理，外边倒角半径为 10000，内边倒角半径为 8500，如图 15-13 所示。

（8）单击"默认"选项卡"绘图"面板中的"直线"按钮／、"多段线"按钮和"修改"面板中的"修剪"按钮，绘制社区公园周边轮廓线，如图 15-14 所示。

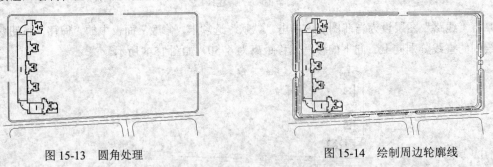

| 图 15-13　圆角处理 | 图 15-14　绘制周边轮廓线 |

15.3　社区公园景区详图的绘制

15.3.1　绘制公园设施一

利用之前学过的知识，绘制公园设施一。

（1）建立"公园设施"图层。单击"默认"选项卡"图层"面板中的"图层特性"按钮，弹出"图层特性管理器"对话框，建立一个新图层，命名为"公园设施"，颜色选取黑色，线型为 Continuous，线宽为默认，将其设置为当前图层，如图 15-15 所示。确定后回到绘图状态。

| ✔ 公路设施 | ♀ | ☼ | 🔓 ■白 | Continu... | —— 默认 | 0 | Color_7 | 🖶 | 🗔 |

图 15-15 新建图层

（2）将"公园设施"图层设置为当前图层，单击"默认"选项卡"绘图"面板中的"多段线"按钮，在图形内适当位置绘制连续多段线，如图 15-16 所示。

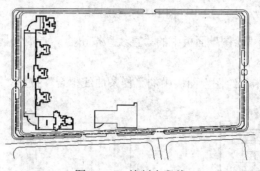

图 15-16 绘制多段线

（3）单击"默认"选项卡"绘图"面板中的"矩形"按钮，在图形内绘制一个 36000×37940 的矩形，如图 15-17 所示。

（4）单击"默认"选项卡"修改"面板中的"分解"按钮，选择步骤（3）绘制的矩形，按 Enter 键确认进行分解。单击"默认"选项卡"修改"面板中的"偏移"按钮，选择分解矩形的左侧竖直边向右偏移，偏移距离分别为 6300、5485、6400、8400 和 5482。选择分解矩形的下边水平边向上偏移，偏移距离分别为 4000、1370、4115、4115、1360、4040、4000、1370、4115、4115 和 1370，如图 15-18 所示。

（5）单击"默认"选项卡"修改"面板中的"修剪"按钮，修剪掉偏移后的多余线段，如图 15-19 所示。

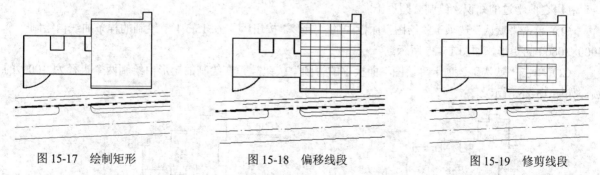

图 15-17 绘制矩形　　　　　图 15-18 偏移线段　　　　　图 15-19 修剪线段

（6）单击"默认"选项卡"绘图"面板中的"直线"按钮，在图形适当位置绘制一段长为 947 的直线，如图 15-20 所示。

（7）单击"默认"选项卡"绘图"面板中的"圆"按钮，在绘制的直线上方绘制一个半径为 305 的圆，如图 15-21 所示。

（8）单击"默认"选项卡"修改"面板中的"复制"按钮，选取步骤（7）绘制的圆向下复制，如

图 15-22 所示。

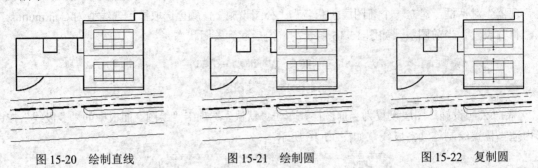

图 15-20　绘制直线　　　　　　　　图 15-21　绘制圆　　　　　　　　图 15-22　复制圆

（9）单击"默认"选项卡"绘图"面板中的"直线"按钮 ╱ ，绘制公园设施的剩余图形，如图 15-23 所示。

（10）单击"默认"选项卡"绘图"面板中的"样条曲线拟合"按钮 ∿ ，在图形适当位置绘制一段样条曲线，如图 15-24 所示。

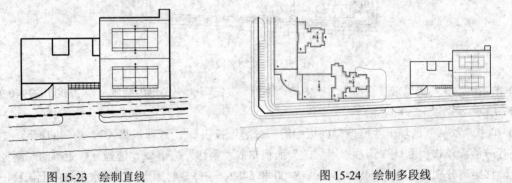

图 15-23　绘制直线　　　　　　　　　　　图 15-24　绘制多段线

15.3.2　绘制公园设施二

利用之前学过的知识，绘制公园设施二。

（1）单击"默认"选项卡"绘图"面板中的"矩形"按钮 ▭ ，在 15.3.1 节绘制的样条曲线内绘制一个 4000×10800 的矩形，如图 15-25 所示。

（2）单击"默认"选项卡"绘图"面板中的"圆"按钮 ⊘ ，在绘制的矩形内绘制两个半径为 1000 的圆，如图 15-26 所示。

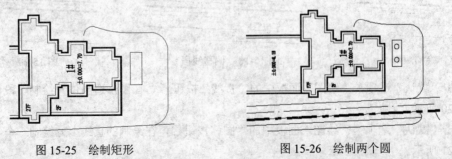

图 15-25　绘制矩形　　　　　　　　　　图 15-26　绘制两个圆

（3）单击"默认"选项卡"绘图"面板中的"矩形"按钮▭，在绘制的矩形上端适当位置绘制一个 1790×1900 的矩形，如图 15-27 所示。

（4）单击"默认"选项卡"修改"面板中的"偏移"按钮▱，选择步骤（3）绘制的矩形向内偏移，偏移距离为 256，如图 15-28 所示。

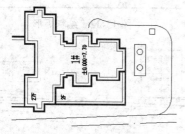

图 15-27　绘制一个矩形

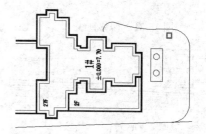

图 15-28　偏移一个矩形

（5）单击"默认"选项卡"修改"面板中的"复制"按钮❀，选择步骤（4）偏移的矩形向下复制，如图 15-29 所示。

（6）单击"默认"选项卡"绘图"面板中的"矩形"按钮▭，在图形内适当位置绘制一个 57000×17400 的矩形，如图 15-30 所示。

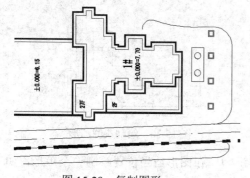

图 15-29　复制图形

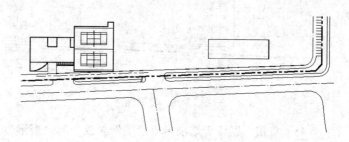

图 15-30　绘制矩形

（7）单击"默认"选项卡"修改"面板中的"分解"按钮▩，选择步骤（6）绘制的矩形，按 Enter 键确认。

（8）单击"默认"选项卡"修改"面板中的"偏移"按钮▱，选择步骤（7）分解的矩形左侧竖直边向右偏移，偏移距离为 24700、16200 和 16400，如图 15-31 所示。

（9）单击"默认"选项卡"绘图"面板中的"矩形"按钮▭，在分解的矩形内适当位置绘制一个 11302×7411 的矩形。

（10）单击"默认"选项卡"绘图"面板中的"矩形"按钮▭，在步骤（9）绘制的矩形四边上绘制 4 个小矩形，如图 15-32 所示。

（11）单击"默认"选项卡"绘图"面板中的"矩形"按钮▭，在矩形内的适当位置绘制一个 27111×12780 的矩形，如图 15-33 所示。

（12）单击"默认"选项卡"绘图"面板中的"椭圆"按钮⬭，在步骤（11）绘制的矩形内绘制一个椭圆，如图 15-34 所示。

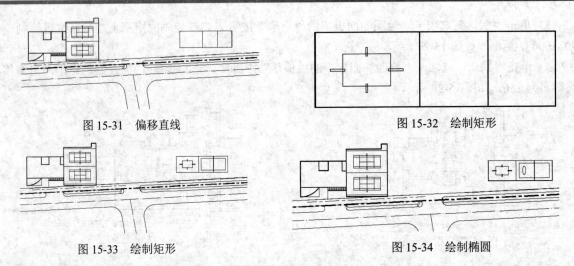

图 15-31　偏移直线　　　　　　　　　　　图 15-32　绘制矩形

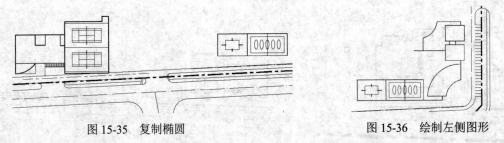

图 15-33　绘制矩形　　　　　　　　　　　图 15-34　绘制椭圆

（13）单击"默认"选项卡"修改"面板中的"复制"按钮，选择步骤（12）绘制的椭圆向右复制，如图 15-35 所示。

（14）单击"默认"选项卡"绘图"面板中的"直线"按钮／和"圆弧"按钮，绘制左侧图形，如图 15-36 所示。

图 15-35　复制椭圆　　　　　　　　　　　图 15-36　绘制左侧图形

（15）单击"默认"选项卡"绘图"面板中的"矩形"按钮，在图形适当位置绘制一个矩形，如图 15-37 所示。

（16）单击"默认"选项卡"修改"面板中的"分解"按钮，选择步骤（15）绘制的矩形，按 Enter 键进行分解。

（17）单击"默认"选项卡"修改"面板中的"偏移"按钮，选择步骤（16）分解的矩形上端水平边连续向下偏移，偏移距离为 3000，如图 15-38 所示。

（18）单击"默认"选项卡"修改"面板中的"偏移"按钮，选择步骤（17）分解的矩形左侧竖直边连续向右偏移，偏移距离为 3000，如图 15-39 所示。

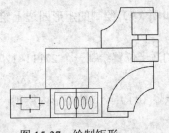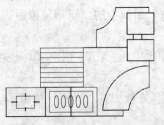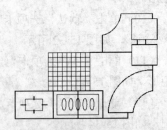

图 15-37　绘制矩形　　　　图 15-38　偏移直线（1）　　　　图 15-39　偏移直线（2）

（19）单击"默认"选项卡"绘图"面板中的"直线"按钮 ∕，在偏移直线内绘制对角线，如图 15-40 所示。完成的公园设施二如图 15-41 所示。

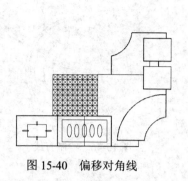

图 15-40　偏移对角线

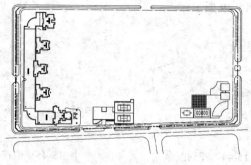

图 15-41　公园设施二

15.3.3　绘制公园设施三

利用之前学过的知识，绘制公园设施三。

（1）单击"默认"选项卡"绘图"面板中的"圆"按钮 ⊙，在图形适当位置绘制两个不同半径的同心圆，如图 15-42 所示。

（2）单击"默认"选项卡"绘图"面板中的"直线"按钮 ∕，在绘制的圆内绘制装饰线段，如图 15-43 所示。

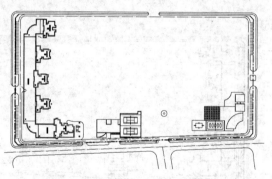

图 15-42　绘制不同半径的同心圆

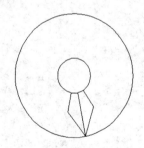

图 15-43　绘制直线图形

（3）单击"默认"选项卡"修改"面板中的"环形阵列"按钮 ⊞，选择绘制的直线为阵列对象，指定圆的圆心为阵列中心点，设置项目数为 8，填充角度为 360°，如图 15-44 所示。

（4）单击"默认"选项卡"修改"面板中的"偏移"按钮 ⊂，选择绘制的外围圆连续向外偏移，如图 15-45 所示。

（5）单击"默认"选项卡"绘图"面板中的"直线"按钮 ∕，在偏移的圆图形内绘制图形，如图 15-46 所示。

（6）单击"默认"选项卡"修改"面板中的"修剪"按钮 ∕，对绘制的直线进行修剪，如图 15-47 所示。

（7）单击"默认"选项卡"绘图"面板中的"圆"按钮 ⊙，在绘制的图形适当位置绘制一个圆的图形，如图 15-48 所示。

(8) 单击"默认"选项卡"修改"面板中的"偏移"按钮 ⿻，选择步骤 (7) 绘制的圆图形向内偏移，结果如图 15-49 所示。

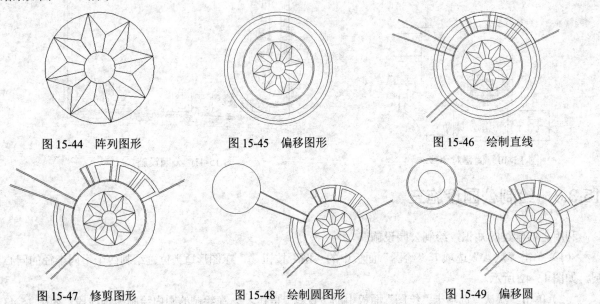

图 15-44　阵列图形　　　　　图 15-45　偏移图形　　　　　图 15-46　绘制直线

图 15-47　修剪图形　　　　　图 15-48　绘制圆图形　　　　　图 15-49　偏移圆

(9) 单击"默认"选项卡"绘图"面板中的"样条曲线拟合"按钮 ⌒，绘制内部装饰图形，如图 15-50 所示。完成的公园设施三如图 15-51 所示。

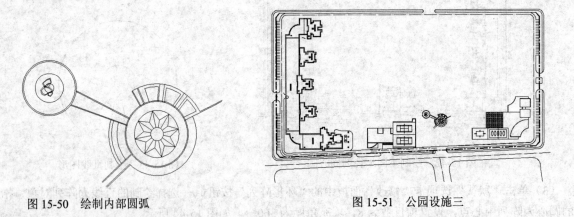

图 15-50　绘制内部圆弧　　　　　　　　　图 15-51　公园设施三

15.3.4　绘制公园设施四

利用之前学过的知识，绘制公园设施四。

(1) 单击"默认"选项卡"绘图"面板中的"多段线"按钮 ⤵，在图形适当位置绘制连续多段线，如图 15-52 所示。

(2) 单击"默认"选项卡"绘图"面板中的"圆"按钮 ⊘，在绘制的矩形内适当位置绘制一个半径为 7600 的圆，如图 15-53 所示。

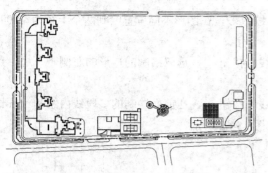

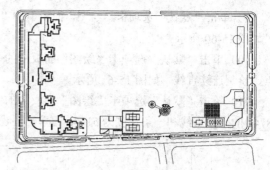

图 15-52　绘制内部多段线　　　　　　　　　　　图 15-53　绘制圆

（3）单击"默认"选项卡"修改"面板中的"偏移"按钮 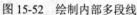，选取绘制的圆向内偏移，偏移距离为 120 和 880，如图 15-54 所示。

（4）单击"默认"选项卡"修改"面板中的"修剪"按钮 ，修剪掉圆内多余线段，如图 15-55 所示。

（5）单击"默认"选项卡"绘图"面板中的"直线"按钮 ，在偏移的圆内绘制两段长度为 880 的斜向竖直直线，如图 15-56 所示。

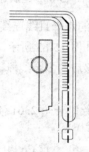

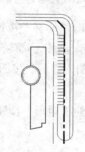

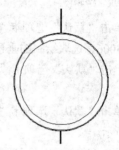

图 15-54　向内偏移圆　　　　　图 15-55　修剪多余线段　　　　　图 15-56　绘制直线

（6）单击"默认"选项卡"修改"面板中的"环形阵列"按钮 ，选择绘制的直线为阵列对象，以偏移圆的圆心为中心点对图形进行环形阵列，设置项目总数为 40，填充角度为 360°，阵列后图形如图 15-57 所示。

（7）单击"默认"选项卡"绘图"面板中的"多段线"按钮 ，指定起点宽度为 300，端点宽度为 300，在前面绘制的图形的适当位置绘制多段线，如图 15-58 所示。

（8）单击"默认"选项卡"绘图"面板中的"多段线"按钮 ，指定起点宽度为 300，端点宽度为 300，在绘制的图形下方绘制 5055×6000 的矩形，如图 15-59 所示。

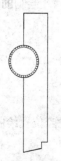

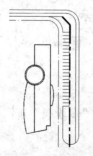

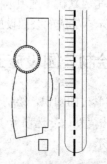

图 15-57　阵列后的图形　　　图 15-58　绘制连续多段线　　　　图 15-59　绘制矩形

（9）单击"默认"选项卡"绘图"面板中的"圆"按钮⊙，在图形不同位置绘制两个半径为 2000 的圆，如图 15-60 所示。

（10）单击"默认"选项卡"绘图"面板中的"直线"按钮╱，选取绘制的矩形的左侧竖直边中点为起点，绘制连续直线，如图 15-61 所示。

（11）单击"默认"选项卡"绘图"面板中的"直线"按钮╱，在前面绘制的多段线内绘制一条长度为 8742 的水平直线和一条长度为 51006 的垂直直线，如图 15-62 所示。

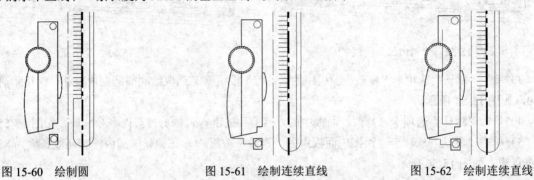

图 15-60　绘制圆　　　　　图 15-61　绘制连续直线　　　　　图 15-62　绘制连续直线

（12）单击"默认"选项卡"修改"面板中的"偏移"按钮△，选取绘制的水平直线连续向上偏移，偏移距离为 3006，选取绘制的垂直直线向右偏移，偏移距离为 1430 和 7313，如图 15-63 所示。

（13）单击"默认"选项卡"修改"面板中的"修剪"按钮╱，修剪掉偏移后的多余线段，如图 15-64 所示。

（14）单击"默认"选项卡"绘图"面板中的"矩形"按钮▢，在图形内绘制一个 2361×424 的矩形，如图 15-65 所示。

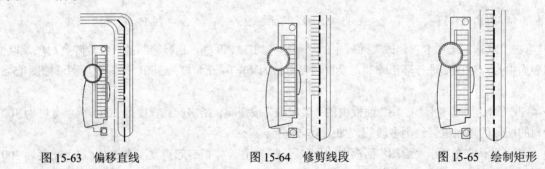

图 15-63　偏移直线　　　　　图 15-64　修剪线段　　　　　图 15-65　绘制矩形

（15）单击"默认"选项卡"修改"面板中的"复制"按钮°，选取步骤（14）绘制的矩形向上复制，如图 15-66 所示。完成的公园设施四如图 15-67 所示。

15.3.5　绘制公园设施五

利用之前学过的知识，绘制公园设施五。

（1）单击"默认"选项卡"绘图"面板中的"多段线"按钮↵，在图形内适当位置绘制一段多段线，如图 15-68 所示。

（2）单击"默认"选项卡"修改"面板中的"镜像"按钮 ▲，选取绘制的多段线进行镜像处理，如图 15-69 所示。

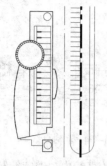

图 15-66 复制矩形

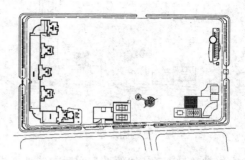

图 15-67 公园设施四

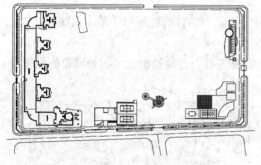

图 15-68 绘制多段线

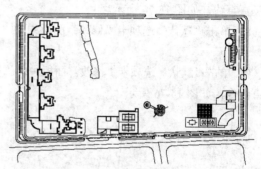

图 15-69 镜像图形

（3）单击"默认"选项卡"修改"面板中的"偏移"按钮 ，选取镜像后的图形向外偏移，偏移距离为 450，偏移后的图形如图 15-70 所示。

（4）单击"默认"选项卡"绘图"面板中的"直线"按钮 ，在偏移后的图形内绘制连续直线，如图 15-71 所示。

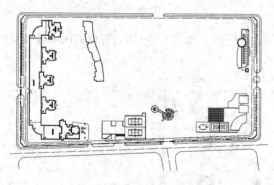

图 15-70 偏移图形

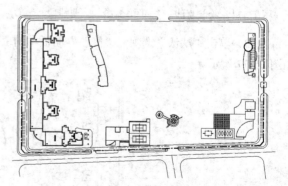

图 15-71 绘制直线

（5）单击"默认"选项卡"修改"面板中的"复制"按钮 ，对绘制的多线图形进行复制，如图 15-72 所示。

（6）单击"默认"选项卡"绘图"面板中的"直线"按钮 ，在适当位置绘制多段直线，如图 15-73 所示。

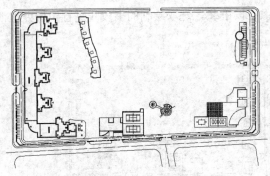

图 15-72　复制图形

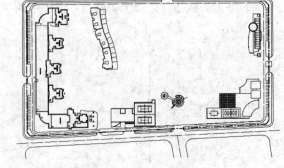

图 15-73　绘制直线

（7）单击"默认"选项卡"绘图"面板中的"直线"按钮 ，在绘制的直线内，继续绘制多段水平直线和竖直直线，如图 15-74 所示。

（8）单击"默认"选项卡"修改"面板中的"修剪"按钮 ，修剪掉图形中的多余线段，如图 15-75 所示。

（9）单击"默认"选项卡"修改"面板中的"镜像"按钮 ，选取绘制完成的公园设施为镜像对象进行垂直镜像，如图 15-76 所示。

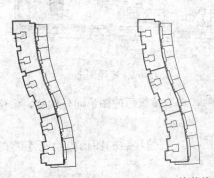

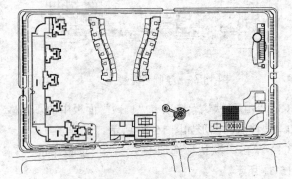

图 15-74　绘制直线　　　图 15-75　修剪线段　　　　　　图 15-76　镜像图形

（10）单击"默认"选项卡"修改"面板中的"复制"按钮 ，选取步骤（9）镜像的图形进行复制，如图 15-77 所示。

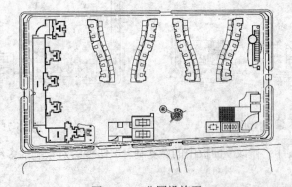

图 15-77　公园设施五

15.3.6 绘制公园设施六

利用之前学过的知识，绘制公园设施六。

（1）单击"默认"选项卡"绘图"面板中的"多段线"按钮⤵，指定起点宽度为 200，端点宽度为 200，绘制一个 8740×32640 的矩形，如图 15-78 所示。

（2）单击"默认"选项卡"绘图"面板中的"多段线"按钮⤵，绘制连续多段线，如图 15-79 所示。

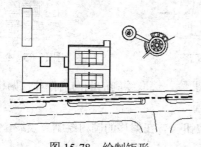

图 15-78 绘制矩形

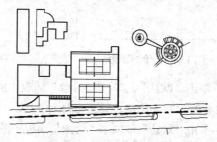

图 15-79 绘制连续多段线

（3）单击"默认"选项卡"绘图"面板中的"直线"按钮✐，在绘制的图形内绘制一条水平直线和一条竖直直线，如图 15-80 所示。

（4）单击"默认"选项卡"修改"面板中的"偏移"按钮⬚，选取绘制的水平直线，连续向下偏移，偏移距离为 1150，如图 15-81 所示。

（5）单击"默认"选项卡"修改"面板中的"偏移"按钮⬚，选取已经绘制好的多段线图形向内偏移，偏移距离为 500，单击"默认"选项卡"修改"面板中的"分解"按钮⬚，选取偏移后的多段线，进行分解，按 Enter 键确认，如图 15-82 所示。

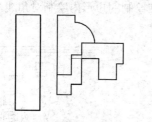
图 15-80 绘制连续多段线

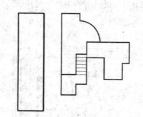
图 15-81 偏移直线

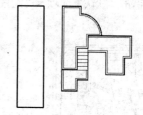
图 15-82 分解图形

15.3.7 完善其他设施

利用之前学过的知识，完善其他设施。

（1）单击"默认"选项卡"绘图"面板中的"矩形"按钮▭，绘制一个 1200×400 的矩形，作为社区公园内的方块踩砖，如图 15-83 所示。

（2）单击"默认"选项卡"修改"面板中的"复制"按钮⬚，复制绘制的矩形，作为公园砖道，如图 15-84 所示。

（3）单击"默认"选项卡"绘图"面板中的"圆"按钮⬚，在图形适当位置绘制适当半径的圆，如图 15-85 所示。

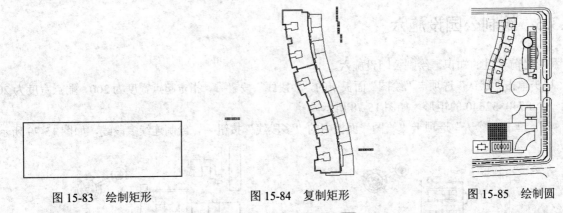

图 15-83　绘制矩形　　　　图 15-84　复制矩形　　　　图 15-85　绘制圆

（4）单击"默认"选项卡"修改"面板中的"偏移"按钮，选取绘制的圆向内偏移，偏移距离分别为 381、2480、322、1618、382、3714 和 102，如图 15-86 所示。

（5）单击"默认"选项卡"绘图"面板中的"多段线"按钮，在偏移的圆内绘制多段线，如图 15-87 所示。

（6）单击"默认"选项卡"修改"面板中的"修剪"按钮，修剪掉多余线段，如图 15-88 所示。

（7）单击"默认"选项卡"绘图"面板中的"直线"按钮，在绘制的圆图形内绘制一小段竖直直线，如图 15-89 所示。

（8）单击"默认"选项卡"修改"面板中的"修剪"按钮，修剪掉图形中的多余线段，如图 15-90 所示。

（9）单击"默认"选项卡"绘图"面板中的"矩形"按钮，在绘制的图形下方绘制一个矩形，如图 15-91 所示。

（10）单击"默认"选项卡"绘图"面板中的"直线"按钮，在绘制的矩形内绘制对角线，如图 15-92 所示。

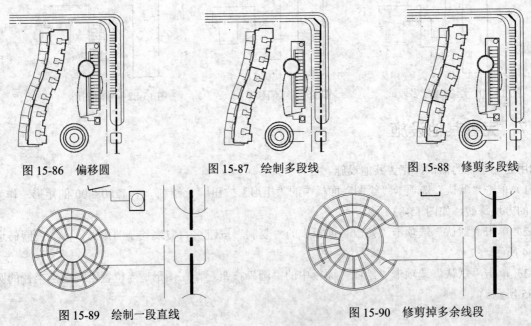

图 15-86　偏移圆　　　　　图 15-87　绘制多段线　　　　图 15-88　修剪多段线

图 15-89　绘制一段直线　　　　　　　图 15-90　修剪掉多余线段

（11）单击"默认"选项卡"绘图"面板中的"圆"按钮 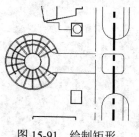，以绘制的对角线交点为圆心绘制一个适当半径的圆，如图 15-93 所示。

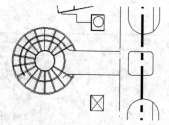
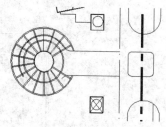

图 15-91　绘制矩形　　　　图 15-92　绘制图形对角线　　　　图 15-93　绘制圆

（12）单击"默认"选项卡"绘图"面板中的"直线"按钮 ，以绘制矩形的左侧竖直边中点为起点绘制连续线段，如图 15-94 所示。

（13）单击"默认"选项卡"修改"面板中的"镜像"按钮 ，选择图形中的道路和道路中线，选取适当一点为镜像点，完成图形镜像，如图 15-95 所示。

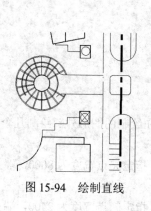
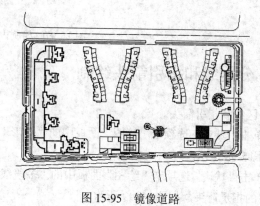

图 15-94　绘制直线　　　　　　图 15-95　镜像道路

15.4　社区公园辅助设施的绘制

社区公园内的基本设施已经绘制完成，下面绘制社区公园内部辅助设施。

15.4.1　辅助设施绘制

在社区公园内，绘制辅助设施。

（1）建立"辅助设施"图层。单击"默认"选项卡"图层"面板中的"图层特性"按钮 ，弹出"图层特性管理器"对话框，建立一个新图层，命名为"辅助设施"，颜色选取黑色，线型为 Continuous，线宽为默认，将其设置为当前图层，如图 15-96 所示。确定后回到绘图状态。

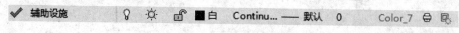

图 15-96　新建图层

（2）单击"默认"选项卡"绘图"面板中的"样条曲线拟合"按钮✓，绘制大小、形状合适的曲线，单击"默认"选项卡"绘图"面板中的"圆"按钮⊙，绘制景区详图内的部分设施，如图 15-97 所示。

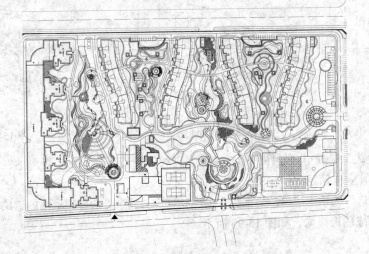

图 15-97　绘制内部设施

15.4.2　分区线和指引箭头绘制

绘制分区线和指引箭头。

（1）单击"默认"选项卡"绘图"面板中的"矩形"按钮▭，在绘制的图形外部绘制几个适当大小的矩形，如图 15-98 所示。

（2）单击"默认"选项卡"绘图"面板中的"多段线"按钮⌐ᴐ，指定起点宽度为 8000，端点宽度为 0，绘制图形中的指示箭头，如图 15-99 所示。

（3）单击"默认"选项卡"绘图"面板中的"多段线"按钮⌐ᴐ，指定起点宽度为 2400，端点宽度为 0，绘制图形内小指引箭头，如图 15-100 所示。

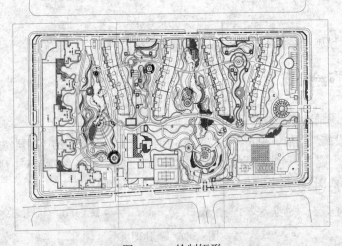

图 15-98　绘制矩形

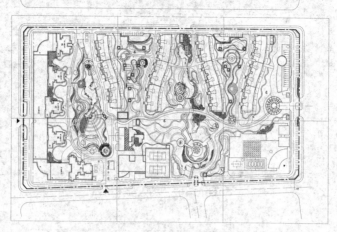

图 15-99 绘制指示箭头

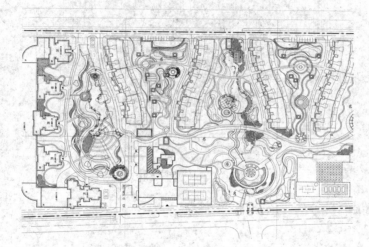

图 15-100 绘制小指引箭头

15.4.3 社区公园景区植物的配置

为社区公园添加植物。

（1）单击"默认"选项卡"图层"面板中的"图层特性"按钮，弹出"图层特性管理器"对话框，建立一个新图层，命名为"绿植"，颜色选取绿色，线型为Continuous，线宽为默认，将其设置为当前图层，如图 15-101 所示。确定后回到绘图状态。

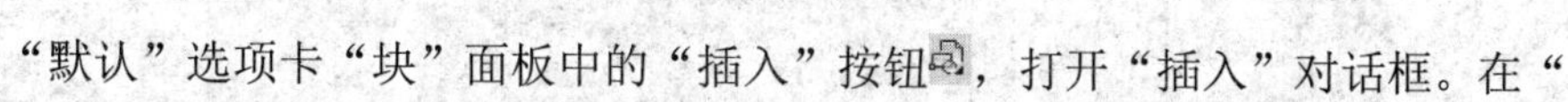

✔ 绿植	♀ ☼ ♂ ■绿	Continu...	— 默认	0	Color_3	⊟	⊠

图 15-101 新建图层

（2）单击"默认"选项卡"块"面板中的"插入"按钮，打开"插入"对话框。在"名称"下拉菜单中选取"灌木 1"，然后单击"确定"按钮，按照图 15-102 的位置插入到刚刚绘制的平面图中。

（3）利用上述方法插入图形中所有绿植，如图 15-103 所示。

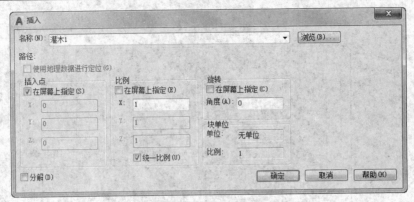

图 15-102　插入灌木

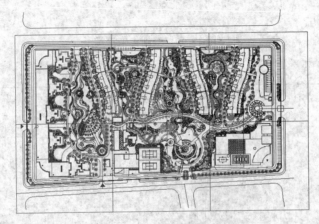

图 15-103　插入绿植

15.4.4　社区公园景区文字说明

为社区公园添加文字说明。

（1）单击"默认"选项卡"注释"面板中的"文字样式"按钮 ，弹出"文字样式"对话框，如图 15-104 所示。

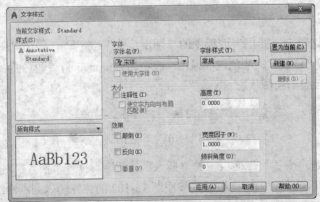

图 15-104　"文字样式"对话框

（2）单击"新建"按钮，弹出"新建文字样式"对话框，将文字样式命名为"说明"，如图 15-105 所示。

（3）单击"确定"按钮，在"文字样式"对话框中取消选中"使用大字体"复选框，然后在"字体名"下拉列表中选择"宋体"，"高度"设置为 150，如图 15-106 所示。

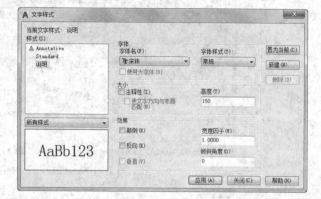

图 15-105 "新建文字样式"对话框　　　　　　　图 15-106 修改文字样式

（4）单击"默认"选项卡"图层"面板中的"图层特性"按钮，弹出"图层特性管理器"对话框，建立一个新图层，命名为"文字"，颜色选取黑色，线型为 Continuous，线宽为默认，将其设置为当前图层，如图 15-107 所示。确定后回到绘图状态。

图 15-107 新建图层

（5）将"文字"图层设置为当前图层，单击"默认"选项卡"注释"面板中的"多行文字"按钮 A，在图中相应的位置输入需要标注的文字，结果如图 15-108 所示。

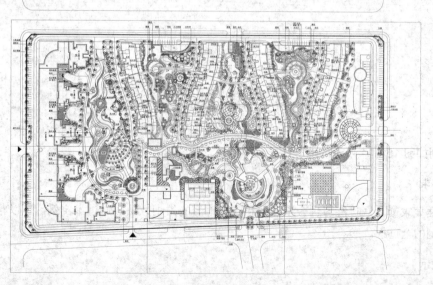

图 15-108 添加文字

（6）单击"默认"选项卡"块"面板中的"插入"按钮 ⊡，打开"插入"对话框，在"名称"下拉列表框中选取"风玫瑰"，如图 15-109 所示。然后单击"确定"按钮，按照图 15-110 的位置插入到刚刚绘制的平面图中。

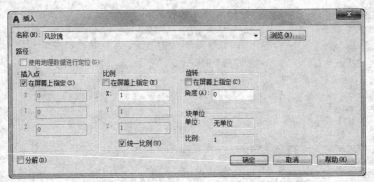

图 15-109 "插入"对话框

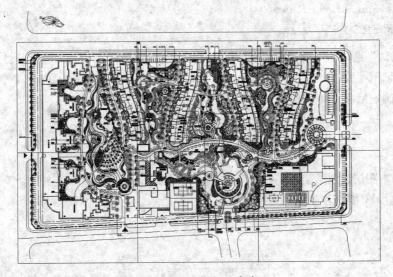

图 15-110 插入风玫瑰

15.5 上机实验

【练习 1】绘制如图 15-111 所示的地形。

1．目的要求

本实例主要要求读者通过练习进一步熟悉和掌握地形的绘制方法。通过本实例，可以帮助读者学会完成地形设计绘制的全过程。

2．操作提示

（1）绘图前准备及绘图设置。

（2）绘制山体。

（3）绘制水体。

（4）标注高程。

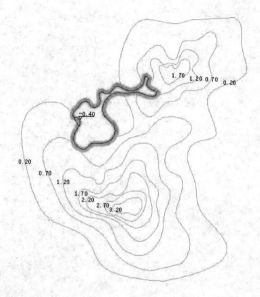

图 15-111　地形

【练习 2】绘制如图 15-112 所示的小游园。

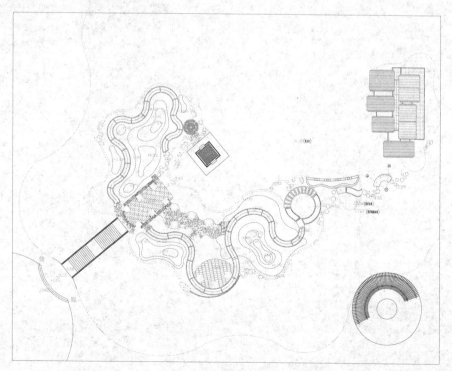

图 15-112　小游园

1．目的要求

本实例主要要求读者通过练习进一步熟悉和掌握小游园的绘制方法。通过本实例，可以帮助读者学会完成小游园设计绘制的全过程。

2．操作提示

（1）绘图前准备及绘图设置。

（2）绘制轴线。

（3）绘制广场和园路。

（4）绘制竖向图。

（5）绘制建筑小品。

（6）绘制施工图。

（7）标注文字。

附录 A

AutoCAD 工程师认证考试模拟试题

（满分 100 分，选自 Autodesk 中国认证考试管理中心真题题库）

一、单项选择题。（以下各小题给出的 4 个选项中，只有一个符合题目要求，请选择相应的选项，不选、错选均不得分，共 30 题，每题 2 分，共 60 分）

1. 用什么命令可以设置图形界限?（　　）
   A. SCALE　　　　　B. EXTEND　　　　　C. LIMITS　　　　　D. LAYER

2. 多段线（PLINE）命令不可以（　　）。
   A. 绘制样条线　　　　　　　　　　B. 绘制首尾不同宽度的线
   C. 闭合多段线　　　　　　　　　　D. 绘制由不同宽度的直线或圆弧所组成的连续线段

3. 所有尺寸标注共用一条尺寸界线的是（　　）。
   A. 引线标注　　　B. 连续标注　　　C. 基线标注　　　D. 公差标注

4. 在选择集中去除对象，按住哪个键可以进行去除对象选择?（　　）
   A. SPACE　　　　　B. Shift　　　　　C. Ctrl　　　　　D. Alt

5. 下面有关快速访问工具栏，说法错误的是（　　）。
   A. 位于应用程序窗口顶部（功能区上方或下方）
   B. 可以添加、删除命令
   C. 可以为快速访问工具栏添加控件
   D. 以上说法均错误

6. 利用夹点对一个线性尺寸进行编辑，不能完成的操作是（　　）。
   A. 修改尺寸界线的长度和位置　　　　B. 修改尺寸线的长度和位置
   C. 修改文字的高度和位置　　　　　　D. 修改尺寸的标注方向

7. 边长为 10 的正五边形的外接圆的半径是（　　）。
   A. 8.51　　　　　B. 17.01　　　　　C. 6.88　　　　　D. 13.76

8. 绘制带有圆角的矩形，首先要（　　）。
   A. 先确定一个角点　　　　　　　　B. 绘制矩形再倒圆角
   C. 先设置圆角再确定角点　　　　　D. 先设置倒角再确定角点

9. 下列对象可以转化为多段线的是（　　）。
   A. 椭圆　　　　　B. 圆　　　　　C. 直线和圆弧　　　　　D. 文字

10. AutoCAD 中"°""±""Φ"控制符依次是（　　）。

　　A. %%D，%%P，%%C　　　　　　　　B. %%P，%%C，%%D

　　C. D%%，P%%，C%%　　　　　　　　D. P%%，C%%，D%%

11. 若刚绘制了一个多段线对象，想撤销该图形的绘制，下面哪个操作是错误的？（　　）

　　A. 按 Ctrl+Z 快捷键　　B. 按 Esc 键　　C. 通过输入命令 U　　D. 在命令行输入 UNDO

12. 按住（　　）键来切换所要绘制的圆弧方向。

　　A. Shift　　　　　　B. Ctrl　　　　　　C. F1　　　　　　D. Alt

13. 用多段线命令绘制一段长 10 个单位，角度 135° 的直线，用鼠标在屏幕上任意拾取起点后，用相对坐标确定终点时应输入（　　）。

　　A. @10&lt135　　　　B. 10&lt135　　　　C. #10&lt135　　　　D. 10,135

14. 在"尺寸标注样式管理器"中将"测量单位比例"的比例因子设置为 0.5，则 30° 的角度将被标注为（　　）。

　　A. 15　　　　　　B. 60　　　　　　C. 30　　　　　　D. 与注释比例相关，不定

15. 在系统默认情况下，图案的边界可以重新生成的边界是（　　）。

　　A. 面域　　　　　B. 样条线　　　　　C. 多段线　　　　　D. 面域或多段线

16. 要剪切与剪切边延长线相交的圆，则需执行的操作为（　　）。

　　A. 剪切时按住 Shift 键　　　　　　B. 剪切时按住 Alt 键

　　C. 修改"边"参数为"延伸"　　　　D. 剪切时按住 Ctrl 键

17. 在 AutoCAD 中，构造选择集非常重要，以下哪个不是构造选择集的方法？（　　）

　　A. 按层选择　　　　　　　　　　　　B. 对象选择过滤器

　　C. 快速选择　　　　　　　　　　　　D. 对象编组

18. 关于图块的创建，下面说法不正确的是（　　）。

　　A. 任何 dwg 图形均可以作为图块插入

　　B. 使用 block 命令创建的图块只能在当前图形中调用

　　C. 使用 -block 命令创建的图块可以被其他图形调用

　　D. 使用 wblock 命令可以将当前图形的图块再次写块

19. 要在打印图形中精确地缩放每个显示视图，可以使用以下哪种方法设置每个视图相对于图纸空间的比例？（　　）

　　A. "特性"对话框　　　　　　　　　　B. ZOOM 命令的 XP 选项

　　C. "视口"工具栏更改视口的视图比例　　D. 以上都可以

20. 视口最大化的状态保存在以下哪个系统变量中？（　　）

　　A. VSEDGES　　　　　　　　　　　　B. VPLAYEROVERRIDESMODE

　　C. VPMAXIMIZEDSTATE　　　　　　　D. VSBACKGROUNDS

21. 当文字在尺寸界线内时，文字与尺寸线对齐。当文字在尺寸界线外时，文字水平排列，该种文字对齐方式为（　　）。

　　A. 水平　　　　　　　　　　　　　　B. 与尺寸线对齐

　　C. ISO 标准　　　　　　　　　　　　D. JIS 标准

22. 在一张复杂图样中，要选择半径小于 10 的圆，如何快速方便地选择？（　　）

　　A．通过选择过滤

　　B．执行快速选择命令，在对话框中设置对象类型为圆，特性为直径，运算符为小于，输入值为 10，单击"确定"按钮

　　C．执行快速选择命令，在对话框中设置对象类型为圆，特性为半径，运算符为小于，输入值为 10，单击"确定"按钮

　　D．执行快速选择命令，在对话框中设置对象类型为圆，特性为半径，运算符为等于，输入值为 10，单击"确定"按钮

23. 如图 A-1 所示的图形采用的多线编辑方法分别是（　　）。

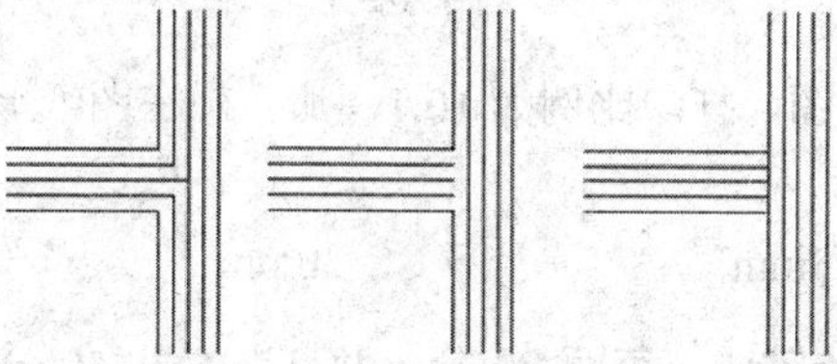

图 A-1

　　A．T 字打开，T 字闭合，T 字合并　　　　B．T 字闭合，T 字打开，T 字合并

　　C．T 字合并，T 字闭合，T 字打开　　　　D．T 字合并，T 字打开，T 字闭合

24. 在进行打断操作时，系统要求指定第二打断点，这时输入了@，然后按 Enter 键结束，其结果是（　　）。

　　A．没有实现打断

　　B．在第一打断点处将对象一分为二，打断距离为零

　　C．从第一打断点处将对象另一部分删除

　　D．系统要求指定第二打断点

25. 在对不同图层上的两个非多段线进行圆角（fillet）操作时，半径不为零，新生成的圆弧位于（　　）。

　　A．在第一个对象所在的图层上　　　　B．在第二个对象所在的图层上

　　C．在当前图层上　　　　　　　　　　D．在 0 层上

26. 不能作为多重引线线型类型的是（　　）。

　　A．直线　　　　　B．多段线　　　　C．样条曲线　　　D．以上均可以

27. 非关联的填充图案，是否可以对边界使用夹点拖动编辑？（　　）

　　A．可以　　　　　　　　　　　　　　B．不可以

　　C．当边界是一个对象的时候可以　　　D．当公差间隙等于零的时候可以

28. 绘制直线，起点坐标为（57,79），直线长度为 173，与 X 轴正向的夹角为 71°。将线 5 等分，从起点开始的第一个等分点的坐标为（　　）。

　　A．X = 113.3233　　Y = 242.5747　　　　B．X = 79.7336　　Y = 145.0233

　　C．X = 90.7940　　Y = 177.1448　　　　D．X = 68.2647　　Y = 111.7149

29. 按照图 A-2 中的设置，创建的表格是几行几列？（　　）

　　A．8 行 5 列　　　　B．6 行 5 列　　　　C．10 行 5 列　　　D．8 行 7 列

图 A-2

30．如果从模型空间打印一张图，打印比例为 10:1，那么想在图纸上得到 3mm 高的字，应在图形中设置的字高为（　　）。

　　A．3mm　　　　　　　B．0.3mm　　　　　　　C．30mm　　　　　　　D．10mm

二、操作题。（根据题中的要求逐步完成，每题 20 分，共 2 题，共 40 分）

　　1．题目：绘制如图 A-3 所示的某廊平面图。

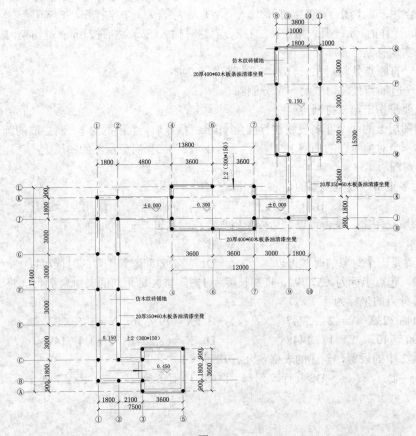

图 A-3

操作提示：

（1）绘图前准备及绘图设置。

（2）绘制辅助线和轴线。

（3）绘制廊。

（4）标注尺寸。

（5）标注文字。

2．题目：绘制图 A-4 所示的施工图。

操作提示：

（1）绘制顶视图。

（2）绘制立面图。

（3）绘制剖面图。

（4）绘制详图。

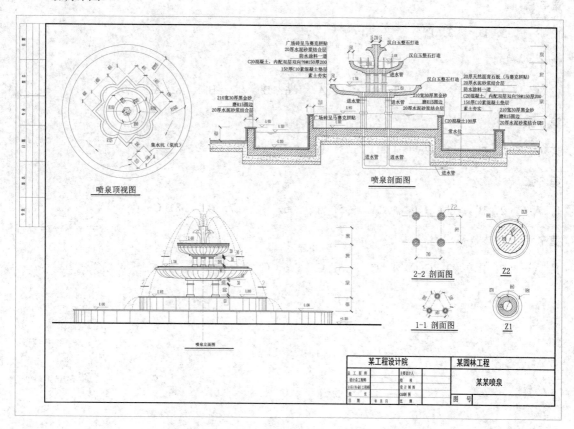

图 A-4

模拟题单项选择题答案：

1～5	CACBD	6～10	CACCA	11～15	BBACD
16～20	CACDC	21～25	DCDBA	26～30	BADCC

模拟考试答案

第1章

1. D   2. C   3. D   4. B   5. C   6. A   7. C   8. A   9. A   10. A

第2章

1. A   2. B   3. B   4. A   5. C   6. A   7. D   8. D   9. B

第3章

1. B   2. D   3. D

第4章

1. A   2. C   3. C   4. D   5. A   6. B   7. B   8. A   9. C

第5章

1. C   2. D   3. C   4. D   5. B

第6章

1. A   2. B   3. B   4. A   5. A   6. B   7. B   8. C

第7章

1. A   2. B   3. C   4. C   5. C   6. C